Grundlagen der Kommunikation
Bibliotheksausgabe

Herausgegeben von
Roland Posner und Georg Meggle

Edmund Runggaldier

Zeichen und Bezeichnetes

Sprachphilosophische Untersuchungen zum Problem der Referenz

W DE G

Walter de Gruyter · Berlin · New York
1985

CIP-Kurztitelaufnahme der Deutschen Bibliothek

Runggaldier, Edmund:
Zeichen und Bezeichnetes : sprachphilos. Unters. zum Problem d. Referenz / Edmund Runggaldier. – Berlin ; New York : de Gruyter, 1985.
(Grundlagen der Kommunikation : Bibliotheksausgabe)
ISBN 3-11-010107-6

Gedruckt auf alterungsbeständigem Papier (säurefrei – pH 7, neutral

Druck: Mercedes-Druck, Berlin
Buchbinder: Lüderitz & Bauer, Berlin

meinen Eltern

Warum genügt uns der Gedanke nicht? Weil und soweit es uns auf seinen Wahrheitswert ankommt.

Das Streben nach Wahrheit also ist es, was uns überall vom Sinn zur Bedeutung vorzudringen treibt.

Gottlob Frege

Vorwort

Viele Anregungen für diese Arbeit verdanke ich Seminaren und Vorlesungen in meiner Oxforder Studienzeit von 1973 - 1977. Besonders geprägt haben mich die J. Locke Lectures von Hilary Putnam und die Seminare über Bedeutung bei Michael Dummett. Danken möchte ich Otto Muck in Innsbruck für seine wertvollen Hinweise auf Parallelen zwischen der analytischen und der aristotelischen Philosophie. Ein besonderer Dank ergeht an Eva Neururer für die Erstellung des Manuskripts.

Universität Innsbruck 1984 Edmund Runggaldier

Inhaltsverzeichnis

0 Einleitung

Schon der Titel der vorliegenden Arbeit muß dem sprachanalytisch geschulten Leser verdächtig erscheinen. Er wird sich fragen, wie man angesichts der zahlreichen sprachanalytischen Arbeiten die Revolution der modernen Philosophie, den "linguistic turn", ignorieren könne. Wer voll in der sprachanalytischen Tradition steht, wird nämlich überzeugt sein, daß die Rede von *Referenz*, d.h. von Bedeutungs*beziehungen* zwischen sprachlichen Ausdrücken und Dingen in der Welt, durch die sprachanalytische "Wende" "überwunden" wurde und das sogenannte Problem der Referenz lediglich ein Pseudoproblem sei.

Daß die "sprachanalytische" Untersuchung der *Verwendung* sprachlicher Ausdrücke, also die Untersuchung dessen, was wir Menschen durch Sprache *tun*, und die Untersuchung der verschiedenen Sprachspiele für die philosophische Tätigkeit von eminenter Wichtigkeit sind, soll in dieser Arbeit *nicht* bestritten werden. Was bestritten wird, ist lediglich die Ansicht, die Errungenschaften der sprachanalytischen Untersuchungen ergäben zwingend, daß *semantische* Untersuchungen sinnlos seien. Wir Menschen vermögen uns nicht unmittelbar, d.h. ohne Sprache, auf die Dinge in der Welt zu beziehen (sprachanalytisches Prinzip). Es ist somit nicht möglich, die sprachlichen Zeichen unmittelbar den Dingen in der Welt zuzuordnen. Das schließt aber nicht aus, daß semantische Untersuchungen sinnvoll sein können und wir uns somit Theorien bilden dürfen - selbstverständlich nur in Sprache ausgedrückt - über das *Funktionieren* von Sprache. Selbst Carnap mußte aufgrund der semantischen Arbeiten Tarskis seinen *rein* syntaktischen Standpunkt preisgeben.

Die vorliegende Arbeit besteht zum Großteil aus *Darstellungen* von Standpunkten verschiedener Autoren. Auswahl und Reihung der Besprechungen erfolgen aber in *systematischer* Absicht. Ich beginne mit Tugendhat, der den rein sprachanalytischen Standpunkt konsequent darlegt, und höre mit Wiggins auf, der "aristotelische" Konsequenzen aus den formalen Semantiken der modernen modalen Logik zieht. Im dritten und vierten Hauptteil behandle ich hauptsächlich die Theorien *Kripkes, Donnellans* und *Putnams.* Diese Autoren sind im deutschen Sprachraum relativ unbekannt und dürften aufgrund der hierzulande tief verwurzelten sprachanalytischen und Kantschen Tradition auf Widerstand stoßen.

Die Abschnitte über ihre Ansichten zur Referenz präsentieren mein eigentliches Anliegen. Sie stellen herkömmliche sprachanalytische Thesen in Frage - vornehmlich .die Ansicht, Eigennamen funktionierten wie Kennzeichnungen oder Bündel von Kennzeichnungen.

Im *ersten* Hauptteil behandle ich verschiedene, zum Teil wohlbekannte Autoren, versuche aber dabei bewußt auf Details einzugehen, die verständlich machen, weshalb bestimmte Verallgemeinerungen nicht haltbar sind, was allerdings die Lektüre erschwert. Durch die bewußte Auswahl von zum Teil abstrusen Gegenbeispielen sollen Schwächen traditioneller Ansichten aufgedeckt werden. Dabei soll sich zeigen, daß die pauschalen und undifferenzierten Gleichsetzungen der Bedeutung sprachlicher Ausdrücke mit der Methode der Verifikation, mit dem Gebrauch oder mit den Wahrheitsbedingungen nicht haltbar sind. Ich bemühe mich allerdings, verschiedene Beiträge und Beobachtungen, die für die Behandlung der Frage nach der Referenz unabhängig vom jeweiligen philosophischen "Credo" relevant sind, hervorzuheben. Im ersten Hauptteil sind das hauptsächlich die Ansichten, die das identifizierende Wissen der jeweiligen Sprecher betreffen, die durch die Verwendung *sortaler* Ausdrücke (Substanzausdrücke) referieren. Dabei wird auch auf die mit der Frage nach der Referenz zusammenhängenden Probleme der Identitäts-, Kontinuitäts- und Existenzbedingungen der Individuen, auf die man sich durch Sprache bezieht, hingewiesen.

Der *zweite* Hauptteil befaßt sich primär mit *Quines* Philosophie der Referenz. Quine hat nämlich die Terminologie und die Fragestellungen der zeitgenössischen Diskussion auf diesem Gebiet entschieden geprägt. Er wird zudem als Hauptvertreter der sogenannten "Philosophical Logic" angesehen, jener Richtung der Philosophie also, die sich mit den philosophischen Problemen der quantifizierten Logik (Prädikatenlogik) beschäftigt. Sein Erklärungsmodell für Referenz ist die Tarskische *Erfüllungsrelation*. Quines Erläuterungen führen auch in die mit der Referenz zusammenhängenden Probleme ein: Substitution (Ersetzung von Ausdrücken), Identität, Existenz, Modalitäten (Notwendigkeit und Möglichkeit), propositionale Haltungen oder Positionen (propositional attitudes). Quines Abhandlungen sind zumeist sehr dicht geschrieben und komplex. Sie sind aber wertvolle Versuche, mit den "puzzles" fertig zu werden, die sich in der Reflexion über Wahrheit und Referenz ergeben. Die Berücksichtigung zumindest eines Teils davon ist unerläßlich für die vorliegende Arbeit.

Auf *Frege* gehe ich schon im ersten Hauptteil ausführlich ein und bringe verschiedene Belege aus den Nachgelassenen Schriften und aus dem Briefwechsel. Seine Unterscheidung zwischen Sinn und Referenz ("Bedeutung") habe ich mir nämlich zum Leitfaden der vorliegenden Arbeit genommen. Frege wurde hauptsächlich in seinem Bemühen, Wahrheit und die sie ermöglichende Referenz ernst zu nehmen, durch *Dummett* wiederentdeckt. Frege kann als Sprachrohr all jener angesehen werden, die explizite oder latente Formen einer idealistischen Erklärung des Funktionierens von Sprache angreifen. In der zeitgenössischen Diskussion werden die latenten Formen von Idealismus hauptsächlich in den positivistischen Wissenschaftstheorien und in den verifikationistischen Bedeutungsauffassungen geortet. Gegen diese wenden sich hauptsächlich Kripke und Putnam, wie ich im *dritten* Hauptteil zu zeigen versuche. Die formalen Semantiken, die auf Tarski und auch Carnap zurückgehen, lösen als solche zwar keine philosophischen Probleme. Sie können aber hilfreich sein, philosophische Probleme klarer zu fassen. Speziell die *modalen* Semantiken (Kripke-Semantiken) erweisen sich als nützlich, Thesen zur Referenz von Ausdrücken für *natürliche Arten* besser zu fassen und zu verstehen. Daher gehe ich im *vierten* Hauptteil auf sie ein.

Die philosophischen Fragen zur Semantik, Ontologie, ja selbst zur Erkenntnistheorie hängen alle mit der Frage nach der Referenz zusammen. Referenz ist letztlich unser *Medium*, durch Sprache Aussagen über die Welt zu machen. Daher das zentrale Interesse an der Frage nach der Referenz:

> Semantics, epistemology, ontology; any problem with roots in all three of these studies will be philosophically central and very difficult. Hence the tremendous interest in giving an account of reference. Reference has become the foundation of truth and thus crucial for semantics. Reference is our medium for speaking about the world, and therefore for formulating theories in which we express knowledge of the world.[1]

Abschließend sei bemerkt:

In der *Fachterminologie* halte ich mich so eng wie möglich an den im angelsächsischen Raum üblichen Sprachgebrauch. Statt "Bezug" z.B. verwende ich den Ausdruck "Referenz". Um den Anmerkungsapparat zu verringern, verwende ich für verschiedene Werke, aus denen ich des öfteren zitiere, *Kurztitel*. Sie werden in der entsprechenden Liste vor der Bibliographie alphabetisch geordnet angeführt.

1 G. Dale, No Entity Without Identity, in: Essays on the Philosophy of W.V.O. Quine. Hg. von R.W. Shanon und C. Swoyer. Oklahoma 1979, 79.

1 *Referenz als Spezifizierung oder Identifizierung*

1.1 Referenz und das sprachanalytische Prinzip

Die naive Auffassung, daß ein sprachlicher Ausdruck insofern Referenz hat, als er sich auf einen ganz bestimmten Gegenstand *bezieht*, daß er für diesen *steht*, daß er ihn *bezeichnet*, muß erklärt und rekonstruiert werden - soll sie aufgrund der sprachanalytischen Tradition überhaupt sinnvoll sein. Tugendhat peilt im Gefolge Strawsons eine solche Rekonstruktion an: Daß sich ein sprachlicher Ausdruck auf einen ganz bestimmten Gegenstand bezieht, soll heißen, daß ihm die Funktion zukommt, diesen Gegenstand aus den anderen herauszugreifen, d.h. ihn zu *spezifizieren*. Das sei nun genauer erläutert.

1.1.1 Tugendhats Zugang

Tugendhat wendet zunächst nichts gegen die Redewendung ein, ein sprachlicher Ausdruck beziehe sich auf einen Gegenstand oder stehe für diesen. Die naive Auffassung, daß es zwischen einem singulären Term und seinem Referenzobjekt die sogenannte Referenzbeziehung gibt, ist für Tugendhat an sich nicht unrichtig; sie erklärt aber nichts. Sie ist nämlich nicht in der Lage, verständlich zu machen, worin diese Beziehung bestehen soll und was eigentlich mit dem Grundbegriff "Referenzobjekt" gemeint ist. Demgegenüber verfügt, laut Tugendhat, die sprachanalytische Position über eine Verständnisdimension, die die Referenz umgreift:

> Diese Gegenposition drückt sich, zunächst ganz allgemein gesprochen, in der Auffassung aus, daß singuläre Termini unselbständige Ausdrücke sind und die primäre semantische Einheit nicht der Name, sondern der Satz ist. Wenn singuläre Termini wesensmäßig durch Prädikate ergänzungsbedürftig sind, so heißt das, daß ein Gegenstand wesensmäßig etwas Klassifizierbares ist und der Bezug auf Gegenstände...verstanden werden muß aus dem Zusammenhang des Wahrheitsbezugs von Behauptungen. (T. 338)[1]

1 E.Tugendhat, Vorlesungen zur Einführung in die sprachanalytische Philosophie. Frankfurt 1976. Kurztitel: T.

Wenn schon nach der Referenz singulärer Terme gefragt wird, so muß die Frage im größeren Zusammenhang prädikativer Sätze gesehen werden, jener sprachlichen Gebilde also, durch die etwas klassifiziert oder charakterisiert wird und die wahr oder falsch sein können. Die prädikativen Sätze und nicht die einzelnen Terme sind die letzten Bedeutungseinheiten von Sprache. Die Auffassung Tugendhats, daß die Sätze und nicht die einzelnen Terme die primären semantischen Einheiten sind, ist für denjenigen selbstverständlich, der, wenn nicht explizit, so zumindest implizit, eine *verifikationistische* Bedeutungstheorie vertritt. Wenn gilt, ein sprachliches Gebilde ist dann und nur dann bedeutungsvoll, wenn es entweder eine Tautologie oder eine empirisch *verifizierbare* Proposition ausdrückt[2], dann ist klar, daß die kleinste sprachliche Einheit, die Bedeutung hat, der Satz ist. Kommen Ausdrücke in einem Satz vor, der prinzipiell nicht verifizierbar ist, so kann man nach der positivistisch-verifikationistischen Lehre von ihnen nicht mehr annehmen, sie hätten insofern Bedeutung, als sie sich auf etwas bezögen: "...unless the sentences in which it [= ein Wort] occurs express propositions which are empirically verifiable, it cannot be said to symbolize anything."[3] Im Rahmen dieser Bedeutungsauffassung ist die Verifizierbarkeit von Sätzen Kriterium für die Bedeutung sprachlicher Gebilde. Um die Bedeutung eines Wortes anzugeben, ist hinreichend, aber auch notwendig, anzugeben, in welchen Fällen die Sätze, in denen das Wort vorkommt, wahr heißen sollen und in welchen Fällen falsch[4].

Die These des semantischen Primats der Sätze dürfte auch im Rahmen des spieltheoretischen Zugangs zu Sprache selbstverständlich sein. Anscombe und Dummett versuchen diese Auffassung aufgrund der Wittgensteinschen Tradition dadurch zu deuten, daß sie auf die Sinnlosigkeit einer Regel hinweisen, die isoliert, d.h. ohne Bezug auf ein Spiel oder auf andere Regeln angegeben würde[5]. Wenn ich z.B. - so Dummett - verschiedene Spielmarken mit verschiede-

2 Vgl. A.J.Ayer, Language, Truth and Logic. (Penguin) Harmondswordth 1972, 7f.

3 Ibid. 154.

4 Vgl. R.Carnap, Scheinprobleme in der Philosophie, in: R.Carnap, Der logische Aufbau der Welt. Hamburg ^{2}1961, 317-323.

5 "To assign a reference to a name or a set of names... could only have a significance as a preparation for their use in sentences; analogously the assignment of a reference to physical objects could only be understood as a preparation for the use of those objects within some representative arrangement." M.Dummett, Frege. Philosophy of Language. London 1973, 193. Kurztitel: D.

nen Farben nehme und festlege: die eine stehe für die Regierung, die zweite für die Opposition, die dritte für die Kirche, die vierte für das Militär usw., so wird man von mir annehmen, ich hätte vor, mit diesen Marken etwas darzustellen, z.B. bestimmte Verhältnisse oder Beziehungen zwischen besagten Institutionen. Wenn ich aber entgegen diesen Erwartungen nichts unternehme, sondern dazu übergehe, über etwas anderes zu reden, so wird die Sinnhaftigkeit und Verständlichkeit der vorherigen Festlegungen verlorengehen.

> I cannot, when questioned why I said all that, reply, 'Oh, I just wanted those counters to stand for those things, that's all'; for their standing for those things only amounts to anything if they are to be used to effect some symbolic representation by means of which a thought is expressed. (D.193)[6]

Singuläre Terme[7] allein reichen nicht aus, um Sinnvolles zu sagen: ihre Funktion, für etwas zu stehen, ist nur im Kontext eines Satzes verständlich und sinnvoll. Erst durch Sätze kann man etwas darstellen oder einen Gedanken ausdrücken.

Die These des semantischen Primats des Satzes ist allerdings nicht jedermann selbstverständlich. Davon wird später die Rede sein.[8] Hier sei lediglich darauf hingewiesen, daß die These entgegen einer allgemeinen Gepflogenheit nicht auf Frege zurückgeführt werden darf. Es stimmt zwar, daß in Freges "Grundlagen der Arithmetik" die vielzitierte Stelle vorkommt: "Man muß...immer einen vollständigen Satz ins Auge fassen. Nur in ihm haben die Worte eigentlich eine Bedeutung."[9] Aus Freges übrigen Schriften geht aber unmißverständlich hervor, daß der Sinn eines Satzes in funktionaler Abhängigkeit zu sehen ist vom Sinn seiner Bestandteile.[10]

Wenn nun in der sprachanalytischen Tradition gefragt wird, was es heißt, daß singuläre Terme für Gegenstände stehen, so wird die Frage aufgrund des

6 Ibid.

7 Die Bestimmung, welche Ausdrücke als singuläre Terme zu gelten haben, ist vom jeweiligen philosophischen Standpunkt abhängig. Hier seien sie als diejenigen umschrieben, die sich auf lediglich einen Gegenstand beziehen. Dazu gehören vornehmlich die Eigennamen und die bestimmten Beschreibungen.
Vgl. R.W.Trapp, Analytische Ontologie. Der Begriff der Existenz in Sprache und Logik. Frankfurt 1976, 119.
In der sprachanalytischen Tradition ist die Bestimmung insofern komplizierter, als der Rekurs auf Gegenstände Beschränkungen unterliegt: Gegenstände werden erst durch Sprache "konstituiert".
Vgl. T. 37f

8 Siehe Abschnitte 1.4.3 und 1.7.1.

9 G.Frege, Die Grundlagen der Arithmetik. Eine logisch mathematische Untersuchung über den Begriff der Zahl. Breslau 1884, 71 (§ 60).

10 Siehe Abschnitt 1.5.1.

als selbstverständlich akzeptierten semantischen Primats des Satzes als Frage nach dem *Beitrag* verstanden, den sie im jeweiligen Satz, in dem sie vorkommen, leisten. Tugendhat weist darauf hin, daß ihr Beitrag zunächst darin besteht, daß sie die Prädikate ergänzen und diese in *wahrheitsfähige* Gebilde überführen. Ein Prädikat als solches trifft zwar auf Gegenstände zu oder nicht zu, allein genommen, kann es aber weder wahr noch falsch sein. In der behauptenden Rede muß ein Prädikat durch einen Ausdruck ergänzt werden, der angibt, von welchem Gegenstand behauptet wird, daß das Prädikat auf ihn zutrifft oder nicht zutrifft. Das leisten die singulären Terme. Von einer einfachen prädikativen Behauptung "aF" kann nämlich gesagt werden, sie sei wahr genau dann, wenn das Prädikat "F" auf den Gegenstand zutrifft, *für den* der singuläre Term "a" steht. Der singuläre Term gibt also an, von welchem Gegenstand der Sprecher etwas behauptet bzw. welchen Gegenstand er durch das Prädikat charakterisiert oder klassifiziert.

Tugendhat will aber in bezug auf Referenz spezifisch *sprachanalytisch* vorgehen, m.a.W. der Einsicht treu bleiben, daß das, was durch eine bestimmte Verwendung von Zeichen geleistet wird, nicht etwas ersetzt, was auch ohne die Verwendung dieser Zeichen zu leisten wäre (T. 481). Um herauszufinden, was durch eine bestimmte Verwendung von sprachlichen Zeichen geleistet wird, muß man diese Verwendung und deren Regeln untersuchen und nicht dem Irrtum verfallen zu glauben, man könnte sich direkt auf den Gegenstand beziehen, für den ein sprachlicher Ausdruck steht. Wenn man sich auf einen Gegenstand bezieht, so geschieht das immer nur mittels sprachlicher Zeichen. Aufgrund dieses sprachanalytischen Prinzips wird ersichtlich, warum die naive Deutung von Referenz letztlich als nichts erklärend hingestellt wird; für diese Deutung wird ja das Referenzobjekt herangezogen, nämlich der Gegenstand, auf den sich der singuläre Term bezieht. Aber dieses Referenzobjekt ist uns niemals direkt, unmittelbar vorgegeben. In der Deutung wird ja wiederum nur mittels sprachlicher Ausdrücke darauf Bezug genommen. In den zeitgenössischen Semantiken - die das Ergebnis primär *logischer* und nicht philosophischer Untersuchungen sind - wird Referenz tatsächlich als einfache Beziehung zwischen einem singulären Term und dem ihm zugeordneten Gegenstand oder - in der technischen Terminologie - dem ihm zugeordneten Individuum aus dem Individuenbereich verstanden. Dieses Verständnis von Referenz kann aber aufgrund des sprachanalytischen Prinzips für eine Erklärung von Referenz nicht ausreichen:

> Diese Theorien sind lediglich logische bzw. linguistische Techniken und stellen überhaupt keine philosophische Position dar. Indem einfach vorausgesetzt und nicht verständlich gemacht wird, wie wir einen singulären Terminus einem Gegenstand zuordnen können, wird in diesen Techniken auch einfach

> vorausgesetzt und nicht verständlich gemacht, daß und wie wir uns auf Gegenstände beziehen können und was überhaupt die Rede von einem Gegenstand besagt. (T. 342)

Die sprachanalytische Philosophie hingegen versucht, das in diesen Techniken Vorausgesetzte verständlich zu machen und auf die Frage eine Antwort zu finden, was es heißt, daß sich ein singulärer Term auf einen Gegenstand bezieht. Die sprachanalytische Methode, eine Antwort zu finden, besteht in der Untersuchung der *Verwendungsweise* der singulären Terme innerhalb von Sätzen und der Art und Weise, wie *festzustellen* ist, für welche Gegenstände sie stehen. "Die Frage 'wie stellen wir es fest?' ist durchaus unumgänglich. Ohne sie müßte jede Erklärung eines Ausdrucks in der Luft bleiben" (T. 341). Dieses methodische Vorgehen ergibt sich konsequenterweise aus der Wittgensteinschen und aus der verifikationistischen Bedeutungslehre.

Wenn wir - so Tugendhat - in der Frage nach der Referenz singulärer Terme nach der Art ihrer Verwendung und nach der Art, wie festzustellen ist, für welche Gegenstände sie stehen, zu fragen haben, so können wir nicht umhin, die jeweiligen Sprecher zu berücksichtigen. Wir werden somit auch fragen, was der jeweilige Sprecher, der sie verwendet, mit ihnen *meint*[11] (T. 364). Um festzustellen, für welchen Gegenstand ein singulärer Term steht, müssen wir auf die Verwendung in einer Behauptung und die damit verbundene Intention des Sprechers, der den Satz äußert, zurückgreifen. Von dieser Intention her kann die Funktion des singulären Terms im Satze bestimmt werden:

> Jedes Handeln ist durch eine Absicht, eine Intention bestimmt, und wenn zu einer Handlung die Verwendung eines Dings - in unserem Fall eben eines Zeichens - gehört, bestimmt die Handlungsintention das, was wir die Funktion des Dings nennen (das, wozu es verwendet wird). (T. 364)

Aufgrund dieser Überlegungen kann nun im Sinne Tugendhats die Funktion des singulären Terms in einer prädikativen Behauptung als die Funktion charakterisiert werden anzugeben, *welcher* Gegenstand gemeint ist oder von welchem Gegenstand der Sprecher etwas prädiziert. Die Funktion des singulären Terms ist also, einen von den vielen Gegenständen als den gemeinten herauszustellen, als den, worauf das Prädikat zutreffen soll. Diese Funktion nennt Tugendhat

11 Der Rekurs auf die Intention der Sprecher ist nicht nur in der sprachanalytischen Rekonstruktion von Referenz unumgänglich; die Intention spielt auch in den realistisch geprägten "kausalen Theorien" der Referenz eine ausschlaggebende Rolle (siehe Abschnitt 3.5.1). Selbst Quine kann nicht umhin, auf sie Bezug zu nehmen, um referentielle Vieldeutigkeiten zu beseitigen.

im Gefolge Strawsons *Spezifizierung:*

> Die Funktion des singulären Terminus ist es also, aus einer Vielzahl eines als das Gemeinte - und d.h. als das, worauf das Prädikat zutreffen soll - herauszustellen. Ich werde die so beschriebene Funktion dieser Zeichen, die wir singuläre Termini nennen, aus der vorausgesetzten Vielzahl eines herauszustellen, terminologisch als *Spezifizierung* bezeichnen. Wir können nun, was in einer prädikativen Behauptung geschieht, so beschreiben: mittels des Prädikats wird das, was durch den singulären Terminus spezifiziert wird, charakterisiert. (T. 369)

Die Angabe dessen, was der singuläre Term in einer prädikativen Behauptung leistet, bzw. der Funktion, die ihm zukommt, ist aber noch keine Erklärung des Funktionierens des Ausdrucks, d.h. sie erklärt noch nicht, was es heißt, daß er für einen Gegenstand steht. Worauf es Tugendhat ankommt, ist daher zu fragen: Wie leistet er das, was er leistet? Auch Strawson ist es um diese Frage gegangen. Auch er fragt sich, wie es kommt, daß Sprecher sich durch bestimmte sprachliche Ausdrücke auf Gegenstände beziehen können, d.h. daß es ihnen gelingt, sie zu spezifizieren, um dann von ihnen Verschiedenes zu prädizieren. In seiner sprachanalytischen Rekonstruktion von Referenz beruft sich Tugendhat immer wieder auf Strawson, setzt sich aber in vielen Punkten von ihm ab, da Strawson nicht rein sprachanalytisch vorgeht: Strawson teilt nach Tugendhat letztlich doch die naive Auffassung von Referenz, insofern er die direkt lokalisierenden Ausdrücke als grundlegend für das sprachliche Sich-Beziehen auf Gegenstände ansieht. Überdies vertritt Strawson eine realistisch gefärbte Erkenntnistheorie. Es soll daher als nächstes auf ihn eingegangen werden, damit die Unterschiede zwischen ihm und Tugendhat besser herausgearbeitet werden können.

1.1.2 Strawsons Zugang

Strawson ist von den Philosophen der "Oxforder Schule" geprägt, die in ihrem Philosophieren von der Analyse der Alltagssprache und des alltäglichen Sprechens ausgehen. So wie sie will auch er kein eigenes metaphysisches System entwerfen, sondern das alltägliche Sprechen und Denken besser erfassen und durchschauen. Auf diesem Hintergrund entwickelt er das, was er "*deskriptive* Metaphysik" nennt: "Descriptive Metaphysics is content to describe the actual structure of our thought about the world..." (I. 9)[12] Metaphysik in diesem Sinn zielt darauf

12 P.F. Strawson, Individuals. An Essay in Descriptive Metaphysics. London

ab, die allgemeinsten Grundzüge der begrifflichen Strukturen freizulegen, die all unser Sprechen und Denken bestimmen, die aber an der Oberfläche von Sprache nicht ohne weiteres zu erkennen sind. Eine solche Metaphysik bezweckt keine bloße Deskription des menschlichen Sprechverhaltens, sondern die Aufdeckung der allgemeinsten Strukturen, die dieses Verhalten bestimmen.[13]

Es dürfte außer Zweifel stehen, daß viele philosophische Ansichten, die Strawson vertritt, in gewissem Sinn Alltagsüberzeugungen sind. Strawson versucht aber, *Gründe* für sie zu finden. Wenn er also von sich sagt, er treibe Metaphysik, so will er das auch in dem Sinn verstanden wissen, daß er nach Gründen für das sucht, was der alltägliche Mensch intuitiv glaubt.

Referenz als Beziehung zwischen einem sprachlichen Ausdruck und dem durch ihn bezeichneten Gegenstand hat in Strawsons Philosophie keinen Platz. Referenz soll und kann nicht als fixe Beziehung verstanden werden. Statt von Referenzbeziehung soll vom *Akt* des *Referierens* gesprochen werden; es ist ja der jeweilige Sprecher, der durch bestimmte Ausdrücke auf etwas referiert. So wie der jeweilige Sprecher einen Satz verwendet, um durch ihn ein Urteil zu äußern, so wird er auch die Ausdrücke, von denen man intuitiv sagt, sie hätten Referenz, dazu verwenden, um durch sie auf Gegenstände in der Welt zu referieren.

Strawson unterscheidet zwischen einem Ausdruck (expression) und dessen referentiellem *Gebrauch* (use) (LLP. 6)[14]. Der jeweilige Sprecher kann nämlich ein und denselben Ausdruck für verschiedene referentielle Akte gebrauchen und sich somit durch ihn auf Verschiedenes beziehen. Das gilt insbesondere für kennzeichnende Ausdrücke. Der kennzeichnende Ausdruck "König von Frankreich" z.B. wurde im Laufe der Geschichte von Sprechern für verschiedene referentielle Akte verwendet, insofern sie sich durch ihn auf verschiedene Regenten von Frankreich bezogen haben. Offensichtlich kann nicht die Rede davon sein, daß der Ausdruck "König von Frankreich" selbst Referenz hat oder selbst referiert: "...referring is not something an expression does; it is something that someone can use an expression to do." (LLP. 8) Ganz einleuchtend ist

1965. (Deutsch: Einzelding und logisches Subjekt. Stuttgart 1972.) Kurztitel: I.

13 W. Künne, P.F. Strawson. Deskriptive Metaphysik, in: Grundprobleme der großen Philosophen. Philosophie der Gegenwart III. Göttingen 1975, 167-206.

14 P.F. Strawson, On Referring, in: Logico-Linguistic Papers. London 1971, 1-27. Kurztitel:LLP.

Strawsons Unterscheidung im Fall des Ausdrucks "ich". Zahllose Menschen verwenden diesen Ausdruck. Es ist aber unmöglich, daß zwei verschiedene Menschen denselben referierenden Gebrauch von "ich" machen und sich durch ihn auf dieselbe Person beziehen:

> ...it makes no sense to say of the *expression* 'I' that it refers to a particular person. This is the sort of thing that can be said only of a particular use of the expression. (LLP. 8)

Strawson betont, es sei wichtig, nicht nur zwischen einem Ausdruck und seinem Gebrauch zu unterscheiden, sondern auch zwischen der Bedeutung des Ausdrucks und seinem referierenden Gebrauch oder dem Gegenstand, auf den durch einen bestimmten Gebrauch referiert wird. Die Bedeutung oder der Sinn sind mit dem Ausdruck gegeben, aber nicht das Referieren oder das Referenzobjekt. Diese sind vom Gebrauch des Ausdrucks abhängig. Strawson sagt, sie seien *Funktionen* des *Gebrauchs* des Ausdrucks (LLP. 9). Die Bedeutung eines Ausdrucks ist somit klar von dem, was man intuitiv die Referenz und das Referenzobjekt des Ausdrucks nennt, abzuheben: "The meaning of an expression cannot be identified with the object it is used, on a particular occasion to refer to." (Ibid.) Wenn wir die Bedeutung oder den Sinn eines Ausdrucks erklären, so erklären und veranschaulichen wir die Konventionen, die den Gebrauch regeln. Die Angabe dieser Konventionen ist etwas ganz anderes als die Angabe des Gegenstandes, auf den ein Sprecher, wenn er den Ausdruck verwendet, referiert[15]. Diese Unterscheidung kann als Strawsons Pendant zur Fregeschen Unterscheidung zwischen Sinn und Referenz (Bedeutung) und zur Carnapschen Unterscheidung zwischen Intension und Extension gesehen werden. Das Spezifische für Strawson ist aber, daß die Referenz nicht als Beziehung, sondern als ein "Sich-Beziehen" des Sprechers gedeutet wird. Darin ist er ein Vorläufer Tugendhats. Referenz ist keine vorgegebene Relation zwischen sprachlichen Ausdrücken und Gegenständen in der Welt, sondern ein Aspekt der Tätigkeit des deskriptiven Sprechens. Nach Strawson kann man nicht sagen, singuläre Terme stünden für bestimmte Gegenstände in der Welt; wohl aber, sie hätten die Funktion, daß jemand, der sie verwendet, mittels ihrer auf Gegenstände Bezug nehmen, d.h. referieren kann. Referenz darf also nicht kontext-unabhängig

15 "People use expressions to refer to particular things. But the meaning of an expression is not the set of things or the single thing it may correctly be used to refer to: the meaning is the set of rules, habits, conventions for its use in referring." (LLP. 10)

und ohne Bezug zu Sprecher und Hörer betrachtet werden. Sie wird von Strawson eingebettet in den Kommunikationskontext zwischen Sprecher und Hörer. Diesbezüglich gibt es Parallelen zur Oxforder Schule und vor allem zu Searle:

> Referenz ist...ein Sprechakt, und Sprechakte werden von Sprechern vollzogen, die Wörter äußern, nicht von Wörtern. Zu sagen, daß ein Ausdruck auf etwas hinweist (etwas aussagt, behauptet usw.), ist gemäß meiner Terminologie entweder sinnlos oder eine Abkürzung dafür, daß der Ausdruck von einem Sprecher verwendet wird, um auf etwas hinzuweisen...[16]

Der primäre Zweck der behauptenden Rede ist, Information über die Welt an einen Hörer oder Hörerkreis weiterzugeben.

Die letzten sprachlichen Einheiten, die diese Übermittlung von Information ermöglichen, sind die deskriptiven Sätze. Durch die Verwendung dieser Sätze kann der Sprecher Aussagen über die Welt machen. Dabei muß er sich auf bestimmte Anhaltspunkte oder Gegenstände in der Welt beziehen, um den Hörer oder Hörerkreis erfassen zu lassen, worüber er informiert. Information ohne Bezugnahme auf Einzeldinge oder Anhaltspunkte in der Welt wäre sinnlos. Sie ist immer Information über etwas. Die Übermittlung ist erst dann erfolgreich, wenn der Hörer auch weiß, worüber er informiert wird. Information ist nur möglich, wenn sowohl Sprecher als auch Hörer sich auf Einzeldinge oder zumindest Anhaltspunkte in der Welt beziehen können. Diese Bezugnahme muß so sein, daß durch sie bestimmte Einzeldinge von anderen unterschieden und herausgehoben werden können. Das entspricht dem, was Tugendhat "Spezifizierung" der Einzeldinge nennt. Natürlich wird nicht durch jeden Satz, der zur Übermittlung von Information verwendet wird, direkt auf ein ganz bestimmtes Einzelding in der Welt Bezug genommen. Diese Bezugnahme wird aber - wie wir noch sehen werden - vorausgesetzt. Es gibt allerdings eine Reihe von Sätzen, durch deren Verwendung eine solche direkte Bezugnahme stattfindet. Das sind die Sätze, welche die Form der singulären Prädikation haben. Wenn ein Sprecher solche Sätze verwendet, so bezieht er sich durch sie auf einen bestimmten ("singulären") Gegenstand und prädiziert von diesem etwas. Der Ausdruck in Subjektposition wird vom Sprecher verwendet, um das betreffende Einzelding aus den übrigen herauszugreifen und dadurch dem Hörer verstehen zu geben, von welchem Gegenstand er durch den Ausdruck in Prädikatposition etwas prädiziert. Den Akt, den der Sprecher durch die Verwendung des Ausdrucks in Subjektposition einer singulären Prädikation vollzieht, nennt Strawson den

16 J.R. Searle, Sprechakte. Ein sprachphilosophischer Essay. (Englisch: Speech Acts.) Frankfurt 1971, 46.

Akt der "identifizierenden Referenz". "When a speaker uses ...an expression to refer to a particular, I shall say that he makes an *identifying reference* to a particular." (I. 16) (Strawsons Identifizieren bzw. identifizierende Referenz entspricht in etwa dem, was Tugendhat Spezifizieren nennt. Tugendhat faßt allerdings den Ausdruck "Identifizierung" enger als "Spezifizierung". Mit "Identifizierung" im engen Sinn versteht Tugendhat die Angabe, *welcher* von *allen* Gegenständen der gemeinte ist. Identifizierung enthält also einen Bezug zu allen übrigen Gegenständen oder zum *objektiven* Raum-Zeit-Gefüge. [T. 394f.402ff])

Die Übermittlung von Information an einen Hörer hätte keinen Sinn, wenn der Hörer diese Information schon besäße. Die Sinnhaftigkeit der behauptenden Rede setzt im Normalfall eine bestimmte Ignoranz von seiten des Hörers oder des Hörerkreises, aber auch ein bestimmtes Wissen oder eine bestimmte Kenntnis der Dinge in der Welt voraus.

> Just as we might say that it could not be true of a speaker that he intended to *inform* an audience of some particular point unless he presumed their ignorance of that point, so we might often say that it could not be true of a speaker that he intended to inform the audience of just *that* particular point unless he presumed in his audience certain empirical knowledge. (LLP. 76)

Für die Übermittlung von Information ist es notwendig, daß sowohl der Sprecher als auch der Hörer die Fähigkeit haben, bestimmte Einzeldinge durch sprachliche Ausdrücke aus allen übrigen herauszugreifen, d.h. - in Strawsons Terminologie - zu identifizieren.[17]

In seiner Rede wird der Sprecher sich bemühen, die Ausdrücke zu verwenden, von denen er annimmt, sie seien für den Hörer am besten geeignet, die betreffenden Gegenstände, über die der Sprecher etwas auszusagen beabsichtigt, zu identifizieren. Für diesen Zweck kennen unsere westlichen Sprachen viele verschiedene Ausdrücke und Ausdrucksarten. Wir werden sehen, daß die sogenannten sortalen Ausdrücke dabei eine wesentliche Rolle spielen[18]. Hier sei zunächst nur erwähnt, daß der Hörer die in Frage kommenden Ausdrücke dazu verwendet, um das vom Sprecher angenommene oder vielmehr vorausgesetzte Wissen auch tatsächlich hervorzurufen und zu aktivieren. Erst aufgrund dieses

17 Vgl. P.F. Strawson, Identifying Reference and Truth-Values, in: LLP. 77;
P.F. Strawson, Singular Terms and Predication, in: Words and Objections. Hg. von D. Davidson und J. Hintikka. Dordrecht 1969, 102.

18 Siehe Abschnitt 1.6.

identifizierenden Wissens kann nämlich der Hörer die betreffenden Dinge identifizieren. Hat er sie identifiziert, so wird er auch verstehen, worüber der Sprecher jeweils spricht und ihn informiert.

1.1.3 Strawsons Realismus als richtungweisend[19]

Strawson gilt in seiner Deutung von Referenz als Vorläufer Tugendhats. Es darf aber nicht übersehen werden, daß für Tugendhat, im Unterschied zu Strawson, das Sprechen von Gegenständen genauso geklärt werden muß wie das Sprechen von Referenz: "Was ist nun mit dem Wort 'Gegenstand' gemeint? Auch dieses Wort ist in dem umfassenden Sinn, in dem es in der Philosophie verwendet wird, ein Kunstausdruck." (T. 36) Strawson hingegen geht von der selbstverständlichen Voraussetzung aus, daß es in der Welt dreidimensionale Gegenstände gibt. Sie sind uns vorgegeben und raum-zeitlich bestimmt: "We think of the world as containing particular things some of which are independent of ourselves..." (I. 15).

Strawson setzt sich eindeutig von jeder phänomenalistisch-positivistisch gefärbten Erkenntnistheorie ab. Für die Positivisten sind die dreidimensionalen Einzeldinge bekanntlich Konstrukte aus Sinnesdaten und möglichen Sinnesdaten. Sie sind theoretische Entitäten, die wir durch unsere Theorien über die "gegebenen" Sinnesdaten "setzen". Strawson distanziert sich von derlei Ansichten. Die selbstverständliche Auffassung des Mannes auf der Straße, daß es dreidimensionale Gegenstände in seiner Umwelt gibt, die unabhängig von ihm existieren, ist nicht Teil irgendwelcher Theorien über seine Sinnesdaten: "...the common realist conception of the world does not have the character of a 'theory' in relation to the 'data of sense'." ("Perception and its Objects" 47)[20] Unsere gängige realistische Einstellung, mit der wir unseren Alltag bewältigen, ist vielmehr etwas, das mit dem "Gegebenen" "gegeben" ist. Sie ist weder Teil noch Folge von Theorien oder Interpretationen unserer Sinnesdaten.

19 Die Referenztheorien, auf die im zweiten und dritten Hauptteil der vorliegenden Arbeit eingegangen wird, sind erkenntnistheoretisch realistisch geprägt. Sie weichen von den rein sprachanalytischen und positivistischen Theorien ab. Eine entsprechende Abweichung ist bereits bei Strawson festzustellen. Daher soll sein Realismus für die Zielsetzung der vorliegenden Arbeit als richtungweisend charakterisiert werden.

20 P.F. Strawson, Perception and its Objects, in: Perception and Identity. Essays presented to A.J. Ayer with his replies to them. Hg. von G.F. MacDonald. London 1979, 47.

> My point...is that the ordinary human commitment to a conceptual scheme of a realist character is not properly described, even in a streched sense of the words, as a theoretical commitment. It is, rather, something given with the given. (Ibid. 47)

Nach Strawson gehört zu dieser unserer natürlichen Einstellung auch, daß wir zwischen unseren Wahrnehmungen und dem, was wir wahrnehmen, unterscheiden, d.h. zwischen unseren Sinneserfahrungen und den unabhängig von uns existierenden Gegenständen in der Außenwelt: "...it seems to me as certain as anything can be that...we distinguish, naturally and unreflectively, between our seeings and hearings and feelings - our perceivings - of objects and the objects we see and hear and feel..." (ibid. 48). Die Unterscheidung zwischen den ständig fluktuierenden Sinneserfahrungen und den Gegenständen, die räumlich und zeitlich bestimmt sind und ohne Unterbrechung fortdauern, ist nach Strawson Teil unserer natürlichen, vor-theoretischen Einstellung. Was wir wahrnehmen, sind nicht bestimmte Darstellungen oder Abbildungen der Gegenstände oder sonstige Eindrücke, die von den Einwirkungen der Gegenstände verursacht werden, sondern die Gegensstände selbst. Wir haben zwar sinnliche Eindrücke, aber das darf nicht mit Wahrnehmung dieser Eindrücke verwechselt werden. Durch die Eindrücke und durch die Sinneserfahrung im allgemeinen nehmen wir die Gegenstände selbst wahr. Strawson vertritt einen erkenntnistheoretisch *realistischen* Standpunkt. Er distanziert sich allerdings sowohl vom sogenannten naiven als auch vom wissenschaftlichen Realismus. Der naive Realismus scheint die Rolle der Sinneserfahrung zu unterschätzen; der wissenschaftliche Realismus neigt dazu anzunehmen, daß wir immer nur bestimmte Phänomene, aber nie die Gegenstände, die diese Phänomene unserer Erfahrung hervorrufen, wahrnehmen. Demgegenüber sagt Strawson:

> Consider the character of those ordinary concepts of objects on the employment of which our lives, our transactions with each other and the world, depend: our concepts of cabbages, roads, tweed coats, horses, the lips and the hair of the beloved. In using these terms we certainly intend to be talking of independent existences and we certainly intend to be talking of *immediately perceptible** things, bearers of phenomenal (visuo-tactile) properties. (Ibid. 53f)
> Surely we mean by a cabbage a kind of thing of which most of the specimens we have encountered have a characteristic range of colours and visual shapes and felt textures; and not something unobservable, mentally represented by a complex of sensible experiences which it causes. (Ibid. 54)
> [*Hervorhebung durch den Verf.]

Bewundert jemand ein Kunstwerk, so bewundert er nicht etwas Drittes, das zwischen ihm und dem Kunstwerk steht, vom Kunstwerk verursacht wird, aber von ihm verschieden ist. Wir alle leben in dem Bewußtsein, daß wir von wahrnehmbaren Gegenständen umgeben sind. Diese Gegenstände bilden die (materielle) öffentliche, uns allen zugängliche Welt, jene Welt, "...in which one man...can see the very thing that the other sees." (Ibid. 54f) Der andere wird dasselbe Ding anders wahrnehmen, das schließt aber nicht aus, daß er dasselbe Ding wahrnimmt. Die Einwände gegen diese Form von vor-theoretischem Realismus scheinen nur deshalb stichhaltig zu sein, weil gewöhnlich übersehen wird, daß sie mit einem bestimmten Relativismus kompatibel ist. Durch Strawsons Realismus wird ja nicht ausgeschlossen, daß ich ein Ding je nach dem Zustand meiner Sinne oder je nach atmosphärischen Bedingungen anders wahrnehme. Es wird auch nicht ausgeschlossen, daß die Oberfläche eines Dinges durch das Mikroskop sich ganz anders präsentiert, als wenn sie direkt angeschaut wird. Wie ein Ding in der Welt "wirklich" aussieht, ist und bleibt für Strawson relativ. Die Änderungen des Gesichtspunkts, des Mediums, unserer eigenen Zustände "...do not convict us of volatility or condemn us to internal conflict. The appearance of both volatility and conflict vanishes when we acknowledge the relativity of our 'reallys'." (Ibid. 57) Strawson anerkennt, daß es Diskrepanzen gibt zwischen den Beschreibungen eines Gegenstandes von seiten eines durchschnittlichen Menschen und den Beschreibungen von seiten eines Wissenschaftlers. Diese Beschreibungen müssen aber, sobald man die Relativität der Gesichtspunkte anerkennt, nicht widersprüchlich sein.

Durch diese Ausführungen wurde die Frage nach dem erkenntnistheoretischen Realismus angeschnitten. Sie soll hier nicht näher ausgeführt werden. Die Schilderung der erkenntnistheoretischen Voraussetzungen, die Strawson explizit angibt, soll ausreichen, um den Rahmen abzustecken, in dem die Frage nach der Spezifizierung oder Identifizierung der raum-zeitlichen Gegenstände in der Welt durch Sprache gestellt werden kann und soll. So wie wir Gegenstände wahrnehmen können, obwohl jeder von uns sie anders wahrnimmt, so können wir durch *Sprache* auf sie referieren, auch dann, wenn jeder von uns anders referiert.

Strawsons erkenntnistheoretischer Standpunkt soll auch deshalb als richtungweisend gelten, weil er in etwa dem Fregeschen Anliegen entspricht, das hinter der Unterscheidung zwischen "Sinn" und "Bedeutung" (in der Terminologie der vorliegenden Arbeit: Referenz) steht: Ausdrücke mit verschiedenem Sinn können insofern dieselbe Referenz haben, als sie sich auf denselben Gegenstand in der Welt beziehen. Das Fregesche Anliegen wird ausführlich behandelt werden und die Arbeit prägen. Hier soll der eine Hinweis genügen: Wie Menschen durch verschiedene Sinnes*daten* ein und denselben Gegenstand wahrnehmen können, so können sie sich durch verschiedene Ausdrücke mit verschiedenem *Sinn* auf ein und denselben Gegenstand in der Welt beziehen.

1.1.4 Identifizierung als Lokalisierung in Raum und Zeit

Wann kann man sagen, ein Hörer habe ein Einzelding tatsächlich identifiziert? Was kann man als Kriterium für die erfolgreiche Identifizierung durch den Hörer angeben? Eine hinreichende Bedingung für eine geglückte Identifizierung durch den Hörer ist dann gegeben, wenn der Hörer das vom Sprecher gemeinte Ding *lokalisiert,* d.h. wenn er es durch Schauen, Hören, Fühlen oder auf andere Weise mit den Sinnen von anderen Gegenständen unterscheidet und dabei weiß, daß gerade dieses das vom Sprecher gemeinte Ding ist. Diese hinreichende Bedingung ist nur dann erfüllt, wenn sich das betreffende Ding unter den Dingen befindet, die der Gesprächspartner durch seine Sinne wahrnehmen kann oder unmittelbar vorher noch wahrnehmen konnte. Es handelt sich hier um Fälle, in denen man Demonstrativa wie "dieses da" oder "jenes dort" verwenden kann. Ist die Bedingung der direkten Lokalisierung durch den Hörer gegeben, so spricht Strawson von einer *demonstrativen* Identifizierung:

> I shall say, when this first condition for identification is satisfied, that the hearer is able *directly to locate* the particular referred to. We may also speak of these cases as cases of the *demonstrative identification* of particulars.(I.19)

Die demonstrative Identifizierung ist grundlegend. Sie stellt den Fall dar, in dem ein Gegenstand in der unmittelbaren Umgebung der Gesprächspartner herausgegriffen wird. Welcher Art die Ausdrücke sind, die zusätzlich zu den Demonstrativa für diese Art der Identifizierung in Frage kommen, nämlich die *sortalen* Ausdrücke, darüber soll noch ausführlich gesprochen werden. Zunächst sei nur auf die Rolle hingewiesen, die die direkte Lokalisierung auch für die Fälle von Identifizierung spielt, in denen das gemeinte Ding nicht dem Bereich des gegenwärtig oder unmittelbar Wahrnehmbaren angehört. In diesen Fällen sind Demonstrativa nicht möglich. Damit in ihnen Identifizierung von Einzeldingen möglich sei, muß die Bedingung erfüllt sein, daß die zu identifizierenden Gegenstände sich in einem Sprecher und Hörer zugänglichen Raum-Zeit-System befinden. Diese Bedingung ist für alle materiellen Dinge erfüllt. Jedes Einzelding steht nämlich in eindeutigen raum-zeitlichen Relationen zu jedem anderen Einzelding. Jedes Einzelding, das im Raum-Zeit-System einen Platz hat, hat darin einen eindeutigen Platz. Aufgrund der Relationen im Raum-Zeit-Gefüge können die Einzeldinge beschrieben und durch diese Beschreibungen identifiziert werden. Für Strawson sind die raum-zeitlichen Relationen Voraussetzung für das Identifizieren von Einzeldingen durch Beschreibungen. Diese Relationen gestatten es, Verbindungen zwischen den Situationen, in denen demonstrative Identifizierung nicht möglich, und denen, in welchen sie möglich ist, herzustellen. Nicht-demonstrative Identifizierung kann somit auf demonstrativer Identifizierung aufbauen.

> For all particulars in space and time, it is not only plausible to claim, it is necessary to admit, that there is just such a system: the system of spatial and temporal relations, in which every particular is uniquely related to every other...by demonstrative identification we can determine a common reference point and common axes of spatial direction; and with these at our disposal we have also the theoretical possibility of a description of every other particular in space and time as uniquely related to our reference point. (I. 22)

Strawson ist nicht der Meinung, daß die Identifizierung der Einzeldinge, auf die wir uns im Alltag beziehen, immer aufgrund des Raum-Zeit-Gefüges geschieht. Dieses Gefüge ermöglicht aber nach ihm letztlich jeden anderen Mechanismus der Identifizierung von Einzeldingen. Dazu gehört die Identifizierung mit Hilfe von Kennzeichnungen, "individuierenden Tatsachen" (d.h. solchen, die ein ganz bestimmtes Ding und sonst nichts betreffen, I. 23) oder ordinalen Eigenschaften (d.h. solchen, mit Bezug worauf Gegenstände in einer Reihe geordnet werden können, wie "der erste", "der höchste"...usw.). Die Identifizierung durch diese Mittel kann nicht erfolgreich sein, wenn sie nicht - zumindest indirekt - mit der Lokalisierung im objektiven Raum-Zeit-Gefüge gekoppelt ist. Wenn jemand z.B. über den höchsten Berg der Welt so spräche, daß er sich unfähig zeigte, diesen Berg in Verbindung mit anderen Einzeldingen in der Welt zu bringen; wenn er nicht in der Lage wäre, diesen Berg mit einer Gesprächssituation in Beziehung zu bringen, die er raum-zeitlich einordnen könnte; wenn er ganz außerstande wäre, den Berg, über den zu sprechen er vorgibt, in Verbindung zu bringen mit dem allgemeinen Rahmen seines Wissens über Einzeldinge, so wäre man nicht berechtigt anzunehmen, der Sprecher beziehe sich identifizierend auf besagten Gegenstand oder wisse von einer individuierenden Tatsache, die eindeutig auf selbigen Gegenstand zuträfe. Strawson bestreitet also, daß es möglich sei "...to know an individuating fact about a particular unless something is known about the relations of that particular to identified items in the spatio-temporal framework." (I. 28) Wenn unsere Kenntnis des betreffenden Dinges von unseren übrigen Kenntnissen der raum-zeitlich eindeutig bestimmten Einzeldinge isoliert wäre, könnte sie nach Strawson im Rahmen unseres Wissens keine Rolle spielen. Für ihn ist jede Art der Identifizierung eingebunden in das für alle gültige Netzwerk von Raum und Zeit. Im Alltag wird selten auf dieses Netzwerk explizit Bezug genommen; es wird selten eine explizite Einordnung des fraglichen Einzeldings in das System unserer Kenntnisse von Welt und Geschichte verlangt. Das schließt aber nicht aus, daß dieses System jede Art von Identifizierung ermöglicht und als notwendige Bedingung für eine geglückte Identifizierung angesehen werden muß.

> ...the system of spatio-temporal relations has a peculiar comprehensiveness and pervasiveness, which qualify it uniquely to serve as the framework within which we can organize our individuating thought about particulars. (I. 25) Though we may freeley depend on heterogeneous relations in framing identifying descriptions, the system of spatio-temporal relations remains the groundwork of these additions" (I. 26).

Wir können als Sprecher und Hörer dieses System gemeinsam benützen, weil alles, und somit auch jeder von uns, seinen Platz in diesem System hat. Durch unseren eindeutigen Platz darin ist auch der Bezugspunkt oder Anknüpfungspunkt zum Netzwerk von Raum und Zeit gegeben. Man darf nicht in den Fehler fallen, diesen Bezugspunkt seiner Öffentlichkeit zu berauben und ihn zu etwas Privatem zu degradieren. Die Demonstrativa "hier", "jetzt", "dies" usw. sind zwar an die jeweilige Gesprächssituation gebunden. Das besagt aber nicht, daß der jeweilige Sprecher, der diese Ausdrücke verwendet, um auf direkt lokalisierbare Gegenstände zu referieren, auf etwas Privates referiert. Diese Ausdrücke werden für die grundlegende lokalisierende Identifizierung und für den identifizierenden Referenzakt verwendet:

> So we shall not give up the platitude that 'here' and 'now' and 'this' and 'I' and 'you' are words of our common language, which each can use to indicate, or help to indicate, to another, who is with him, what he is talking about. (I. 30)

Tugendhat greift verschiedene philosophische Ansätze und Ansichten Strawsons auf, vornehmlich seine Deutung des Referenzaktes als Akt der Identifizierung, führt sie aber sprachanalytisch konsequenter aus. Er sieht sich veranlaßt, Korrekturen an Strawsons Auffassungen anzubringen. Tugendhat sieht in Strawsons Konzeption einer demonstrativen Identifizierung ein Residuum der Theorie von Referenz als einer schlichten Beziehung auf etwas unmittelbar Vorgegebenes (T. 404). Dieses Residuum hat zwar in Strawsons realistischer Erkenntnistheorie seinen Platz; es widerspricht aber dem sprachanalytischen Prinzip, wonach das, was durch eine bestimmte Verwendung von sprachlichen Zeichen geleistet wird, nicht etwas ersetzt, was auch ohne die Verwendung dieser Zeichen zu leisten wäre. Wenn daher die demonstrative Identifizierung durch sprachliche Zeichen erklärt werden soll, so genügt nicht der Hinweis, daß der Sprecher durch ein Demonstrativum auf ein unmittelbar vor ihm sich befindendes und durch die Sinne wahrnehmbares Ding hinweist und es so aus der Vielfalt der anderen Gegenstände herausgreift oder herausstellt. Um zu erklären, was demonstrative Identifizierung ist, muß die *Verwendung* der Demonstrativa untersucht und der Frage nachgegangen werden, wie *festgestellt* wird, welche Gegenstände durch sie identifiziert werden.

Tugendhat mißt Strawsons Ausführungen an der Idee, daß die Identifizierung eines Gegenstandes durch die Verwendung eines Ausdrucks dann als geglückt anzusehen ist, wenn es keinen Sinn mehr hat, die Frage zu stellen, *welcher* Gegenstand durch die Verwendung des Ausdrucks identifiziert wurde. Sollte jemand, der wissen möchte, welcher der höchste Berg der Welt ist, mit verbundenen Augen auf den Gipfel des M. Everest gebracht werden, so wäre es für ihn immer noch sinnvoll, auf die Antwort, "es ist dieser da", mit der Frage zu erwidern, "aber welcher Berg ist es, auf dem ich stehe?". Ein Weiterfragen wird für ihn erst dann sinnlos, wenn er weiß, in welchen räumlichen Relationen der Berg, auf dem er sich befindet, zu anderen Gegenständen steht. Identifizieren heißt nach Tugendhat herausstellen, welcher Gegenstand *von allen* der gemeinte ist. Das kann nur durch die Berücksichtigung der anderen Gegenstände geschehen.

Natürlich werden im Normalfall die räumlichen Relationen des durch das Demonstrativum Spezifizierten nicht ausdrücklich angegeben. Verwendet man die Demonstrativa "hier", "jetzt", "dies", so setzt man aber nach Tugendhat voraus, daß diese Ausdrücke durch Ausdrücke ersetzt werden können, die die Raum-Zeit-Stelle des Spezifizierten im gemeinsamen Raum-Zeit-Gefüge explizit angeben. Sollte die Angabe der Stelle in diesem Gefüge nicht möglich sein, so kann man nicht von Identifizierung sprechen, da dann die Frage, "und welcher Gegenstand ist es?", immer noch Sinn hat. Die demonstrative Identifizierung kann nach Tugendhat nicht für so grundlegend gehalten werden, wie Strawson es tut, denn

> ...die demonstrative Identifizierung setzt ihrerseits, wenn sie eine eigentliche Identifizierung sein soll, die raumzeitliche, nichtdemonstrative Identifizierung voraus; was Strawson die 'direkte Lokalisierung' nennt..., setzt die Möglichkeit einer objektiven Lokalisierung voraus. Daß Strawson das übersehen hat, liegt daran, daß er noch die in Russells Theorie der logischen Eigennamen enthaltene traditionelle Voraussetzung übernahm, daß das Stehen eines Ausdrucks für einen Gegenstand als direkte Relation zu verstehen ist... (T. 400).

Tugendhat erkennt das Verdienst Strawsons an, auf die besondere Signifikanz der raum-zeitlichen Relationen für die Identifizierung der Einzelgegenstände aufmerksam gemacht zu haben. Tugendhat wirft aber Strawson vor, diese Signifikanz unterschätzt zu haben. Für Tugendhat ist nämlich die demonstrative Identifizierung nur dann eine Identifizierung, wenn sie durch raum-zeitliche Relationen ersetzt werden kann, durch welche die Stelle bezeichnet wird, an der sich das spezifizierte Ding befindet.[21]

21 "Es ergibt sich also, daß das System raumzeitlicher Relationen für die Identifizierung wahrnehmbarer Gegenstände nicht nur besonders signifikant ist, sondern daß es nur eine einzige Art der Identifizierung wahrnehmbarer Gegenstände gibt..." (T. 403f)

Soll die Rückfrage des Hörers, "und welcher ist dieser Gegenstand?", der durch die Verwendung eines Demonstrativums von seiten des Sprechers bezeichnet wird, keinen Sinn mehr haben, so muß der betreffende Gegenstand durch den Hörer in Raum und Zeit lokalisiert worden sein, d.h. der Hörer muß verstanden haben, an welcher Stelle des Raum-Zeit-Gefüges er vorkommt. Strawson hat nach Tugendhat - im Bann der Russellschen Auffassung, daß durch ein Demonstrativum ein Sprecher direkt auf einen Gegenstand referieren kann - diese Voraussetzung für eine geglückte demonstrative Identifizierung übersehen. Darüber hinaus hat Strawson nach Tugendhat von der raum-zeitlichen Lokalisierung gesprochen, *ohne* sich zu fragen, geschweige denn zu schildern, wie sie tatsächlich funktioniert. Er hat zwar darauf hingewiesen, daß sie für die Identifizierung von wahrnehmbaren Gegenständen grundlegend ist, hat aber nicht überzeugend genug erklärt, *warum* sie grundlegend ist. Auf diese Aspekte der Frage nach der Identifizierung geht Tugendhat ausdrücklich ein und versucht so einen Weg einzuschlagen, der für die *sprachanalytische* Aufarbeitung der Referenz als Akt der Identifizierung geeignet ist.

1.1.5 Die Raum-Zeit-Stellen als Verifikationssituationen

Um sprachanalytisch vorzugehen, nimmt sich Tugendhat die Untersuchung der *Verwendung* der singulären Terme vor, d.h. jener Ausdrücke, die in singulären prädikativen Behauptungen, kurz Prädikationen, in Subjektposition vorkommen. Erst durch die Untersuchung der Verwendung dieser Ausdrücke kann für ihn verständlich gemacht werden, was es heißt, daß man durch sie auf wahrnehmbare Gegenstände referiert. Wir haben bereits gesehen, daß für Tugendhat die Verwendung besagter Ausdrücke - vorausgesetzt, sie ist sinnvoll - immer nur im Kontext von Prädikationen vorkommt und vorkommen kann. Wir haben aber auch gesehen, daß nach Tugendhat die Prädikationen nur dann adäquat behandelt werden, wenn auch gefragt wird, wie man *feststellt,* ob sie wahr sind. In verifikationistischen Bedeutungslehren spielt nämlich die Frage, wie festzustellen ist, ob eine Prädikation wahr ist, eine Schlüsselrolle. Auf dem verifikationistischen Hintergrund ist es verständlich, daß Tugendhat die Frage nach der Verwendung singulärer Terme in Zusammenhang bringt mit den singulären Prädikationen und diese wiederum mit der Frage, wie festzustellen ist, ob sie wahr sind. Die Frage also, wie festzustellen ist, welcher Gegenstand es ist, auf den durch einen bestimmten singulären Term referiert wird, muß eingebettet sein in die Frage, wie festzustellen ist, ob die betreffende Prädikation, in der er verwendet wird, wahr ist.

Um festzustellen, ob eine Prädikation wahr ist, muß man die Verifikationsregel des Prädikats kennen. Man muß aber auch die Situation kennen, in der die Regel angewendet werden soll. Die Angabe dieser Situation, d.h. der Verifikationssituation, kann wiederum nur durch den Ausdruck geschehen, der in Subjektposition vorkommt, d.h. den singulären Term. Die Frage nach der Verifikation der singulären Prädikation verweist also doch wieder zurück auf die Frage nach der Verwendung des singulären Terms.

Die einfachste Verifikationssituation ist sicherlich diejenige, die durch ein Demonstrativum angegeben wird. Die Verifikation kann in diesem Fall unmittelbar durch die Wahrnehmung erfolgen. Durch die Wahrnehmung wird festgestellt, ob an der betreffenden Stelle, auf die der demonstrative Ausdruck verweist, sich ein Gegenstand befindet, auf den das Prädikat, das in der Prädikation vorkommt, zutrifft. Selbst in diesem einfachen Fall setzt aber nach Tugendhat - wie bereits gesehen - die demonstrative Spezifizierung der Verifikationssituation auch ihre Lokalisierung in Raum und Zeit voraus. Man kann sich daher nicht mit der Ansicht begnügen, daß die jeweilige Verifikations- oder Wahrnehmungssituation allein durch die Präsenz des Sprechers und durch die Verwendung eines Demonstrativums seinerseits angegeben wird. Dazu ist auch erforderlich, daß festgestellt wird, welche diese Wahrnehmungssituation relativ zu allen anderen Wahrnehmungssituationen ist. Diese Feststellung ist wiederum nur aufgrund des Raum-Zeit-Gefüges möglich, welches für Tugendhat daher auch als System möglicher Wahrnehmungssituationen oder -positionen bezeichnet wird.

> Das Besondere der raumzeitlichen Relationen für die Spezifizierungsproblematik liegt nicht nur, wie Strawson meinte, in ihrer Universalität, sondern darin, daß es nicht nur gegenständliche Relationen sind, sondern jede Raumzeitstelle eine Wahrnehmungssituation darstellt...Was Strawson übersehen hat, ist, daß das System raumzeitlicher Relationen nicht nur demonstrativ-perzeptiv *verankert* ist, sondern ein *System möglicher Wahrnehmungspositionen*... (T. 415)

Durch demonstrative Ausdrücke und solche, durch die Raum-Zeit-Stellen ausdrücklich angegeben werden, werden daher die verschiedenen Verifikationssituationen für die Prädikate, die in den jeweiligen singulären Prädikationen vorkommen, spezifiziert. Das ist nach Tugendhat mindestens für die erwähnten einfachen singulären Terme "...die besondere Rolle, die ihnen für die Feststellung der Wahrheit prädikativer Sätze zukommt: sie geben die Verifikationssituation an, an der die Verifikationsregel des Prädikats zur Anwendung zu bringen ist." (T. 416)

Tugendhat sieht in diesen Überlegungen auch die Chance, das Anliegen der Transzendentalphilosophie aufzugreifen und es rein sprachanalytisch weiterzuentwickeln. Dabei könnte geklärt werden, wie wahrnehmbare Gegenstände als solche konstituiert werden. Dieses Anliegen soll hier nicht berücksichtigt werden, wohl aber Tugendhats Hinweis, daß eine Wahrnehmungssituation als solche nur durch ihre raumzeitliche Lokalisierung spezifiziert werden kann. Das macht deutlich, warum die raumzeitliche Lokalisierung für die Spezifizierung von Gegenständen grundlegend ist. Einen Gegenstand spezifizieren heißt nämlich nach Tugendhat angeben und verstehen, welcher von allen der gemeinte ist. Um festzustellen, welcher *von allen* der gemeinte ist, muß die Verifikationssituation *relativ* zu allen anderen Situationen bekannt sein. Auf einen wahrnehmbaren Gegenstand referieren heißt also im Sinne Tugendhats, die Verifikationssituation im Gefüge aller möglichen Wahrnehmungssituationen anzugeben, in der die Verifikationsregel des Wahrnehmungsprädikats der jeweiligen Prädikation zur Anwendung gebracht werden soll.

Durch Tugendhats Überlegungen wird deutlich, worin sich der Referenzakt mittels eines singulären Terms, durch den die jeweilige Raum-Zeit-Stelle angegeben wird, von dem unterscheidet, mittels dessen nur eine individuierende Tatsache oder eine ordinale Eigenschaft angegeben wird: Um *festzustellen*, welcher unter *allen* der gemeinte Gegenstand ist, fallen im einen Fall die umständlichen Untersuchungen weg, die an sich im anderen notwendig sind. Um z.B. festzustellen, welcher der höchste Berg der Welt ist, müßten im ersten Fall alle Gegenstände der genannten Art, nämlich die Berge, durchlaufen werden, um herauszufinden, welchem unter ihnen die erwähnte ordinale Eigenschaft zukommt. Diese mühsame Untersuchung ist für den zweiten Fall der objektiv lokalisierenden Kennzeichnungen, durch die ēin Gegenstand aufgrund seiner Raum-Zeit-Stelle spezifiziert wird, nicht erforderlich. Strawson hat nach Tugendhat diesen Unterschied nicht voll erfassen können, weil er das Problem der referentiellen Akte nicht mit der Frage in Verbindung gebracht hat, wie *festzustellen* ist, welcher Gegenstand durch einen sprachlichen Ausdruck identifiziert wird.

> Erst wenn diese Frage gestellt wird, wird deutlich, daß die lokalisierenden Kennzeichnungen und die Kennzeichnungen mittels anderer eindeutiger Relationen, obwohl sie grammatisch dieselbe Form haben - "der so-und-so" -, semantisch völlig anders funktionieren; die gewöhnliche relationale Kennzeichnung gibt ein relationales Merkmal an, mit der Feststellungsanweisung, alle Gegenstände daraufhin zu untersuchen, welchem als einzigem das Merkmal zukommt; die lokalisierende Kennzeichnung hingegen gibt die Situation an, an der ein und nur ein Gegenstand einer Art wahrgenommen werden können soll. (T. 419)

Im ersten Fall ist also - zumindest theoretisch - ein Durchlaufen aller Gegenstände erforderlich, um festzustellen, welcher von allen der vom Sprecher gemeinte Gegenstand ist; im zweiten Fall hingegen ist ein solcher Umweg nicht erforderlich. Das heißt aber nicht, daß die Angabe einer Raum-Zeit-Stelle durch eine lokalisierende Kennzeichnung keinen Bezug auf die anderen Stellen implizieren würde. In beiden Fällen ist der Bezug auf das Raum-Zeit-Gefüge erforderlich. Der volle Unterschied ergibt sich aber aus der Methode der Verifikation. In beiden Fällen referiert der jeweilige Sprecher auf ein einzelnes Ding, indem er es "*als eines von allen*" (T. 423) herausstellt. Um aber festzustellen, welches von allen das gemeinte Ding ist, gibt es in den zwei Fällen einen prinzipiellen Unterschied.

1.2 Referenz und Prädikation

Worin sich Tugendhat und Strawson einig sind, ist die Ansicht, daß die Tätigkeit des Referierens im Kontext der Prädikation behandelt werden muß. Selbst Geach, der den semantischen Primat des Satzes nicht teilt, stellt die Frage nach der Referenz sprachlicher Ausdrücke in den Kontext der Prädikation. Es soll daher in diesem Abschnitt ausführlicher auf das Problem der Prädikation eingegangen werden, wie es hauptsächlich von Strawson und Geach aufgerollt wird.

Schon in "On Referring"[22] weist Strawson darauf hin, daß es einer der Hauptzwecke unserer Verwendung von Sprache ist, Tatsachen von bestimmten Dingen, Personen und Ereignissen auszusagen (stating facts about things) (LLP. 17). Unter den Regeln, die den Gebrauch zur Verwirklichung dieses Zweckes ermöglichen, gibt es zwei verschiedene Grundformen. Zur ersten Form gehören die Regeln, die den referierenden, zur zweiten die Regeln, die den prädikativen (Strawson sagt auch attributiven oder adskriptiven) Gebrauch regeln (LLP. 17). Die erste Gruppe von Regeln ermöglicht und sichert im Fall der singulären Prädikation die Eindeutigkeit der referentiellen Tätigkeit, die zweite die Behauptung, daß ein Ding "so-und-so" ist. (Tugendhat verwendet für diese Tätigkeit auch den Ausdruck 'klassifizieren'.)

Die Erfordernisse für den korrekten referentiellen Gebrauch sind umfangreicher als die für den bloß prädikativen; letztere betreffen nur linguistische Konventionen. Auf die unterschiedlichen Erfordernisse wird noch ausführlich eingegangen (siehe Abschnitt 1.2.4). Hier sei lediglich darauf hingewiesen,

22 P.F. Strawson, On Referring, in: LLP. 1-27.
(Deutsch: Bedeuten, in: Sprache und Analysis. Texte zur englischen Philosophie der Gegenwart. Hg. von R. Bubner. Göttingen 1968, 68-95.)

daß aufgrund der Strawsonschen Ausführungen für den korrekten referentiellen Gebrauch eine Beziehung erforderlich ist zwischen der Sache, auf die referiert wird, und dem Sprecher in der betreffenden Gesprächssituation, in der dieser auf die Sache referiert. Diese für erfolgreiche referentielle Akte vorausgesetzte Beziehung ist vom *Kontext* des Sprechers und der Sprechsituation abhängig: "...the context of utterance is of an importance which is almost impossible to exaggerate" (LLP. 19). Sie kann nicht durch rein sprachliche Untersuchungen aufgrund der Bedeutung sprachlicher Ausdrücke bestimmt werden:

> The requirement for the correct application of an expression in its referring use to a certain thing is something over and above any requirement derived from such ascriptive meaning as the expression may have; it is namely, the requirement that the thing should be in a certain relation to the speaker and the context of utterance. (LLP. 19)

Die hier geforderte Beziehung wird von Fall zu Fall verschieden sein. (Im Grenzfall der referentiellen Verwendung des Ausdrucks "ich" ist die Identität zwischen der Sache, auf die referiert wird, und dem Sprecher, der referiert, erfordert.)

Die Verschiedenheit der geforderten Bedingungen zwischen dem erfolgreichen referentiellen und dem rein prädikativen Gebrauch wird auch aus Strawsons Auseinandersetzung mit Russells Theorie der Kennzeichnungen ersichtlich. Die Erfüllung der Bedingungen für den korrekten prädikativen Gebrauch eines Ausdrucks, der als Prädikat in einer Prädikation verwendet wird, muß Teil dessen sein, was durch die ganze Prädikation behauptet wird. Will z.B. jemand den Ausdruck "ist rot" korrekt verwenden, so wird er ihn nur von den Dingen aussagen dürfen, die tatsächlich rot sind. Die Erfüllung dieser Bedingung geht in den Gehalt der jeweiligen Prädikation ein, d.h. in das, was vom jeweiligen Sprecher behauptet wird. Ist das nicht der Fall, so ist die ganze Prädikation falsch. Die Erfüllung der Bedingungen für den korrekten referentiellen Gebrauch eines Ausdrucks hingegen ist nach Strawson niemals Teil dessen, was den Gehalt der Prädikation oder der prädikativen Behauptung als ganzer ausmacht. Sind die Bedingungen des korrekten referentiellen Gebrauchs nicht erfüllt, so ist die Prädikation als ganze noch nicht falsch. Die Erfüllung derselben Bedingungen ist aber sehr wohl Teil dessen, was von seiten des Sprechers, der den fraglichen Ausdruck referentiell verwendet, mitgemeint, impliziert oder vorausgesetzt ist. Zu sagen, der König von Frankreich sei weise, setzt im Sinn von mitmeinen voraus, daß es einen König von Frankreich gibt, aber nicht mehr (LLP. 13). Wenn jemand einen Ausdruck wie "der so-und-so" gebraucht, um zu referieren, so gibt er zu verstehen, daß er glaubt und annimmt, daß es ein Einzelding gibt, das so-und-so ist. Das besagt aber nicht, daß er diesen Glaubensgehalt in Form eines indirekten Existenzsatzes behauptet. Z.B. zu behaupten, es gebe den Tisch, auf den man referiert, ist etwas ganz anderes als das bloße Referieren auf besagten Tisch. "...referring to or mentioning a particular thing cannot be dissolved into any kind of assertion. To refer is not to assert, though you refer in order to go on to assert." (LLP. 15) Daher sind die prädikativen Behauptungen, in denen der Sprecher auf etwas zu referieren vorgibt, das es nicht gibt, nach Strawson nicht falsch, wie Russell behauptete, sondern ohne Wahrheitswert. Es gibt also verschiedene Bedingungen und Regeln für den korrekten referentiellen und den korrekten attributiven Gebrauch von sprachlichen Ausdrücken. Wenn ein Sprecher die Bedingungen erfüllt und die Regeln befolgt, so wird es für ihn und den Hörer - zumindest prinzipiell - immer eine Antwort auf die Frage geben: "Wovon sprichst du und was sagst du davon aus?"

Es geht hier nicht darum, auf diese Bedingungen und Regeln einzugehen, sondern den Unterschied zwischen beiden Gruppen hervorzuheben. Darauf stützt sich Strawsons grundlegende These von der Verschiedenheit der referentiellen und der attributiven Akte. Für Strawson kommt von Anfang an der Versuch, die Frage nach der Referenz von den Prädikaten her aufzurollen, d.h. vom Zutreffen der Prädikate auf Gegenstände in der Welt, nicht in Frage. Dieser Versuch wird bekanntlich von vielen anderen Autoren unternommen; er ergibt sich auch aus der philosophischen Deutung der Quantorenlogik und wird im zweiten Hauptteil dieser Arbeit ausführlich im Zusammenhang mit Quine behandelt werden. Überdies soll hier noch einmal betont werden, daß es für Strawson die *Sprecher* sind, die referieren und nicht die Ausdrücke selbst. Diese werden von ihnen nur verwendet und ermöglichen somit das Referieren. Für den Zweck der referentiellen Akte gibt es verschiedene Ausdrücke. Diese können aber auch oft für die prädikativen Akte verwendet werden. Es gibt also Ausdrücke, die beide Rollen übernehmen können. Strawson geht es - schon in "On Referring" - darum, die verschiedenen *Rollen* zu untersuchen, die unter Umständen ein und derselbe Ausdruck übernehmen kann.

1.2.1 Unterschied zwischen Referieren und Prädizieren

Die Ansichten über die singuläre Prädikation, die bis jetzt dargelegt worden sind, setzen die grammatikalische Unterscheidung von Subjekt- und Prädikatausdruck voraus. Diese Unterscheidung ermöglicht es, daß die prädikative Tätigkeit von der referentiellen abgehoben werden kann. Die rein grammatikalische Unterscheidung erweist sich aber für den Philosophen als problematisch. Es fragt sich nämlich, ob sie in bezug auf die verschiedenen Sprachen der Menschheit invariant ist oder ob sie sich als solche doch nur aus der faktischen Struktur bestimmter Sprachen ergibt. Eines ist allerdings sicher. Sie ist in ihrer Relevanz für das Problem des Referierens oder der Referenz umstritten. Strawson gibt sich daher in "Individuals" nicht mit gängigen, rein grammatikalischen Unterscheidungen zwischen Ausdrücken in Subjekt- und in Prädikatposition zufrieden. Er sucht nach einem anderen Kriterium und nach Gründen für die Unterscheidung, die nicht auf rein sprachlicher Ebene zu finden sind. Strawson entfernt sich dadurch von der philosophischen Richtung der sog. "Oxford School"[23], die ihr Augenmerk ausschließlich auf die tatsächlich gesprochene Sprache zu richten trachtet. Strawson sucht nach einer metaphysisch anmutenden Unterscheidung zwischen dem, worauf man sich durch eine singuläre Prädikation bezieht, und dem, was man davon prädiziert, d.h. letztlich zwischen Einzeldingen und Universalien. Anhand dieser Gegenüberstellung von Einzeldingen und Universalien, einer Unterscheidung, die er als "kategoriale" bezeichnet, erhofft er sich einen Erklärungsgrund für die rein grammatikalische Unterscheidung zwischen Subjekt- und Prädikatausdrücken und somit auch zwischen der Tätigkeit des Referierens und der des Prädizierens.

Durch das singuläre Prädizieren sagt man etwas von dem Ding aus, worauf man referiert. Man hat somit nach Strawson zwischen dem zu unterscheiden, was man prädiziert, und dem, wovon man es prädiziert. In der Tätigkeit des Prädizierens bringt man somit nach Strawson nicht nur zwei sprachliche Ausdrücke zusammen, sondern durch die Verwendung dieser zwei Ausdrücke auch zwei nicht-sprachliche Elemente:

> ...we bring together or connect, in some way, two different non-linguistic items, or terms[24], in producing the unified thing, the proposition. The two items are that which we ascribe and that to which we ascribe it, that which we predicate and that of which we predicate it... (I. 140)

Wir werden die genaueren Gründe noch sehen, die Strawson zu dieser Annahme führen. Als Gegenüberstellung sei hier nur Searle zitiert, der ebenfalls von der "Oxford School" beeinflußt ist, aber diesen Weg nicht einschlägt:

> Erstens werden bei mir Ausdrücke und nicht Universalien von Objekten

23 Vgl. E. v. Savigny, Die Philosophie der normalen Sprache. Eine kritische Einführung in die "ordinary language philosophy". Frankfurt 1969.

24 Mit "terms" meint Strawson in diesem Zusammenhang keine sprachlichen Ausdrücke, sondern die Sachen (items), die durch sprachliche Ausdrücke "eingeführt" werden: "...anything which is introduced, or can be introduced, into a remark by an expression is a *term*." (I. 146)

> ausgesagt. Ich übernehme diese Konvention, weil mir die Einführung von Universalien sowohl irreführend als auch für die Darstellung der Verwendung prädikativer Ausdrücke unnötig zu sein scheint..., und weil dadurch die Beziehung zwischen dem Begriff der Prädikation und dem Begriff der Wahrheit deutlich wird: von den Ausdrücken, und nicht von den Universalien, läßt sich sagen, daß sie von einem Gegenstand wahrheitsgemäß oder nicht wahrheitsgemäß ausgesagt werden.[25]

Durch die Untersuchung der nicht-sprachlichen Elemente, ihrer Beziehungen untereinander, zielt Strawson auf eine Klärung und Begründung unserer gängigen Unterscheidung zwischen Subjekt- und Prädikatausdrücken ab und darüber hinaus zwischen referentiellen und attributiven Akten. Sein Unterfangen ist ein "metaphysisches". Strawsons "Individuals" ist auch als "metaphysisches" Werk intendiert und von den Kritikern als solches eingestuft: "More than any other single recent work, this book has resurrected metaphysics...as a respectable philosophical enterprise."[26]

Bevor er seine "metaphysische" Begründung des Unterschieds zwischen Referieren und Prädizieren vorbringt, geht Strawson ausführlich auf die Einwände gegen den Unterschied ein. Er fragt, ob nicht doch im Gefolge Ramseys der prinzipielle Unterschied negiert werden könne. Wenn schon durch die Ausdrücke in Subjekt- *und* Prädikatposition "nicht-sprachliche Sachen eingeführt" werden, warum sollte man dann nicht durch beide Ausdrücke referieren können oder warum sollte man sich dann durch das Prädikat nicht auf eine Sache beziehen können, so wie man sich durch das Subjekt auf eine Sache bezieht? Stellt man den grammatikalischen Unterschied zwischen Subjekt und Prädikat in Frage, so beginnt auch der zunächst so einleuchtende Unterschied zwischen Referieren und Prädizieren (oder Adskribieren) zu schwinden. Es ist zwar anzunehmen, daß ein Sprecher, der z.B. den Satz "Raleigh raucht" verwendet, *über* Raleigh spricht und von ihm aussagt, daß er raucht. Strawson fragt sich aber - im Sinne seiner Objektoren -, ob nicht doch Umstände eintreten könnten, in denen es angebracht wäre anzunehmen, der Sprecher spreche über das Rauchen und sage von diesem etwas aus (I. 144). Warum soll es von vornherein verboten sein anzunehmen, der Sprecher könne durch die Verwendung des Ausdrucks "raucht" auch auf das Rauchen referieren?[27] Durch eine prädika-

25 J.R. Searle, Sprechakte. Ein sprachphilosophischer Essay. Frankfurt 1971, 43f.

26 J.R. Searle, Strawson, in: The Encyclopedia of Philosophy VIII, 28.

27 "There is no absolute prohibition on our saying that an assertion made in the words 'Socrates is wise' is an assertion about wisdom or about being wise, and no absolute prohibition on our saying, in such a case, or in any case, that the words 'is wise' stand for being wise or for wisdom." (I. 145)

tive singuläre Behauptung führt der Sprecher nicht nur die Sache ein, über die er spricht oder etwas aussagt, sondern auch die Sache, die er von ersterer prädiziert oder aussagt. Warum sollten nicht beide Klassen von Ausdrücken, Subjekt- und Prädikatausdrücke, insofern als gleichberechtigt angesehen werden, als sie beide nicht-sprachliche Elemente einführen, selbst wenn sie diese auf unterschiedliche Weise einführen? Aufgrund der Ähnlichkeit in der Sacheinführung, die sich nur grammatikalisch unterscheidet, ist man zunächst geneigt - so Strawson (I. 160) -, Ramseys Skeptizismus zu teilen, der einen prinzipiellen Unterschied, der philosophisch relevant wäre, zwischen Subjekt- und Prädikatausdrücken in den jeweiligen Prädikationen überhaupt bestreitet. In der philosophischen Rekonstruktion könnten sich prädikative Behauptungen von bloßen Aufzählungen oder Listen von Sachen dadurch unterscheiden, daß sie einen zusätzlichen Symbolismus enthalten, der angibt, daß die zwei eingeführten Sachen durch die Behauptung miteinander verbunden werden. Es wäre auch ganz irrelevant, welchem der zwei Teile eines prädikativen Satzes besagter Symbolismus vorangestellt würde. Relevant wäre nur die Angabe, daß es sich nicht um eine Liste, sondern um eine *Verbindung* von zwei Sachen handelt.

Die rein grammatikalischen Unterschiede oder die verschiedenen Stile, durch die in einer prädikativen Behauptung Dinge eingeführt werden, reichen nicht aus, um den prinzipiellen Unterschied zwischen referentiellen und prädikativen Akten zu rechtfertigen. Rein oberflächlich gedacht, scheint es auch keine ausreichenden Gründe dafür zu geben, sich nicht an die Lehre zu halten (die von Geach als "Zwei-Namen-Theorie" apostrophiert wird), nach der sowohl durch Ausdrücke in Subjekt- als auch durch solche in Prädikatposition referiert wird. Strawson selbst versucht Gründe gegen diese Auffassung in der Aufarbeitung der Unterschiede zwischen den Typen von Sachen, die durch Prädikationen oder Urteile eingeführt werden, zu finden. Obwohl er nämlich in beiden Fällen von Sach-Einführung spricht, verteidigt er den modernen Standpunkt, daß nur durch Ausdrücke in Subjektposition im eigentlichen Sinne referiert wird[28]. Vor der Besprechung der Argumentation Strawsons soll aber noch Geachs originelle Kritik der sogenannten "Zwei-Namen-Theorie" dargelegt werden.

28 Loux gibt den Standpunkt Strawsons so wieder, als wären diese Unterschiede lediglich terminologischer Art sein. Vgl. M.J. Loux, Substance and Attribute. A Study in Ontology. Dordrecht 1978, 27-31.

1.2.2 *"Adams Sündenfall": Geach gegen die "Zwei-Namen-Theorie" der Prädikation*

Nach der von Geach als "Zwei-Namen-Theorie" bezeichneten Auffassung haben sowohl Ausdrücke in Subjekt- als auch in Prädikatposition Referenz. Diese Auffassung lehnt Geach aufs entschiedenste ab. Er bringt sie insofern mit Adams Sündenfall in Verbindung, als sie nach ihm von Anfang an, nämlich seit Aristoteles, die Geschichte der Logik verdunkelt hat. Wie die Bibel die Übel in dieser Welt auf die Folgen des Sündenfalls Adams zurückführt, so führt Geach viele Übel in der Geschichte der philosophischen Logik auf den Sündenfall des Aristoteles zurück. In ihm sieht er die Wurzeln und den Ursprung der "Zwei-Namen-Theorie":

> Aristotle, like Adam, began right, but soon wandered into a wrong path, with desastrous consequences for his posteriority. (LM. 44)[29]
> Aristotle's going over to the two-term theory was a disaster, comparable only to the Fall of Adam. (LM. 47)

Nach Geach hat die "Zwei-Namen-Theorie" hauptsächlich im Mittelalter, das sich zwar durch sein hohes Niveau der logischen Untersuchungen auszeichnet, verheerende Folgen gezeitigt. Im MA wurde viel über die Frage nach der Referenz gearbeitet; die Ergebnisse davon wurden in den Lehren der sogenannten *Suppositionen* wiedergegeben. Mit dem Ausdruck "suppositio" meinten die mittelalterlichen Autoren das, was Analytiker unter Referenz verstehen.

> The medieval term for what I call the mode of reference of a referring phrase was *'suppositio'* (apparently in origin a legal term meaning 'going proxy for'); Aquinas and Ockham say quite indifferently that a term *supponit pro,* has *suppositio* for, and that it *stat pro,* stands for, one or more objects. (RG. 56)[30]

Nimmt man an, daß auch die Prädikatausdrücke Referenz haben, so wird man fragen, worauf sie referieren, was die jeweilige Sache ist, auf die sie referieren oder die sie als Referenzobjekt haben. Das entspricht dem mühsamen Ringen des MAs um Antworten auf die Frage, wofür die Prädikate in den verschiedenen Urteilen supponieren. Verschiedene Distinktionen haben zwar dazu beigetragen, eklatante Widersprüche zu vermeiden, aber die eigentliche Lösung zu vereiteln,

29 P.T. Geach, History of the corruptions of logic, in: Logic Matters. Oxford 1972, 44-61.
Kurztitel: LM.

30 P.T. Geach, Reference and Generality. An Examination of Some Medieval and Modern Theories. Ithaca 1962.
Kurztitel: RG.

die nach Geach darin besteht, daß Prädikate in einem Urteil nie supponieren. Es hat keinen Sinn zu fragen, wofür ein Prädikat supponiert, wohl aber, wofür ein Subjekt supponiert, obwohl auch in diesem Fall, wie wir noch sehen werden, Vorsicht geboten ist. "...it seemed absurd to ask which dog or dogs the word 'dog' referred to in 'Jemina is (isn't) a dog', but not absurd to ask this when the word occured as a grammatical subject..." (RG. 22)

Hier sollen zunächst einige terminologische Klarstellungen vorgenommen werden: Anstelle von "Subjekt-" und "Prädikatausdruck" oder "Ausdruck in Subjekt- und Prädikatposition" verwendet Geach schlicht "Subjekt" und "Prädikat". Damit meint er nur sprachliche Gebilde. Er würde von einem existierenden Menschen niemals sagen, er sei Subjekt einer prädikativen Behauptung. Subjekt kann nur der sprachliche Ausdruck sein, der sich auf ihn bezieht. Dasjenige allerdings, wovon das jeweilige Prädikat ausgesagt wird, ist nicht das Subjekt, sondern das durch das Subjekt bezeichnete Ding. Will man z.B. sagen, "Petrus war ein Apostel", so will man von Petrus und nicht vom sprachlichen Zeichen "Petrus" sagen, daß er Apostel gewesen ist. Was prädiziert oder ausgesagt wird, ist allerdings das Prädikat und nicht etwas Obskures, das dadurch bezeichnet würde. Geachs Sprachregelung, welche jedoch mehr ist als eine bloße Regelung, sieht so aus: Ein Prädikat wird einem Subjekt *beigefügt* (attached), es wird aber von diesem nicht prädiziert; prädiziert wird es von dem, worauf das Subjekt referiert. Das Prädikat referiert auf nichts, kann aber auf Dinge *zutreffen* (apply) oder - wörtlich aus dem Englischen übertragen - von diesen wahr sein (be true of). Wenn eine prädikative Behauptung wahr ist, so trifft das Prädikat, das in ihr vorkommt, auf das Ding zu, auf welches das Subjekt referiert[31].

Die Relation des Zutreffens ist nach Geach schärfstens von der Relation der Referenz zu trennen. Von einem Prädikat kann nicht gesagt werden, daß es auf dasjenige referiert, worauf es zutrifft. Die Verschiedenheit der Relationen ergibt sich schon allein aus bestimmten Eigenarten[32] formaler Natur,

31 "*A predicate* is an expression that gives us an assertion about something if we attach it to another expression that stands for what we are making the assertion about. A *subject* of a sentcence S is an expression standing for something that S is about, S itself being formed by attaching a predicate to that expression." (RG. 23)

32 Auch Strawson geht ausführlich auf die formalen Unterschiede zwischen Subjektausdrücken und Prädikatausdrücken ein. Im Gegensatz zu Geach werden aber diese Unterschiede von ihm nicht als Begründung für die prinzipielle und radikale Differenz zwischen den zwei Gruppen von Ausdrücken herangezogen. Für Strawson sind die Unterschiede erklärungsbedürftige Erscheinungen unserer Sprache.

die die Subjekte und die Prädikate in ihren wechselseitigen Beziehungen charakterisieren. Die formalen Eigenarten sind derart, daß man bestimmte Operationen mit der einen Gruppe von Ausdrücken, aber nicht mit der anderen durchführen kann. Wenn z.B. eine Aussage negiert wird, so kann die Negation auf das Prädikat übertragen werden, aber nicht auf das Subjekt. Für Prädikate gibt es immer ihr eigenes Kontradiktorisches, aber nicht für Subjekte[33].

Es gibt aber zwischen Subjekt und Prädikat nicht nur diese formalen Unterschiede. Geach weist z.B. auch auf ihren Unterschied in bezug auf die "Zeit-Qualifikation" hin. Die Subjekte sind insofern zeitlos, als sie, wenn sie einmal eingeführt wurden, immer verwendet werden können: mit anderen Worten, die Relation zwischen dem Subjekt und dem dadurch bezeichneten Gegenstand ist zeit-invariant[34]. Wir können z.B. sehr wohl fragen, wann Augustus geboren wurde, obwohl der Name "Augustus" ihm erst in hohem Alter zuteil wurde. "...once the name 'Augustus' has come into use, it relates to Augustus throughout his career, and still serves to name him though he is long dead." (LM. 45) Die Relation des Zutreffens hingegen, die zwischen dem Prädikat und dem, worauf es zutrifft, besteht, ist zeit-bedingt. Wir können immer fragen, von wann bis wann das Prädikat auf dasjenige zutrifft, worauf sich das Subjekt bezieht.

Um die grundsätzliche Verschiedenheit zwischen Subjekt und Prädikat und die dementsprechende Verschiedenheit zwischen der Relation der Referenz und des Zutreffens aufzuzeigen, greift aber Geach hauptsächlich die sogenannte "Zwei-Namen-Theorie" an: Gerade weil diese den prinzipiellen Unterschied nicht wahrnehme, sei sie von inneren Unstimmigkeiten gekennzeichnet und in eine Sackgasse geraten. Obwohl Geach Aristoteles des ersten Sündenfalls in bezug auf die Deutung des Funktionierens der Prädikate beschuldigt, gibt er selbstverständlich zu, daß Aristoteles an vielen Stellen des "Organon" den radikalen Unterschied zwischen Subjekt und Prädikat akzeptiert, ja selbst auf diesem aufbaut. Geach meint aber, er habe sich - fasziniert durch die Erfolge seiner Syllogistik - in die Irre führen lassen. Was Aristoteles nach Geach verleitet hat, ist die Tatsache, daß der "mittlere Term" in verschiedenen Syllogismen

33 "...predicables always occur in contradictory pairs; and by attaching such a pair to a common subject we get a contradictory pair of propositions. But we never have a pair of names so related that by attaching the same predicates to both we always get a pair of contradictory propositions." (RG. 32)

34 Hier wird ein Problem angeschnitten, das im dritten Hauptteil der Arbeit im Zusammenhang mit der Frage nach den Existenz- und Kontinuitätsbedingungen behandelt wird (siehe Abschnitt 3.5.3).

in Subjekt-, aber auch in Prädikatposition vorkommt und umgekehrt[35]. Man kann nämlich einen Term von der einen Position in die andere transponieren. Geach weist aber darauf hin, daß man dabei nicht übersehen darf, daß gerade durch die Transposition sich sein Sinn und seine Funktion ändern: "It is logically impossible for a term to shift about between subject and predicate position without undergoing a change of sense as well as change of role." (LM. 48) Übersieht man die Verschiebung der Funktionen eines Terms, wenn er von der einen in die andere Position transponiert wird, wird man dazu neigen anzunehmen, die Terme in Prädikatposition referierten so wie die in Subjektposition. Die Prädikation wird man dann konsequenterweise als eine Zusammenfügung von zwei referierenden Termen deuten und sie dann und nur dann als wahr ansehen, wenn beide Terme auf dasselbe referieren, oder - wie man im MA sagte - für dasselbe supponieren. Gibt man die Wahrheitsbedingungen in Form der erwähnten Bi-Subjunktion an, so setzt man allerdings die Referenz in Abhängigkeit von der Wahrheit oder Falschheit des jeweiligen Satzes, und das ist problematisch[36]. Die Referenz eines Terms kann nicht von der Wahrheit oder von der Falschheit der Sätze abhängig sein, in denen er vorkommt. Die Wahrheit oder Falschheit eines Satzes setzt nämlich Referenz voraus; den Wahrheitswert des Satzes kann man nur dann feststellen, wenn schon fix ist, wovon er handelt. Zu sagen, die beiden Terme einer Prädikation supponieren für dasselbe nur dann, wenn die Prädikation wahr ist, ist somit trügerisch. Es verletzt das sogenannte Buridansche Gesetz:

> A principle that I have repeatedly used to eliminate false theories of reference is the principle that the reference of an expression E must be specifiable in some way that does not involve first determining whether the proposition in which E occurs is true. The first explicit statement of this principle that I have found is in Buridan's *Sophismata*... (RG. xi)

Es gibt ferner Schwierigkeiten, die sich unabhängig von den Folgen aus der Verletzung des Buridanschen Gesetzes ergeben. Selbst dann, wenn man an-

35 "...it is impossible on the new doctrine for any term to be essentially predicative; on the contrary, any term that occurs in a proposition predicatively may be made into the subject-term of another predication. I shall call this 'Aristotle's thesis of interchangeability'; his adoption of it marks a transition from the original name-and-predicable theory to a *two-term* theory." (LM. 47)

36 "I suppose somebody might try saying that in 'Jemina is a cat' 'cat' stands for Jemina, because the proposition is true. But what the names in a proposition stand for cannot be determined by whether the proposition is true or false: on the contrary, we can determine whether the proposition is true only when we know what it is about, and thus what the names contained in it do stand for." (RG. 35)

nimmt, das Prädikat einer wahren Aussage supponiere für dasselbe wie das Subjekt, hat man Schwierigkeiten anzugeben, was dieses selbe Referenzobjekt sei. Die Aussage "Sokrates wurde Philosoph" z.B. ist wahr; "Philosoph" müßte also für dasselbe wie "Sokrates" supponieren, aber "...if Socrates did become a philosopher, he certainly did not become Socrates, nor did he become any other philosopher, say Plato; so 'philosopher' does not stand for a philosopher - it does not serve to name a philosopher." (RG. 35)

Wird angenommen, daß ein prädikativer Satz aus zwei referierenden Termen besteht, so muß auch angenommen werden, daß es ein verbindendes Element gibt, das die zwei Terme zusammenfügt. Eine reine Aufzählung von zwei Sachen durch zwei Terme kann - worauf auch Strawson hingewiesen hat - keinen prädikativen Satz ergeben. Sie kann auch kein verständliches Stück menschlicher Rede sein. Das geforderte Element für die Zusammenfügung der zwei Terme wird von den Vertretern der "Zwei-Namen-Theorie" in der *Copula* gesehen. In einer der Varianten der "Zwei-Namen-Theorie" entspricht die Copula dem Identitätszeichen: das Referenzobjekt von "Sokrates" in der wahren Aussage "Sokrates ist Philosoph" z.B. ist identisch mit dem Referenzobjekt von "Philosoph". Die Copula "ist" gibt diese Identität an. In einer anderen Variante entspricht die Copula dem Inklusionszeichen zwischen Klassen. Diese Variante deutet die Terme einer Prädikation als auf Klassen referierend (LM. 53). Danach würde "Sokrates" in "Sokrates ist ein Philosoph" auf die Einserklasse referieren, deren einziges Element Sokrates ist, und "Philosoph" auf die Klasse aller Philosophen. Der Satz würde aussagen, daß die Einserklasse Sokrates eine Teilklasse der Klasse aller Philosophen ist. Ein Satz wie "Jeder Logiker ist Philosoph" würde ebenfalls aussagen, daß die Klasse der Logiker - die mehr als ein Element enthält - eine Teilklasse der Klasse der Philosophen ist. Allerdings selbst dann, wenn man annimmt, diese mengentheoretischen Umschreibungen seien, was den Aussagegehalt betrifft, mit den umschriebenen Sätzen äquivalent, darf man nicht annehmen, auch ihre Bestandteile seien untereinander äquivalent. Man ist nämlich geneigt, die umgangssprachlichen Sätze und ihre mengentheoretischen Umschreibungen aufzugliedern und Äquivalenzen zwischen ihren Bestandteilen zu vermuten, daß nämlich die Subjekte und die Prädikate der Sätze der ersten Gruppe mit den Subjekten und Prädikaten der Sätze der zweiten Gruppe äquivalent sind. Diese angeblichen Äquivalenzen werden zur Stützung der Zwei-Klassen-Variante der "Zwei-Namen-Theorie" herangezogen. Den unbegründeten Übergang von den ersten Äquivalenzen auf die zweiten nennt Geach "Aufgliederungsfehlschluß" (segmentation-fallacy). Selbst dann also, wenn man z.B. annimmt, "Jeder Logiker ist ein Philosoph" sei - was den Aussagegehalt betrifft - äquivalent mit "Die Klasse der Logiker ist eine Teilklasse der Philosophen", ist man nicht berechtigt anzunehmen, "Jeder Logiker" sei mit "Die Klasse der Logiker" insofern äquivalent, als beide Ausdrücke für dasselbe supponierten oder auf dasselbe referierten. "...surely 'every logician' is not at all equivalent to 'the class *logicians'* - and even if it were, why is 'the class *philosophers'* made out equivalent not to *'every Philosopher'* but to 'a philosopher'?" (LM. 55f)

Die Zwei-Klassen-Variante der "Zwei-Namen-Theorie" ist nach Geach Nährboden für weitere Fehldeutungen und Fehlauffassungen von Referenz. Hier sei nur diejenige erwähnt, die Geach im Gefolge Freges die mechanistische oder auch quantifizierende Auffassung nennt. Sie besteht darin, von den Applicativa[37], d.h. von Ausdrücken wie "alle", "einige", "die meisten", "keine" usw., anzunehmen, sie gäben an, auf *wieviele* Elemente der jeweiligen Klassen die ihnen beigefügten Ausdrücke referieren. Noch krasser ausgedrückt: die Vertreter dieser Auffassung meinen, "alle Menschen" referiere auf die Klasse *aller* Menschen; "einige Menschen" auf eine echte *Teil*klasse davon, und "keine Menschen" auf die Nullklasse[38].

Geach versucht, die formal-sprachlichen Unterschiede zwischen den Ausdrücken in Subjekt- und denen in Prädikatposition und die Unterschiede zwischen den Operationen, die mit den einen, aber nicht mit den anderen Ausdrücken vollzogen werden können, herauszuarbeiten. Er versucht, auch die inneren Unstimmigkeiten der "Zwei-Namen-Theorie" hervorzuheben und diese als eine unhaltbare Theorie bloßzustellen, um dadurch die "absolute category-difference" zwischen Subjekten und Prädikaten zu verteidigen und zu begründen. Nicht so Strawson: Dieser stellt die Unterschiede zwischen den Ausdrücken und den Operationen, die man mit ihnen vollziehen kann, fest. Er stellt aber andererseits auch eine Plausibilität der Ansicht fest, daß durch eine Prädikation zwei verschiedene nicht-sprachliche Elemente "eingeführt" und miteinander verknüpft werden. Die Unterschiede müssen erklärt und es muß aufgezeigt werden, was "Einführung" nicht-sprachlicher Elemente heißt.

37 Von den Applicativa wird im Zusammenhang mit Geach noch ausführlich die Rede sein: siehe Abschnitt 1.7.2.

38 "In many universities and many countries, good logic is a subject of active research; though other places are still planged in Egyptian or Cimmerian darkness. The restitution of genuine logic is due to two men above all: Bertrand Russell and Gottlob Frege. To Frege we owe it that modern logicians almost universally accept an absolute category-difference between names and predicables; this comes out graphically in the choice of letters from different founts of type for the schematic letters or variables answering to these two categories." (LM. 59)

1.2.3 Strawsons "kategoriale Begründung" der Subjekt-Prädikat-Unterscheidung

Strawsons Ausgangspunkt ist - wie gesehen - ein erkenntnistheoretisch realistischer. Die Annahme, daß es dreidimensionale Gegenstände gibt, die unabhängig von uns existieren und die wir wahrnehmen können, gehört zu den Grundzügen unserer Art zu denken. Dazu gehört aber nach Strawson auch die Annahme, daß es allgemeine *Begriffe*[39] gibt: In unserem Gedankengefüge nehmen sie eine Schlüsselposition ein. Wir brauchen allgemeine Begriffe, um unseren Gedanken über die Wirklichkeit Gestalt zu verleihen und brauchen sie sogar schon, um überhaupt wahrnehmen zu können. Die Sinneserfahrung allein ist bekanntlich blind[40]. Durch die Sinneserfahrung nehmen wir aber sehr wohl *Exemplifizierungen* von allgemeinen Begriffen wahr, d.h. einzelne Vorkommnisse oder einzelne Fälle davon (SaP. 14)[41]. Die Einzelfälle ein und desselben Begriffs können wir durch die Sinneserfahrung wahrnehmen und als untereinander, trotz ihrer Ähnlichkeit, verschieden erkennen. Wir können sie also voneinander abheben und sie als einzelne wahrnehmen. Der Ermöglichungsgrund dafür ist das Raum-Zeit-Gefüge. Die einzelnen Exemplifizierungen sind untereinander raum-zeitlich getrennt[42]. Strawson nimmt sich vor, die wechselseitigen Verhältnisse zwischen den raum-zeitlich bestimmten Einzeldingen, den Exemplifizierungen der Begriffe nämlich, und den allgemeinen Begriffen selbst zu untersuchen. Dabei will er zeigen, daß es zwischen diesen zwei Kategorien von Elementen grundlegende Asymmetrien gibt. Diese werden dann von ihm herangezogen, um die Asymmetrien zwischen den Subjekt- und den Prädikatausdrücken und den Unterschied zwischen den Operationen, die man mit den einen, aber nicht mit den anderen vollziehen kann, zu erklären und zu begründen.

39 Im Umgang mit dem Ausdruck "Begriff" ist Vorsicht geboten. Damit wird viel Unfug getrieben, dennoch: "That thought about the world involves general concepts is a truth, or platitude, which most philosophers accept, however much they may differ in the account they whish ultimately to give of it." (SaP. 14) (Siehe Anm. 41).

40 Eines der Hauptwerke Strawsons setzt sich mit Kant auseinander: P.F. Strawson, The Bounds of Sense. An Essay on Kant's Critique of Pure Reason. London 1966.

41 P.F. Strawson, Subject and Predicate in Logic and Grammar. London 1974. Kurztitel: SaP.

42 "...the framework of experience is spatio-temporal, and the notion of different particular instances of a general concept, encounterable and distinguishable in experience, is linked to the notion of particular items distinguishable and relatable in the spatial and temporal terms of that framework." (SaP. 16)

Sobald von Begriffen oder Universalien die Rede ist, ist man geneigt, einen gefährlichen Begriffsrealismus zu wittern. Es gibt tatsächlich viele Stellen in Strawsons Schriften, die diese Vermutung nähren. Strawson spricht aber auch von Begriffen als Prinzipien des Zusammenfassens, weil wir durch sie bestimmte Einzeldinge zusammenfassen und von ihnen aussagen, daß sie unter bestimmten Rücksichten übereinkommen; und als Prinzipien des Trennens, weil wir - wie wir noch in der Besprechung der sortalen Ausdrücke sehen werden - durch sie die Einzeldinge, die unter bestimmten Rücksichten übereinkommen, voneinander auch trennen und zählen können. Der Grundtenor der Bemerkungen, die Strawson macht, weist allerdings darauf hin, daß er die allgemeinen Begriffe (Universalien) als uns vorgegebene Entitäten betrachtet, die nicht nur Prinzipien sind, die unser Sprechverhalten regeln (SaP. 17. I. 167). Die verständlichen Bedenken gegen unberechtigte Hypostasierungen und eine Vermehrung der Entitäten sollten auf alle Fälle nicht den Blick für wertvolle Hinweise verstellen, die Strawson in der Behandlung des Problems der Prädikation gibt. Die Einzeldinge sind in Raum und Zeit eindeutig bestimmt. Die Universalien hingegen sind raum-zeitlich unbestimmt, sie können daher nicht lokalisiert werden: "...it makes dubious sense to say of some general things...that they are in any place, let alone in many..." (LLP. 30)[43]

Nach Strawson gibt es allerdings auch zwischen den Universalien Relationen, die den räumlichen Relationen ähnlich sind. Es sind dies zunächst die Relationen der *Inklusion* und der *Inkompatibilität.* Daher kann Strawson sagen, die Universalien kommen in Bereichen *geordnet* vor; "*general characters* come in exclusiveness/involvement groups..." (LLP. 112)[44]. Die Begriffe, bzw. die allgemeinen Charakterzüge eines Löwen, Tigers, Panthers usw. gehören z.B. alle einem Bereich an, nämlich dem der katzenartigen Tiere. Der Charakterzug eines Panthers schließt also den des katzenartigen Tieres ein (Inklusion). Die Begriffe gelb, rot, blau usw. gehören einem anderen Bereich an, dem der Farben nämlich[45].

43 P.F. Strawson, Particular and General, in LLP. 28-52.

44 P.F. Strawson, The Asymmetry of Subjects and Predicates, in LLP. 98-115.

45 Nach Strawson kann man bildlich sagen, was die Begriffe innerhalb eines Bereiches voneinander trennt oder unterscheidet, sei der Ort oder die Stelle, die sie im jeweiligen Bereich einnehmen:
"What ultimately differentiates one concept from another in the range is just the space that it occupies in the range. But of course a logical space is not a space. What is meant is that the concepts of a range are principles of distinction among the particulars that come within the range, and are in logical competition with other members of the range troughout their field of application to particulars." (SaP. 18)

Strawson betrachtet die Relationen, die unter den Universalien bestehen, "vis-à-vis" zu den Einzeldingen, die sie exemplifizieren: Wenn von einem Einzelding ausgesagt wird, es exemplifiziere ein Universale, so folgt, daß andere Universalien nicht mehr von diesem selben Einzelding exemplifiziert werden können, nämlich diejenigen, die damit inkompatibel sind. Wenn hingegen von einem Universale ausgesagt wird, es komme in einem Einzelding exemplifiziert vor, so folgt daraus nicht, daß andere Einzeldinge dasselbe Universale nicht mehr exemplifizieren könnten. Wenn ich von einem ganz bestimmten Einzelding in meinem Raum aussage, es sei eine Katze, so kann ich z.B. das Universale Hund nicht mehr vom besagten Ding aussagen. Wenn ich aber vom Universale Katze aussage, es komme exemplifiziert in meinem Raum vor, insofern es in meinem Raum einen Einzelfall vom Universale Katze gibt, so folgt daraus nicht, daß andere Einzeldinge unmöglich Exemplifizierungen vom Universale Katze sein könnten. Diese Asymmetrie ergibt sich aus der Relation der Inkompatibilität, die zwischen Universalien gegenüber den Einzeldingen besteht oder bestehen kann, aber nicht zwischen den Einzeldingen, die sie exemplifizieren, gegenüber den Universalien[46]. Zwischen den Universalien gibt es gegenüber den Einzeldingen nicht nur Relationen der Inkompatibilität, sondern auch verschiedene andere von größerer und geringerer Komplexität. Dazu gehören die Beziehungen der notwendigen und hinreichenden Bedingungen. Derlei Beziehungen bestehen zwischen den Einzeldingen gegenüber den Universalien nicht. Wird einem Einzelding ein bestimmtes Universale zugesprochen, so wird dieses selbe Ding Universalien exemplifizieren müssen, die als notwendige oder hinreichende Bedingungen für das Zusprechen des betreffenden Universale gelten. Wird von einem Einzelding in meinem Raum ausgesagt, es sei eine Katze, so muß es z.B. als notwendige Bedingung dafür das Universale Haustier exemplifizieren. Solche Beziehungen notwendiger und hinreichender Bedingungen bestehen zwischen Universalien gegenüber den Einzeldingen, aber nicht zwischen Einzeldingen gegenüber den Universalien[47].

46 "Every general charakter competes for location, in any and every particular individual it might belong to, with some other general character. But it is not the case that every particular individual competes for possession of any and every general character it might possess with some other particular individual. Indeed no particular individual does so. We might speak of this asymmetry as asymmetry between particulars and general characters of particulars in respect of the possession of incompatibility-ranges." (LLP. 102)

47 "It is not the case that *any* particular individual at all is such that, whatever general character is presented as assigned to it, either there is some other individual (or individuals) the possession by which of the

Universalien oder allgemeine Begriffe kommen in bezug auf Einzeldinge in Bereichen *geordnet* vor. Die Ordnung ergibt sich aus den Beziehungen, die zwischen den Universalien bestehen. Diese können Beziehungen der Exklusion oder Inkompatibilität, der Inklusion, der notwendigen und hinreichenden Bedingungen usw., sein. Einzeldinge hingegen sind zwar raum-zeitlich geordnet, insofern sie raum-zeitlich eindeutig bestimmt sind, sie weisen aber in bezug auf die Universalien, die sie exemplifizieren, keine derartige Ordnung oder derartige Beziehungen untereinander auf.

Nach Strawson ist dieses unsymmetrische Verhalten der "Sachen", die durch eine Prädikation in die Rede "eingeführt" werden, *Erklärungsgrund* für die ungleichen Operationen, die mit den Ausdrücken in Subjekt- und in Prädikatposition vorgenommen werden können: "...the asymmetries just discussed, of particular and concept, may explain the formal differences, earlier set out, of subject and predicate." (SaP. 20) Obschon nach Strawson sowohl durch Subjekt- als auch durch Prädikatausdrücke "Sachen" "eingeführt" werden, gibt es einen prinzipiellen Unterschied zwischen Referieren und Prädizieren. Dieser Unterschied läßt sich durch die grundlegende kategoriale Verschiedenheit zwischen den "eingeführten Sachen", d.h. zwischen den Einzeldingen und den Universalien, erklären und begründen.

Welcher Art sind nun die durch die Prädikationen ausgedrückten "Bindungen" zwischen den "Sachen", die durch die Subjekt- und die Prädikatausdrücke "eingeführt" werden? Wenn Strawson in diesem Zusammenhang von "Bindungen" spricht, so möchte er diese von gewöhnlichen Relationen wie "...ist Vater von..." oder "...ist größer als..." abheben. Daher nennt er sie "nicht-relationale Bindungen" (non-relational-ties). Die erste grundlegende Art davon besteht in einer Bindung zwischen einem Einzelding und einem *Art*universale. Sie wird durch Redewendungen zum Ausdruck gebracht wie "...gehört zur Art...", "...ist ein Einzelfall von...", "...ist ein Exemplar aus..." oder ganz einfach "...ist ein...". Durch Prädikationen, in denen solche Redewendungen vorkommen, wird also eine nicht-relationale, aber prädikative Bindung zwischen einem Einzelding und einem Artuniversale ausgedrückt (I. 169). Die zweite grundlegende Art sieht Strawson

specified character would be *sufficient* for the assigned individual's possession of that character or there is some other individual (or individuals) the possession by which of the specified character would be *necessary* for the assigned individual's possession of that character. We might speak of this asymmetry as asymmetry between particulars and general characters of particulars in respect of the possession of sufficient and/or necessary conditions." (LLP. 103)

in der "nicht-relationalen Bindung" zwischen einem Einzelding und einem *charakterisierenden* Universale. Die charakterisierenden Universalien fallen unter die alten Kategorien der Akzidentien im Unterschied zu jener der Substanz. Diese Art der Universalien wird im Normalfall durch die verbal-adjektivische Form des Prädikats signalisiert.

Aufgrund der Asymmetrien zwischen Einzeldingen und Universalien und aufgrund der Hauptarten von "nicht-relationalen Bindungen", die in einer prädikativen Aussage behauptet werden, versucht Strawson den Sinn der Prädikation folgendermaßen zu umschreiben:

> ...the primary sense of 'y is predicated of x' is 'x is asserted to be nonrelationally tied to y' either as an instance of y or as characterized by y. In view of the senses we have given to 'is an instance of' and 'is characterized by', this amounts to *ruling* that universals can be predicated of particulars, but not particulars of unniversals. (I. 171)

1.2.4 Bedingungen für erfolgreiches Referieren und Prädizieren

Obschon Strawson die Prädikation als "Bindung" zwischen zwei "Sachen" deutet, die durch die Ausdrücke in Subjekt- und Prädikatposition "eingeführt" werden, vermeidet er die Extreme der "Zwei-Namen-Theorie". Den prinzipiellen Unterschied zwischen Referieren und Prädizieren begründet er einerseits durch Rekurs auf die Unterschiede zwischen Einzeldingen und Universalien, andererseits aber auch durch Rückgriff auf die verschiedenen Bedingungen für erfolgreiches Referieren und Prädizieren.

In "Individuals" betont Strawson, daß die Sacheinführung in beiden Fällen insofern mit Identifizierung zu tun hat, als sie angibt, welches Einzelding und welches Universale durch die Prädikation verbunden, oder besser gesagt, als in einer nicht-relationalen Bindung stehend vom Sprecher intendiert sind:

> "*...term*-introduction, in either mode, essentially involves the idea of identification.* The term*-introducing expression indicates, or is meant to indicate, what term* (*which* particular, *which* universal) is introduced by its means." (I. 181) [*=Sache]

Die Bedingungen und Voraussetzungen für die zwei Typen von Sacheinführung oder Identifizierung im weiten Sinn sind aber verschieden.

Notwendige Bedingungen für die geglückte Einführung eines Einzeldings sind zunächst folgende: Es gibt das vom Sprecher intendierte Einzelding in dem Sinn, daß es raum-zeitlich lokalisierbar ist - eine Bedingung, die für die Einführung eines Universale nicht gilt, da Universalien raum-zeitlich nicht lokalisierbar sind -; es gibt ein Einzelding, das der jeweilige Hörer als das vom Sprecher gemeinte ansieht und das mit dem vom Sprecher intendierten identisch ist (I. 181). Damit nun das Einzelding auch vom Hörer identifiziert werden kann, braucht es Beschreibungen, wie sie in dieser Arbeit im Teil über die Identifizierung angegeben wurden - kennzeichnende Beschreibungen, die ihrerseits lokalisierende Beschreibungen voraussetzen. Im Normalfall wird sich allerdings der Sprecher zu Recht auf den Kontext der Sprechsituation verlassen, der die Verständigung erleichtert und eine eindeutige Beschreibung des zu identifizierenden Gegenstandes oft überflüssig macht. Der jeweilige Sprecher muß aber trotzdem - zumindest prinzipiell - in der Lage sein, eine Beschreibung anzuführen, die eindeutig und ausschließlich auf das von ihm intendierte Einzelding zutrifft. Die kennzeichnende Beschreibung darf und kann nicht in der Redewendung bestehen "dasjenige, was ich im Sinn habe", da das eine private und keine intersubjektiv zugängliche Beschreibung ist. Strawson betont, daß der Sprecher selbst dann in der Lage sein muß, eine kennzeichnende Beschreibung zu geben, wenn er einen Eigennamen verwendet, um auf den intendierten Gegenstand zu referieren[48]. Sollte er dazu nicht in der Lage sein, so wüßte er nicht, was die Sache ist, auf die er zu referieren beabsichtigt. (I. 181f) Er muß - zumindest prinzipiell - die Frage beantworten können, welches der Einzeldinge er durch den Ausdruck in Subjektposition einzuführen intendiert. Dazu muß er eine *kennzeichnende Tatsache* (individuierende Tatsache) kennen, d.h. eine empirisch wahre Aussage über das Ding, die es eindeutig und ausschließlich kennzeichnet. Ähnliches gilt für den Hörer. Auch der Hörer muß eine kennzeichnende Tatsache über das Ding kennen, von dem er glaubt, daß sich der Sprecher darauf bezieht. Die Tatsache, die der Hörer zu kennen hat, muß nicht identisch sein mit der, die der Sprecher kennt. Soll aber die Verständigung zwischen Sprecher und Hörer in bezug auf die Sacheinführung durch den Ausdruck in Subjektposition glücken, so muß das Einzelding, auf das die kennzeichnenden Tatsachen zutreffen, dasselbe sein.[49] Die Einführung eines Universale dagegen, durch das ein Einzelding charakterisiert oder das durch ein Einzelding exemplifiziert wird, ist anders gelagert. Für die erfolgreiche Einführung eines Universale brauchen weder Sprecher noch Hörer eine kennzeichnende

48 Strawson liberalisiert in späteren Werken diese Ansicht; er relativiert das für referentielle Akte vorausgesetzte identifizierende Wissen (siehe Abschnitt 1.6.5).

49 "It is not only universally necessary that an empirical proposition of a sharply definite kind should be true in order for the introduction of a particular to be effected. It is also necessary for a proposition of that kind to be known to be true. For only so are the conditions of identifying reference to just one particular fulfilled; only so are the conditions of identification, on the speaker's or the hearer's part fulfilled." (I. 185)

Tatsache zu kennen. Was für die erfolgreiche Einführung eines Universale vorausgesetzt ist, ist nur die Kenntnis der *Bedeutung* der sprachlichen Ausdrücke, durch die es eingeführt wird.[50]

Die Einführung einer Sache, ob eines Einzeldings oder eines Universale, setzt das Wissen voraus, *welches* Einzelding oder welches Universale mit dem einzuführenden Ausdruck intendiert ist. Wissen, welches *Einzelding* intendiert ist, setzt aber seinerseits voraus, daß man eine zur Identifizierung dieses Einzeldings hinreichende empirische Tatsache kennt. Wissen, welches *Universale* intendiert ist, setzt dagegen keine entsprechende Kenntnis irgendeiner empirischen Tatsache voraus, sondern lediglich die Kenntnis der Bedeutung des sacheinführenden Ausdrucks.

In "Particular and General"[51] argumentiert Strawson ähnlich wie in "Individuals". Er stellt aber die Argumentation auf den Kopf. Er geht nicht vom Unterschied zwischen Einzeldingen und Universalien aus, um aufgrund dieses Unterschieds die unterschiedlichen Bedingungen der Einführung eines Einzeldings und eines Universale zu bestimmen, er geht umgekehrt von den verschiedenen Bedingungen (für eine erfolgreiche Sacheinführung) aus und entwickelt aufgrund der Verschiedenheit dieser Bedingungen ein Kriterium für die Unterscheidung zwischen "Particular" and "General" (Universale):

> ...it is a necessary condition for a thing's being a general thing that it can be referred to by a singular substantival expression, a unique reference for which is determined solely by the *meaning** of the words making up that expression; and it is a necessary condition for a thing's being a particular thing that it cannot be referred to by a singular substantival expression, a unique reference for which is determined solely by the meaning of the words making up that expression. (LLP. 49) [*Hervorhebung durch den Verf.]

Ob nun so oder andersherum argumentiert wird - der Akt des eigentlichen Referierens wird von Strawson so verstanden, daß er aufgrund der sprachlichen Bedeutung der Ausdrücke, durch die er vollzogen wird, allein nicht erklärt werden kann. Das ergibt sich bereits aus der Tatsache, auf die Strawson hingewiesen hat, daß man mit ein und demselben sprachlichen Ausdruck verschiedene referen-

50 "...once the words have acquired their meaning, however they acquire it, it is by no means necessary, in order for them to perform the function of identifying the universal term they introduce, that their users should know or believe empirical propositions to the effect that the universal terms are in fact instantiated. The users *will* generally know, or think, this. But *that* they should, is not a necessery condition of the expression in question performing their identifying function. All that is necessary is that the users should know *what* the expressions mean..." (I. 185)

51 LLP. 28-52.

tielle Akte vollziehen kann. Aufgrund von Strawsons Beobachtungen kann auf alle Fälle jetzt schon gesagt werden, daß die Frage nach der Referenz und dem Referieren nicht allein durch Untersuchungen dessen, was die Bedeutungen sprachlicher Ausdrücke sind, gelöst werden kann.

In den singulären Prädikationen kommen die Ausdrücke, bei denen man ohne empirisches Tatsachenwissen nicht wissen kann, was sie einführen, in Subjektposition vor; und die Ausdrücke, bei denen das nicht der Fall ist, in Prädikatposition. Strawson sagt vom ersten Typ von Ausdrücken, daß ihnen eine Art *Vollständigkeit* und eine Art Selbst-Genügsamkeit (completeness, self-sufficiency) zukommt (I. 187), die den Ausdrücken des zweiten Typs fehlt. Die Ausdrücke des ersten Typs haben ein faktisches Gewicht (weight of fact), insofern sie durch ihre Voraussetzungen Tatsachen repräsentieren. Die referentielle Verwendung dieser Ausdrücke setzt nämlich empirische Aussagen über die Tatsachen voraus, die für die Identifizierung ihrer Referenzobjekte notwendig sind. Die Ausdrücke des zweiten Typs haben kein solches Gewicht; sie sind - so Strawson - unfähig, aus eigener Kraft Tatsachen zu repräsentieren:

> A subject-expression is one which, in a sense, presents a fact in its own right and is to that extent complete. A predicate-expression is one which in no sense presents a fact in its own right and is to that extent incomplete. (I. 187f)

Besagter Unterschied zwischen Vollständigkeit und Unvollständigkeit ist nach Strawson ein weiterer Erklärungsgrund für die rein grammatikalischen Unterschiede unserer westlichen Sprachen zwischen Subjekt- und Prädikatausdrücken, vornehmlich für die stärkere grammatikalische Unvollständigkeit der letzteren. Prädikatausdrücke können nicht allein stehen, sie müssen ergänzt werden. Ähnliches gilt zwar auch für die Subjektausdrücke: "Both kinds of expression are in a certain sense incomplete. For introducing a term* is not making a statement..." (I. 187 *=Sache) Trotzdem ist die grammatikalische Unvollständigkeit der Prädikatausdrücke eine stärkere; verglichen mit ihr schwindet die Unvollständigkeit der Subjektausdrücke.

Strawsons Überlegungen zeigen, daß die traditionelle Verkettung zwischen den Paaren Einzelding - Universale, Subjekt - Prädikat, vollständiger - unvollständiger Ausdruck und Referieren - Prädizieren zu Recht besteht. Die Verschiedenheit der "Sachen", die durch die Subjekt- und die Prädikatausdrücke eingeführt werden, und die Verschiedenheit der Bedingungen für deren erfolgreiche Einführung erklärt die Verschiedenheit der Elemente der einzelnen Paare und spricht letztlich auch gegen die "Zwei-Namen-Theorie".

Strawsons "Einführung von Sachen" durch die Ausdrücke in Subjekt- *und* in Prädikatposition läßt aber trotz allem den Verdacht hochkommen, daß Strawsons Ansichten einen Rückfall in Zeiten darstellen, in denen sich die Autoren mit der Frage quälten, wie durch eine prädikative Aussage zwei "Sachen" miteinander verbunden werden. Im Fall der singulären Prädikation wäre zu fragen: Wie wird das Universale mit dem Einzelding verbunden? Diese Art der Problembehandlung scheint noch mühsamer zu sein als die mengentheoretische Behandlung der Zwei-Namen-Theorie, nach der die durch eine Aussage behauptete Verbindung in der Inklusionsbeziehung zwischen Mengen besteht. Dummett hegt sogar den Verdacht, daß sich Strawson selbst von der aristotelischen Tradition entfernt, in der zwischen "entia in se" und "entia in alio" unterschieden wird (D. 257). Die "entia in alio" können nicht existieren, wenn sie keinen Träger haben oder wenn es keinen Gegenstand gibt, "in" dem sie sind, "dem sie inhärieren". Solche Entitäten "in alio" sind alle Akzidentien, d.h. vornehmlich jene Entitäten, die Strawson charakterisierende Universalien nennt. Nach Strawson kann ein Sprecher derartige Entitäten so einführen, daß er auf keine empirischen Gegebenheiten Bezug nehmen muß. Die Universalien kommen in Bereichen geordnet wor, und ihr logischer Ort im jeweiligen Bereich hat nichts zu tun mit der raum-zeitlichen Verteilung, letztlich auch nicht mit der Existenz der Einzeldinge.

> Here Strawson is departing a long way from Aristotle. Aristotle held that to speak of the existence of a quality is always to speak of the existence of a substance which possesses that quality, and similarly for all the categories other than substances. ...with this criterion of existence, Strawson's method for distinguishing between universals and particulars will not work. (D. 259)

Wenn ein Universale nicht "in se", sondern nur "in alio" existieren kann, so wird man sich nicht in völliger Unabhängigkeit von allen empirischen Tatsachen darauf beziehen können. Die Unterscheidung der Einführungsbedingungen von Sachen in Aussagen, die Strawson angibt, ist von dieser aristotelischen Warte aus problematisch. Selbst dann, wenn man Strawson wohlwollend interpretiert - seine Unterscheidung sei nur eine zwischen existierenden Einzeldingen und *möglicherweise* existierenden Universalien -, bleibt die peinliche Frage, wie denn die sogenannte "nicht-relationale Bindung" einer singulären Prädikation zwischen Einzelding und Universale aussehen soll. Ist das nicht eine Frage, die nicht erst durch die moderne sprachanalytische Philosophie, sondern schon durch Frege überwunden wurde? "Strawson...follows not Frege but earliers models in his categorization of entities" (D. 257).

Obwohl Strawsons "kategoriale" Begründung des Unterschieds zwischen Subjekt und Prädikat, zwischen Referieren und Prädizieren problematisch ist, so sind seine Hinweise auf die *Voraussetzungen* der referentiellen Akte im eigentlichen Sinn, d.h. der "Einführung" von Einzeldingen, für die Frage nach der Referenz dennoch sehr wertvoll. Die referentiellen Akte setzen die Kenntnis von "individuativen Tatsachen" voraus. Referieren ist also nicht nur eine Sache der sprachlichen Kompetenz, Referieren erfordert zusätzlich ein bestimmtes *Tatsachenwissen,* das Strawson an bestimmten Stellen auch "identifizierendes Wissen" nennt. Wie groß dieses Wissen sein muß, darüber gibt es bei Strawson keine klare Stellungnahme; er scheint aber in seinem späteren Schaffen dieses geforderte Wissen einzuschränken. Es soll noch gezeigt werden, daß dieses Wissen in vielen Fällen kein rein individuelles (der einzelnen Sprecher und Hörer) sein muß, daß es vielmehr in der Sprechergemeinschaft eine Art Arbeitsteilung gibt[52]. Auf alle Fälle geht aus Strawsons Ausführungen unmißverständlich hervor, daß die Untersuchung von Referenz - in seinem Fall, von Referieren - nicht auf die Untersuchung der Bedeutungen der sprachlichen Ausdrücke allein reduziert werden kann.

1.2.5 Voraussetzungen für die "Einführung" der Einzeldinge in die Rede

Man kann sich Strawsons These der Einführung von Einzeldingen schwerlich ohne *Regreß* vorstellen: Die Aussagen über Tatsachen, die für die erfolgreiche Einführung vorausgesetzt werden, müssen nämlich ihrerseits Einzeldinge einführen und daher weitere Tatsachenaussagen voraussetzen. Strawson hat somit nicht nur die Frage nach der Einführung von Einzeldingen in Aussagen zu behandeln, sondern die Frage nach der Einführung von Einzeldingen in die Rede überhaupt. Die Einführung kann also auch in einem zweiten Sinn verstanden werden, nämlich als die *Gepflogenheit,* Einzeldinge im ersten Sinn einzuführen.

> The introduction of particulars in this second sense would be the introduction of the *custom* of introducing them in the first sense. It is individual particulars which are introduced in the first sense. It is at least *kinds* of particulars, or even particulars in general, which are introduced in the second sense. (I. 198)

Strawson bringt diese Gepflogenheit in Verbindung mit der Einführung von *Arten* von Einzeldingen. Damit meint er aber Arten, die grundlegender sind als die bis jetzt berücksichtigten Art-Universalien (Sortals). Soll die Erklärung der Einführung der Gepflogenheit, Einzeldinge einzuführen, erfolgreich sein, so muß sie nach den letzten Voraussetzungen fragen. Diese müssen derart sein, daß durch sie keine Einzeldinge eingeführt werden. Auf dieser letzten Stufe darf es keine vorausgesetzten Tatsachen in dem Sinn mehr geben, daß weder die Existenz von Einzeldingen als einzelnen noch die Existenz von Arten dieser Dinge vorausge-

52 Siehe Abschnitt 3.4.3.

setzt wird. Nur so kann ein Regreß vermieden werden, und eine adäquate Theorie über die Einführung der Einzeldinge im üblichen Sinn, d.h. über das identifizierende Referieren gefunden werden. Was sind aber die letzten Voraussetzungen, welche die Grundlage für die Einführung der Einzeldinge und die Einführung der grundlegenden Arten von Einzeldingen bilden?

Strawson geht davon aus, daß es *Grundzug-Universalien* gibt und Sätze, durch die solche Grundzüge aufgewiesen werden, nämlich grundzuglokalisierende Feststellungen (feature placing statements). Das sind Sätze wie "hier ist Kohle", "hier ist Gold", "es schneit". Kohle, Gold und Schnee sind keine Eigenschaften von Einzeldingen, keine allgemeinen Charakterzüge, aber auch keine Art-Universalien, die durch Einzeldinge exemplifiziert werden könnten. Die hier erwähnten Grundzüge sind keine Art-Universalien im eigentlichen Sinn, da sie mit keinen Kriterien gekoppelt sind, die es gestatten würden, Einzeldinge ein und derselben Art voneinander zu unterscheiden und als solche wiederzuerkennen. Von den Sätzen, durch die die Grundzug-Universalien eingeführt werden, sagt Strawson, daß sie die *Basis* bilden für die Einführung der Einzeldinge in die Rede, d.h. für die Gepflogenheit, Einzeldinge einzuführen: Die Tatsachen, die durch sie festgestellt werden, sind die Voraussetzungen für die Einführung von Arten von Einzeldingen. Diese Sätze, durch die die Grundzüge lokalisiert werden, bilden darüber hinaus auch die Voraussetzung oder die Basis für die Anwendung der Unterscheidungskriterien und Wiedererkennungskriterien der Gegenstände ein und derselben Art. Die Voraussetzung für die Identifizierung von Wasserteilchen und von Goldklumpen ist nämlich die Fähigkeit, Wasser und Gold überhaupt zu lokalisieren.

Die häufigsten Einzeldinge unserer Rede sind aber nicht Dinge wie Wasserteilchen oder Goldklumpen, sondern Äpfel, Katzen, Bäume oder Menschen. Diese Arten von Einzeldingen lassen sich nicht so günstig auf allgemeinere Grundzüge zurückführen. Sie lassen sich nicht so günstig aufspalten in "indications of a particularizing division" (I. 205), d.h. in Ausdrücke wie "Stück", "Klumpen" einerseits und "Wasser", "Gold", "Schnee" andererseits. Der Grund dafür ist, daß man die normalen Einzeldinge nicht zu einem großen Einzelding derselben Art zusammenfassen kann. Es lassen sich nicht viele Katzen zu einer einzigen großen Katze vereinigen, was man dagegen mit Goldklumpen sehr wohl tun kann. Ist es daher nicht von vornherein unmöglich anzunehmen, es gäbe Grundzüge für alle Arten von Einzeldingen, die als Voraussetzung für die Einführung dieser Dinge in die Rede fungieren könnten? Vielleicht ist der Unterschied zwischen Katzen und Schnee der, daß es keinen Katzen-Grundzug geben kann, so wie es ihn für Schnee, Gold, Wasser usw. gibt. Muß nicht die allgemeine Idee von Katze schon die Idee *einer* Katze sein, die die Kriterien des Unterscheidens und des Wiedererkennens in sich schließt? Ist die Annahme eines Katzen-Grundzugs in dem hier verlangten

Sinn als Voraussetzung für die Einführung von Katzen in die Rede nicht überhaupt unmöglich? Die Schwierigkeiten und die Einwände gegen seine Annahme sind nach Strawson nicht entscheidend.

> For they do not show that it is logically absurd to suppose that there might be a level of thought at which we recognize the presence of cat, or signs of the past or future presence of cat, yet do not think identifyingly of particular cats. (I. 205)

Die genannten Schwierigkeiten zeigen nicht, daß die Idee eines Katzen-Grundzugs unmöglich ist, sondern höchstens, daß diese Idee bereits die Basis für die Kriterien des Unterscheidens und des Wiedererkennens einschließt.

> For the concept includes the idea of a characteristic shape, of a characteristic pattern for the occupation of space; and this idea leads naturally enough to that of a continous path traced through space and time by such a characteristic pattern; and this idea in its turn provides the core of the idea of particular-identity for basic particulars. (I. 207)

Die Idee des Katzen-Grundzugs allein schließt nicht notwendigerweise die Idee der Identität mit den entsprechenden Unterscheidungs- und Wiedererkennungskriterien der einzelnen Katzen in sich. Aufgrund des Katzengrundzugs allein könnte auch gesagt werden, "noch mehr Katze" oder "wieder Katze", sobald eine neue oder eine andere Katze wahrgenommen wird. Wenn auch faktisch die Idee von Katze fast immer mit bestimmten Identitätskriterien für die einzelnen Katzen auftritt, so heißt das nicht, daß es notwendigerweise so ist und daß somit die Idee eines Katzengrundzugs unmöglich wäre. Der entscheidende Schritt von der Idee von Katze zur Idee *einer* Katze ist auf alle Fälle erst dann getan, wenn "...the case of 'more cat' or 'cat again' is subdivided into the case of 'another cat' and the case of 'the same cat again'" (I. 207), wenn also die Unterscheidungs- und Wiedererkennungskriterien ausdrücklich angewendet werden.

In der Frage nach den letzten Voraussetzungen für das identifizierende Referieren kommt Strawson zu dem Schluß, daß in den grundzuglokalisierenden Feststellungen die gesuchte letzt-grundlegende Aussage-Ebene zu finden ist. Durch Feststellungen dieses Typs können wir demonstrativ das Vorhandensein eines allgemeinen Grundzugs anzeigen, der kein oder noch kein Art-Universale ist. Strawson hat also aufzuzeigen versucht, daß das identifizierende Referieren durch Ausdrücke, die in Subjektposition singulärer Prädikationen vorkommen, einen Bezug zu *Tatsachen* in der Welt voraussetzt. Da aber in den dafür vorausgesetzten Tatsachen wiederum Einzeldinge als Bestandteile vorkommen, hat er nach einem Typ von Tatsachen gesucht, in denen keine Einzeldinge irgendwelcher Art als Bestandteile auftreten.

> These are those facts the statement of which involves the demonstrative placing of universal features which are not sortal universals; and facts of this fea-

ture-placing kind we can see as what ultimately underlie our talk of the basic particulars. (I. 211)

Das Bemerkenswerte an Strawsons Überlegungen ist, daß er an eine Grenze stößt, an der sich die Spannung zwischen Subjekt und Prädikat auflöst: "...at this limit, we say, the antithesis, subject-predicate, disappears" (I. 212). Die letzten Tatsachen enthalten keine Einzeldinge als Bestandteile, sie liefern aber die Ausgangsbasis für den begrifflichen Schritt zu Einzeldingen. Dementsprechend sind die sprachlichen Feststellungen dieser Tatsachen keine Prädikationen oder Aussagen im eigentlichen Sinn. Sie haben keine Subjekt-Prädikat-Struktur, da sie nur demonstrativ Grundzüge aufweisen: "hier Wasser", "es schneit", "jetzt Schnee" usw.

1.3 Wahrheitsfrage und Bedeutung

Auf Strawson gehen viele verschiedene Impulse der sprachanalytischen Rekonstruktion von Referenz zurück. Die zeitgenössische Diskussion über Referenz wurde aber von Geach entscheidend geprägt. Was ihn allerdings von den anderen Autoren grundlegend unterscheidet, ist seine Ablehnung der These des semantischen Primats des Satzes. Wie wir noch sehen werden[53], können Sprecher nach ihm auch mit einzelnen Namen etwas *tun*: sie können "acts of naming" setzen. Dennoch, Geachs Ausführungen zum Problem der Referenz untermauern den prinzipiellen Unterschied zwischen Referenz und Prädikation bzw. zwischen Referieren und Prädizieren. Sie untermauern m.a.W. die These, daß es die Funktion der Ausdrücke in Subjektposition der singulären Prädikation ist anzugeben, von welchem Gegenstand unter allen Gegenständen der jeweilige Sprecher durch den Ausdruck in Prädikatposition etwas prädiziert. Rein sprachanalytisch betrachtet werden die Ausführungen zu dieser plausibel klingenden These problematisch, sobald nach den letzten Voraussetzungen der Funktion der Ausdrücke in Subjektposition gefragt wird. Strawson rekurriert in seinen Ausführungen nicht nur auf so etwas wie einen direkten Bezug (Referenz) zwischen lokalisierenden Ausdrücken und Raum-Zeit-Stellen, sondern - wie aus seiner Behandlung der Frage nach den letzten Voraussetzungen für die "Einführung" von Einzeldingen in die Rede hervorgeht - auf einen direkten Bezug (Referenz) zwischen Grundzug-lokalisierenden-Ausdrücken und den Grundzügen in der Wirklichkeit. In der Frage nach den letzten Voraussetzungen wurde von Strawson der auch für ihn

53 Siehe Abschnitt 1.7.1

so grundlegende Unterschied zwischen Subjekt- und Prädikatausdrücken relativiert. Die sprachlichen Gebilde, durch welche Grundzüge aufgewiesen werden, sind keine prädikativen Sätze im eigentlichen Sinn. Selbst Tugendhat gerät in seinem sprachanalytischen Bestreben in Engpässe. Aufgrund seiner Rekonstruktion von Referenz spielt nämlich die Angabe der verschiedenen *Verifikationssituationen*, in denen die Verifikationsregeln der Prädikate anzuwenden sind, eine ausschlaggebende Rolle. In der Rekonstruktion der Angabe der Verifikationssituation muß Tugendhat allerdings wieder auf die Angabe von Gegenständen rekurrieren - wie noch ausführlich gezeigt werden soll[54] -, durch die die Stellen im Raum-Zeit-Gefüge überhaupt markiert werden können. Selbst Tugendhat tut sich schwer, konsequent - dem sprachanalytischen Prinzip entsprechend - die naive Postulierung von Beziehungen zwischen sprachlichen Ausdrücken und Gegenständen in der Welt durch Untersuchungen der *Verwendung* dieser sprachlichen Zeichen aufzulösen.

Was die sprachanalytische Auflösung der Bedeutungsbeziehung darüber hinaus erschwert, ist die Verknüpfung des Bedeutungsproblems mit der *Wahrheitsfrage*. In der sprachanalytischen Tradition beschäftigt sich der Philosoph mit der Frage, was man mit Sprache alles *tun* kann: "How to do things with words", heißt bekanntlich ein bahnbrechendes sprachanalytisches Werk von Austin[55]. Das Ergebnis dieses Tuns sind aber unter anderem Sätze, behauptete Aussagen, die entweder wahr oder falsch sind. Daß Sprecher durch die Verwendung solcher Sätze Anspruch auf Wahrheit erheben, kann nicht negiert werden. Der Philosoph fragt sich daher, was das ist, was die einzelnen Sprecher beanspruchen, wenn sie Wahrheit beanspruchen. Je nachdem, ob er Wahrheit operationalistisch-pragmatisch oder aber realistisch deutet, wird er dementsprechend die Frage nach dem, was Bedeutung ist, zu lösen versuchen, und umgekehrt: Je nachdem, ob er gewillt ist, Bedeutung sprachlicher Ausdrücke auf Verwendung oder Verwendungsregeln zu reduzieren oder nicht, wird er bereit sein, das Wahrheitsproblem dementsprechend rein operationalistisch zu behandeln oder nicht.

Hier soll nicht auf die verschiedenen Wahrheitstheorien und -auffassungen eingegangen werden[56]. Da aber "realistisch" geprägte Wahrheitsauffassungen

54 Siehe Abschnitte 1.6.1f.

55 J.L. Austin, How to do things with words. Oxford 1963.
(Deutsch: Zur Theorie der Sprechakte. Stuttgart 1972.)

56 Vgl. Wahrheitstheorien. Eine Auswahl aus den Diskussionen über Wahrheit im 20. Jahrhundert. Hg. von G. Skirbekk. Frankfurt 1977;
W. Franzen, Die Bedeutung von "wahr" und "Wahrheit". Analysen zum Wahrheitsbegriff und zu einigen neueren Wahrheitstheorien. Freiburg 1982.

der sprachanalytischen Rekonstruktion von Referenz besonders zu trotzen scheinen, soll doch die Gegenüberstellung von "realistischen" und "antirealistischen" Wahrheitsauffassungen erwähnt werden. Die Gegenüberstellung wurde besonders von Dummett herausgearbeitet: "...M. Dummett has discussed the opposition between two clusters of ideas which he calls 'realism' and 'anti-realism', and in so doing has aired several rather basic positions concerning truth, meaning and the status and justification of logical laws"[57]. "Realistisch" geprägte Wahrheitsauffassungen gründen auf der naiv-intuitiven Anschauung, daß, was Aussagen zu wahren Aussagen macht, in der uns vorgegebenen Wirklichkeit zu orten ist. Aufgrund dieser Intuition wird zwischen Wahrheitsbedingungen und Wahrheitskriterien unterschieden, d.h. zwischen Bedingungen, die für die Wahrheit eines Satzes und Bedingungen, die für die Verifikation desselben Satzes ausschlaggebend sind. Der "Realist" wird sich dagegen sträuben, die einen auf die anderen zu reduzieren. Er will Raum lassen für die mögliche Wahrheit von Aussagen, die sich einer Verifikation entziehen, und vertritt somit eine Wahrheitsauffassung, "...which allows for a sentence to be made true or false by a condition that lies beyond the reach of any actual or possible verification"[58].

Die Auffassung der Bedeutung sprachlicher Ausdrücke, die auf einem realistischen Wahrheitsverständnis gründet, ist somit komplex. Ihre Vertreter nehmen zwei verschiedene Aspekte der Bedeutung zumindest bestimmter sprachlicher Ausdrücke an, den *Sinn* nämlich, d.h. das, was wir erfassen, wenn wir den jeweiligen Ausdruck verstehen und damit umzugehen wissen, und die *Referenz* des Ausdrucks, d.h. eine Art *Beziehung* zwischen ihm und der Welt, welche Wahrheit im oben erwähnten Sinn ermöglichen soll. Frege hat eine realistische Wahrheitsauffassung vertreten. Er hat auch aufgrund dieser seiner Position ausdrücklich zwischen Sinn und Referenz sprachlicher Ausdrücke unterschieden. Im nächsten Kapitel sollen ausführlich die realistischen Gründe herausgearbeitet werden, die ihn zur Unterscheidung zwischen Sinn und Referenz und zwischen dem "Reich" des Sinns und dem "Reich" der Referenzobjekte veranlaßt haben. Zunächst sollen allerdings noch die Gründe erwähnt werden, die für eine realistisch geprägte Wahrheitsauffassung sprechen.

57 A. Millar, Truth and Understanding, in: Mind 86 (1977) 405.
58 R. Scruton, Truth conditions and critieria, in: Arist. Soc. 50, Suppl. 76, 195.

1.3.1 Wahrheit versus richtige Verwendung

Es gibt offensichtlich Zusammenhänge zwischen unserer Verwendung der Prädikate "...ist wahr" und "...ist richtig". Behauptet jemand etwas "Wahres", so sagen wir, er urteile "richtig", und urteilt jemand "richtig", so sagen wir, er behaupte etwas "Wahres". "Wahrheit" kann aber trotzdem nicht auf "richtige Verwendung" reduziert werden. Der Realist wird sich auf alle Fälle dagegen sträuben. Es ist zunächst verständlich, daß es Bestrebungen gibt, die zwei Beurteilungsprädikate "wahr" und "richtig" in Zusammenhang zu bringen und das eine durch das andere zu erklären. Es mag auch tatsächlich der Fall sein, daß ein Kind die Verwendung des einen Ausdrucks durch die Verwendung des anderen lernt:

> Und wenn die Kinder mit ihren Prädikatoren 'treffen', 'das Richtige treffen', die Prädikatoren 'richtig verwenden', dann sagen die Eltern:'So ist es richtig' oder 'ja, das ist wahr', so daß die Kinder *zugleich, an denselben Beispielen* lernen, auch diese Prädikatoren richtig zu verwenden - so aber, daß die richtige Verwendung von 'wahr' und 'falsch' stets *abhängt* von der richtigen Verwendung exemplarisch erlernter anderer Prädikatoren.[59]

> It is from these primitive conceptions of the correctness or incorrectness of an assertion that the notions of truth and falsity take their origin. (E. 83)[60]

Selbst der extreme Realist wird zugeben müssen, daß er in der Beurteilung von Aussagen diese nicht direkt mit den sogenannten Sachverhalten oder mit der Wirklichkeit vergleichen kann, um herauszufinden, ob sie wahr sind oder nicht. In der Beurteilung wird auch er sich nach bestimmten Kriterien richten müssen, durch die zunächst die Richtigkeit der Verwendung der betreffenden Ausdrücke festgestellt werden kann. Er wird die Umstände, die Gründe und vielleicht auch andere Sätze berücksichtigen müssen, die für die Richtigkeit oder Unrichtigkeit sprechen, um dann auch den Wahrheitswert der Aussagen feststellen zu können.

Rein oberflächlich betrachtet, könnte man meinen, es gäbe die Möglichkeit, Wahrheit als Richtigkeit zu charakterisieren. Eine singuläre prädikative Behauptung scheint nämlich dann wahr zu sein, wenn der Sprecher die darin vorkommenden Teilausdrücke richtig verwendet, d.h. den von ihm intendierten Gegenstand durch den Subjektausdruck richtig benennt und durch den Prädikatausdruck richtig charakterisiert. Um festzustellen, ob er den Prädikatausdruck richtig verwendet, wird man die Umstände berücksichtigen müssen, die die

59 W. Kamlah und P. Lorenzen, Logische Propädeutik. Vorschule des vernünftigen Redens. Mannheim 1967, 120.

60 M. Dummett, What is a Theory of Meaning? II, in: Truth and Meaning. Essays in Semantics. Hg. von G. Evans und J. McDowell. Oxford 1976. Kurztitel: E.

Verwendung *berechtigen.* Es fragt sich nun, weshalb man nicht die Gründe oder Umstände, die für die Berechtigung der Anwendung eines Prädikats im Kontext einer Prädikation sprechen, nicht mit dem Wahrheitsgrund gleichsetzen könnte; oder warum man Richtigkeit nicht zumindest als *hinreichende* Bedingung für Wahrheit annehmen sollte. Wenn man genauer hinsieht und sich fragt, was der durchschnittliche Sprecher mit "wahr" und "Wahrheit" meint, wird man sich allerdings hüten müssen, die Bedingungen für die Richtigkeit mit den Bedingungen für die Wahrheit zu identifizieren. Man braucht dazu nämlich nur Aussagen über die Zukunft zu berücksichtigen. Was solche Aussagen zu wahren Aussagen macht, kann nach unserem alltäglichen Verständnis von Wahrheit nicht gleichgesetzt werden mit den Gründen oder Umständen, die uns im Augenblick der Behauptung berechtigen, sie zu behaupten. Aussagen über die Zukunft können insofern richtig sein, als alle Umstände dafür sprechen; das heißt aber noch nicht, daß sie auch wahr sind. Was Aussagen über die Zukunft zu wahren macht, entzieht sich meistens dem Zugriff der Sprecher. Es kann auch vorkommen, daß jemand insofern etwas Unrichtiges sagt, als er wider alle Gründe, die für die Falschheit einer bestimmten Aussage sprechen, diese Aussage behauptet, dabei aber trotzdem etwas Wahres sagt. Eine Aussage über die Zukunft "...although unjustified, might be true, or, although justified, false." (D. 450) Dummett warnt uns daher vor einer unberechtigten *Verallgemeinerung* jener Fälle, in denen die Gründe, die für die Richtigkeit sprechen, zusammenfallen mit den Gründen, die für die Wahrheit sprechen. In einer anderen Terminologie könnte man sagen, er warnt davor, die epistemischen mit den Sachgründen gleichzusetzen:

> The notion of truth takes its rise from the more primitive notion of the correctness of an assertion; but it does not coincide with it. It is integral to the notion of truth that we can draw a distinction between the truth of what someone says and the grounds which he has for thinking it true; the idea that an assertion is judged by standards of correctness or incorrectness does not yet supply a basis for this distinction. (E. 84)

Unser alltägliches Verständnis von "wahr" scheint die Trennung zwischen den Wahrheitsbedingungen vorauszusetzen, die unabhängig vom jeweiligen Sprecher gegeben sind, und den Gründen oder Umständen, die für die Erfüllung dieser Bedingungen sprechen, zwischen den Wahrheitsbedingungen also und den Umständen, die für die Richtigkeit oder Angemessenheit einer Aussage sprechen. Die zwei Aussagen "ich werde heiraten" und "ich habe vor zu heiraten" dürften sich in den Gründen und Umständen decken, die für ihre Angemessenheit und Berechtigung sprechen, obwohl ihre Wahrheitsbedingungen verschieden sind (D. 450). Die erste Behauptung wird dann und nur dann wahr sein, wenn ich tatsächlich heiraten werde, die zweite hingegen dann und nur dann, wenn ich jetzt die Intention zu heiraten habe, unabhängig davon, ob ich tatsächlich heiraten werde.[61] Noch eindeutiger für die "realistische" Trennung zwischen der Wahrheit einer Aussage und den Gründen, die einen Sprecher berechtigen, die Aussage zu behaupten, spricht nach Dummett das Verhalten atomarer Sätze in zusammengesetzten Sätzen, besonders des Antezedens eines Bedingungssatzes, welches sich auf die Zukunft bezieht (Conditionals) (D. 450, E. 85f). Um solche Bedingungssätze verstehen zu können, brauchen wir ein Verständnis und eine Deutung der Wahrheit des Antezedens als von etwas, das unabhängig von dem ist, was uns berechtigen würde, sie zu behaupten. Was wir im Konsequens eines Bedingungssatzes behaupten, wollen wir in Abhängigkeit gesetzt wissen von der Wahrheit des Antezedens. Die Wahrheit davon verstehen wir aber so, daß wir sie trennen von unserem Wissen, von unseren Gründen und von den Umständen, die berechtigen, sie zu behaupten. Wir bringen sie in Abhängigkeit von dem, was erst zu dem Zeitpunkt der Fall sein wird, auf den sich das Antezedens bezieht, von dem also, was sich uns zunächst entzieht:

> ...it is impossible to explain the use of a conditional whose antecedent is in the future tense, or, for that matter, of a disjunctive sentence at least one constituent of which is about the future, in terms of a notion of truth for future-tense sentences which coincides with the existence of a warrant for their assertion. (D. 469)

Das gilt auch für Disjunktionen, von denen zumindest ein Teilsatz sich auf die Zukunft bezieht. Das Verhalten atomarer Aussagen über die Zukunft in zusammengesetzten Aussagen zwingt uns zur Unterscheidung zwischen ihren Wahrheitsbedingungen und den Bedingungen, die uns berechtigen, sie zu behaupten. Dies ist ein weiterer Grund, zwischen Aussagen über die Zukunft zu unterscheiden, die wahr oder falsch sind, je nachdem, was zu dem Zeitpunkt geschieht, auf den sie sich beziehen, und den Aussagen, die zwar auf die Zukunft Bezug nehmen, aber so, daß sie gegenwärtige Tendenzen ausdrücken und somit wahr oder falsch sind aufgrund dieser Tendenzen. Man wird sich also hüten müssen, die Gründe und Umstände, die einen Sprecher zu einer Behauptung berechtigen, mit den Wahrheitsbedingungen derselben zu identifizieren. Dies ist auch der Hintergrund - nach Dummett - für eine realistische Wahrheitstheorie und folglich für eine entsprechende Bedeutungstheorie:

> It is, in fact, from the distinction between *truth* and *justification* that the realistic conception of truth takes its rise. Within a realist theory of meaning,

61 Über das Verhältnins zwischen Wahrheit und "epistemischen" Überlegungen zur Verwendung von Sprache s. besonders: A. Millar, in: Mind 86 (1977) 405-416 und R. Scruton, in: Arist. Soc. 50, Suppl. 76, 193-216.

> such as that advanced by Frege, sentences are regarded as having objective truth-conditions, which obtain independently of our recognition of their truth-values, and, in general, independently even of the means available to us of recognizing them. (D. 451)

Selbst wenn man zugibt, daß man die Verwendung von "wahr" über die Verwendung von "richtig" lernt, wird man "Wahrheit" nicht auf "Richtigkeit" und "Falschheit" nicht auf das Versagen, "Richtiges" oder "Begründetes" zu behaupten, reduzieren können. Aufgrund dieser und ähnlicher Beobachtungen unserer Sprache und des alltäglichen Verständnisses von "wahr" wird der Schluß, zu dem der Realist kommt, verständlich: "...truth is an objective property of what the speaker says, determined independently of his knowledge or his grounds or motives in saying it." (E. 87) Daß die Verwendung von "wahr" nicht auf die Verwendung von "richtig" reduziert werden kann, gesteht auch der Konstruktivist. Auch für ihn müssen der Entscheidung über die Wahrheit eines Satzes Feststellungen vorausgehen, die nicht bloß die "Richtigkeit" der Verwendung der Ausdrücke, sondern die *Verifikation* des Satzes betreffen: "Jedoch...ist eine Aussage nicht schon dann 'wahr', wenn sie 'sprachlich richtig' gebildet wurde (den gültigen sprachlichen Vereinbarungen entsprechend), sondern erst dann, wenn sie auch durch sachkundige Nachprüfung verifiziert werden kann."[62]

Der Realist betont aber darüber hinaus, daß es etwas in der Wirklichkeit geben muß, das eine wahre Aussage zu einer wahren macht: "If a statement is true, there must be something in virtue of which it is true" (E. 89).

1.3.2 Grenzen der realistischen Wahrheitsauffassung nach Dummett

Der Kern jeglicher realistischen Wahrheitsauffassung ist, daß eine Aussage nur dann wahr sein kann, wenn es etwas gibt, kraft dessen sie wahr ist. Es ist aber sehr schwer, diesen Gedanken zu entfalten und anzugeben, worin dieses Etwas besteht. Ein Grund für die Schwierigkeit ist, daß dieses Etwas von Fall zu Fall verschieden ist, man kann es nicht für alle Aussagen einheitlich bestimmen. Ein weiterer Grund ist, daß es selbst für einen Realisten unmöglich ist anzunehmen, es gäbe für jede Form von wahren Aussagen etwas, das diese *direkt* (schlechthin) bewahrheitet. Z.B. von wahren disjunktiven Sätzen, von wahren Konditionalsätzen oder irrealen Annahmen kann nicht gesagt werden, es gäbe etwas in der Wirklichkeit, das diese Sätze direkt zu wahren Sätzen macht. Selbst für den Realisten gibt es keine disjunktiven Sachverhalte, und die kontrafakti-

62 W. Kamlah a.a.O. 121.

schen Annahmen schließen ja von vornherein aus, daß es etwas Faktisches gibt, das sie bewahrheiten würde. In seinem Bemühen, die realistische Position zu verstehen und zu deuten, versucht Dummett, zwischen Sätzen zu unterscheiden, die "barely true" (E. 89), d.h. schlechthin, direkt aufgrund von etwas in der Wirklichkeit wahr sind, und Sätzen, für die das nicht zutrifft. Diese Unterscheidung ist aber, zumindest in dieser Umschreibung, sehr problematisch. Fallen die Sätze, durch die z.B. Dispositionen oder Fähigkeiten von Lebewesen ausgesagt werden, in die erste oder in die zweite Gruppe? Der Realist und der Mann auf der Straße werden nicht bereit sein, das "tertium non datur" fallenzulassen. Sie werden zur Annahme stehen, daß ein Satz, durch den eine Fähigkeit von einer Person ausgesagt wird, entweder wahr oder falsch ist. Soll aber der Realist - vorausgesetzt, die Aussage ist wahr - wirklich annehmen, daß es etwas in der betreffenden Person gibt, das der ausgesagten Fähigkeit entspricht und das die Aussage zu einer wahren macht? Soll er annehmen, die Aussage sei "barely true"? Durch die Zuschreibung von Fähigkeiten kommt auf alle Fälle die Überzeugung zum Ausdruck, daß es in der betreffenden Person etwas gibt, das zwar nicht direkt erfaßbar und beobachtbar ist, das aber dennoch den Grund für die Wahrheit der Zuschreibung ausmacht; diese Überzeugung kommt in alternativen Formulierungen (Bedingungssätzen oder - unter Umständen - kontrafaktischen Annahmen) nicht mehr zum Ausdruck:

> That is why the categorial form of sentence does not simply reduce to the conditional form: it embodies the assumption that a man's facility in learning a language reflects a permanent but not directly observable condition. (E. 92)

Für den Realisten sind auf alle Fälle die Manifestationen der Fähigkeiten oder die Tests, durch die diese festgestellt und gemessen werden, nicht mit den Fähigkeiten selbst zu verwechseln. Die zwei Sachen müssen auseinandergehalten werden. Die Tests werden nämlich von uns - in unserem Alltag - so verstanden, daß durch sie etwas aufgedeckt wird, das schon vor dem Test da war und unabhängig ist von der Ausführung des Tests. Schreiben wir einer Substanz eine Disposition oder Fähigkeit zu, so beanspruchen wir Wahrheit für diese Zuschreibung, unabhängig davon, ob wir in der Lage sind, einen Test durchzuführen, durch den das Beanspruchte getestet werden könnte. Wenn dem so ist, so wird es aber für den Realisten äußerst problematisch, die Wahrheitsbedingungen jener Sätze anzugeben, durch die Fähigkeiten und Dispositionen von Substanzen ausgesagt werden. Wenn die Umschreibungen, die er gibt, die Form von Bedingungssätzen haben, so treffen sie nicht das, was er unter den Wahrheitsbedingungen der Aussagen verstehen will, denn diese müssen ja unabhängig sein von den Bedingungen der Tests. Wenn sie aber nicht diese Form haben dürfen, welche Form sollen sie dann haben?

Leichter tut sich der Realist mit den Aussagen, die auf eine direkte Art bewahrheitet werden. Ein Sprecher wird dann wissen, was die Wahrheitsbedingungen solcher Sätze sind, wenn er fähig ist, durch direkte Beobachtung die Erfüllung oder Nicht-Erfüllung ihrer Bedingungen festzustellen. In diesen Fällen kommt der Realist mit dem Verifikationisten überein, denn das Wissen, *was* die Wahrheitsbedingungen sind, wird mit dem Wissen gleichgesetzt werden können, *wie* man feststellt, ob sie erfüllt sind. Für diese Fälle gelten allerdings Voraussetzungen, die in vielen anderen Fällen nicht gelten. Wenn diese Sätze wahr sind, so muß es prinzipiell möglich sein, durch Beobachtung *festzustellen*, daß sie wahr sind. Es wird dabei nicht vorkommen, daß durch die Beobachtung der beobachtete Sachverhalt sich ändert. Prädiziert man hingegen Dispositionen und Fähigkeiten von Substanzen, so ist man nicht in dieser glücklichen Lage. Das Erfassen der Wahrheitsbedingungen dieser Prädikationen kann nicht reduziert werden auf das Wissen, wie man deren Verwirklichungen oder Manifestationen durch Beobachtung feststellt. Die Beobachtung der Verwirklichung einer Fähigkeit ist nicht zu verwechseln mit der Beobachtung der Fähigkeit selbst. Durch die Ausführung eines Tests kann ein bestimmtes Verhalten der jeweiligen Substanz festgestellt werden, und aufgrund dieses Verhaltens läßt sich auf die entsprechende Fähigkeit oder Nicht-Fähigkeit schließen. Dabei kann es allerdings passieren, daß die Ausführung des Tests den Zustand der Substanz dermaßen ändert, daß sich gleichzeitig auch die zu testende Fähigkeit ändert. Dummett selbst meint, daß das unter Umständen auch für die Tests gilt, durch die sprachliche Fähigkeiten gemessen oder festgestellt werden sollen: "...by testing somebody's linguistic ability, we are supposed to establish the degree of ability he would have had even if he had not been tested..." (E. 97). Dadurch daß man jemand ins Ausland schickt, damit er die dortige Fremdsprache lernt, um dann beobachten zu können, wie schnell und wie gut er sie lernt, ändert man grundlegend seinen Zustand. Der Realist will die Wahrheit der Aussage über seine Fähigkeiten nicht als abhängig von diesem neuen Zustand sehen. Das gewisse Etwas, das die Aussage zu einer wahren macht, ist unabhängig vom Experiment im Ausland. Die Prädikationen, durch die Fähigkeiten von Substanzen, z.B. von Menschen, ausgesagt werden, dürfen auf alle Fälle nicht nach dem einfachen Schema gedeutet werden, das für die Sätze gilt, die "barely true" im engen Sinn sind.

Nach der realistischen Auffassung von Wahrheit muß es für jede wahre Aussage etwas geben, das sie zu einer solchen macht, kraft dessen sie wahr ist. Wenn dieser Standpunkt allerdings konsequent durchgezogen wird, muß dieses Etwas, da es uns vorgegeben ist, auch vom Realisten als *prinzipiell* erkennbar angenomıen werden (E. 99f). Daß es nicht in allen Fällen beobachtbar sein kann, haben vir bereits gesehen; da es aber "wirklich" ist, muß es auch für den Realisten irendwie zumindest prinzipiell zugänglich sein. Dadurch unterschiebt man allerlings dem Realisten die Ansicht, daß jede wahre Aussage prinzipiell als eine vahre erkennbar ist. Diese Ansicht ergibt sich aber aus der erwähnten: "...for, f it were in principle impossible to know the truth of some true statement, how :ould there be anything which *made* that statement true?" (E. 99) Die Ansicht, laß jede wahre Aussage *prinzipiell* als wahr erkennbar ist, wird man allerdings ıur dann dem Realisten zuschreiben dürfen, wenn man "prinzipiell" in einem sehr veiten Sinn auffaßt. Dem Realisten geht es nämlich darum, die Tatsache nicht ıus dem Auge zu verlieren, daß es viele wahre Aussagen gibt und geben kann, die *wir* nicht als wahr erkennen und erkennen können. Wir haben nur begrenzte Möglichkeiten. Unsere Wahrnehmungsorgane und intellektuellen Fähigkeiten können nicht beliebig vergrößert werden. Trotzdem weist Dummett darauf hin, daß auch der Realist nicht der Idee widerstehen kann, daß ein Satz, der verständlich und wahr ist, als wahr erkennbar sein muß, wenn nicht von uns, so zumindest von Wesen, die größere Fähigkeiten haben als wir (D. 465). Der Realist wird dieser Ansicht nicht widersprechen können, weil er eben glaubt, daß es etwas gibt, das den wahren Satz zu einem wahren macht, und dieser Glaube wäre leer, würde er nicht gekoppelt sein mit dem Glauben, daß dieses Etwas auch - zumindest prinzipiell - erkennbar wäre. Die Koppelung der zwei Annahmen ist in den Fällen von einfachen Beobachtungssätzen, die direkt verifizierbar sind, einsichtig. Anzugeben, was diese Sätze zu wahren macht, besteht darin anzugeben, was es heißt, sie durch Beobachtung als wahr zu *erkennen*. (D. 465) In den genannten einfachen Fällen sind wir selbst fähig, die Operationen der Beobachtung auszuführen und somit die Beobachtungssätze als wahr zu erkennen. In komplizierteren Fällen werden wir aufgrund unserer begrenzten Fähigkeiten die betreffenden Operationen nicht mehr ausführen können. Das schließt aber nach Dummett nicht aus, daß wir eine Ahnung haben, worin sie bestehen könnten. Die Ahnung haben wir aufgund von Analogieschlüssen: "...the conception of such operations is derived by analogy form those which we can perform" (ibid.). Niemand ist fähig, quantifizierte Sätze über unendliche Individuenbereiche zu verifizieren. Das schließt aber nicht aus, daß wir eine Ahnung von der Operation haben, durch die eine solche Verifikation möglich wäre. Wir können solche Sätze, deren Wahrheitsbedingung von unendlich vielen Individuen abhängig ist, in Analogie zu Sätzen mit endlich vielen verstehen. Dummett interpretiert also den Realisten so, daß dieser Operationen von einfachen Fällen auf kompliziertere überträgt. Die Folge davon ist, daß diese Operationen zwar von uns nicht mehr ausführbar sind, aber dennoch von uns in dem Sinn verstanden und erfaßt werden können, daß wir eine Ahnung haben, worin sie bestehen könnten. Es gibt nämlich eine bestimmte Korrespondenz zwischen einfachen von uns vollziehbaren und hypothetischen Operationen, welche von uns nicht mehr vollziehbar sind und welche wir bestenfalls fiktiven Wesen mit größeren Fähigkeiten zuschreiben könnten. Der Rekurs auf hypothetische Wesen mit gesteigerten Wahrnehmungsfähigkeiten bleibt allerdings nur solange sinnvoll, als diese Fähigkeiten unseren entsprechen und ihre *Erweiterung* darstellen(E. 100). Ist diese Korrespondenz nicht vorhanden, so erklärt der Rekurs auf diese Wesen nichts, er wird leer sein: "If no such requirement were made, the thesis, interpreted in the realist's way, would indeed be empty of content..." (D. 466). Würde jemand die Ansicht vertreten, daß es auch für kontrafaktische Annahmen etwas gibt, das sie direkt bewahrheitet, und würde er auf die Frage, wie das möglich sei, auf Gott rekurrieren, der den Wahrheitswert auch solcher Annahmen kennt, d.h. sie aufgrund einer Art kontrafaktischer Wirklichkeit als wahr erkennt, so würde er durch diesen Rekurs letztlich nichts erklären, da wir keine Ahnung haben und haben können, worin diese göttlichen Fähigkeiten bestehen sollten; sie stehen in keiner Beziehung zu den uns bekannten Fähigkeiten.

Hier wurde nur ein kritischer Punkt der realistischen Wahrheitsauffassung von den vielen, die Dummett angibt, aufgezeigt. Wenn der Realist Entitäten und Beziehungen postuliert, von denen er überhaupt keine Ahnung haben kann, worin sie sich manifestieren könnten, dann sind seine Postulierungen leer. Trotzdem versucht Dummett auf unvoreingenommene Art und Weise, die Argumente herauszuarbeiten, die auch für eine realistische Position sprechen - vorausgesetzt diese ist nicht leer[63]. Durch die Lektüre von Dummetts Arbeiten wird nicht nur klar, daß extrem realistische Positionen in bezug auf Wahrheit und Bedeutung nicht haltbar sind, sondern auch bestimmte anti-realistische: Allein durch die Untersuchung der umgangssprachlichen *Verwendung* von "...ist wahr" und "...ist falsch" z.B. werden wir wohl kaum das Wahrheitsproblem besser in den Griff bekommen, geschweige denn die Zusammenhänge zwischen Wahrheit, Bedeutung und Verwendung von Sätzen aufdecken können. Dazu braucht es adäquate Theorien, durch die man einen besseren Einblick in das Funktionieren von Sprache gewinnt: "...to make explicit the principles undeplying our intuitive applications of 'true' and 'false' is itself to uncover certain fundamental insights into the relation between truth, meaning and use." (D. 458)

63 "Eines jedenfalls macht die Lektüre von Dummetts Arbeiten auch für denjenigen empfehlenswert, der seinen Thesen keine Sympathie entgegenbringt: sie sind stets undogmatisch..." J. Schulte, Bedeutungsbegriff und Bedeutungstheorie, in: Phil. Rundschau 26 (1979) 222.

Die Verknüpfung des Wahrheits- mit dem Bedeutungsproblem macht die rein sprachanalytische Rekonstruktion von Referenz problematisch. Um auf den dritten Hauptteil dieser Arbeit vorzugreifen: Würde man die Referenz von "Gold" lediglich durch die Verwendung des Ausdrucks untersuchen, so würde man auf keinen grünen Zweig kommen, da die wenigsten der Sprecher fähig sind, Gold zu identifizieren und es von Scheingold zu unterscheiden. Die *Wahrheit* jener Sätze, in denen "Gold" entweder in Subjekt- oder Prädikatposition vorkommt, ist sicher nicht von ihrer begrenzten Kompetenz abhängig. Dummett macht uns darauf aufmerksam, daß die Frage nach der Bedeutung - will man sie angemessen behandeln - weder auf die Frage nach den Wahrheitsbedingungen noch auf die Frage nach der Verwendung allein reduziert werden darf. Das eine wäre eine realistische, das andere eine operationalistische *Engführung.* Er versucht somit die Fregesche Tradition, die durch die Hervorhebung von *Sinn und Referenz* gekennzeichnet ist zu aktualisieren. Sinn und Referenz hängen zwar auf eine schwer durchschaubare Art zusammen. Sinn kann aber nicht auf Referenz, und Referenz nicht auf Sinn reduziert werden.

1.4 Referenz im Rahmen "adäquater" Bedeutungstheorien

Bedeutungstheorien, die entweder den Sinn oder die Referenz sprachlicher Ausdrücke außer acht lassen, sind in Dummetts Worten nicht "adäquat". Sie werden vielleicht verschiedene Fragen klären, sie sind aber nicht ausreichend, um das Problem der Bedeutung sprachlicher Ausdrücke in seiner umfassenden Komplexität in den Griff zu bekommen. Es soll nun den Gründen nachgegangen werden, die Frege zur Unterscheidung zwischen Sinn und Referenz veranlaßt haben. Zu diesen Gründen gehört zwar das Problem der Identitätsaussagen; aber wesentlich das Anliegen, die *Wahrheit* von Aussagen ernst zu nehmen.

1.4.1 Freges Modell: Das "Reich" der Gedanken und das "Reich" der Referenzobjekte

Freges grundlegende Unterscheidung zwischen Sinn und Referenz (in Freges Terminologie "Bedeutung") gründet auf der Tatsache, daß verschiedene Zeichen oft dasselbe oder denselben Gegenstand bezeichnen, ohne aber denselben Sinn auszudrücken[64]. Das ergibt sich daraus, daß die Zeichen oft "...denselben Gegenstand in verschiedener Weise bestimmten. Man könnte sagen: sie führen von

von verschiedenen Seiten auf ihn hin." (BW. 234)[65] Wenn z.B. a, b, c die Geraden sind, welche die Ecken eines Dreiecks mit den Mitten der Gegenseiten verbinden, so ist der Schnittpunkt der Geraden a und b derselbe wie der der Geraden b und c. Die zwei Ausdrücke "Schnittpunkt von a und b" und "Schnittpunkt von b und c" bezeichnen in diesem Fall dasselbe, denselben Punkt (FBB. 41). Sie deuten aber gleichzeitig eine verschiedene Art des Gegebenseins dieses Punktes an. In der Verschiedenheit des Gegebenseins gründet auch die Verschiedenheit der beiden Ausdrücke (FBB. 41). Daher sind Identitätsaussagen unter Umständen *informativ*, dann nämlich, wenn auf beiden Seiten der Identitätsaussage Ausdrücke vorkommen, die zwar dieselbe "Bedeutung" (Referenz) haben, aber verschiedenen Sinn. Durch solche Aussagen wird Information, also Neues ausgesagt. Die Aussage "der Abendstern ist dasselbe wie der Morgenstern" hat offensichtlich einen höheren Erkenntniswert als die Aussage "der Morgenstern ist dasselbe wie der Morgenstern".

> Hier tritt nun meine Unterscheidung von Sinn und Bedeutung aufklärend ein. Ich sage: die beiden Namen haben zwar dieselbe Bedeutung, aber nicht denselben Sinn, und das zeigt sich darin, daß der Sprechende von der Übereinstimmung der Bedeutung nichts zu wissen braucht, wie denn der in der Astronomie Unkundige es in der Tat meistens nicht wissen wird; aber einen Sinn wird der Sprechende doch mit den Namen verbinden müssen, wenn er nicht sinnlos schwatzt. Und der Sinn des Namens "Morgenstern" ist allerdings verschieden von dem des Wortes "Abendstern". (BW. 196)

Die Art des Gegebenseins der Venus, die durch den Namen "Abendstern" ausgedrückt wird, ist verschieden von der, die durch den Namen "Morgenstern" zum Ausdruck gebracht wird.

Für Frege ist die Unterscheidung zwischen - wie er sagt - Form und Inhalt, zwischen Zeichen und Bezeichnetem grundlegend. Die Zahlzeichen "2 + 5" und "3 + 4" sind der Form nach verschieden, sie sind verschiedene Zeichen, sie bezeichnen aber nach Freges realistischer Zahlentheorie dasselbe, nämlich die Zahl 7. Die Verschiedenheit der Bezeichnung besagt noch nicht, daß auch

64 "Um einen kurzen und genauen Ausdruck möglich zu machen, mögen folgende Redewendungen festgesetzt werden:
Ein Eigenname (Wort, Zeichen, Zeichenverbindung, Ausdruck) *drückt aus** seinen *Sinn**, *bedeutet** oder *bezeichnet** seine *Bedeutung**. Wir drücken mit einem Zeichen dessen Sinn aus und bezeichnen mit ihm dessen Bedeutung." [* Hervorhebung durch den Verf.]
G. Frege, Über Sinn und Bedeutung, in: Funktion, Begriff, Bedeutung. Fünf logische Studien. Hg. von G. Patzig. Göttingen 1969, 46.
Kurztitel: FBB.

65 G. Frege, Wissenschaftlicher Briefwechsel. Hg. von G. Gabriel, H. Hermes, F. Kambartel, Ch. Thiel und A. Veraart. Hamburg 1976.
Kurztitel: BW.

eine Verschiedenheit des Bezeichneten vorliegt.

> Es liegt dieser [anderen] Meinung wieder jene Verwechslung von Form und Inhalt, von Zeichen und Bezeichnetem zugrunde. Es ist ebenso, als ob man das wohlriechende Veilchen als verschieden von Viola odorata ansehen wollte, weil die Namen verschieden klingen. (FBB. 19)[66]

Verwechselt man die Bezeichnung mit dem Bezeichneten, so wird man für die Tatsache keine Erklärung finden, daß es mehrere Namen oder sonstige Zeichen für ein und denselben Gegenstand geben kann und daß Identitätsaussagen informativ sein können. Verwechselt man den Sinn eines Ausdrucks mit dessen "Bedeutung", so wird man der Tatsache nicht gerecht, daß man sehr wohl den Sinn von Ausdrücken unserer Sprache verstehen kann, ohne aber schon zu erfassen, worin ihre "Bedeutung" besteht. Man kann den Sinn von "Morgenstern" verstehen, ohne zu wissen, daß die "Bedeutung" des Ausdrucks der Planet Venus ist. Es gibt auch viele Fälle, in denen wir Ausdrücke verwenden, von denen wir zwar wissen, daß sie einen Sinn haben, aber nicht wissen, ob sie eine "Bedeutung" haben. Die Frage, ob diese Ausdrücke, deren Sinn wir verstehen, tatsächlich auch eine "Bedeutung" haben, und wenn ja, welche sie ist, müssen wir oft Fachleuten, die Forschungen über die Wirklichkeit anstellen, überlassen. Und selbst diese wissen oft keine Antwort. Es ist z.B. zweifelhaft, ob der Ausdruck "Odysseus" eine "Bedeutung" hat, d.h. ob es einen Menschen gibt, der als das durch ihn Bezeichnete angesehen werden könnte. Im Fall der homerischen Werke wird uns zwar die "Bedeutung" der dort vorkommenden Eigennamen kaum interessieren; in anderen Fällen - so Frege - wollen wir aber, daß die Eigennamen nicht nur einen Sinn haben, sondern auch eine "Bedeutung". Und warum genügt uns in diesen Fällen der Sinn nicht, der durch den jeweiligen Satz ausgedrückt wird? "Weil und soweit es uns auf seinen Wahrheitswert ankommt...Das Streben nach *Wahrheit* also ist es, was uns überall vom Sinn zur Bedeutung vorzudringen treibt." (FBB. 48) Das Streben nach Wahrheit ist einer der Erklärungsgründe, daß Frege die Rolle der Referenz, der "Bedeutung", im Funktionieren von Sprache so stark betont. Er sagt, daß

> ...in jedem Urteile [Ein Urteil ist mir nicht das bloße Fassen eines Gedankens, sondern die Anerkennung seiner Wahrheit. Anm.] - und sei es noch so selbstverständlich - schon der Schritt von der Stufe der Gedanken zur Stufe der Bedeutungen (des Objectiven) geschehen ist. (FBB. 49)

In seiner Deutung des Funktionierens von Sprache unterscheidet Frege zwischen

66 G. Frege, Funktion und Begriff, in: FFB. 18-39.

dem "Reich der Gedanken" oder des Sinnes und dem "Reich der Bedeutungen" (NS. 275f)[67]. Für den dichterischen Gebrauch genügt das "Reich der Gedanken", für den wissenschaftlichen muß aber auch das "Reich der Bedeutungen" hinzukommen. "Für den dichterischen Gebrauch genügt es, daß Alles einen Sinn habe, für den wissenschaftlichen dürfen auch die Bedeutungen nicht fehlen." (BW. 96) Das Urteilen und das Behaupten umschreibt daher Frege als ein Übergehen vom "Reich der Gedanken" zu dem der "Bedeutungen". Wenn wir urteilen, so beziehen wir uns auf das "Reich der Bedeutungen". Wir wollen dadurch behaupten, was in der Welt, die unabhängig von uns existiert, der Fall ist. In all den Bereichen, in denen es uns nicht nur um den Sinn der Ausdrücke geht, sondern um die Welt oder um die uns vorgegebene Wirklichkeit, interessieren uns die *"Bedeutungen"* der Zeichen und der Sätze, die wir verwenden: "...das ist immer dann und nur dann der Fall, wenn wir nach der Wahrheit fragen. Dann und nur dann also kommt die Bedeutung des Satzes für uns in Betracht; sie muß also aufs Engste mit der Wahrheit verknüpft sein." (BW. 247)

Frege kann allerdings zu den Vorläufern der Redundanztheorie der Wahrheit gerechnet werden. Für ihn ist "ist wahr" kein Prädikat im üblichen Sinn: die Behauptung, daß p wahr ist, kann auf die Behauptung von p reduziert werden und umgekehrt: "Wenn ich behaupte, daß die Summe von 2 und 3 5 ist, so behaupte ich damit, daß es wahr ist, daß 2 und 3 5 ist." (NS. 140)[68] Diese Tatsache macht die Einordnung von Freges Bemerkungen über das "Reich der Bedeutungen" und über Wahrheit komplex. Er kann auch nicht einfachhin als Korrespondenztheoretiker der Wahrheit charakterisiert werden:

> Wollte man etwa sagen: "wahr ist eine Vorstellung, wenn sie mit der Wirklichkeit übereinstimmt", so wäre damit nichts gewonnen, denn um dies anzuwenden, müßte man in einem gegebenen Falle entscheiden, ob eine Vorstellung mit der Wirklichkeit übereinstimme, mit anderen Worten: ob es wahr sei, daß die Vorstellung mit der Wirklichkeit übereinstimme. Es müßte also das Definierte selbst vorausgesetzt werden. (NS. 139f)[69]

Obwohl Frege Bemerkungen macht, die die Redundanztheorie der Wahrheit vorwegnehmen und gegen eine naive Korrespondenztheorie der Wahrheit gerichtet sind, betont er das "Reich der Bedeutungen", weil nur dadurch Wahrheit in der behauptenden menschlichen Rede möglich ist. Wahrheit ist für Frege

67 G. Frege, Nachgelassene Schriften. Hg. von H. Hermes, F. Kambartel und F. Kaulbach. Hamburg 1969.
Kurztitel: NS.

68 G. Frege, Logik, in: NS. 137-163.

69 Diese Fregesche Bemerkung entspricht einem Standardeinwand gegen die Korrespondenztheorie der Wahrheit.

etwas "Ursprüngliches und Einfaches" (ibid. 140). Wahrheit kann nicht definiert werden oder auf etwas noch Einfacheres reduziert werden. Wahrheit ermöglicht es aber, zwischen Dichtung und Wissenschaft zu unterscheiden. Durch unsere wissenschaftlichen Behauptungen beanspruchen wir Wahrheit, und die Wahrheit ist nicht Teil unserer Gedanken: "Wahrheit ist kein Bestandteil des Gedankens, wie auch der Montblanc selbst mit seinen Schneefeldern kein Bestandteil des Gedankens ist, daß der Montblanc mehr als 4000 Meter hoch ist." (BW. 245)

1.4.2 Prädikation als Funktion

Die Wahrheit einer singulären Behauptung ist nach Frege (wie nach Strawson)[70] davon abhängig, ob der Name in Subjektposition Referenz, "Bedeutung" hat. Wenn es nämlich nichts gibt, worauf er sich bezieht, so gibt es auch nichts, von dem Wahres ausgesagt werden könnte. Die singuläre Behauptung wird in solch einem Fall eine Scheinbehauptung sein, die weder wahr noch falsch sein kann. Sie kann aber sehr wohl einen Gedanken ausdrücken: Der Gedanke, der durch einen Satz ausgedrückt wird, ist nicht von der "Bedeutung", sondern lediglich vom Sinn der Bestandteile des Satzes, der den Gedanken ausdrückt, abhängig. Haben alle Teilausdrücke Sinn, so hat auch der Satz als ganzer Sinn. Sollte allerdings ein Teil des Satzes keinen "Sinn" haben, so wird der ganze Satz keinen Gedanken ausdrücken. Wenn dieses Schema im "Reich des Sinnes" auf das "Reich der Bedeutungen" übertragen wird, so erhebt sich die Frage, ob nicht nur die Ausdrücke in Subjektposition eine "Bedeutung" haben müssen, sondern auch die Ausdrücke in Prädikatposition, damit der *ganze* Ausdruck, der die jeweilige Behauptung ausmacht, wahr oder falsch sein kann.

> Nun ist die Frage, ob nicht auch dem ungesättigten Teile [dem Prädikat]... etwas entspricht, was als Bedeutung dieses Satzteils aufzufassen ist..., ist es doch unwahrscheinlich, daß der Eigenname sich so verschieden von dem übrigen Teile eines singulären Satzes verhalten sollte, daß nur bei ihm das Bestehen einer Bedeutung von Wichtigkeit wäre. Vielmehr müssen wir annehmen, daß auch dem übrigen Teile des Satzes, der als Sinn den ungesättigten Teil des Gedankens hat, etwas im Reiche der Bedeutung entsprechen müsse... (NS. 209)[71]

Soll also der ganze Satz einer Behauptung wahr oder falsch sein, so muß nach Frege nicht nur dem Subjekt, sondern auch dem Prädikat etwas im "Reich der

70 Siehe Abschnitt 1.2
71 G. Frege, Einleitung in die Logik, in: NS. 201-212.

Bedeutung" entsprechen. Auch die Prädikate, zumindest diejenigen, die in der behauptenden Rede verwendet werden, müssen also Referenz haben. Für Frege ist die "Bedeutung" des Prädikats einer singulären Behauptung das jeweilige Universale oder der jeweilige *Begriff:*

> Wir können kurz sagen, indem wir "Prädikat" und "Subjekt" im sprachlichen Sinn verstehen: Begriff ist Bedeutung eines Prädikates, Gegenstand ist, was nie die ganze Bedeutung eines Prädikates, wohl aber die Bedeutung eines Subjekts sein kann. (FBB. 72)[72]

Nach Frege haben Subjekt *und* Prädikat ein Referenzobjekt, das in das "Reich der Bedeutungen" fällt. Das darf uns aber nicht zu dem Trugschluß verleiten zu meinen, die Referenz der Prädikate könne so gedeutet werden wie die der Subjekte, oder zu meinen, ihre Referenzobjekte seien vom selben Typ. Nach Frege gibt es Unterschiede zwischen der Referenz eines Namens in Subjektposition und eines Prädikats. Das liegt in seiner Deutung der Prädikation überhaupt, nämlich als *Funktion*: Das Referenzobjekt des Subjekts einer singulären Prädikation ist das Argument der Funktion und das Referenzobjekt des Prädikats die Funktion selbst. So wie eine arithmetische Funktion nur *zusammen* mit einem Argument ein vollständiges Ganzes bildet und einen Wert hat, so bildet die "Bedeutung" eines Prädikats nur *zusammen* mit der "Bedeutung" eines Subjekts ein vollständiges Ganzes. Allein genommen ist sie unvollständig. "...die Funktion für sich allein ist unvollständig, ergänzungsbedürftig oder ungesättigt zu nennen. Und dadurch unterscheiden sich die Funktionen von den Zahlen von Grund aus." (FBB. 21f)

Die Zahlen, die als Argumente für arithmetische Funktionen genommen werden, sind im Unterschied zu den Funktionen selbst vollständig. Dem grundlegenden Unterschied zwischen den vollständigen Argumenten und den unvollständigen Funktionen entspricht nach Frege der grundlegende Unterschied zwischen den *Gegenständen*, d.h. den Referenzobjekten der Namen in Subjektposition, und den *Begriffen*, d.h. den Referenzobjekten der Prädikate. Letztere sind so wie die arithmetischen Funktionen unvollständig, ergänzungsbedürftig oder ungesättigt. Man kann auch nicht *direkt* auf sie referieren, so wie auf Gegenstände. Auf sie kann man nur durch Prädikate, die ihrerseits unvollständige Ausdrücke sind, Bezug nehmen. Wollte man sich direkt durch einen vollständigen Ausdruck auf einen Begriff, d.h. auf einen unvollständigen Gegenstand beziehen, so würde man ihn nicht treffen. Ein Ausdruck wie "der Begriff F" ist ein vollständiger Ausdruck und kein Prädikat; sein Referenzobjekt ist daher kein ungesättigter

72 G. Frege, Über Begriff und Gegenstand, in: FBB. 66-80.

Teil, keine Funktion, d.h. letztlich kein Begriff. Ein solcher Ausdruck kommt in Subjektposition vor und bezeichnet somit ein Argument, d.h. einen vollständigen Gegenstand. Das Referenzobjekt des Ausdrucks "der Begriff 'Pferd'" ist nicht das des Prädikats "...ist ein Pferd". Das Referenzobjekt des komplexen Ausdrucks ist ein neuer Gegenstand höherer Ordnung. Daher kann Frege paradoxerweise sagen, der Begriff "Pferd" sei kein Begriff:

> Es kann ja nicht verkannt werden, daß hier eine freilich unvermeidbare sprachliche Härte vorliegt, wenn wir behaupten: der Begriff *Pferd* ist kein Begriff, während doch z.B. die Stadt Berlin eine Stadt und der Vulkan Vesuv ein Vulkan ist. Die Sprache befindet sich hier in einer Zwangslage, welche die Abweichung vom Gewöhnlichen rechtfertigt. (FBB. 71)

Gegenstände, die "Bedeutungen" von Ausdrücken wie "der Begriff F" sind, stellen Gegenstände höherer Stufe dar. Die Aussagen, die über sie gemacht werden, passen nicht auf Gegenstände unterster Stufe, denn "der Begriff verhält sich wesentlich prädikativ auch da, wo etwas von ihm ausgesagt wird..." (FBB. 75). In einer anderen Fregeschen Terminologie kann man sagen, Gegenstände unterster Stufe *fallen unter* Begriffe und Begriffe fallen unter Begriffe höherer Stufe. Ist eine singuläre Prädikation wahr, so fällt der Gegenstand, auf den sich das Subjekt bezieht, unter den Begriff, auf den sich das Prädikat bezieht. Das Fallen eines Gegenstandes unterster Stufe unter einen Begriff ist aber verschieden vom Fallen eines Begriffes unter einen Begriff höherer Stufe:

> Die Begriffe zweiter Stufe, unter welche Begriffe fallen, sind wesentlich verschieden von den Begriffen erster Stufe, unter welche Gegenstände fallen. Die Beziehung eines Gegenstandes zu einem Begriffe erster Stufe, unter den er fällt, ist verschieden von der allerdings ähnlichen eines Begriffes erster Stufe zu einem Begriff zweiter Stufe. (FBB. 75f)

Die Ähnlichkeit in der Unähnlichkeit kommt in der Umgangssprache mehr zum Tragen als in einer Formelsprache, in der die einzelnen Stufen auseinandergehalten werden. In einer Formelsprache kann auch das Paradoxe der umgangssprachlichen Formulierung "der Begriff 'Pferd' ist kein Begriff" vermieden werden. Der Unterschied zwischen den Referenzobjekten der Subjektausdrücke und den Referenzobjekten der Prädikatausdrücke wird in einer Sprache, die zwischen den einzelnen Stufen unterscheidet, nicht mehr verwischt.

Wenn also nach Frege sowohl Ausdrücke in Subjekt- als auch in Prädikatposition Referenz haben, referieren oder supponieren, so darf sein Standpunkt keineswegs mit dem einer naiven "Zwei-Namen-Theorie" der Prädikation verwechselt werden. Das Neue an Freges Standpunkt ist die Verwendung der arithmetischen Funktion als Deutungsschlüssel der Prädikation. Die Subjektausdrücke werden als Argumentausdrücke und die Prädikatausdrücke als Funktionsausdrücke gedeutet. Die Argumente und die Funktion befinden sich auf jeweils verschiedenen

Stufen, so daß die einen die anderen "erfüllen" oder unter sie fallen. Der Begriff der "Erfüllung" oder "Sättigung" spielt in der modernen Semantik eine wichtige Rolle und ermöglicht schon bei Frege eine Verschiebung des Problems der Verbindung zwischen einem Einzelding und einem Universale. Strawsons Sprechen von "nicht-relationalen Bindungen" zwischen "Sachen", die in den Prädikationen behauptet werden, dürfte somit tatsächlich einen Rückfall in vor-Fregesche Zeiten darstellen.

Wenn das Schema der arithmetischen Funktionen als Deutungsschlüssel für die prädikativen Aussagen verwendet wird, so erhebt sich die Frage, was dem Nachbereich, den jede Funktion hat, im Fall der Aussagen entspricht. Bis jetzt haben wir nur gesehen, daß den Argumenten die Referenzobjekte der Subjekte und den Funktionen die Referenzobjekte der Prädikate entsprechen, aber was entspricht den Elementen des Nachbereichs? Im Nachbereich einer Funktion kommen nämlich die *Funktionswerte* vor, d.h. jene Elemente, denen durch die Funktion die jeweiligen Argumente zugeordnet werden. Frege führt seine Deutung der prädikativen Aussagen konsequent durch und nimmt somit auch für die Begriffe, d.h. die Aussagefunktionen, einen Nachbereich an, der allerdings nur zwei Elemente enthält. Die Funktionswerte der Aussagefunktionen sind die zwei Wahrheitswerte, das Wahre und das Falsche.

Die Elemente des Nachbereichs sind etwas Objektives, sie gehören dem "Reich der Bedeutungen" an und nicht dem "Reich der Gedanken". Daher nennt sie Frege auch "Gegenstände". Sie sind die "Bedeutungen" der prädikativen Behauptungen als ganzer. Die Ausdrücke, durch die wir urteilen und Behauptungen aufstellen, d.h. die Sätze als ganze, haben so wie ihre Teile nicht nur Sinn, sondern auch "Bedeutung". Der Sinn der Sätze ist der Gedanke, der durch sie ausgedrückt wird. Ihre "Bedeutung" aber ist nicht ein Sachverhalt oder eine Proposition im Russellschen Sinn, sondern ein Wahrheitswert. In Freges Terminologie haben somit alle wahren Behauptungen und Urteile dieselbe "Bedeutung", weil die Aussagefunktionen, auf die ihre Prädikate referieren, die jeweiligen Argumente demselben Element in ihrem Nachbereich zuordnen.

> Jeder Behauptungssatz, in dem es auf die Bedeutung der Wörter ankommt, ist also als Eigenname aufzufassen, und zwar ist seine Bedeutung, falls sie vorhanden ist, entweder das Wahre oder das Falsche. Diese beiden Gegenstände werden von jedem, wenn auch nur stillschweigend, anerkannt, der überhaupt urteilt, der etwas für wahr hält, also auch vom Skeptiker. (FBB. 48)

Die Deutung der Sätze als Eigennamen muß zwar auf Widerstand stoßen: "Ich kann mich nicht überzeugen, daß das Wahre oder das Falsche die Bedeutung eines Satzes sei im selben Sinne [wie] z.B. ein gewisser Mensch die Bedeutung des Namens Julius Cäsar ist." (B. Russell. BW. 233) Für Dummett ist die Bedeutung der Sätze als Eigennamen ein verhängnisvoller Schritt in Freges Philosophie (D. 196). Mit "Eigenname" meint Frege allerdings jede Bezeichnung, der etwas im "Reich der Bedeutungen" entspricht: "Der Kürze wegen mag jede solche Bezeichnung Eigenname genannt werden" (FBB. 41). Auch mit "Gegenstand" meint er primär nicht etwas Festes, das im Raum lokalisierbar wäre, sondern etwas logisch Einfaches, das man nicht definieren, das aber als Element im Vor- und Nachbereich der Aussagefunktionen vorkommen kann:

> Gegenstand ist alles, was nicht Funktion ist, dessen Ausdruck also keine leere Stelle mit sich führt. Ein Behauptungssatz enthält keine leere Stelle, und darum ist seine Bedeutung als Gegenstand anzusehen. Diese Bedeutung aber ist ein Wahrheitswert. Also sind die beiden Wahrheitswerte Gegenstände. (FBB. 30)

Obwohl Frege zwischen dem "Reich des Sinnes" und dem "Reich der Bedeutungen" klar trennt und dieses als den Ermöglichungsgrund von *Wahrheit* hervorhebt, argumentiert er hier auf eine Art, die in der Sprachanalyse voll zum Durchbruch kommt: Gegenstand wird hier von Frege als das umrissen, dessen *Ausdruck* keine leere Stelle mit sich bringt. Mit anderen Worten, hier wird das Bezeichnete von der Art der Bezeichnung her verstanden. Die überwältigende Mehrheit der philosophischen Äußerungen Freges zu diesen Fragen ist allerdings von einem starken erkenntnistheoretischen Realismus geprägt, und die Versuche, diese Äußerungen rein sprachanalytisch zu interpretieren, müssen wohl scheitern.

1.4.3 Referenz versus Wahrheitswertpotential

Einen Versuch, Freges Äußerungen zum Problem der "Bedeutung" sprachanalytisch zu rekonstruieren, hat bekanntlich Tugendhat unternommen (Schirn. 51-69)[73]. Sein Versuch entspricht seinem sprachanalytischen Programm, die Rolle sprachlicher Ausdrücke von ihrer Verwendung her zu verstehen, vom Beitrag, den sie im jeweiligen Satz leisten, in dem sie vorkommen. Tugendhat schlägt in diesem Sinne vor, Freges Ausdruck "Bedeutung" mit "Wahrheitswertpotential" zu übersetzen. Diese Übersetzung würde seiner Meinung nach das von Frege Gemeinte besser wiedergeben (ibid. 59) und gleichzeitig keine Postulierung einer Art Beziehung zwischen Zeichen und Bezeichnetem insinuieren.

73 E. Tugendhat, Die Bedeutung des Ausdrucks 'Bedeutung' bei Frege. (Englisch: The Meaning of 'Bedeutung' in Frege, in: Analysis 30 [1970] 177-189), in: Studien zu Frege III. Logik und Semantik. Hg. von M. Schirn. Stuttgart 1976, 51-69.

Ausschlaggebend für Tugendhats Vorschlag ist die These des semantischen Primats des Satzes, die zwar von Frege an der viel zitierten Stelle in den "Grundlagen der Arithmetik", § 60, vertreten wird, die aber nicht ohne weiteres Frege selbst unterschoben werden darf[74]. Wenn auf alle Fälle der Satz die primäre semantische Einheit ist, so müssen die Bedeutungen der Teile von der Bedeutung des ganzen Satzes her verstanden werden und nicht umgekehrt. Nach Tugendhat müssen somit die Teile von ihrem Beitrag her gedeutet werden, den sie für das Ganze des Satzes leisten. Wenn eine funktionale Beziehung zwischen Teil und Ganzem vorliegt, so gilt:

> In einem solchen Fall - z.B. einem Werkzeug, einer Maschine oder einem Organismus - kann der Teil nur durch seine Beziehung zur Funktion des Ganzen definiert werden und nicht umgekehrt. Da die Beziehung des Teils zum Ganzen funktional ist, läuft die Bezugnahme auf das Ganze in der Definition des Teils nicht auf eine Angleichung der Eigenschaften des Teils an die Eigenschaften des Ganzen hinaus. (ibid. 58)

Statt die Bedeutungsmerkmale von Namen auf Sätze zu übertragen, "...sollten wir die Reihenfolge umkehren und die Bedeutung von Namen mittels jenes Begriffs zu definieren versuchen, durch den die Bedeutung von Sätzen definiert ist" (ibid. 55). Die Bedeutung der Sätze ist aber für Frege, wie bereits gesehen, der Umstand, daß sie wahr oder falsch sind, d.h. ihre Bedeutung ist ihr Wahrheitswert. Wenn man also die Wahrheitswerte als das Primäre ansieht, so wird man nach Tugendhat die Bedeutung der Teile eines Satzes in ihrem *Beitrag zum Wahrheitswert* der Sätze sehen, in die sie eingehen. Diesen Beitrag nennt Tugendhat daher *"Wahrheitswertpotential"* (ibid.). Die Bedeutung der Namen und der Prädikate ist nach der alternativen Erklärung Tugendhats ihr Wahrheitswertpotential. Zwei Namen werden dann und nur dann dieselbe Fregesche Bedeutung, d.h. dasselbe Wahrheitswertpotential haben, wenn sie ergänzt durch ein und dasselbe Prädikat zwei Sätze ergeben, die denselben Wahrheitswert haben. Für das Wahrheitswertpotential eines Ausdrucks - sei er ein Name, ein Prädikat oder ein Satz - gilt also:

> ...zwei Ausdrücke ϕ und ψ haben genau dann dasselbe Wahrheitswertpotential, wenn, sofern jeder durch ein und denselben Ausdruck zu einem Satz ergänzt wird, die beiden Sätze denselben Wahrheitswert haben. (ibid.)

Wenn die zwei Ausdrücke schon Sätze sind, so erübrigt sich die Ergänzung, und die zwei Sätze haben genau dann dasselbe Wahrheitswertpotential, wenn sie denselben Wahrheitswert haben. Diese Umschreibung des Wahrheitswertpotentials

74 Siehe Abschnitt 1.5.1

soll nach Tugendhat als alternative Erklärung zu der von Frege selbst gegebenen Erklärung der Bedeutung betrachtet werden (ibid. 56).

Daß Tugendhats Erklärung das von Frege Gemeinte besser wiedergibt, ist allerdings schwer zu fassen. Nach dieser ist die Fregesche Bedeutung eine Eigenschaft oder ein Merkmal von Ausdrücken, nach Freges eigener Erklärung allerdings der bezeichnete Gegenstand in der Welt. Nach Frege ist die Bedeutung von "der Mond" der Mond selbst und nicht ein Merkmal oder ein Beitrag, den dieser Ausdruck für den Wahrheitswert der Sätze leistet, in denen er vorkommt. Die Frage nach der Adäquatheit der alternativen Erklärung Tugendhats betrifft nicht nur Details, sondern ihren harten Kern. Die These, daß die Teile eines Satzes nur von ihrem Beitrag für das Ganze her verstanden werden können, daß ihre Bedeutung nur von der Bedeutung des Satzes her bestimmt werden kann, setzt voraus, daß wir schon wissen, was die Bedeutung eines Satzes ist; im Fall Freges, was sein Wahrheitswert ist. Diese Voraussetzung ist aber fraglich. Ist es nicht vielmehr so, daß wir die Wahrheitswerte der jeweiligen Sätze erst aufgrund der Bedeutungen ihrer Bestandteile bestimmen? In der alternativen Erklärung Tugendhats aber

> ...it is implicity assumed that all the work of determining the truth-values of sentences has already been done, and therefore that the whole semantic account of the language has already been set out. Truth-value potential is not a notion in terms of which the semantics of the language is given, not one that will do any work in constructing such a semantics: rather, it is a notion which can be introduced once the semantics of the language has been given. (D. 201f)

Tugendhat betont den semantischen Primat des Satzes. Dummett hat zwar Verständnis dafür, er bemerkt aber, daß es in bestimmten Fällen keinen Sinn hat, nach dem Primat zu fragen; daß es unter Umständen sinnlos ist "...to ask whether a sentence or a word is to be considered as the 'unit of meaning'" (D. 6). Unter Umständen kann man die Bedeutung eines Wortes auch ohne expliziten Bezug auf die Sätze erklären, in denen allein das Wort sinnvoll verwendet werden kann. Ich kann z.B. erklären, wofür ein Name steht, ohne explizit Bezug zu nehmen auf die Vorkommnisse des Namens in den Sätzen, in denen der Name sinnvoll verwendet wird. Diese Tatsache schließt aber nicht aus, daß ich nur mit dem Satz, in dem ein solcher Ausdruck vorkommt, etwas aussagen kann, das wahr oder falsch ist, d.h. daß der Satz doch irgendwie die primäre semantische Einheit ist. Die Debatte darüber, ob Wort oder Satz das primäre Element der Bedeutung sei, scheint Dummett zu Recht leer zu sein. Obwohl Dummett Verständnis für Freges angebliche Entdeckung hat, daß Namen nur im Zusammenhang eines Satzes für etwas stehen - auf sie beruft sich auch Wittgenstein (Tractatus 3.3 und Philosophische Untersuchungen § 49) -, wehrt er sich gegen den Unfug, der damit getrieben wird. Um einzusehen, daß die These des semantischen Primats des Satzes irreführend sein kann, braucht man sich nur dessen bewußt zu werden, daß man ganz neue Sätze bilden und verstehen kann und zwar deshalb, weil man schon die Bedeutungen der Wörter kennt, aus denen sie aufgebaut sind:

> Jeder Versuch einer klaren Formulierung des Gedankens, daß der Satz *die* Einheit der Bedeutung ist, oder auch nur des Gedankens, daß die Bedeutung von Sätzen primär und die von Wörtern abgeleitet ist, endet damit, daß man implizit die klare Tatsache - die zum Wesen der Sprache gehört - abstreiten muß, daß wir neue Sätze verstehen können, die wir nie vorher gehört haben.[75]

Wenn man also mit der These, daß der Satz die primäre semantische Einheit ist, behutsam umgehen muß, so wird man auch nicht allzu freudig philosophische Thesen davon ableiten können. Wenn darüber hinaus die Wahrheitsbedingungen der Sätze einer Sprache angegeben werden sollen, so kann man nicht umhin anzugeben, wie die Bedeutungen der Satzteile den Wahrheitswert des Satzes, in dem die Teile vorkommen, bestimmen. Umso wichtiger wird das für eine Sprache sein, in der - wie Frege annimmt - Sätze vorkommen, die zwar einen Gedanken ausdrücken, aber keinen Wahrheitswert haben.

Ein weiterer Grund für die Inadäquatheit der alternativen Deutung Tugendhats ist die unmißverständliche Ansicht Freges, daß die "Bedeutungen" der Ausdrücke unserer Sprache das sind, *worüber* wir sprechen. Tugendhat neigt dazu, die expliziten Erklärungen Freges dessen, was er unter "Bedeutung" versteht, auf ein Relikt der Tradition zurückzuführen, von der es Frege nicht gelungen sein soll, sich zu befreien. Diesbezüglich muß man aber mit Dummett anderer Meinung sein. Freges Betonung, daß die "Bedeutungen" das sind, worüber wir sprechen, gehört zum Kern seiner philosophisch revolutionären Ansichten:

> ...that ingredient which consists in taking the name/bearer relation as prototype is not a remnent of the 'traditional' account at all, at least if the tradition we are thinking of is that which dominated German universities and had done so for decades: it is the core of Frege's realism, which constituted the most revolutionary feature of his whole philosophical outlook. (D. 200)

> Frege expends considerable rhetoric in insisting that we do actually succeed in speaking about the actual objects, in the real world, which are the referents of the names we use and not about any intermediate surrogates for or representations of them. (D. 196f)

Tugendhat kann sich allerdings mit derartigen Redewendungen nicht befreunden. Er führt sie auf eine "schiere Gedankenlosigkeit" (T. 352) oder auf eine "Vorstellungstheorie der Gegenstände" zurück (ibid.). Der Grund für Tugendhats Ableh-

75 M. Dummett, Nominalismus, in: Das Universalien-Problem. Hg. von W. Stegmüller. Darmstadt 1978, 265f.

nung der "gegenstandstheoretischen" Deutung der Referenz als Beziehung zwischen Zeichen und Bezeichnetem ist der, daß nach ihm diese Deutung voraussetzt,

> ...daß der, der das Zeichen verwendet, sich auch ohne Zeichen auf den Gegenstand beziehen kann, als etwas, was er 'vor' sich (oder seinem Bewußtsein) hat, denn sonst könnte er nicht das Zeichen dem Gegenstand zuordnen. (T. 476f)

Daß eine unmittelbare Bezugnahme auf einen Gegenstand - in Tugendhats Terminologie eine vorsprachliche Bezugnahme - nicht möglich ist, wird ihm jeder gestehen. Niemand kann aus der Sprache ausbrechen und gegen das sogenannte sprachanalytische Prinzip etwas ohne Sprache zu leisten versuchen, was nur durch Sprache möglich ist. Die Einsicht in diesen Sachverhalt impliziert aber keineswegs, daß Freges eigene Erklärung der "Bedeutung" eines Ausdrucks als das, wofür der Ausdruck steht, unverständlich sei, auf Gedankenlosigkeit oder auf eine Vorstellungstheorie der Gegenstände zurückzuführen sei.

Wenn wir Aussagen über die Welt machen und *Wahrheit* für diese beanspruchen, so beanspruchen wir, über Dinge in der Welt zu sprechen und nicht über Vorstellungen. Wir haben zwar nie die Dinge direkt, unvermittelt vor uns und können uns auch nicht direkt ohne Zeichen und ohne Sprache auf sie beziehen; das schließt aber nicht aus, daß wir uns dennoch auf sie beziehen. Mit Strawson kann gesagt werden, daß wir zwar nichts ohne Sinnesdaten wahrnehmen; was wir aber wahrnehmen, das sind nicht die Daten, sondern die Gegenstände in der Welt - natürlich immer vermittelt durch die Daten. Ähnliches gilt für unsere Sprache. Wir können uns auf nichts direkt ohne Sprache beziehen; das aber, worauf wir uns durch die sprachlichen Zeichen beziehen, ist nicht sprachimmanent. Durch die deskriptiven Aussagen über die Welt beziehen wir uns auf die Dinge in der Welt und nicht auf Zeichen oder Vorstellungen von diesen Dingen. Das gegenstandstheoretische Schema der Referenz als Beziehung zwischen Zeichen und Bezeichnetem impliziert nicht die Absurdität einer vorsprachlichen Bezugnahme auf Gegenstände, sondern ist Ausdruck dieses realistischen Standpunktes:

> The appeal to the name/bearer relation as prototype is an expression of Frege's realism, the belief that...our linguistic expressions relate to constituents of reality, and that it is therefore in virtue of an objective reality, independent of us, that our sentences are true or false. (D. 408)

Auf die Dinge in der Welt können wir uns nur durch Sprache beziehen. Das gilt auch für den jeweiligen Träger eines Namens;

> But, though we conceive of it [Namensträger] *through* language, what constitutes our conceiving it as a part of external reality is that we take it as being the *referent* of an expression: and 'the referents of our words are what we talk *about*'. For Tugendhat, replacing the notion of reference by that of

truth-value potential, all this is lost. (D. 202)

Die Gegenstände, über die wir sprechen, dürfen nicht mit den Wahrheitswertpotentialen verwechselt werden: "...it would be ludicrous to suggest that Dr. Tugendhat just *is* the truth-value potential of the name 'Tugendhat'" (ibid.).

1.4.4 Bedeutung versus Wahrheitsbedingungen

Von der Fregeschen Unterscheidung zwischen Sinn und "Bedeutung" (Referenz) wird noch ausführlich die Rede sein. Hier soll zunächst ihre Relevanz für die zeitgenössische Diskussion über Bedeutungstheorien im allgemeinen untersucht werden. Bedeutungstheorien, die entweder den Fregeschen "Sinn" oder aber die Fregesche "Bedeutung" vernachlässigen, werden nämlich notgedrungen einseitig ausfallen.

Dummett sympathisiert zwar mit dem Intuitionismus und konsequenterweise mit bestimmten Formen verifikationistischer Bedeutungslehren, in denen die Fregesche Unterscheidung praktisch irrelevant wird; andererseits aber berücksichtigt er Aspekte der Sprechpraxis, die ihn zur Verteidigung der Unterscheidung veranlassen. Wenn nur ein Teil der Problemkreise berücksichtigt wird, die Dummett in seiner Auseinandersetzung behandelt, wird klar, daß rein verifikationistische oder rein realistische Bedeutungstheorien einseitig und daher *inadäquat* sind. Das Sprechen einer Sprache ist ein äußerst komplexes Phänomen. Mit simplifizierenden Gleichsetzungen der Bedeutung eines Satzes mit der Methode der Verifikation oder mit den "realistisch" verstandenen *Wahrheitsbedingungen* wird man keine adäquate Theorie der Bedeutung erstellen können.

> The practice of speaking a language is so complex and has so many facets that it is surprising that philosophers should have been so optimistic about the prospects of imposing any fairly simple pattern on the meaning of expressions... Yet most philosophical observations about meaning embody a claim to perceive just such a simple pattern: the meaning of a sentence consists in the conditions for the truth and falsity, or in the method of verification or in the practical consequences of accepting it. (D. 456f)

Adäquate Bedeutungstheorien müssen nach Dummett auf folgende Frage eine Antwort geben: Was ist das, was jemand beherrscht, wenn er eine Sprache beherrscht, was ist das, was er weiß, wenn er weiß, was die Bedeutungen ihrer Ausdrücke sind? Verfällt man aber nicht unnötigen oder gar illegitimen Hypostasierungen, wenn man so fragt oder solche Forderungen stellt? Quine hat bekanntlich für diese Art, Bedeutungen zu hypostasieren, die Metapher eines Museums verwendet[76]. In einem Museum gibt es nämlich verschiedene ausgestellte Kunstwerke, die verschiedentlich etikettiert sind. Die Werke entsprechen den Bedeutungen und die Schildchen oder Etiketten den sprachlichen Ausdrücken. Die Forderung, die Dummett an eine Bedeutungstheorie stellt, muß aber nicht diese Art von Museumssemantik implizieren. Die Gefahr solcher impliziter oder gar expliziter Vorstellung ist zwar gegeben. Die Angst vor dieser Gefahr darf uns aber nicht hindern, die Tatsache zu berücksichtigen und als richtungweisend in unsere Untersuchungen einzubeziehen, daß wir in unserem Alltag immer wieder Redewendungen verwenden, wie "was ist die Bedeutung von...?", "er kennt die Bedeutung von...", "er weiß, was die Bedeutung von...ist" usw.

> ...the complex phrase on which attention needs to be concentrated is 'knowing the meaning of...': a theory of meaning is a theory of *understanding*. What we have to give an account of is what a person knows when he knows what a word or expression means, that is, when he understands it. (D. 92)

Die Frage nach der Bedeutung hängt zusammen mit der nach der Fähigkeit, die wir Menschen haben, Sprachen zu *verstehen* und zu sprechen. Diese Fähigkeit ist sehr komplex, und es ist außerordentlich schwierig zu erfassen, worin sie besteht. Eine adäquate Theorie der Bedeutung müßte aber in der Lage sein, auch auf die Frage nach dieser Fähigkeit einzugehen und darauf eine Antwort zu geben. Hat man erfaßt, worin diese Fähigkeit besteht, so hat man auch erfaßt, was es heißt, die Bedeutungen der Ausdrücke einer Sprache zu kennen. Und umgekehrt: Hat man letzteres erfaßt, so wird man auch wissen, was es heißt, eine Sprache zu beherrschen. "...once we can say what it is for someone to know a language, in the sense of knowing the meanings of all expressions of the language, then we have essentially solved every problem that can arise concerning meaning." (G. 101)[77]

Wenn ein Mensch eine Sprache beherrscht, besitzt er die *praktische* Fähigkeit, sie zu verstehen und sie zu verwenden. Er besitzt also ein praktisches Wissen. Dieses praktische Wissen ist als solches noch kein explizites. Derjenige, der dieses Wissen hat, muß nicht in der Lage sein, es auch in expliziten Darstellungen und Erklärungen wiederzugeben. Die explizite Darstellung und Erklärung hat nach Dummett allerdings eine Theorie der Bedeutung zu leisten. Dummett beansprucht natürlich nicht, in der Lage zu sein, solch eine umfassende Theorie

76 W.v.O. Quine, Ontological Relativity and Other Essays. N.York 1969, 27.

77 M. Dummett, What is a Theory of Meaning, in: Mind and Language. Hg. von S. Guttenplan. Oxford 1975, 97-138. Kurztitel: G.

der Bedeutung zu erstellen. Er nimmt aber das Recht in Anspruch, Bedeutungstheorien, die ansatzmäßig da sind, oder Konzepte für die Aufstellung solcher Theorien auf ihre Adäquatheit hin zu überprüfen und zu kritisieren.

Aus dem Gesagten geht bereits hervor, daß eine Bedeutungstheorie für eine gegebene Sprache sich nicht darin erschöpfen kann, für jeden einzelnen Ausdruck der Sprache in Form von Aufzählungen anzugeben, was seine Bedeutung ist: Die Bedeutung des Ausdrucks/Satzes X ist...; der Ausdruck/Satz X bedeutet... Dummett weist darauf hin, daß die Kurzschlüssigkeit eines solchen Vorgehens auf anderen Gebieten, z.B. in der Erkenntnistheorie, offensichtlich ist. Niemand würde versuchen, Erkenntnistheorie so zu treiben, daß er sich mit der Aufzählung der Erkenntnisse der Menschheit begnügen würde. Es wäre absurd, das Erkenntnisproblem dadurch lösen zu wollen, daß man all das angibt, was Erkenntnisinhalt der menschlichen Gesellschaft ist oder sein kann. Dadurch würde man nicht klären, was Erkenntnis *ist*, sondern es voraussetzen. Eine Bedeutungstheorie, die sich in der Angabe der Bedeutungen der einzelnen Ausdrücke erschöpft, kann dementsprechend die Frage nach der Bedeutung nicht lösen. Durch eine solche Theorie wird vorausgesetzt, was Bedeutung ist, aber so vorausgesetzt, daß nicht klar ist, worin das Vorausgesetzte besteht. Dummett vermutet sogar, die Vorschläge, Bedeutungstheorien auf besagte Art zu entwerfen, würden nur deshalb ernst genommen, weil wir auf diesem Gebiet ganz im argen liegen.[78]

1.4.5 Inadäquatheit des Davidsonschen Entwurfs einer Bedeutungstheorie

Sprache wird *verwendet*, um - unter anderem - *wahre* Aussagen über die Welt zu machen. Auf Frege wurde in dieser Arbeit hauptsächlich deshalb zurückgegriffen, weil durch seine Ausführungen die Notwendigkeit der Berücksichtigung der Verknüpfung der beiden Problemkreise, der Bedeutung und der Wahrheit, einsichtig wird. Durch seine Ausführungen wird aber auch klar, daß Sinn und Referenz ("Bedeutung") auseinandergehalten werden müssen und man den einen Aspekt nicht auf den anderen reduzieren darf. Hat jemand den Sinn eines Ausdrucks verstanden, so muß er noch nicht seine "Bedeutung" kennen. In verschiedenen

78 "It is precisely because, in this area of philosophy, we know even less what it is that we are talking about than we do in other areas, that the proposal to approach our problems by considering how we might attempt to specify the meanings of the expressions of an entire language does not appear the waste of time that an analogous proposal would seem to be within epistemology." (G. 98)

Fällen wird er - wie gesehen - nicht einmal wissen, ob der betreffende Ausdruck überhaupt eine "Bedeutung", ein Referenzobjekt hat. Ähnlich muß argumentiert werden, wenn im Rahmen einer allgemeinen Bedeutungstheorie danach gefragt wird, was ein Sprecher erfaßt, wenn er die Bedeutung eines Satzes erfaßt; wenn gefragt wird, worin das implizite Wissen besteht, das ein Sprecher hat, wenn er weiß, was die Bedeutung eines Satzes ist. Dieses Wissen kann nicht generell auf die Kenntnis der *Bedingungen* für die Wahrheit des Satzes reduziert werden. Im dritten Hauptteil dieser Arbeit wird zu zeigen versucht, daß man die Bedeutung von Sätzen, in denen Bezeichnungen für natürliche Arten und Substanzen vorkommen, sehr wohl erfassen kann, ohne dabei deren Wahrheitsbedingungen zu kennen. In diesem Zusammenhang geht es aber nur darum, die Einseitigkeit einer generellen Reduzierung von Bedeutungen auf Wahrheitsbedingungen aufzuzeigen und zwar hauptsächlich anhand von Problemen, auf die Dummett aufmerksam macht. Dummett wendet sich dabei vornehmlich gegen den *Davidsonschen* Entwurf einer Bedeutungstheorie, der auf der Annahme gründet, die Bedeutung eines Satzes könne durch seine Wahrheitsbedingungen angegeben werden: "...die Angabe der Wahrheitsbedingungen ist eine Möglichkeit, die Bedeutungen eines Satzes aufzuweisen" (Davidson. 111)[79]. Dieser Entwurf soll nun kurz umrissen werden.

Davidson greift in seinem Entwurf auf die grundlegenden semantischen Arbeiten Tarskis zurück und versucht, den Bedeutungsbegriff dadurch aufzulösen, daß er ihn auf die Tarskischen Wahrheitsbedingungen der Sätze der zu untersuchenden Sprache zurückführt. Tarskis Zugang zur Wahrheitsproblematik gründet auf der Berücksichtigung der *notwendigen* und *hinreichenden* Bedingungen für die Wahrheit der Sätze. Diese Bedingungen werden von Davidson mit der Bedeutung der einzelnen Sätze gleichgesetzt: Wenn wir wissen, was es heißt, daß ein Satz wahr ist, und wenn wir wissen, was die Bedingungen für die Wahrheit des Satzes sind, verstehen wir nach Davidson den Satz und haben somit auch dessen Bedeutung erfaßt. Davidson spricht von einer "augenscheinlichen Verbindung" zwischen der Wahrheitsdefinition, deren Aufbau Tarski gezeigt hat, und dem Bedeutungsbegriff:

> Den Wahrheitsbegriff einer Sprache kennen heißt wissen, was es heißt, daß ein Satz - [und zwar] irgendein beliebiger Satz - wahr ist; und dies *kommt dem Verstehen** der Sprache gleich...(ibid. 111)
> [*Hervorhebung durch den Verf.]

79 D. Davidson, Wahrheit und Bedeutung (Englisch: "Truth and Meaning", in: Synthese 17 [1967] 304-323), in: Moderne Sprachphilosophie. Hg. von M. Sukale. Hamburg 1976, 104-122.

Eine Davidsonsche Bedeutungstheorie könnte man dadurch charakterisieren, daß sie eine unendliche Flut von Sätzen enthält, deren jeder die Wahrheitsbedingungen für einen Satz der Objektsprache angibt. Diese Sätze hätten die Form "s ist wahr dann und nur dann, wenn p", wobei der erste Satz eine strukturelle Beschreibung oder ein Name für den Satz aus der Objektsprache ist. Wenn der metasprachliche Satz p dem durch die strukturelle Beschreibung "s" bezeichneten objektsprachlichen Satz entspricht, erhebt sich die Frage, ob in solch einem Fall überhaupt etwas ausgesagt wird: Ist ein Satz wie "'Schnee ist weiß' ist wahr dann und nur dann, wenn Schnee weiß ist" nicht trivial? Ein solcher Satz erklärt die Wahrheitsbedingungen für s nicht besser als s selbst. Dieser Einwand trifft immer dann zu, wenn der durch "s" bezeichnete Satz dem p so korrespondiert, daß er damit synonym ist. Der Verdacht der *Trivialität* solcher Angaben hat seine Gründe. Er kann unter Umständen auch Tarskis Wahrheitsdefinition betreffen. Für uns ist dieser Verdacht allerdings in diesem Zusammenhang irrelevant, da sich Davidson in seinem Vorschlag für eine Bedeutungstheorie nicht auf derartige Angaben beschränkt. Der durch "s" bezeichnete Satz muß nicht mit p synonym sein. Ausschlaggebend ist nur die wechselseitige Subjunktion, so daß die beiden Sätze immer den gleichen Wahrheitswert haben. In einer Theorie, in der unzählige solcher Bi-Subjunktionen vorkämen, würden daher Wahrheiten zu Wahrheiten und Falschheiten zu Falschheiten zugeordnet werden. In ihr hätten somit Sätze Platz wie: "'Schnee ist weiß' ist wahr dann und nur dann, wenn Gras grün ist." Ein solcher Satz ist nicht mehr trivial, da die zwei darin vorkommenden Sätze nicht synonym sind. Davidson konzipiert seine Bedeutungstheorie *holistisch*: Die Bi-Subjunktionen sollten daher nie in Isolierung betrachtet werden, sondern nur als Glieder längerer Zuordnungen. Jede neue Zuordnung von Wahrheiten zu Wahrheiten würde somit die Bedeutungen der Sätze, die auf der linken Seite der Bi-Subjunktionen vorkommen, genauer bestimmen. Jede Zuordnung würde - wie Davidson sagt - einen weiteren Pinselstrich zu dem Bild hinzufügen, welches uns als Ganzes sagt, was es über die Bedeutung eines bestimmten Satzes zu wissen gibt (ibid. 113). Durch eine durchgängige Zuordnung von Wahrheiten zu Wahrheiten und Falschheiten zu Falschheiten - vorausgesetzt, so etwas wäre möglich und würde durch die Erstellung einer Theorie gelingen - würde nach Davidson"...nichts übrigbleiben, was für die Idee der Bedeutung wesentlich wäre und noch eingefangen werden müßte" (ibid.).

Davidson geht in seinem Vorschlag für eine Bedeutungstheorie auch auf die praktischen Schwierigkeiten ein, die sich schon allein aus formalen Gründen aus Tarskis Wahrheitsdefinition ergeben. Es sind dies die semantischen Paradoxien und die Tatsache, daß natürliche Sprachen zu verworren und amorph sind, um ihre Sätze in eine Bedeutungstheorie zu pressen. In diesem Kontext interessieren uns diese Schwierigkeiten nicht. Für die Frage nach der Referenz sprachlicher Ausdrücke und für die Auseinandersetzung mit der Fregeschen Unterscheidung zwischen Sinn und Referenz sind nicht die Details des Davidsonschen Vorschlags relevant, sondern die prinzipielle Frage, wie weit die Bedeutung eines Satzes aufgrund seiner Wahrheitsbedingungen bestimmt werden und wie weit man Bedeutungen allein mit dem Schlüsselbegriff der Wahrheit fassen und erklären kann. Dummett setzt sich mit der prinzipiellen Frage auseinander und weist zunächst darauf hin, daß man die These in Beziehung zur Tatsache setzen muß, daß wir Sätze *verstehen* können, daß wir also fähig sind, mit den *Bedeutungen* derselben vertraut zu sein, sie zu kennen. Er greift dabei auf die an sich wichtige, aber allzu oft vernachlässigte Unterscheidung zwischen dem bloßen Wissen zurück, daß ein bestimmter Satz wahr ist, und dem zusätzlichen Wissen, was der *Inhalt* des betreffenden wahren Satzes ist. Wenn Dummett von Inhalten oder Propositionen, die durch Sätze ausgedrückt werden, spricht, so will er dadurch keine neuen Entitäten einführen. Er will aber darauf hinweisen, daß man von einem Menschen, der nur erfaßt hat, daß ein bestimmter Satz wahr ist, noch nicht sagen kann, daß er auch erfaßt hat, was wahr ist, d.h. *welche* Wahrheit durch den Satz ausgedrückt wird. Man kann wissen, daß es wahr ist, daß 19 eine Primzahl ist, ohne dabei schon zu wissen, was das heißt, daß 19 eine Primzahl ist[80].

Die Bedeutung eines Satzes zu kennen, also zu wissen, was sie ist, kann daher nicht ohne Einschränkungen auf die Kenntnis einer Bi-Subjunktion oder einer Reihe von Bi-Subjunktionen reduziert werden. Jemand, der die einfachsten Prinzipien der Verwendung des Ausdrucks "ist wahr" erfaßt hat und weiß, daß "die Erde dreht sich" ein deutscher Satz ist, der wird auch wissen, daß der Tarskische Satz "'die Erde dreht sich' ist wahr dann und nur dann, wenn die Erde sich dreht" wahr ist. Dabei muß er aber noch nicht wissen, was der deutsche Satz bedeutet, in dem Sinn nämlich, daß er ihn versteht und weiß, was sein Inhalt ist. Dummett weist darauf hin, daß dasselbe auch für einfache Ausdrücke gilt. Jemand, der die Verwendung von "heißen" kennt und weiß, daß "Pferd" ein allgemeiner deutscher Term ist, der wird auch wissen, daß der Satz "Pferde heißen 'Pferde'" wahr ist (G. 106). Die Tatsache, daß er das weiß, impliziert aber nicht, daß er auch weiß, *was* durch diesen wahren Satz ausgedrückt wird, was er bedeutet. Dummett

80 "...I am intending no acknowledgement of propositions as entities, no commitment to an ontology of propositions: I employ the phrase simply as a convenient means of expressing the generalization of the distinction between, for example, saying of someone that he knows that the sentence '19 is prime' is true, and saying of him that he knows that 19 is prime." (G. 106)

betont mit Nachdruck, daß dieser Unterschied, will man eine adäquate Bedeutungstheorie erstellen, berücksichtigt werden muß: "The theory of meaning must therefore be capable of explaining what differentiates a knowledge of the propositions expressed by those axioms from mere awareness of their truth." (G. 113) Eine Bedeutungstheorie, die sich darin erschöpft, auf der rechten Seite der Bi-Subjunktionen die Wahrheitsbedingungen für die Sätze der Objektsprache anzugeben, kann dieser Forderung nicht nachkommen. Selbst dann, wenn die Objektsprache von der Metasprache grundverschieden ist, wird eine so konzipierte Bedeutungstheorie nichts anderes sein als eine Übersetzungstheorie oder eine Flut von Anweisungen, Sätze der einen Sprache in Sätze der anderen zu übertragen. Die Grundfrage nach der Bedeutung, nach dem, was es heißt, die Bedeutung von Sätzen zu erfassen und zu kennen, bleibt unbeantwortet. Man kann nicht dadurch erklären, was Bedeutung ist, daß man Bedeutungen auf Wahrheitsbedingungen reduziert und für jeden Satz der zu untersuchenden Sprache *angibt*, was seine Wahrheitsbedingungen sind[81].

Dummett weist in seiner Auseinandersetzung mit Davidson auf eine weitere Unterscheidung hin, die in der Ausarbeitung einer Bedeutungstheorie, die "adäquat" sein soll, nicht unberücksichtigt bleiben darf, auf die Unterscheidung zwischen Divergenzen in der Einschätzung des Inhalts und Divergenzen in der Einschätzung des Wahrheitswerts von Sätzen: "...such a theory ought to be able to distinguish between disagreements stemming from difference of interpretation and disagreements of substance (disagreements about the facts)..." (G. 117) Eine Theorie der Bedeutung müßte in der Lage sein zu erklären, wie und warum es Divergenzen zwischen Sprechern gibt, die nicht auf verschiedene Interpretationen, sondern lediglich auf verschiedene Bewertungen von Sätzen zurückzuführen sind. Die Unterscheidung ist wichtig, will man die Möglichkeit von *Fehlern*, die man in der Einschätzung der jeweiligen Sachlage macht, berücksichtigen und erklären. Es muß Raum bleiben für die Unterscheidung zwischen dem Erfassen der Bedeutung und der Feststellung dessen, was der Fall ist. Diese Unterscheidung ist keine philosophische Spitzfindigkeit, sondern eine Selbstverständlichkeit

81 "...the fact that a theory of meaning issues in direct ascriptions of meaning is not in itself a sufficient ground for claiming that it gives an adequate account of what knowledge of meaning consists in." (G. 105)
"...a theory of meaning of this kind merely exhibits what it is to arrive at an interpretation of one language via an understanding of another, which is just what a translation manual does: it does not explain what it is to have a mastery of a language, say one's mother tongue, independently of a knowledge of any other." (G. 114)

in unserem Alltag. Wenn ein Ausländer z.B. etwas Falsches behauptet, werden wir uns fragen, ob das auf eine falsche Einschätzung der Sachlage oder lediglich auf ein falsches Verständnis der Bedeutung der sprachlichen Ausdrücke, die er verwendet, zurückzuführen ist. Im Sprechen über die Welt können *Fehler* gemacht werden, die sich entweder aus einem falschen Sprachverständnis oder aus einer falschen Einschätzung der Sachlage ergeben. Dieser Unterschied kann aber in einer Theorie, die keine Möglichkeit bietet, den Inhalt der Sätze, ihren propositionalen Gehalt zu bestimmen, nicht berücksichtigt werden. In einer solchen Theorie wird nicht erklärt, wieso Sprecher im Verstehen von Sätzen zwar übereinstimmen, in der Bewertung dieser Sätze aber divergieren können. Wenn die Bedeutung eines Satzes einfach mit seinen Wahrheitsbedingungen gleichgesetzt wird, so ist die gefragte Unterscheidung nicht mehr haltbar. Eine Bedeutungstheorie, die die Bedeutungen der Sätze auf ihre Wahrheitsbedingungen reduziert und die Frage ausklammert, wie die Sprecher feststellen können, ob sie erfüllt sind oder nicht, und wie es dazu kommt, daß sie dabei Fehler machen können, kann keine adäquate Bedeutungstheorie sein.

Dummett selber erweckt den Eindruck, mehr Probleme aufzuwerfen, als er zu lösen gewillt ist. Die Schwierigkeiten, auf die er hinweist, dürfen aber nicht ausgeklammert werden. Er selber gibt keine Antwort auf die Frage, wie man die propositionalen Gehalte der Sätze fassen kann. Dabei wirft er die alte Frage auf, wie weit es überhaupt sinnvoll ist, ein Kennen der Bedeutungen der Sätze für die Fälle zu postulieren, in denen es nicht möglich ist, irgendwelche Manifestationen davon festzustellen. Wenn nicht gezeigt werden kann, worin sich dieses Wissen äußert, hat es wenig Sinn, es in einer Theorie darstellen zu wollen: "...such a representation is devoid of explanatory power unless a grasp of the individual propositions of the theory is explained in terms of a specific practical capacity of the speaker. I do not know whether this is possible..." (G. 121) Obwohl also zwischen dem Erfassen des Gehalts eines Satzes und der Feststellung, ob dieser Gehalt auf die Wirklichkeit zutrifft oder nicht, unterschieden werden muß, hat es wenig Sinn, dieses Erfassen zu postulieren, wenn nicht geklärt wird, worin es sich äußert und wie es festgestellt werden kann.

1.5 Bedeutungstheorien bedürfen einer Theorie des "Sinns"

In der Erstellung einer Bedeutungstheorie, die im Sinne Dummetts "adäquat" sein soll, kann die Frage nicht ausgeklammert werden, *worin* das Wissen um die Bedeutungen der sprachlichen Ausdrücke besteht und *wie* sich dieses Wissen in der Praxis der Sprecher manifestiert. Diese Frage kann weder ausgeklammert noch - wie gesehen - auf die Frage nach den Wahrheitsbedingungen der Sätze reduziert werden. In einer Bedeutungstheorie sind beide Fregeschen Aspekte zu berücksichtigen, die Referenz nämlich *und* der Sinn. Vernachlässigt man die Frage nach der Wahrheit, so wird man dazu neigen, die Referenz nicht gebührend zu berücksichtigen; vernachlässigt man hingegen die Untersuchung der Verwendung und Beherrschung von Sprache, d.h. vernachlässigt man das implizite Wissen, welches jeder Mensch besitzt, der eine Sprache beherrscht, wird man dazu neigen, den Fregeschen Sinn zu vernachlässigen. In der vorliegenden Arbeit sollen die beiden Extreme nicht nur vermieden, sondern auch für die Erstellung einer "adäquaten" Bedeutungstheorie als unhaltbar aufgezeigt werden: Die Theorie der Referenz und die Theorie des Sinns können nicht aufeinander reduziert werden, sie ergänzen aber einander und bilden zwei wesentliche Bereiche einer umfassenden Theorie der Bedeutung. Dummett verwendet für die wechselseitige Ergänzung das Bild einer Hülse: Die Theorie der Referenz wird von der Theorie des Sinns wie von einer Hülse umgeben[82]. Es soll nun der Frage nachgegangen werden, was eine solche Theorie des Sinns zu leisten hat, worin ihre Funktion in der Deutung des Funktionierens von Sprache besteht. Dabei soll wieder von Frege ausgegangen und allmählich wieder zurückgegriffen werden auf die Spezifizierungs- oder Identifizierungsfunktion der Ausdrücke in Subjektposition singulärer Prädikationen, die wir von Strawson her kennen.

1.5.1 Freges Sinn

Der Logiker braucht sich als Logiker um die philosophische Frage nach Wahrheit und Bedeutung nicht zu kümmern. Er interessiert sich zwar für semantische Fragen, aber nur insofern sie für die Analyse und das Studium der Vollständigkeit formaler Systeme und für die Klärung des Folgebegriffs relevant sind[83]. Inter-

82 "Surrounding the theory of reference will be a shell, forming the theory of sense: this will lay down in what a speaker's knowledge of any part of the theory of reference is to be taken to consist, by correlating specific practical abilities of the speaker to certain propositions of the theory." (E. 74)

83 Ein formales System wird für die Zielsetzung des Logikers dann *vollständig* sein, wenn alle Formeln, die insofern gültig sind, als sie unter allen Interpretationen wahr sind, auch in dem betreffenden System *ableitbar* sind, und umgekehrt. Eine *Folgerung* wird dann und nur dann gültig sein, wenn all die Interpretationen, die das Präzedens erfüllen oder bewahrheiten, auch das Konsequens erfüllen.

essiert sich ein Logiker auch für die Frage nach Wahrheit und Bedeutung oder nach dem Verstehen sprachlicher Ausdrücke, so nicht als Logiker, sondern als Sprachphilosoph[84]. Für die Behandlung der philosophischen Frage nach dem *Funktionieren* von Sprache in diesem weiteren Sinn ist der enge Bedeutungsbegriff der logisch formalen Semantiken nicht ausreichend. Dieser enge Bedeutungsbegriff koinzidiert mit dem Begriff der semantischen Interpretation einer prädikatenlogischen Formel. Die Bedeutung eines singulären Terms besteht allein in der Zuordnung eines Individuums aus dem zugrundeliegenden Individuenbereich; die Bedeutung eines einstelligen Prädikats in der Zuordnung einer Menge von Individuen; die Bedeutung eines n-stelligen Prädikats in der Zuordnung von geordneten n-tupeln aus dem Individuenbereich. Diese Zuordnungen reichen zwar aus, um die Wahrheitsbedingungen der Formeln eines Systems oder Kalküls zu bestimmen. Die Bestimmung dieser Bedingungen kann aber nicht gleichgesetzt werden mit der Bestimmung der Bedeutungen, die jemand erfaßt, wenn er eine Sprache, ein interpretiertes System, versteht und beherrscht. Versteht jemand eine natürliche Sprache oder ein interpretiertes System, so versteht er die *Inhalte*, in Freges Terminologie, die *Gedanken*, die durch die darin vorkommenden Sätze ausgedrückt werden. Worauf es den Sprechern einer Sprache ankommt - so Frege -, sind nicht die Sätze als solche, sondern das, was durch sie ausgedrückt wird, und dies gehört nicht dem "Reich der Wirklichkeit" an, sondern dem "Reich des *Sinns*". Der Sinn eines Satzes ist uns nicht so gegeben wie der Satz selber oder besser, wie die verschiedenen Vorkommnisse des Satzes. Er ist das "Übersinnliche", das durch das "Sinnliche" des Vorkommnisses eines Satzes von den Sprechern einer Sprechergemeinschaft untereinander mitgeteilt und ausgetauscht werden kann:

> Der Satz selbst ist...nicht das, worauf es einem beim Sprechen eigentlich ankommt, sondern der Sinn oder Inhalt, den man mit dem Satze verbindet, und den man mitteilen will. Da der Sinn selbst nicht sinnlich wahrnehmbar ist, sind wir genötigt, uns etwas Sinnliches zur Mitteilung zu bedienen. Demnach gehören Satz und Sinn des Satzes zusammen, Sinnliches und Unsinnliches. (NS. 182)[85]
> Der Satz ist sinnlich wahrnehmbar, aber er dient uns zur Mitteilung eines Inhalts, der nicht sinnlich wahrnehmbar ist. Über diesen Inhalt urteilen wir, in-

84 "It was not, therefore, qua logician, but qua philosopher, that Frege pushed his enquiry further; he was not satisfied with giving an analysis of language - or, at least, of a large part of language - adequate for the purposes of the logician: he wanted to give a general account of the workings of language, an account which did not proceed by taking any fundamental concept for granted." (D. 83)

85 G. Frege, Über Euklidische Geometrie, in: NS. 182-184.

dem wir ihn als wahr anerkennen oder als falsch verwerfen. (NS. 213)[86]

Was wir als wahr anerkennen oder als falsch verwerfen, sind die Inhalte oder die Gedanken, die durch Sätze ausgedrückt werden. Frege betont nicht nur die Relevanz der Unterscheidung zwischen Zeichen und Bezeichnetem, sondern auch zwischen dem "sinnlichen" Satz und dem damit verbundenen "übersinnlichen" Sinn. Das, worüber wir sprechen, gehört dem "Reich der Wirklichkeit" an, das, was wir aber durch die Sätze unserer Sprache ausdrücken, das gehört in das "Reich des Sinns".

Der Sinn oder der Gedanke eines Satzes ist *nichts Subjektives*. Frege meint damit weder das Hervorbringen eines Gedankens noch den Akt des Vorstellens, sondern den Inhalt, den wir Menschen durch solche Tätigkeiten erfassen und den wir durch Sätze ausdrücken. Der Gedanke z.B., der durch den Pythagoräischen Lehrsatz ausgedrückt wird und von Generation zu Generation übermittelt wird, "...ist für alle derselbe, und seine Wahrheit ist ganz unabhängig davon, ob er von diesem oder jenem Menschen gedacht wird oder nicht" (NS. 223)[87]. Frege leugnet zwar nicht, daß ein Satz auch subjektive Vorstellungen in uns wecken kann, diese zählt er aber nicht zum Sinn des Satzes, sondern zur sogenannten "Färbung" oder zum "poetischen Duft" (FBB. 45) (NS. 213). Zum Sinn des Satzes gehört allein dasjenige, was wahr oder falsch sein kann, und das ist etwas Objektives, das unabhängig von unseren Vorstellungen und von unseren Denkakten ist.

> Der Gedanke ist nicht Gegenstand der Psychologie, besteht nicht aus Vorstellungen im psychologischen Sinne. Der Gedanke des Pythagoräischen Lehrsatzes ist für alle Menschen derselbe, der objektiv allen in gleicher Weise gegenübersteht, während jeder seine eigenen Vorstellungen, Empfindungen, Gefühle hat, die nur ihm angehören. Wir fassen Gedanken, aber wir erzeugen sie nicht. (NS. 214)

Für Frege ist der Gedanke, der durch einen Satz ausgedrückt wird, von den Gedanken*teilen* abhängig, die durch seine Bestandteile ausgedrückt werden. Die viel zitierte Stelle aus den "Grundlagen der Arithmetik" (§ 60) über den semantischen Primat des Satzes ist somit zumindest unter dieser Rücksicht nicht als für Frege repräsentativ zu verwenden:

> Die Sprache hat die Fähigkeit, eine unübersehbare Fülle von Gedanken auszudrücken, mit verhältnismäßig wenigen Mitteln. Dies wird dadurch möglich, daß der Gedanke aus Gedankenteilen aufgebaut wird und daß diese Gedankenteile Satzteilen entsprechen, durch die sie ausgedrückt werden. (NS. 262)

86 G. Frege, Kurze Übersicht meiner logischen Lehren, in: NS. 213-218.
87 G. Frege, Logik in der Mathematik, in: NS. 219-270.

Der Sinn eines Satzes ist für Frege *aufgebaut* aus Bestandteilen. Mittels dieser Bestandteile sind wir imstande, ungeheuer viele Gedanken zu fassen und zwar auch solche, die noch nie von einem Menschen ausgedrückt oder auch nur gefaßt worden sind. Das ist nach Frege dadurch möglich,

> ...daß die Gedanken aus Gedankenbausteinen aufgebaut werden. Und diese Bausteine entsprechen Lautgruppen, aus denen der Satz aufgebaut wird, der den Gedanken ausdrückt, sodaß dem Aufbau des Satzes aus Satzteilen der Aufbau des Gedankens aus Gedankenteilen entspricht. Und den Gedankenteil kann man den Sinn des entsprechenden Satzteils nennen, so wie man den Gedanken als Sinn des Satzes auffassen wird. (NS. 243)

Jeder Subjekt- und jeder Prädikatausdruck eines sinnvollen Satzes hat einen eigenen Sinn, der den Sinn des ganzen Satzes bestimmt. Hat ein Teilausdruck keinen Sinn, so wird auch der ganze Satz keinen Sinn haben (NS. 250). Damit der ganze Satz einen Sinn habe, ist aber nicht erforderlich, daß seine Teilausdrücke auch Referenz haben. Dies ist nur für den Wahrheitswert des Satzes erforderlich. So wie zwischen dem Gedanken, der durch einen Satz ausgedrückt wird, und seiner Referenz, d.h. seinem Wahrheitswert, so muß auch zwischen Sinn und Referenz der Teilausdrücke unterschieden werden. Der *Sinn* eines Subjektausdrucks ist das, was wir *verstehen*, wenn wir den Ausdruck verstehen, aber nicht dasjenige, worauf sich der Ausdruck bezieht. Die Bereiche, denen die beiden angehören, sind grundverschieden.

> Betrachten wir nun den Satz 'Der Ätna ist größer als der Vesuv'. Den Worten 'der Ätna' wird ein Gedankenteil entsprechen, nämlich der Sinn dieser Worte. Ist aber der Berg selbst mit allen Felsen und Lavamassen Teil des Gedankens? Offenbar nicht, denn den Ätna kann man sehen; aber den Gedanken, daß der Ätna höher ist als der Vesuv, kann man nicht sehen. Aber wovon wird etwas ausgesagt? Offenbar von dem Berge Ätna selbst. (NS. 243)

Das Referenzobjekt ("Bedeutung") des Ausdrucks "der Ätna" ist der Berg selbst, aber der Sinn davon ist nur ein Gedankenteil, der seinen Beitrag leistet zum Gedanken des ganzen Satzes, in dem der Teilausdruck vorkommt. Der Satz wäre auch dann sinnvoll, wenn der Subjektausdruck keine Referenz hätte.

Der Sinn eines Ausdrucks kann durch *Definitionen* klarer bestimmt oder klarer ins Bewußtsein gehoben werden. Frege greift auf das Wort "Integral" zurück, um darauf hinzuweisen, daß wir uns nur in seltenen Fällen bewußt sind, was alles zum Sinn eines Wortes gehört. Da der Sinn etwas Objektives ist, kann er nicht auf das reduziert werden, was die Sprecher der Sprache, in der der Ausdruck verwendet wird, damit in ihrem Bewußtsein verbinden. Die Definition ist aber ein Mittel, um den Sinn des zu Definierenden klarer ins Bewußtsein zu heben oder ihn überhaupt erst zu erfassen.

Meistens wird nur das Wort in unserem Bewußtsein sein, allerdings verbunden

> mit dem mehr oder weniger dunklen Wissen, daß dieses Wort ein Zeichen ist, das einen Sinn hat, und daß wir uns auch an diesen Sinn erinnern können, wenn wir wollen. Aber mit dem Bewußtsein, es zu können, begnügen wir uns meistens. (NS. 226)

Wir können uns nicht ständig an all das ausdrücklich erinnern, was zum Sinn eines Ausdrucks gehört. Frege spricht daher von einem sprachlichen Zeichen als von einem "...Gefäß, in dem wir diesen Sinn des Ausdrucks mit uns führen, immer in dem Bewußtsein, daß wir dieses Gefäß öffnen können, wenn wir seines Inhaltes bedürfen sollten." (NS. 226) Wir brauchen *Definitionen*, mit denen wir einerseits den Sinn in das "Gefäß" füllen und ihn andererseits auch wieder hervorholen. Frege unterscheidet daher zwei verschiedene Arten von Definitionen: "aufbauende" und "zerlegende" (NS. 227). Im einen Fall bauen wir durch die Definition einen neuen Sinn auf und drücken ihn durch das dafür eingeführte Zeichen aus; im anderen zerlegen wir den Sinn eines schon vorhandenen und verwendeten Zeichens. Durch solche Zerlegungen können Denkprozesse vereinfacht, Mißverständnisse beseitigt werden. Frege zieht allerdings die aufbauenden Definitionen den zerlegenden vor, da sie es gestatten, einen präzisen Sinn für neue Ausdrücke einzuführen. Werden nur solche Definitionen verwendet, so erübrigen sich die quälenden Fragen, ob der zusammengesetzte Sinn des Definiens tatsächlich auch dem Sinn des bisher schon verwendeten Ausdrucks, nämlich des Definiendums, entspricht. Die Beschränkung auf rein aufbauende Definitionen ist nur im Fall eines "Neubaus" von sprachlichen Systemen möglich. Die zerlegenden Definitionen können allerdings für die Vorbereitung eines solchen "Neubaus" nützlich sein.

> Das Ergebnis jener logischen Zerlegung wird dann eben sein, daß der Sinn deutlich herausgearbeitet worden ist. Das ist eine sehr nützliche Arbeit; aber sie gehört nicht in den Aufbau des Systems, sondern muß ihm vorausgehen. Bevor der Bau begonnen wird, müssen die Bausteine gut bearbeitet zur Verfügung sein; d.h. die Wörter, Zeichen, Ausdrücke, die gebraucht werden, müssen einen klaren Sinn haben, soweit ihnen nicht im Systeme selbst durch aufbauende Definitionen ein Sinn gegeben wird. (NS. 228)

Aus diesen Überlegungen geht hervor, daß der Gedanke eines Satzes, der aus den Bausteinen des Sinns der Teilausdrücke aufgebaut ist, nicht mit dem zusammenfallen kann, was die jeweiligen Sprecher von diesem Gedanken tatsächlich erfassen. Der Sinn, der in den "Gefäßen" der einzelnen Ausdrücke vorhanden ist, darf daher nicht reduziert werden auf das, was im Bewußtsein der Sprecher ausdrücklich vorhanden ist. Der Gedanke, der durch einen Satz ausgedrückt wird, fällt nicht zusammen mit einem Inhalt des Bewußtseins der Sprecher (NS. 226). Der Sinn eines Ausdrucks ist objektiv. In den Umgangssprachen ist er oft verdunkelt und verschwommen, in wissenschaftlich aufgebauten Systemen hingegen aufgrund von aufbauenden Definitionen klar umrissen. Der Sinn darf aber auch nicht verwechselt werden mit dem, worauf sich der Ausdruck bezieht, d.h. mit der Fregeschen "Bedeutung", mit der Referenz. Wenn nun Dummett die Notwendigkeit der Ergänzung der Theorie der Referenz durch die Theorie des Sinns betont - vorausgesetzt, man will das *Funktionieren* von Sprache erklären -, so steht er als Sprachphilosoph voll in dieser Fregeschen Tradition der zwei "Reiche": Wenn wir Sprache verwenden, so beziehen wir uns auf das "Reich der Wirklichkeit"(der Fregeschen "Bedeutungen"), drücken aber dabei Gedanken aus, die dem "Reich des Sinns" angehören. Wenn wir die Sätze einer Sprache *verstehen*, so verstehen wir die Gedanken, d.h. den jeweiligen Sinn der Sätze. Dieser kann nicht auf die Wahrheitsbedingungen derselben reduziert werden. Eine Theorie der Bedeutung im umfassenden Sinn muß somit auch eine Theorie des Sinns einschließen.

1.5.2 "Sinn" als Bestimmungsweise der Referenz

Der Sinn eines Satzes ist vom Sinn seiner Bestandteile abhängig. Der Sinn einer singulären Prädikation hängt demnach vom Sinn des singulären Terms und des einstelligen Prädikats ab. Wenn ein Teilausdruck des Satzes durch einen anderen mit verschiedenem Sinn ersetzt wird, ändert sich der Gedanke des Satzes. Wenn aber die Referenz davon gleich ist, bleibt der Wahrheitswert derselbe. "Dem Zusammenfallen im Reiche der Bedeutung kann ein Auseinanderfallen im Reiche des Sinnes zur Seite stehen." (NS. 275)[88] Ausdrücke mit verschiedenem Sinn können nämlich dasselbe bezeichnen. Das gilt für die Sätze und deren Teile, die "ergänzungsbedürftigen", d.h. die Prädikate, und die "nicht ergänzungsbedürftigen", d.h. Subjektausdrücke, oder - in unserem Fall - für die singulären Terme. Wir haben schon gesehen, daß die Referenzobjekte der Prädikate - unsauber gesprochen - *Begriffe* und die der singulären Terme *Gegenstände* sind. Diese Referenzobjekte können auf verschiedene *Art gegeben* sein oder auf verschiedene Art bestimmt werden. Frege verwendet dafür die Metapher des Fernrohres, durch das wir den Mond beobachten können. Der Mond entspricht dem Referenzobjekt und das "...reelle Bild, welches vom Objektivglas im Innern des Fernrohrs entworfen wird..." (FBB. 45) dem Sinn. Dieses Bild variiert je nach Standort und atmosphärischen Bedingungen: Es gibt je nach Umweltbedingungen den Mond auf verschiedene Art wieder. Das heißt nicht, daß das Bild etwas Subjektives wäre. Es ist objektiv, insofern es von vielen verschiedenen Beobachtern betrachtet werden

88 G. Frege, Aufzeichnungen für Ludwig Darmstaedter, in: NS. 273-277.

kann, und ist nicht zu verwechseln mit den Sinnesdaten, durch die die einzelnen Beobachter das Bild im Fernrohr wahrnehmen. "Das Bild im Fernrohre ist zwar nur einseitig; es ist abhängig vom Standorte; aber es ist doch objektiv, insofern es mehreren Beobachtern dienen kann. Es ließe sich allenfalls einrichten, daß gleichzeitig mehrere es benutzen." (FBB. 45)

Unterscheiden sich zwei Ausdrücke, die dasselbe bezeichnen, in ihrem Sinn, so entspricht diesem Unterschied ein Unterschied "...in der Art des Gegebenseins des Bezeichneten..." (FBB. 41). Geht man von den Benützern der Zeichen statt vom Bezeichneten aus, so kann man auch sagen, der Unterschied entspricht dem der Bestimmungsweisen des Bezeichneten:

> Ein Gegenstand kann in verschiedener Weise *bestimmt** werden und jede dieser Bestimmungsweisen kann zu einem besonderen Namen Veranlassung geben und diese verschiedenen Namen haben dann verschiedenen Sinn; denn daß es derselbe Gegenstand ist, der auf verschiedene Weise bestimmt wird, ist nicht selbstverständlich. (BW. 128)[89]
> [* Hervorhebung durch den Verf.]

Das Fregesche Beispiel aus der Astronomie, die Doppelbezeichnung "Morgen- und Abendstern", ist hinreichend bekannt. Der Sinn der beiden Ausdrücke, die sich auf denselben Planeten beziehen, ist verschieden. Der eine Ausdruck bestimmt den Planeten Venus als den Himmelskörper, der am Abend, der andere als den, der am Morgen am hellsten leuchtet. Das Referenzobjekt eines referierenden Ausdrucks wird durch den Sinn dieses Ausdrucks "immer nur einseitig beleuchtet" (FBB. 42) oder bestimmt. Dieser jeweiligen einseitigen Bestimmung entspricht eine bestimmte Art des Gegebenseins des Referenzobjektes selbst. Frege ist allerdings nicht sehr ausführlich in der Angabe dessen, was der Sinn eines Teilausdrucks ist: "Frege was disappointingly inexplicit and unwontedly vague about this."[90] Er wird aber nicht müde zu betonen, daß der Sinn eines Ausdrucks etwas Objektives ist. Er kann Besitz von verschiedenen Sprechern sein, so wie das Bild im Fernrohre von verschiedenen Beobachtern wahrgenommen werden kann:

> Wäre nun der Sinn eines Namens etwas Subjektives, so wäre auch der Sinn eines Satzes, in dem der Name vorkommt, also der Gedanke etwas Subjektives und der Gedanke(,) den dieser Mensch mit dem Satze verbindet(,) wäre verschieden von dem Gedanken, den jener damit verbindet(;) ein gemeinsamer Schatz von Gedanken, eine gemeinsame Wissenschaft wäre unmöglich. Ein Widerspruch zwischen dem, was dieser sagte und dem, was jener sagte(,) wäre

89 G. Frege, Undatierter Brief an Jourdain, in: BW. 128-129.
90 D.S. Shwayder, On the Determination of Reference by Sense, in: Studien zu Frege III. Logik und Semantik. Hg. von M. Schirn. Stuttgart 1976, 85.

> unmöglich, weil sie gar nicht denselben Gedanken, sondern jeder seinen eigenen ausdrückte. (BW. 128)

Für eine ideal aufgebaute Sprache sieht Frege für jeden Ausdruck und Teilausdruck jeweils nur einen Sinn vor. Dieser wird durch aufbauende Definitionen eingeführt oder konventionell festgesetzt. Für die Umgangssprache kann diese Forderung allerdings nicht geltend gemacht werden. Frege selbst meint, man könne mit Namen wie "Aristoteles" verschiedenen Sinn verbinden. Ein solcher ist für viele Eigennamen nicht von vornherein festgelegt:

> Man könnte z.B. als solchen Sinn annehmen: der Schüler Platos und Lehrer Alexanders des Großen. Wer dies tut, wird mit dem Satze 'Aristoteles war aus Stagira gebürtig' einen anderen Sinn verbinden als einer, der als Sinn dieses Namens annähme: der aus Stagira gebürtige Lehrer Alexander des Großen. (FBB. Anm. 42)

Selbst Eigennamen können also mit verschiedenem Sinn verbunden werden. Ein Namensträger kann nämlich auf verschiedene Arten *"gegeben"* sein, und die Art des Gegebenseins eines Gegenstandes ist für Frege der Sinn. Für unsere Überlegungen zur Frage nach der Referenz ist nun Freges Beispiel mit dem Eigennamen "Aristoteles", der verschiedenen Sinn hat, sehr informativ. Frege gibt die verschiedenen "Sinne", die durch den Eigennamen "Aristoteles" verbunden werden, durch verschiedene *Kennzeichnungen* des Namensträgers wieder. Kennzeichnungen aber geben an, *wie* man zum jeweiligen Referenzobjekt stoßen kann, *wie* man es aus allen übrigen herausgreifen, letztlich identifizieren kann. Mit anderen Worten, Kennzeichnungen geben den *Weg* an, um vom Ausdruck zum Gegenstand zu stoßen. Der jeweilige Sinn eines Ausdrucks gibt also nicht nur die Art des Gegebenseins seines Referenzobjekts wieder, sondern auch *wie* man - in Entsprechung zur Angabe einer Kennzeichnung - vom Ausdruck zum Referenzobjekt gelangen kann. Der Sinn läßt mit anderen Worten erkennen, wie man "den Schritt" vom Ausdruck zum Referenzobjekt tun kann, falls es dieses gibt; wenn nicht, wie man herausfinden kann, daß es dieses nicht gibt. Von einer idealen Sprache fordert Frege, daß diese Schritte klar bestimmt sind: "Die Logik muß sowohl vom Eigennamen als auch vom Begriffswort [Prädikatausdruck] fordern, daß der Schritt vom Worte zum Sinne und der vom Sinne zur Bedeutung unzweifelhaft bestimmt sei." (NS. 135f)[91] Von den Eigennamen, wie wir sie in der Alltagssprache verwenden, wird man das nicht immer fordern können. Darum sind sie aber noch nicht sinnlos. Selbst ein Name wie "Nausikaa", "...der wahrscheinlich nichts bedeutet oder benennt...", hat einen Sinn: "...er tut so, als be-

91 G. Frege, Ausführungen über Sinn und Bedeutung, in: NS. 128-136.

nenne er ein Mädchen, und damit sichert er sich einen Sinn." (NS. 133) Dieses Beispiel gibt einen weiteren Hinweis für die Deutung des Fregeschen Sinns: Der Sinn eines singulären Terms kann auch durch einen *sortalen* Ausdruck angedeutet werden, insofern dieser die *Art* des Gegenstandes angibt, auf den sich der Term bezieht, wenn es ihn gibt. Der sortale Ausdruck gibt nämlich eine Antwort auf die Frage, *was* etwas sei. Er gehört zur ersten aristotelischen Kategorie der Substanz. Hat also ein Sprecher den Sinn eines Ausdrucks erfaßt, so hat er verstanden, welcher Art der mutmaßliche Gegenstand ist, auf den sich der Ausdruck bezieht oder beziehen soll; er hat zumindest *eine* Art des Gegebenseins des Gegenstandes und somit eine Art, ihn zu bestimmen, erfaßt. Mit anderen Worten, er hat verstanden, worin ein möglicher *Weg* besteht, den *Schritt* vom sprachlichen Zeichen zum Bezeichneten, d.h. zum Referenzobjekt - vorausgesetzt, es ist vorhanden - zu tun. "...the Sense is an indication of how we should set about to establish the existence of a Referent. The Sense 'leads us' to its Referent, if it has one." (Shwayder, a.a.O. 91f) (siehe Anm. 90)

Wir verwenden immer wieder Ausdrücke, die wir verstehen, ohne aber schon zu wissen, ob sie ein existierendes Referenzobjekt haben. Noch öfter verwenden wir Sätze, die wir insofern verstehen, als wir wissen, was der darin ausgedrückte Gedanke ist, ohne aber zu wissen, ob er wahr ist. Wenn wir aber den Sinn eines Ausdrucks erfaßt haben, so haben wir erfaßt, was der *Weg* ist, um zu dessen Referenzobjekt zu stoßen. Ob wir diesen Weg gehen, ist eine andere Frage.

Wenn wir die zwei "Reiche", jenes des Sinns und jenes der Referenz, konsequent auseinanderhalten, werden wir auch die besprochenen Dummettschen Unterscheidungen berücksichtigen können und in unsere Erklärungen "einbauen". Wenn jemand z.B. weiß, daß ein bestimmter Satz wahr ist, so muß er ihn noch nicht verstanden haben. Er kann nämlich das Referenzobjekt, den Wahrheitswert, des ganzen Satzes, d.h. des aus den Satzteilen zusammengesetzten Ausdrucks kennen, ohne zu wissen, *wie* man von den Teilausdrücken zu ihren Referenzobjekten vorstoßen kann oder soll[92]. Durch die Auseinanderhaltung der zwei "Reiche" wird es auch möglich zu verstehen, weshalb es einen Unterschied gibt zwischen der falschen Interpretation eines Satzes und der falschen Einschätzung der entsprechenden Sachlage. Im ersten Fall wird der Sprecher oder Hörer den

92 Die These, daß die Kenntnis des Sinns eines Ausdrucks *notwendige* Bedingung dafür ist, daß der *"Schritt"* vom Ausdruck zu seinem Referenzobjekt getan werden kann, steht nicht im Widerspruch zur Dummettschen Beobachtung, daß es möglich ist, den Wahrheitswert eines Satzes zu kennen, ohne zu wissen, was sein Sinn, d.h. der durch ihn ausgedrückte Gedanke ist.

Sinn des betreffenden Satzes, im zweiten Fall den Wahrheitswert falsch einschätzen. Er wird also meinen, die Funktion, die das Referenzobjekt des Prädikates ist, ordne das Argument, das das Referenzobjekt des Subjektes ist, dem einen der zwei Werte zu, während sie es in Wirklichkeit dem anderen zuordnet. Folglich wird er annehmen, der durch das Subjekt bezeichnete Gegenstand falle unter den durch das Prädikat bezeichneten Begriff, obwohl er in Wirklichkeit nicht darunter fällt; oder umgekehrt, er wird meinen, er falle nicht darunter, obwohl er in Wirklichkeit darunter fällt. Diese falsche Einschätzung der Sachlage hat mit der falschen Einschätzung des Sinns nichts zu tun.

Hier soll die Fregesche Lehre in ihren Details nicht verteidigt werden, schon gar nicht die Ansicht, daß sich Prädikate auf *Begriffe* oder Aussage*funktionen* beziehen. Die Auseinanderhaltung von Sinn und Referenz und der entsprechenden zwei "Reiche" in ihren verschiedenen Varianten ermöglicht aber wertvolle Einsichten in das Funktionieren von Sprache und letztlich von Referenz und Referenzakt. Im ersten Teil haben wir gesehen, daß verschiedene Autoren die Akte des Referierens als Akte der Spezifizierung und Identifizierung der Gegenstände in der Welt auffassen. Diese Akte erfolgen durch die Verwendung von Ausdrücken. Es soll nun gefragt werden, wie weit diese Lehre durch die Lehre des Frege-Dummettschen "Sinns" der Ausdrücke ergänzt oder korrigiert werden kann, denn der Sinn ermöglicht ja besagte Spezifizierung, insofern er angibt, wie man zum Referenzobjekt stoßen kann.

1.5.3 "Sinn" als "Weg" der Identifizierung der Referenzobjekte

Dummett verwendet den Ausdruck "Bedeutung" (meaning) in einem umfassenden, aber auch in einem engeren Sinn. Wenn er sagt, die Theorie der Bedeutung umfasse die Theorie der Referenz *und* des Sinns (E. 74.127), so verwendet er den Ausdruck "Bedeutung" in einem weiten Sinn; wenn er hingegen - so in seinem Werk über Frege - betont, die Referenz sei nicht Teil der Bedeutung ("...reference...is not an ingredient in meaning at all." D. 84), so verwendet er den Ausdruck "Bedeutung" im engeren Sinn, nämlich als synonym mit "Sinn". Dummett geht es darum, die Bedeutung im engeren Sinn und die Referenz auseinanderzuhalten, obwohl die zwei insofern zusammenhängen, als die Referenz von der Bedeutung - zumindest zum Teil - abhängig ist. In den Abschnitten der vorliegenden Arbeit über Kripke und Putnam wird ausführlich auf diese Frage, inwieweit die Bedeutung (der Sinn) die Referenz bestimme, eingegangen. Hier sei zunächst der Frege-Dummettsche Standpunkt zu dem Fragenkomplex besprochen.

Die Bedeutung im engeren Sinn eines Ausdrucks darf und kann nicht verwechselt werden mit dem, was er bezeichnet. Das Erfassen der Bedeutung darf also nicht gleichgesetzt werden mit dem Erfassen (in einem direkten Sinn) des bezeichneten Gegenstandes in der Welt. Wenn ich diesen Gegenstand kenne, so kenne ich die Referenz. Die Kenntnis der Referenz darf aber nicht verwechselt werden mit der Kenntnis der Bedeutung, d.h. mit dem, was ich verstehe, wenn ich den Ausdruck verstehe, letztlich mit dem, was Frege den "Sinn" des Ausdrucks nennt.

> The possession of reference by a word or expression consists in an association between it and something in the world...To claim that reference is not an ingredient in meaning is, therefore, to claim that our understanding a word or expression never consists, even in part, merely in our associating something in the world with that word or expression. (D. 93)

Ein vollständig interpretiertes System, in dem jedem singulären Term ein Individuum und jedem Prädikat n-tupel aus dem Individuenbereich zugeordnet sind, kann nicht als Schlüssel für die *Erklärung* vom Funktionieren unserer natürlichen Sprachen ausreichen. Für die Interpretation eines solchen Systems braucht es nur Zuordnungen zwischen Ausdrücken und Individuen. Diese Zuordnungen reichen aus für die Bestimmung der Wahrheitsbedingungen der komplexen Ausdrücke, sie erfolgen aber ohne Berücksichtigung dessen, was wir im Alltag die "Bedeutung" nennen. Das Verstehen eines Ausdrucks, das Erfassen seiner "Bedeutung" kann nicht in einer unvermittelten und einfachen Zuordnung (oder Kenntnis einer solchen Zuordnung) zwischen Ausdruck und Referenzobjekt in der Welt bestehen. Die Zuordnung ist in den natürlichen Sprachen keine unvermittelte: "...there must be some particular *means* by which this association is effected, the knowledge of which constitutes his [d.h. des Sprechers] grasp of its sense." (D. 93)

Für Dummett besteht das Erfassen des Sinns eines Ausdrucks im *Wissen, wie* die Zuordnung oder die Verbindung zwischen Zeichen und Bezeichnetem hergestellt oder erfaßt werden kann. Im Gefolge Freges bringt also Dummett das Erfassen des Sinns oder der Bedeutung im engeren Sinn in Verbindung mit einem bestimmten Wissen. Dieses Wissen ist meistens ein implizites; es gestattet aber dem Sprecher, das jeweilige Referenzobjekt ausfindig zu machen, zu *identifizieren:*

> In grasping the sense of a proper name, we are not merely aware that the name is associated with a particular object as its referent, but we connect the name with a particular way of identifying an object as the referent of the name. (D. 95)

Haben Ausdrücke verschiedenen Sinn, so sagt Dummett, sie seien mit verschiedenen Methoden der Identifizierung verbunden (D. 95). Durch Dummetts Deutung des Fregeschen Sinns haben wir somit wieder eine Verbindung zu den Abhandlungen Strawsons über das identifizierende Wissen, das ein Sprecher hat, wenn er einen Ausdruck beherrscht, durch den er referiert. Frege selber spricht zwar weder von Identifizierungsmethoden noch von identifizierendem Wissen. Der Ausdruck "Identifizierungsmethode" gibt aber ziemlich gut wieder, was Frege mit "Sinn" meint. Das geht auch aus seinen Beispielen zu seiner Zahlentheorie hervor: Die Ausdrücke "2", "1+1", "3-1", "6:3" bezeichnen alle dieselbe Zahl. Sie deuten aber alle verschiedene Methoden an, um auf diese Zahl vorzustoßen. "Die verschiedenen Ausdrücke entsprechen verschiedenen Auffassungen und Seiten, aber doch immer derselben Sache." (FBB. 20) Noch klarer geht das aus komplexen Ausdrücken hervor, in denen ein Funktionsausdruck vorkommt. Verschiedene Funktions- mit verschiedenen Argumentsausdrücken können dasselbe, dieselbe Zahl bezeichnen. "2^4" und "4^2" z.B. bezeichnen dieselbe Zahl 16, d.h. zwei verschiedene Funktionen (x^4 und x^2) ordnen verschiedenen Zahlen (2 und 4) denselben Wert zu, sie haben denselben Funktionswert. Die Methoden der Identifizierung der Zahlen - vorausgesetzt, ein solches realistisches Sprechen über Zahlen ist sinnvoll - sind in beiden Fällen verschieden, aber sie führen zum selben Ziel. Ähnliches gilt für Kennzeichnungen. Verschiedene Kennzeichnungen geben verschiedene Wege und Methoden wieder, auf ihre Referenzobjekte zu stoßen, d.h. sie zu identifizieren. Im Fall von verschiedenen Eigennamen oder einfachen singulären Termen, die dasselbe bezeichnen, ist es schwieriger zu erfassen, worin sich ihr Sinn unterscheidet. Damit aber von zwei Namen, die dasselbe bezeichnen, gesagt werden kann, sie haben verschiedenen Sinn, genügt, daß die Sprecher sie mit verschiedenen Wegen oder Methoden verbinden, um ihr Referenzobjekt zu erkennen. In vielen Fällen wissen wir schon sehr viel über die Träger jener Namen, die wir verwenden. Es ist somit nicht immer klar, welche Aspekte unseres Wissens wir herausgreifen, um gegebenenfalls von einem Gegenstand festzustellen, ob er der Namensträger ist oder nicht. Das Wissen über den Namensträger bietet uns viele Möglichkeiten, d.h. viele Methoden, ihn zu identifizieren. Vom Sinn solcher Namen sagt Dummett, daß er "über-determiniert" (D. 98) ist, insofern er uns viel mehr Identifizierungskriterien bietet, als notwendig wären, um von einem Gegenstand festzustellen, ob er das betreffende Referenzobjekt ist oder nicht. Daher können wir in vielen Fällen keine klare Trennungslinie ziehen zwischen dem, was Teil des Fregeschen Sinns eines Ausdrucks ist, und dem, was zu unserem Wissen oder zur Information gehört, die wir im Lauf der Zeit über das Referenzobjekt gewonnen haben. Was für den einen als Identifizierungskriterium des Referenzobjektes eines Namens dient und somit Teil des Sinns dieses Ausdrucks ist, stellt für den anderen, der den Namen ebenfalls versteht, eine neue Information über das Referenzobjekt dar. Das dürfte auch schon aus Freges Anmerkung über den Ausdruck "Aristoteles" hervorgehen (FBB. 42): Wenn für jemand der Sinn davon durch die Kennzeichnung "der aus Stagira gebürtige Lehrer Alexanders des Großen" wiedergegeben wird, so vermittelt für ihn der Satz "Aristoteles war aus Stagira gebürtig" keine neue Information, sehr wohl aber für andere, die diesen Sinn nicht schon mit dem Namen "Aristoteles" verknüpfen. Daß die Grenzen fließend sind zwischen dem Sinn eines Terms und der Information, die wir über dessen Referenzobjekt haben, dürfte auch aus dem alten Streit über die analytischen und die synthetischen Sätze hervorgehen.

Daß der Sinn der meisten Ausdrücke, die wir in unseren Umgangssprachen verwenden, nicht eindeutig bestimmbar ist, sieht Frege als *Mangel* an. Dummett weist aber darauf hin, daß es in vielen Fällen notwendigerweise so ist, denn im Laufe der Zeit erfahren wir ja mehr über die Referenzobjekte der Ausdrücke, die wir verwenden. Das Wissen über sie geht in den Sinn der Ausdrücke ein. Dummett sagt sogar, wenn wir einmal entdeckt haben, daß zwei verschiedene Namen mit verschiedenem Sinn dasselbe bezeichnen, so werden wir allmählich den Sinn der Ausdrücke angleichen[93]. In der Umgangssprache gibt es Verschiebungen und Änderungen des Sinns der Namen. Daher ist es in verschiedenen Fällen unmöglich, ein Identifizierungskriterium eines Namens für seinen Träger anzugeben, das von *allen* geteilt wird, die den Namen verwenden. Es gibt auch Menschen, von denen weder gesagt werden kann, sie hätten den Sinn eines Ausdrucks richtig noch falsch erfaßt, weil sie ihn zum Teil richtig und zum Teil falsch verstehen. Die fließenden Grenzen und die Schwierigkeiten in der Bestimmung des Sinns eines Ausdrucks sind kein hinreichender Grund, um zu dem Schluß zu kommen, eine umfassende Bedeutungstheorie solle sich auf die Theorie der Referenz reduzieren. Eine dermaßen reduzierte Theorie ist zwar leichter in den Griff zu bekommen, sie reicht aber nicht aus, um die Frage nach dem Funktionieren und Verstehen von Sprache adäquat behandeln zu können. Die Tatsache, daß verschiedene Sprecher verschiedenen "Sinn" mit einem Ausdruck verbinden, ist ebenfalls kein hinreichender Grund, um zu dem Schluß zu kommen, daß der Sinn eines Ausdrucks etwas Subjektives sei und daher von einer umfassenden Theorie der Bedeutung nicht berücksichtigt werden könne. Um auf die Metapher Freges zurückzugreifen: Das Bild des Mondes im Fernrohr ist von vielen Faktoren abhängig, es

93 "If the same object - or the same state, process or relationship - can be identified by different criteria, corresponding to two expressions with different senses, the two expressions are likely to retain distinct senses only so long as we do not realize that their reference is the same. As soon as we do realize this, we are unlikly to continue to tie the two criteria to the two expressions: we shall almost certainly come to use either criterion indifferently for the application of either expression." (D. 101)

kann immer nur einen ganz bestimmten Aspekt des Mondes wiedergeben. Es ist aber mehreren Menschen zugänglich; es kann der gemeinsame Beobachtungsgegenstand mehrerer Beobachter sein. Dementsprechend wird das Wissen der jeweiligen Sprecher über ein ganz bestimmtes Referenzobjekt eines Ausdrucks subjektiv bedingt und von verschiedenen Faktoren abhängig sein. Was die Sprecher wissen, ist aber, zumindest prinzipiell, auch anderen Sprechern zugänglich. Der Sinn eines Ausdrucks wird sich auch in der Tat aufgrund *gemeinsamer* Information oder gemeinsamen Wissens einer Sprechergemeinschaft verschieben oder ändern. Er wird normalerweise durch andere Sprecher vermittelt, erklärt, ergänzt oder korrigiert. Der Sinn eines Ausdrucks ist auch kein theoretisches Konstrukt einiger weniger Sprachphilosophen. Hauptsächlich dann, wenn im Alltag Mißverständnisse auftreten, erwähnen wir den Sinn fraglicher Ausdrücke und fragen nach der "Bedeutung", die wir nicht ganz verstehen. Dummett kommt daher zum Schluß, daß wir in unserer alltäglichen Praxis des Sprechens immer schon - verkappt und indirekt - Theorien des Sinns entwerfen und damit operieren:

> The notion of sense is, therefore, not a mere theoretical tool to be used in giving an account of a language; it is one which, in an inchoate fashion, we constantly appeal to or make use of in our actual practice (as, for instance, when we challenge someone to make precise the sense in which he is using some expression). (D. 107)

Wird Referieren - wie Strawson es tut - als Spezifizieren oder Identifizieren aufgefaßt, so wird man sagen können, die Sprecher beziehen sich durch die Verwendung bestimmter Ausdrücke auf Gegenstände in der Welt und greifen diese aus der Vielzahl der anderen Gegenstände heraus. Was sie herausgreifen, ist ihnen vorgegeben: es gehört dem "Reich der Wirklichkeit" an. Was ihnen dieses Herausgreifen ermöglicht, sind allerdings die Bedeutungen, d.h. die Identifizierungskriterien oder Methoden, die mit den betreffenden Ausdrücken gekoppelt sind. Versteht jemand die Bedeutung dieser Ausdrücke, so versteht er auch besagte Identifizierungsmethoden, d.h. er besitzt ein bestimmtes - wenn auch meistens nur implizites - Wissen, *wie* er die jeweiligen Referenzobjekte identifizieren kann. Dummett macht uns darauf aufmerksam, daß Freges Grund für die Unterscheidung zwischen Sinn und Referenz nicht nur darin zu sehen ist, daß Identitätsaussagen *informativ* sein können, obwohl beide darin vorkommenden Terme sich auf dasselbe Referenzobjekt beziehen, sondern auch darin, daß es ein unmittelbares Wissen darüber, was die Referenzobjekte der referierenden Ausdrücke sind, nicht gibt. Weiß jemand, was das Referenzobjekt eines Ausdrucks ist, so weiß er, *wie* er auf eine bestimmte Art das Objekt identifizieren kann. Diese Art ist mit dem Sinn des Ausdrucks gegeben, insofern jemand, der den Sinn erfaßt hat, auch erfaßt hat, worin diese Art besteht. Die Kenntnis der Referenzobjekte einer Sprache ist nicht unmittelbar, sondern durch den jeweiligen Sinn der referierenden Ausdrücke vermittelt. Das Wissen darüber, was das jeweilige Referenzobjekt eines Namens ist,

> ...must always take the form of knowing that the object, considered as *identified in a particular way**, is the referent of the name; and that mode of identification of the object which enters into the characterization of what it is that the speaker knows constitutes the sense of the proper name. (E. 128) [* Hervorhebung durch den Verf.]

Wir haben aber schon gesehen, daß Frege nicht ausführlich genug auf den Fragenkomplex des Sinns der Ausdrücke eingegangen ist. Dummett bedauert, daß Frege den Weg, den er eingeschlagen hat, nicht zu Ende gegangen ist. Wenn der Sinn eines Ausdrucks objektiv und intersubjektiv zugänglich ist, so muß man auch überlegen, worin sich das Wissen, das derjenige besitzt, der den Sinn erfaßt hat, *kundtut*: "...the theory of sense has not only to specify *what* the speaker knows, but also how his knowledge is manifested..." (E. 128) (Vgl. auch D. 682) Gerade weil der Sinn eines Ausdrucks nicht in irgendeiner Vorstellung oder in einem psychischen Zustand der Sprecher besteht, sondern etwas Objektives ist, das von vielen Sprechern geteilt wird, hätte sich Frege fragen müssen, worin sich das Erfassen des Sinns zeigt. Es ist klar, daß es einfache Fälle gibt, in denen das Erfassen des Sinns eines singulären Terms sich in der Fähigkeit kundtut, sein Referenzobjekt zu identifizieren, und das Erfassen des Gedankens eines Satzes sich in der Fähigkeit kundtut, seinen Wahrheitswert zu bestimmen. Diese Fälle dürfen aber nicht verallgemeinert werden, da das Erfassen von Bedingungen nicht auf das Erfassen der Erfüllung derselben reduzierbar ist. Es gibt Fälle, in denen ein Sprecher den Inhalt eines Satzes versteht und den darin ausgedrückten Gedanken erfaßt, ohne aber fähig zu sein festzustellen, ob der Gedanke wahr oder falsch ist, ohne eine Strategie zu kennen, um das feststellen zu können. Das ist dann der Fall, wenn ein Sprecher mit unentscheidbaren Sätzen konfrontiert wird, in denen z.B. über unendliche Bereiche quantifiziert oder auf unerreichbare Raum-Zeitpunkte Bezug genommen wird. Dummett erinnert uns allerdings daran, daß es problematisch ist, ein Wissen von seiten eines Sprechers zu postulieren, ohne dabei anzugeben, wie sich dieses Wissen manifestiert. Ohne eine solche Manifestation würde die Behauptung, jemand habe den Sinn eines Ausdrucks erfaßt oder nicht erfaßt, beliebig.

Dummett wirft viele Probleme und Fragen auf, die hier ausgeklammert werden müssen. Für unsere Zielsetzung sind allerdings Dummetts Hinweise auf die Verbindung zwischen Fregeschem Sinn und identifizierendem Wissen sehr wichtig: Hat ein Sprecher den Sinn eines Ausdrucks erfaßt, so beherrscht er bestimmte

Methoden, sein Referenzobjekt zu identifizieren. Die Frage nach dem Fregeschen Sinn führt uns also wieder zurück zu Strawsons Problematik der Identifizierung von Einzelgegenständen. Anhand der Untersuchung der *sortalen* Ausdrücke, deren Sinn eindeutiger mit Identifizierungskriterien gekoppelt ist als der Sinn anderer Arten von Ausdrücken, soll die Frage nach der Identifizierung wieder in den Mittelpunkt rücken. Auf die eigentliche Frage der Abhängigkeit der Referenz vom Sinn wird allerdings erst im dritten Hauptteil dieser Arbeit eingegangen. Im Fall einer reformierten idealen Sprache dürfte die These, der Sinn *bestimme* die Referenz, ohne Vorbehalte vertretbar sein. Nicht so im Fall der natürlichen Sprachen, in denen Ausdrücke für natürliche Arten und Substanzen vorkommen und die Referenz vieler Ausdrücke *fix* zu sein scheint, d.h. unabhängig von den Fluktuationen und Verschiebungen des Sinns der Ausdrücke.[94]

1.6 Identifizierung mit Hilfe sortaler Ausdrücke

Frege selbst hat nicht von sortalen Ausdrücken gesprochen; er nimmt aber Bezug auf solche Begriffe, die das unter sie Fallende bestimmt abgrenzen und "keine beliebige Zerteilung" gestatten (Grundlagen der Arithmetik § 54). Die Dinge, die unter sie fallen, können als "Einheiten" gefaßt werden; man kann sie zählen, ihnen Zahlwörter beifügen. Frege nimmt also Bezug auf Begriffe, durch die wir "Einheiten" von der Umgebung absondern und voneinander unterscheiden. Ausdrücke, die solche Fregesche Begriffe einführen, werden im Gefolge Strawsons *sortale* Ausdrücke genannt. Versteht z.B. jemand den Sinn des sortalen Ausdrucks "Kuh", so wird er dadurch eine Kuh von einer anderen abgrenzen können; er wird Kühe zählen können und wissen, daß ein Teil einer Kuh nicht mehr eine Kuh ist. Das ist es, was Frege mit "Untheilbarkeit der Einheit" (ibid.) meint. Auch nach Tugendhat spielen die "Sortals", "die sortalen Prädikate" in der menschlichen Rede eine auschlaggebende Rolle. Die Kriterien des Identifizierens und Unterscheidens, die mit ihnen gekoppelt sind, sind für die Identifizierung und "Konstituierung" der Gegenstände ausschlaggebend[95]. Durch die Sortals werden die Gegenstände nach Tugendhat insofern konstituiert, als durch sie vorgezeichnet

94 Siehe Abschnitte 3.4.2f.

95 "...wenn Raum- und Zeitstellen voneinander durch ihre verschiedenen Relationen zu allen anderen Stellen unterscheidbar sein sollen, müssen sie erst einmal überhaupt abhebbar (abgrenzbar) sein, und das sind sie an und für sich nicht, sondern *erst durch die sortalen** Prädikate, durch die sich Gegenstände konstituieren..." (T. 459) [* Hervorhebung durch den Verf.]

wird, was alles zu einem Gegenstand, z.B. zu einer Kuh oder einer Katze, gehört und was nicht. Auf diese Weise werden Gegenstände von anderen abgegrenzt, und damit wird es nach Tugendhat erst möglich, von mehreren einzelnen Gegenständen zu sprechen "...und d.h. ...überhaupt von *Gegenständen*" (T. 453). In der Beschreibung der sortalen Ausdrücke und ihres *individualisierenden* Gebrauchs, d.h. jenes Gebrauchs, durch den man *einzelne* Dinge einer Sorte aus der Vielfalt der Dinge herausgreift, soll hier Carl[96] gefolgt werden, der eine analytische Position vertritt, ohne aber einem extremen "sprachanalytischen Prinzip" zu huldigen.

Im Anschluß an das konstruktivistische Programm der Erlanger weist Carl darauf hin, daß wir, wenn wir mit Prädikaten[97] umzugehen lernen, nicht nur eine Klarinette von einem Fagott, sondern auch einzelne Klarinetten voneinander unterscheiden lernen. Es genügt nämlich nicht, daß wir Klarinetten von Nicht-Klarinetten abheben können; wir müssen auch lernen, was *eine* Klarinette und was eine andere, eine zweite Klarinette ist (C. 103f)[98]. Wenn wir also mit dem Ausdruck "Klarinette" korrekt umzugehen gelernt haben, so wissen wir, was eine Klarinette und was eine andere ist. Wenn dieser Ausdruck von uns individualisierend verwendet wird, so wollen wir dadurch einen ganz bestimmten Gegenstand, eine Klarinette nämlich, aus der Vielfalt der Gegenstände herausgreifen. Die sortalen Ausdrücke, die wir für die individualisierende Funktion verwenden, kommen nicht in Prädikat-, sondern in Subjektposition vor; sie sind somit auch rein grammatikalisch durch ihre *substantivische* Form erkennbar. In der singulären Prädikation treten sie verbunden mit einem bestimmten Artikel oder mit einem Demonstrativum auf. Das trifft zwar auch für Adjectiva und Verba zu; auch solche Ausdrücke können gekoppelt mit bestimmten Artikeln und Demonstrativa in Subjektposition auftreten. Die Prädikationen, in denen sie als Subjekte vorkommen, sind aber nicht von derselben grundlegenden Art, wie wir bereits bei Strawson gesehen haben. In solchen Prädikationen wird nämlich nicht von Einzeldingen, sondern von Qualitäten oder von Universalien etwas ausgesagt. Dabei kann der Ausdruck, der in Subjektposition vorkommt, nicht auch in Prädikatposition verwendet werden. Spreche ich von diesem Blauen, so kann ich von ihm nicht

96 W. Carl, Existenz und Prädikation. Sprachanalytische Untersuchungen zu Existenz-Aussagen. München 1974.
Kurztitel: C.

97 Statt von "Prädikaten" sprechen die Erlanger Konstruktivisten von "Prädikatoren".

98 Siehe Anm. 96.

prädizieren, daß es blau ist[99]. Die sortalen Ausdrücke in der substantivischen Form bestimmen eine *Art* oder *Sorte* von Dingen: Das ist mehr als eine bloße charakterisierende Bestimmung. Sie allein reichen allerdings noch nicht aus, um ein ganz bestimmtes Ding der Sorte aus der Vielfalt der Dinge herauszugreifen; dazu braucht es einen Artikel oder ein Demonstrativum. Sie bestimmen aber die Art der Dinge.

Sortalausdrücke sind aufgrund der Möglichkeit ihrer *Pluralbildung* erkennbar. Alle Substantiva, die keinen Plural haben wie "Gold" und "Wasser", sind keine Sortalausdrücke. Gold und Wasser sind zwar Substanzen und irgendwie auch Sorten. Die Ausdrücke, durch die man sich auf sie bezieht, sind aber mit keinem Unterscheidungskriterium gekoppelt. Man kann somit Gold und Wasser nicht zählen. Was man zählen kann, das sind lediglich Goldklumpen oder Wasserteiche usw. Daher bestimmt Carl die sortalen Ausdrücke im eigentlichen Sinn als diejenigen Substantiva, "...welche mit jedem beliebigen Zahlwort verbunden werden können" (C. 111). Die *Zählbarkeit* ist hinreichende und notwendige Bedingung dafür, daß man sinnvoll von einzelnen Dingen einer Sorte sprechen kann. Man kann nur das zählen, worauf ein sortaler Ausdruck anwendbar ist. Ich vermag zwar z.B. die roten Dinge in meinem Zimmer zu zählen, aber nur deshalb, weil ich sie mit Hilfe anderer sortaler Ausdrücke voneinander unterscheiden kann. Rotes qua Rotes läßt sich nicht zählen.

> Nur wenn klar ist, was als ein einzelner Gegenstand, was als einer und was als ein anderer Gegenstand anzusehen ist, können wir zählen; und gerade dies wird durch den Gebrauch eines sortalen Ausdrucks deutlich gemacht. Zählbar sind also nur einzelne Dinge; und der sortale Ausdruck, zu dem die Zahlangabe gehört, legt fest, was als ein einzelnes Ding anzusehen ist. (C. 112)

Hat jemand den Sinn eines sortalen Ausdrucks verstanden, so hat er das Prinzip erfaßt, das ihm erlaubt, die Dinge, auf die er sich durch den Ausdruck bezieht, voneinander zu unterscheiden und zu zählen. Damit er das Prinzip erfolgreich anwenden kann, müssen besagte Gegenstände eine gewisse "Einheit" im Sinne des Fregeschen Zitats besitzen. Die Dinge müssen also unter einer bestimmten Rücksicht *unteilbar* sein. Durch den Sinn des sortalen Ausdrucks ist festgelegt, was diese Rücksicht ist. In diesem Zusammenhang greift Carl auf die Terminologie zurück, in der zwischen Begriff und den Instanzen des Begriffs unterschieden wird. Wir können diese Terminologie übernehmen, ohne dadurch schon Verschie-

99 "Wenn ich von diesem Blauen spreche, so meine ich damit in der Regel eine bestimmte Art oder Nuance von Blau, welche natürlich nicht selber blau ist. Dagegen ist dieser Mensch sehr wohl ein Mensch." (C. 106f)

denes zu präjudizieren, ohne uns "ontologisch zu verpflichten" und dadurch Begriffe als Entitäten besonderer Art zu postulieren. "Begriff" wird hier in Entsprechung gesetzt zum Fregeschen Sinn, zu dem also, was ein Sprecher erfaßt, wenn er einen Ausdruck versteht. Die Bestimmung dessen, was als "Einheit" der Dinge zu gelten hat, ist nach Carl *relativ* zum jeweiligen Begriff:

> Diese Festlegung ist auf den Begriff zu beziehen, von dessen Instanzen die Rede ist. Von Einzelnem kann man daher nur im Hinblick auf einen Begriff sprechen, durch den festgelegt wird, was als *eine* Instanz, als die Einheit *eines* Gegenstandes anzusehen ist. (C. 114)

Ist eine solche Einheit festgelegt, können auch die einzelnen Instanzen voneinander unterschieden werden. Ist eine solche Einheit oder Unteilbarkeit nicht festgelegt, kann man die Instanzen nicht mehr voneinander unterscheiden und zählen. Relativ zu dem Begriff z.B. des Roten wird keine solche Einheit festgelegt: "Dieser Begriff gestattet eine beliebige Unterscheidung dessen, was unter ihn fällt." (C. 116) Die Instanzen dieses Begriffes kann man zwar von Instanzen, die unter andere Begriffe fallen, unterscheiden, aber nicht voneinander; das kann man nur in den Fällen, in denen die Instanzen relativ zu dem Begriff, unter den sie fallen, in ihrer Unteilbarkeit fest sind. Die Fähigkeit, die Instanzen eines Begriffs voneinander zu unterscheiden, schließt die Fähigkeit ein festzustellen, wann etwas aufhört, eine bestimmte Instanz zu sein, oder schon eine *andere* ist. Mit anderen Worten, diese Fähigkeit schließt die Kenntnis eines sogenannten *Identitäts*kriteriums ein. Davon wird noch die Rede sein. Hier sei nur darauf hingewiesen, daß für Carl und verschiedene andere analytische Autoren das Identitätskriterium für die Instanzen eines Begriffs immer relativ zu diesem Begriff zu sehen ist und daß von Identitätskriterien nur im Zusammenhang mit sortalen Begriffen die Rede sein kann. Wenn man Rotes nicht zählen kann, so ist auch die Frage nicht sinnvoll, ob ein Rotes mit einem anderen identisch ist oder nicht. Die Rede von Individuen, Einzeldingen oder Particulars muß also nach Carl in Zusammenhang mit der Verwendung von sortalen Ausdrücken gebracht werden. Nach Tugendhat werden die Gegenstände als Gegenstände erst durch diese Verwendung *konstituiert*. In der Tradition dieser Autoren ist es somit ausgeschlossen, die Zuordnungen einer Standardsemantik zwischen den Individuen des Individuenbereichs und den singulären Termen als Erklärungsschema für Referenz zu nehmen. Für Referenz grundlegend sind nicht die singulären Terme, sondern die sortalen Ausdrücke, die mit Identitätskriterien gekoppelt sind. Die Rede von Individuen, die sich voneinander unterscheiden lassen, ist nur relativ zu sortalen Begriffen sinnvoll. Daher spricht Carl auch von einem Prinzip der *Individualisierung*, das mit einem sortalen Begriff gegeben ist. Das Prinzip definiert er als Kriterium, durch das die Unteilbarkeit der Instanzen festgelegt wird. (C. 117)

> Macht man die Möglichkeit, sinnvoll von Individuen zu reden, davon abhängig, daß ein Prinzip der Individualisierung gegeben ist, dann besteht diese Möglichkeit nur dann, wenn sortale Ausdrücke verwendet werden. Denn nur dann ist ein solches Prinzip verfügbar, nur dann hat die Rede von *einem* So-und-so und einem anderen So-und-so einen bestimmten Sinn. (C. 117)

Die sinnvolle Verwendung von Eigennamen setzt voraus, daß es sortale Ausdrücke gibt, die mit einem Prinzip der Individualisierung gekoppelt sind. Gelingt es einem Sprecher, einen Eigennamen sinnvoll und richtig zu verwenden, so muß er - zumindest prinzipiell - auch in der Lage sein anzugeben, durch welchen sortalen Ausdruck er das Individuum, auf das er sich durch den Eigennamen bezieht, identifiziert. Die These, daß jede Identifizierung eines Gegenstandes letztlich auf einer Identifizierung mit Hilfe eines sortalen Substantivs gründet oder eine solche voraussetzt, wird auch von Geach vertreten[100]; sie ist aber indirekt schon bei Frege zu finden. Wir brauchen nur an Freges Beispiel "Nausikaa" zu denken. "Nausikaa" hat einen Sinn, der zum Teil durch den sortalen Ausdruck "Mädchen" wiedergegeben wird. Ohne diesen Sinn könnte man nicht wissen, was die mutmaßliche Referenz von "Nausikaa" sein soll - wenn es überhaupt eine solche gibt. "Mädchen" liefert ein Prinzip, nach dem die Einheit und Unteilbarkeit der Instanzen, die unter den Begriff "Mädchen" fallen, bestimmt sind. Ohne dieses Prinzip könnte man "Nausikaa" nicht sinnvoll verwenden. Wie es nach Frege Ausdrücke mit Sinn, aber ohne Referenzobjekt gibt, so besagt das Prinzip der Individualisierung nach Carl nicht, daß es Dinge geben muß, auf die der jeweilige sortale Ausdruck zu Recht anzuwenden ist.

Der moderne Begriff der Sortals kann als Nachfolger des aristotelischen Substanzbegriffs angesehen werden, aber nur bedingt. Ein Unterschied fällt sofort auf: Die Umschreibungen der Funktion und der Verwendungsweisen der sortalen Ausdrücke sind stark *konventionalistisch* geprägt. Nach Carl scheint nicht nur das Individualisierungsprinzip auf sprachliche Konventionen zurückzuführen zu sein, sondern jedes Einteilungsprinzip, nach dem wir unsere Welt in Arten und Sorten einteilen:

> Durch das Prinzip der Einteilung wird allgemein *festgelegt**, welche Eigenschaften von Dingen dazu dienen sollen, eine Art von Dingen zu definieren. Die Dinge dieses Bereichs unterscheiden sich in vielfältiger Weise voneinander, sie sind aber auch in vielfältiger Weise einander ähnlich und miteinander vergleichbar. Jenes Prinzip legt ganz allgemein fest, welche Eigenschaften dieser Dinge eine Identität oder eine Verschiedenheit von Arten, zu denen Dinge gehören, begründen. (C. 98) [* Hervorhebung durch den Verfasser]

100 Siehe Abschnitt 1.7.2.

In diesem Zusammenhang interessiert uns die Frage noch nicht, *wie* es zu Prinzipien kommt, seien es Individualisierungs- oder allgemeinere Einteilungsprinzipien, sondern nur die Feststellung, daß es solche Prinzipien braucht, um durch Sprache Dinge aus der Vielfalt des uns Begegnenden herauszugreifen. Die Einsicht in die fundamentale Rolle, die die sortalen Ausdrücke für das Sich-Beziehen auf die Welt spielen, ist eine Weiterentfaltung der Fregeschen Einsicht, daß sprachliche Zeichen, um Referenz haben zu können, auch *Sinn* brauchen.

1.6.1 Sortale Ausdrücke und Identifizierung von Raum-Zeitstellen

Das Raum-Zeit-Gefüge spielt für die erfolgreiche Identifizierung der nicht unmittelbar lokalisierbaren Gegenstände eine entscheidende Rolle. Durch das Gefüge wird es möglich - wie wir in der Besprechung der Ansichten Tugendhats zum Problem der Referenz gesehen haben[101] - einen ganz bestimmten Gegenstand aus der Fülle aller anderen herauszugreifen und zu verstehen zu geben, welchen von allen wir meinen. Um allerdings auf das Raum-Zeit-Gefüge Bezug nehmen zu können, müssen wir uns auf einige Raum-Zeitstellen darin beziehen können; diese Stellen müssen markierbar sein, und das ist nur durch Gegenstände möglich. Daher kann Tugendhat der Frage nicht ausweichen, in welcher Relation die Bezugnahme auf das Raum-Zeit-Gefüge zur Markierung von Raum-Zeitstellen darin steht. Die Frage ist deshalb wichtig, weil Tugendhat den Bezug auf Gegenstände durch die *Verwendung* der singulären Terme verständlich machen will. Die Verwendung dieser Ausdrücke ist aber ihrerseits nach Tugendhat nur im Kontext von Prädikationen sinnvoll und darüber hinaus nur von der Verifikation dieser Prädikationen her verständlich. Um allerdings die Verifikationsregeln anwenden zu können, müssen wir die jeweilige Verifikations*situation* kennen, was wiederum nur mittels des Raum-Zeit-Gefüges möglich ist. Der Bezug auf dieses Gefüge ist allerdings von der Wahrnehmung oder Identifizierung von räumlichen und zeitlichen Gegenständen abhängig. Durch diese Überlegung scheinen daher nicht die Verifikationssituationen, sondern eher wieder die raum-zeitlichen Gegenstände, durch die Raum-Zeitstellen markierbar werden, primär zu sein. Tugendhat sieht hierin die Gefahr, in eine "gegenstandstheoretische Auffassung von Referenz" zurückzufallen, die sich nach dem einfachen Modell von Name und Namensträger, nach der semantischen Zuordnung von singulärem Term und Individuum

101 Siehe Abschnitte 1.1.4f.

aus dem Individuenbereich richtet (T. 460). Um dieser Gefahr vorzubeugen, spricht er daher von einer *wechselseitigen* Abhängigkeit zwischen der Wahrnehmung von Verifikationssituationen und der Wahrnehmung von raum-zeitlich konfigurierten Gegenständen zur Markierung von Raum-Zeitstellen: "Die Abhängigkeit der Unterscheidbarkeit der Raum- und Zeitstellen von der der räumlichen bzw. zeitlich konfigurierten Gegenstände ist...eine wechselseitige." (T. 461) Hier soll zunächst nicht Tugendhats Vorschlag zur Rettung des rein sprachanalytischen Zugangs zur Referenz besprochen werden. Aber Tugendhats Beobachtungen über die Rolle, die die *sortalen* Ausdrücke dabei spielen, sollen wiedergegeben werden.

Der Kontext, in dem Tugendhat auf die sortalen Ausdrücke zu sprechen kommt, ist vom Problem gekennzeichnet, *wie* wir Raum- und Zeitstellen unterscheiden und identifizieren, um in der richtigen Verifikationssituation die jeweiligen Prädikationen verifizieren zu können. Für die Identifizierung von Raum-Zeitstellen bedarf es wahrnehmbarer Gegenstände, die die fraglichen Stellen markieren. Der rein sprachanalytische Zugang Tugendhats ist aber dadurch gekennzeichnet, daß er an keiner Stelle die Rede von Gegenständen und einer direkten Referenz auf sie als etwas Gegebenes voraussetzen darf. Die fraglichen Gegenstände werden nämlich erst durch die Verwendung von sortalen Ausdrücken "konstituiert". Wir haben gesehen, daß diese Ausdrücke mit einem Prinzip gekoppelt sind, wodurch, was als *ein* Gegenstand der betreffenden Sorte und was als ein *anderer* zu gelten hat, festgelegt ist. Die Festlegung kann allerdings nicht die rein sekundären Qualitäten betreffen, Qualitäten wie Farben, Töne usw. Damit ist noch kein Einheitsprinzip oder Unteilbarkeitsprinzip für einzelne Gegenstände gegeben. Farbflecken können aufgeteilt werden, ohne daß sie aufhören, Farbflecken zu sein. Durch die Festlegung, die mit der Verwendung eines sortalen Ausdrucks gegeben ist, muß *Abgegrenztes* und *Einzelnes* aus der Vielfalt des uns Begegnenden herausgegriffen werden können. Dafür ist offenbar nicht ausreichend, "...daß eine räumliche und zeitliche Erstreckung durch eine oder mehrere wahrnehmbare Qualitäten bestimmt ist" (T. 452). Dafür braucht es ein Prinzip der räumlichen *Abgrenzung*, der räumlichen Konfiguration. Durch ein solches Prinzip ist nicht nur bestimmt, was Katze von Nicht-Katze unterscheidet, sondern was als eine Katze und was als eine andere zu gelten hat:

> Wenn wir uns überlegen, wodurch solche Prädikate wie 'Katze', 'Berg', 'Stuhl', 'Münze' das, worauf sie zutreffen, 'bestimmt abgrenzen', so ist es offenbar der Umstand, daß es sich um Gestaltprädikate handelt; wenn ein solches Prädikat auf etwas zutreffen soll, muß dies eine bestimmte räumliche Konfiguration haben... (T. 453f)

Hier sei angedeutet - später wird das Problem ausführlicher behandelt -, daß man einen Gegenstand durch einen sortalen Ausdruck auch durch die Zeit verfolgen kann, d.h. ihn als denselben nach einer bestimmten Zeit erkennen, also *re*-identifizieren kann. Obwohl es aber - so Tugendhat - für materielle Gegenstände wesentlich ist, in der Zeit zu dauern, wird durch das Sortal keine zeitliche Abgrenzung vorgeschrieben (bestimmt). Die Dauer eines materiellen Gegenstandes ist nach Tugendhat "für das Sortalprädikat akzidentell".

> Obwohl wir also einen materiellen Gegenstand als ein und denselben auf seinem Lebensweg nur verfolgen können unter einem Sortal, enthält doch das Sortal nur ein Prinzip der räumlichen Abgrenzung, kein Prinzip der zeitlichen Abgrenzung. (T. 455)

Da also durch sortale Ausdrücke nach Tugendhat für materielle Gegenstände nur die räumliche Konfiguration fixiert wird, können durch sie auch nur räumliche Stellen im Zeit-Raum-Gefüge markiert werden. Es braucht aber auch solche sortale Ausdrücke, durch die zeitliche Gegenstände "konstituiert" werden, so daß auch Zeitstellen markierbar werden. Wahrnehmbare Gegenstände, durch die die Zeitstellen markierbar werden, sind *Ereignisse*; Ereignisse allerdings, die in der Zeit durch das Sortal "bestimmt abgegrenzt sind". Durch die Sortals werden aus dem zeitlich Teilbaren Einheiten herausgegriffen und insofern als Gegenstände "konstituiert", als diese Einheiten nicht mehr teilbar sind. Das gilt in Analogie zu materiellen Gegenständen. Natürlich sind die Gegenstände, die durch die Sortals "konstituiert" werden, teilbar, aber sobald sie geteilt werden, hören sie auf, Gegenstände der betreffenden Sorte oder Art zu sein. Eine Katze ohne Kopf ist keine Katze; ein kurzer Ausschnitt aus einem Sonnenaufgang ist kein Sonnenaufgang. Für die Markierung von Zeitstellen sind also zeitliche Gegenstände erforderlich, die durch die entsprechenden Sortals zeitlich abgegrenzt sind:

> ...und wir müßten erwarten, daß die zeitlichen Gegenstände, die sich durch diese Sortale konstituieren, so beschaffen sind, daß auch sie erst sind, was sie sind, durch eine bestimmte Konfiguration heterogener (nunmehr zeitlicher) Teile, so daß das Sortalprädikat, das auf das Ganze zutrifft, nicht auf seine einzelnen Teile zutreffen kann. (T. 456)

Die vornehmlichsten Beispiele für zeitlich abgegrenzte Gegenstände sind Ereignisse, die in *Veränderungen* bestehen, d.h. in Übergängen von einem Zustand in einen anderen. Ereignisse bestehen also aus mindestens zwei zeitlichen Teilen, d.h. aus den Zuständen, "aus dem und in den die Veränderung stattfindet" (T. 457). Normalerweise wird es auch Zwischenstufen geben, die ebenfalls zur Veränderung gehören. Der sortale Ausdruck trifft aber, und das ist ausschlaggebend, auf keinen Teil dieser Veränderungen zu:

> Veränderungen sind also zeitliche *Ganzheiten**, analog zu den räumlichen Ganzheiten, die die unter Sortalen stehenden materiellen Gegenstände bilden; die zeitlichen Sortale enthalten ein Unterscheidungs- und Identitätsprinzip

> für zeitliche Teile...; durch die zeitlichen Sortale wird, was in der zeitlichen Dimension liegt, 'bestimmt abgegrenzt' und zählbar... (T. 457) [* Hervorhebung durch den Verf.]

Sortale Ausdrücke sind also nach Tugendhat für die "Konstituierung" räumlicher und zeitlicher Gegenstände erforderlich. Durch die dadurch konstituierten materiellen und zeitlichen Gegenstände werden erst die Raum-Zeitstellen markierbar. Im ersten Teil dieser Arbeit war ausführlich von der raumzeitlichen Identifizierung der Gegenstände nach Strawson und Tugendhat die Rede. Dort wurde darauf hingewiesen, daß das Raum-Zeit-Gefüge die Bezugnahme auf Gegenstände erst ermöglicht. Jetzt wurde aber klar, daß diese Identifizierung nur durch die Verwendung sortaler Ausdrücke erreicht wird. Tugendhats Rede von der Markierung der Raum-Zeitstellen durch Sortals darf aber auch nicht überschätzt werden: Wir brauchen zwar die Gegenstände, die durch Sortals konstituiert werden, um in das Raum-Zeit-Gefüge einzusteigen. Das, wodurch sich die Raum-Zeitstellen voneinander unterscheiden, sind aber raumzeitliche Relationen und nicht Distanzen oder Relationen zwischen wahrnehmbaren Gegenständen. Wenn wir einmal mit dem allen Menschen zugänglichen Raum-Zeit-Gefüge umzugehen gelernt haben, können wir uns durch bestimmte sprachliche Zeichen auf jede Stelle darin beziehen, unabhängig davon, ob in ihr wahrnehmbare Gegenstände vorkommen oder nicht. Unsere Rede- und Wahrnehmungssituationen wechseln, wir können uns aber trotzdem jederzeit auf ganz bestimmte Situationen oder Stellen im Gefüge beziehen und sie als von *allen* anderen verschieden herausgreifen. Sobald das System raumzeitlicher Relationen konstituiert ist, ist auch eine geordnete Mannigfaltigkeit von Raum- und Zeitstellen unterscheidbar und identifizierbar, "...von denen nur einige mit den Ausdehnungen der sortal bestimmten Gegenstände kongruieren" (T. 462). Die geordnete Mannigfaltigkeit der Raum- und Zeitstellen ist für die Identifizierung beliebiger Verifikationssituationen, in denen Prädikationen verifiziert werden, notwendig. Die Präzisierung von Raum- und Zeitstellen wäre ohne sortal bestimmte Markierungsgegenstände nicht möglich, sie bleibt aber durch das Raum-Zeit-System nicht mehr auf sie beschränkt: Es lassen sich beliebige Stellen bzw. Verifikationssituationen zwischen den sortal konstituierten Gegenständen bilden.

> Wir kommen also nicht umhin, das Identifizierungssystem wahrnehmbarer Gegenstände - das System raumzeitlicher Relationen - als das einheitliche und umfassende System von unbegrenzt vielen Raum- und Zeit*stellen* anzuerkennen, das allerdings auf eine endliche Mannigfaltigkeit von materiellen Gegenständen und Ereignissen als wahrnehmbare Bezugspunkte angewiesen ist. (T. 463)

An dieser Stelle ist wiederum die Rede von der *wechselseitigen* Abhängigkeit zwischen dem umfassenden Raum-Zeit-System, das für die Identifizierung von

Gegenständen erforderlich ist, und den kontingent verteilten Markierungsgegenständen in diesem System: "Es besteht zwischen den beiden Mannigfaltigkeiten - der der materiellen Gegenstände und der Ereignisse einerseits und der der Raum- und Zeitstellen andererseits - eine wechselseitige Abhängigkeit..." (T. 463)

1.6.2 Engpässe in der rein sprachanalytischen Deutung von Referenz

Obwohl Tugendhat bestrebt ist, Referenz allein aufgrund der *Verwendung* sprachlicher Ausdrücke und der *Verifikation* von Prädikationen verständlich zu machen, scheint er dennoch so etwas wie eine Referenz*beziehung* anzunehmen, und zwar zwischen objektiv lokalisierenden Ausdrücken und Raum-Zeitstellen. Es ist bemerkenswert, wie stark sich die Referenz als Beziehung zwischen Zeichen und Bezeichnetem gegen Erklärungsversuche sträubt, die darauf aus sind, sie aufzulösen. Tugendhat wirft zwar Strawson vor, er habe sich von der Russellschen Auffassung der "logischen Eigennamen" nicht befreien können und sei ihr dadurch verhaftet geblieben, daß er die direkte demonstrative Identifizierung eines Gegenstandes annahm[102]. Tugendhat scheint aber selber eine solche Auffassung über die Bezugnahme auf Raum-Zeitstellen zu teilen: Der Bezug auf diese Stellen kann nicht scheitern. Während die gegenständliche Bezugnahme auf raumzeitlich konstituierte Gegenstände scheitern kann, ist ein solches Scheitern bei der Bezugnahme auf Stellen im Raum-Zeit-Gefüge durch die Ausdrücke "hier" und "jetzt" ausgeschlossen. "Hier ist ein F", "das F, das hier ist" sind Beispiele für Identifizierungsausdrücke, die zwar in ihrer Identifizierungsfunktion scheitern können, aber nur in bezug auf das F, nicht in bezug auf die Stelle im Raum-Zeit-Gefüge, auf die referiert wird. Es kann sich herausstellen, daß es an dem betreffenden Punkt im Raum-Zeit-Gefüge kein F gibt; es kann sich aber nicht herausstellen, daß es kein Hier, also keine Stelle gibt, auf die der Sprecher durch "hier" referiert. Es ist nur sinnvoll, von der Existenz oder Nicht-Existenz von Gegenständen, nicht aber von Raum-Zeitstellen zu sprechen:

> Daß bei der Verwendung derjenigen singulären Termini, die Raum- und Zeitstellen identifizieren, die gegenständliche Bezugnahme - was die Engländer 'Referenz' nennen - nicht scheitern kann, ist also ein Tatbestand, der identisch ist mit dem, daß man nicht von der Existenz oder Nichtexistenz dieser Gegenstände sprechen kann. (T. 464)

102 Siehe Abschnitt 1.1.4.

Man darf allerdings nicht übersehen, daß nach Tugendhat die deiktischen Ausdrücke, durch die wir uns auf Raum-Zeitstellen beziehen, immer ersetzbar sein müssen durch *objektiv* raumzeitlich lokalisierende Ausdrücke, die die jeweilige Stelle im gesamten Raum-Zeit-Gefüge angeben und diese von allen anderen abheben. Die gegenständliche Bezugnahme durch deiktische Ausdrücke auf Raum-Zeitstellen greift also über den jeweiligen demonstrativen Akt hinaus. Durch sie werden jeweils ganz bestimmte Stellen von allen anderen abgehoben, durch sie wird angegeben, welche Stellen *von allen* vom jeweiligen Sprecher die intendierten sind. Die isolierten deiktischen Ausdrücke müssen also eingebettet sein in ein umfassendes Lokalisierungssystem. Wie bereits erwähnt, vereinfacht dieses System ungeheuerlich die grundlegenden Verifizierungsmechanismen. Um die oben angegebenen Identifizierungsbeispiele zu verifizieren, müssen nicht alle F untersucht werden, um herauszufinden, ob eines davon an der betreffenden Stelle vorkommt; dazu muß nur die eine Stelle untersucht werden, d.h. die Verifikationssituation, die durch den lokalisierenden Ausdruck angegeben wird. Die Referenz dieser Ausdrücke kann nicht scheitern, sie wird also von Tugendhat selbst mit der Referenz der Russellschen Eigennamen in Verbindung gebracht. Tugendhats Lehre unterscheidet sich allerdings von Russells Theorie der *logischen* Eigennamen:

> ...erstens dadurch, daß der isolierte demonstrative Akt durch ein System demonstrativer Identifizierungen ersetzt ist, zweitens aber dadurch, daß die Elemente dieses Identifizierungssystems nicht Gegenstände sind, die jeweils mit 'dies' zu bezeichnen wären, da diese gar kein System bilden, sondern Raum- und Zeitstellen. (T. 466f)

Die Totalität der Raum-Zeitstellen ist gleichzeitig die Totalität aller Verifikationssituationen. Durch die Angabe dieser Situationen kann auch das Zutreffen oder Nicht-Zutreffen der Prädikate unserer Prädikationen verifiziert werden.

Tugendhats Überlegungen scheinen also doch eine Priorität des Bezugs auf diese Stellen nahezulegen, auch wenn er selber das Sprechen von Prioritäten ablehnt. Der Bezug darauf ermöglicht erst die Verifikation der jeweiligen Prädikationen, die ihrerseits den Bezug auf Gegenstände erst verständlich machen soll. Interessanterweise erfolgt aber dieser erste Bezug nach dem Schema der *logischen* Eigennamen, die in ihrer Funktion nicht scheitern können. Bemerkenswert sind ebenfalls die Schwierigkeiten, in die Tugendhat dadurch gerät, daß er einerseits als Beispiele für singuläre Terme, die in ihrer Referenz nicht scheitern können, *subjektiv* lokalisierende Ausdrücke verwendet; andererseits aber betont, daß diese stets durch *objektiv* lokalisierende ersetzbar sein müssen. Tugendhat ist sich auch der Mängel in der Erklärung des Übergangs von den deiktischen Ausdrücken zu den objektiv lokalisierenden, die von jedermann jederzeit verstanden werden müßten, bewußt:

> Es war ein weiterer Mangel in meiner Darstellung, daß ich nicht im Detail zeigte, wie die objektiv lokalisierenden Ausdrücke erklärt werden, und auch nicht, welches die Identifizierungskriterien sind für die Identifizierung von etwas objektiv (d.h. mit Bezug auf einen objektiven Koordinatennullpunkt) Lokalisiertem mit etwas subjekt (d.h. mit Bezug auf den Sprecher) Lokalisiertem. (T. 474)

Tugendhat spricht auch in diesem Zusammenhang von wechselseitigen Abhängigkeiten, so daß sich auf der untersten oder letzten Stufe seines Erklärungsversuchs der Referenz, zwei Typen von wechselseitiger Abhängigkeit kreuzen: die wechselseitige Abhängigkeit nämlich zwischen der Identifizierung von Raum-Zeitstellen und von sortal konstituierten Markierungsgegenständen, und die wechselseitige Abhängigkeit zwischen subjektiv und objektiv lokalisierenden Ausdrücken. Auch von dieser zweiten Abhängigkeit sagt er, daß wir die Ausdrücke des einen Typs nur verwenden können, wenn wir auch schon die Ausdrücke des anderen Typs verwenden können (T. 475). Tugendhat gibt nun selber zu:

> Da nicht deutlich geworden ist, wie in diesen Zirkel hineinzukommen ist, muß ich betonen, daß die Analyse der identifizierenden Ausdrücke keine eigentliche Klarheit erreicht hat und nur als eine vorläufige Skizze angesehen werden kann. (T. 475f)

Unabhängig davon, was man von den wechselseitigen Abhängigkeiten hält, unabhängig von der Frage, wieweit Tugendhat aufgrund seines rein sprachanalytischen Zuganges im Versuch, die Referenzbeziehung durch die Untersuchung der Verwendungsweisen der singulären Terme zu erklären, erfolgreich war oder nicht, sind zwei Aspekte durch seine Ausführungen klar geworden: die grundlegende Rolle der sortalen Ausdrücke, insofern durch sie die räumlichen und zeitlichen Konfigurationen der Gegenstände bestimmt sind, die unter sie fallen; und die Hartnäckigkeit, mit der sich die Referenz als Beziehung zwischen Zeichen und Bezeichnetem gegen Erklärungsversuche sträubt, die darauf aus sind, sie aufzulösen. In Tugendhats sprachanalytischem Erklärungsversuch taucht sie auf der untersten oder letzten Erklärungsebene als Beziehung, die nicht scheitern kann, zwischen lokalisierenden Ausdrücken und Raum-Zeitstellen wieder auf.

1.6.3 Die Identifizierungsfunktion als Spezialfall der Substanziierungsfunktion

Sieht man von den lokalisierenden Ausdrücken ab, durch die auf Raum-Zeitstellen referiert wird, so scheint aufgrund der Überlegungen Tugendhats, die hier wiedergegeben worden sind, die Rolle der *sortalen* Ausdrücke im Rahmen des referentiellen Mechanismus von Sprache grundlegend zu sein. Es scheint, daß selbst

Eigennamen nur dann ihre referentielle Aufgabe erfüllen können, wenn sie von seiten der Sprecher mit sortalen Ausdrücken gekoppelt werden, durch die die Art oder die Sorte ihrer Namensträger angegeben oder bestimmt wird. Die These, daß den sortalen Ausdrücken diese Rolle tatsächlich zukommt und daß diese Ausdrücke als Nachfolger (in einem weiten Sinn)[103] der aristotelischen Substanzausdrücke fungieren, soll in dieser Arbeit verteidigt werden. Dazu muß sie aber genauer bestimmt werden. Wir haben bereits gesehen, daß die Einzeldinge nach Strawson *als solche* weder wahrgenommen noch identifiziert werden können, sondern immer nur als Einzelfälle einer bestimmten Art oder Sorte von Gegenständen. Die Einzeldinge sind Exemplifizierungen allgemeiner "Begriffe", die durch sortale Ausdrücke in Aussagen "eingeführt" werden. Versteht man diese Ausdrücke, so weiß man auch, welcher Art die fraglichen Dinge sind, auf die sie zutreffen. Dieses Wissen ist notwendige Voraussetzung für die Identifizierung der nämlichen Dinge. Kennzeichnend für Strawson ist, daß er die semantischen Fragen nicht nur anhand der "philosophischen Logik" behandelt, sondern auch von der normalen, gesprochenen Sprache her. Eine seiner Bestrebungen besteht darin, die zwei Zugänge zu verbinden und aufzuzeigen, daß sie komplementäre Dienste leisten. In seinem Werk "Subject and Predicate" (SaP.) versucht er, eine solche Vermittlung anzupeilen. Im ersten Teil geht er von Überlegungen aus, die sich aus der Standardlogik ergeben, im zweiten von abstrakten Überlegungen, die für die *grammatikalische* Deutung der natürlichen Sprachen dienlich sein können. Diese Gedankenentwürfe bieten einen neuen Kontext, um die Rolle der sortalen Ausdrücke in unseren Sprachen besser zu fassen.

Unter den verschiedenen Sprachsystemen, die wir uns vorstellen können, gibt es sehr einfache und äußerst komplexe, wie z.B. die natürlichen Sprachen. Je vielfältiger und reicher die Funktionen, die eine Sprache erfüllt, umso höher ihr Komplexitätsgrad. Einfach ist z.B. eine Sprache, in der nur singuläre Prädikationen vorkommen, in der es also nur singuläre Terme und charakterisierende einstellige Prädikate gibt. Eine solche Sprache ist für finite Individuenbereiche möglich. Entsprechend ihrem geringen Komplexitätsgrad ist eine Grammatik für sie sehr einfach. Strawson unterscheidet dabei zwischen einer *essentiellen* und einer *variablen* Grammatik. Die essentielle gibt nur die Aufgaben und Bedingungen an, die die grammatikalischen Regeln erfüllen müssen; die variable hingegen zeigt an, worin diese Regeln tatsächlich bestehen und *wie* sie die von der essentiellen Grammatik vorgeschriebenen Bedingungen erfüllen (SaP. 81f). Wie

103 Siehe Abschnitt 4.4.

diese erfüllt werden, ist sekundär und variabel. Wichtig und ausschlaggebend ist die essentielle Grammatik. Sie ist von den semantischen Funktionen der jeweiligen Sprache abhängig. Die hier erwähnte einfache Sprache kennt nur zwei Typen von semantischen Funktionen: die Angabe der Individuen durch *individuelle* Namen und die Angabe der charakterisierenden Züge dieser Individuen (SaP. 80) durch *allgemeine* Namen. Die Grundkombination unter den Elementen dieser einfachen Sprache ist die zwischen einem individuellen und einem allgemeinen Namen. Die essentielle Grammatik gibt nun an, welche grammatikalischen Bedingungen erfüllt sein müssen, damit dieses einfache Sprachsystem funktionieren kann. Eine dieser Bedingungen ist, daß es *ersichtlich* sei, *wann* eine Kombination vorliegt, die einen Satz ergibt.

Der hier angedeutete einfache Sprachtyp kann durch die Einführung neuer semantischer Elemente und durch die Schaffung neuer Kombinationsmöglichkeiten zwischen den Elementen und den Kombinationen solcher Elemente erweitert werden. Eine solche Erweiterung des ursprünglichen Sprachtyps findet bereits durch die Einführung deiktischer Ausdrücke und solcher Elemente statt, die auch *Arten* von Individuen angeben. Durch die Kombination dieser Elemente mit deiktischen Ausdrücken können Individuen aus dem zugrundeliegenden Bereich herausgegriffen werden, die keinen individuellen Namen haben. Die essentielle Grammatik gibt dabei an, daß dieser neue Sprachtyp Vorkehrungen enthalten muß, um Kombinationen, die nur neue Satzteile ergeben, von solchen zu unterscheiden, die ganze Sätze ergeben. Sobald dann mehrstellige charakterisierende Ausdrücke eingeführt werden, wird die essentielle Grammatik auch Vorkehrungen vorschreiben, durch die die *Ordnung* der kombinierten Elemente ersichtlich wird, so daß irreführende Zweideutigkeiten verhindert werden. Durch die mehrstelligen Ausdrücke können nämlich Relationen zwischen den Individuen angegeben werden, die symmetrisch, aber auch nicht-symmetrisch sind.

Die Erweiterungen des einfachsten Sprachtyps, die hier angegeben wurden, führen aber noch nicht zu Sprachtypen, in denen zeitliche Faktoren ausgedrückt oder zumindest berücksichtigt werden können. Soll ein Sprachtyp fähig sein, die Tatsache zu berücksichtigen, daß bestimmte charakterisierende Züge von Individuen und bestimmte Relationen zwischen ihnen zeitlich begrenzt sind, so muß er über Mittel verfügen, die bis jetzt noch nicht erwähnt wurden. Es hat z.B. sicherlich keinen Sinn zu fragen, *wann* und *wo* die Beziehung des Bruderseins zwischen zwei Individuen besteht; es ist aber sinnvoll zu fragen, wann und wo die Beziehung des Streitens zwischen ihnen besteht (SaP. 94f). Für die Beantwortung solcher Fragen braucht es Mittel, die die Funktion der Raum-Zeit-Angabe ermöglichen. Nach Strawson erfolgt der Einstieg in das Raum- und Zeit-Gefüge durch deiktische Ausdrücke, wie "jetzt" und "hier". Allerdings darf die

Rolle, die die deiktischen Ausdrücke für die Begrenzung von Charakterzügen und Relationen spielen, nicht verwechselt werden mit der Rolle, die sie dann spielen, wenn sie - kombiniert mit allgemeinen Namen - für die Spezifizierung von Einzelindividuen herangezogen werden. Die Ausdrücke "der Ex-Präsident", "der zukünftige König" enthalten zeitliche Bestimmungen, die allerdings nur zur Spezifizierung von Individuen dienen. Die essentielle Grammatik wird daher für diesen erweiterten Sprachtyp Bestimmungen für notwendig erklären, durch die diese Rollen auseinandergehalten werden können. Sollen Zweideutigkeiten vermieden werden, so muß ersichtlich sein, wann ein bestimmtes Individuum spezifiziert und wann ein charakterisierender Zug eines Individuums oder eine Relation zwischen Individuen zeitlich eingeschränkt wird. Daß ein dermaßen erweiterter Sprachtyp unseren natürlichen Sprachen näher kommt, ist selbstverständlich. Zeitliche Indikatoren spielen in den gesprochenen Sprachen eine wichtige Rolle.

Die hier erwähnten Sprachen des erweiterten Grundtyps können *drei* grundlegende Funktionen erfüllen: die der individuellen Spezifizierung (in unserer Terminologie: Identifizierung), die der Charakterzug- oder Relationsspezifizierung und die der Raum-Zeit-Angabe. In seinen allgemeinen Überlegungen zur Grammatik will nun Strawson die erste Funktion als einen speziellen Fall einer allgemeineren Funktion erklären, nämlich der *Substanziierungs*funktion (SaP. 99f)[104]. Referieren auf Einzeldinge oder Identifizieren werden also von ihm als spezielle Fälle des allgemeineren Substanziierens genommen. (SaP 100)

Die Substanziierung besteht in der Spezifizierung oder Angabe der *Sorten* der Dinge. Die Fragen, die damit zusammenhängen, entsprechen somit denen nach den sortalen Ausdrücken. So wie die Kenntnis eines sortalen Ausdrucks Voraussetzung für die eigentliche Identifizierung eines Einzeldinges ist, so ist es dementsprechend auch die Substanziierung. Bereits an anderen Stellen macht Strawson ausdrücklich[105], daß in singulären Prädikationen Einzeldinge nicht als solche identifiziert werden, sondern als Einzelfälle, Vorkommnisse oder Instanzen allgemeiner Sorten. Die Spezifizierung der Sorten oder Arten, mit anderen Worten die Substanziierung, ist grundlegender als die Spezifizierung der Einzeldinge. Das wird zwar durch die Verwendung der Ausdrücke nicht immer ersichtlich. Wird aber z.B. "John" als singulärer Term in einer Prädikation über John verwen-

104 Strawson gibt nicht an, weshalb er diese allgemeinere Funktion "Substanziierung" nennt. Da sie aber darin besteht, Sorten von Dingen und Individuen zu spezifizieren, liegt ein Zusammenhang mit dem aristotelischen Begriff Substanz vor.

105 Siehe Abschnitt 1.2.3.

det, so ist der Ausdruck im Verständnis des Sprechers und Hörers - wenn auch in einer ganz losen Art - mit einem Ausdruck verknüpft, der die Sorte oder Art von John angibt. So wie "Nausikaa" nach Frege "Mädchen" zugeordnet ist, so ist "John" "Mann" zugeordnet. Der bestimmte John ist nämlich ein Einzelfall, eine Instanz der allgemeinen Art der Männer oder noch allgemeiner der Menschen. Strawson weist darauf hin, daß Sprecher und Hörer, die einen Satz verstehen, durch den von einem individuell spezifizierten Menschen etwas ausgesagt wird, auch eine allgemeinere Proposition verstehen, in der anstelle des singulären Terms ein entsprechender sortaler Ausdruck vorkommt. Wird diese Proposition explizit geäußert, so wird dadurch etwas von einem Einzelfall von Mensch prädiziert, ohne daß dieser Einzelfall spezifiziert wird. Insofern kann nicht gesagt werden, die Funktion der Substanziierung sei eine *neue* Funktion von Ausdrücken, da sie in der ersten enthalten ist. Sobald eine Sprache der geschilderten erweiterten Typen für die Identifizierung von Einzelgegenständen verwendet wird, werden durch sie implizit auch Sorten spezifiziert: "...we could say that all the functional needs created by the specification of the semantic character of our new sentences are already implicitly met, and more than met, by the functional capacity of our old sentences." (SaP. 101) Auch bei Strawson ist also die These vorzufinden, daß die sinnvolle referentielle Verwendung eines singulären Terms gekoppelt ist mit der Verwendung eines sortalen Ausdrucks oder eine solche voraussetzt.

1.6.4 Verschiedene Grade der identifizierenden Kraft von Ausdrücken

In unseren natürlichen (normalen) Sprachen kommen nicht nur singuläre Prädikationen vor, sondern auch Sätze, durch die etwas von Einzelfällen von Sorten prädiziert wird, ohne daß dabei angegeben wird, um was für Einzelfälle es sich handelt. Diese Sätze sollen jetzt in den Mittelpunkt der Aufmerksamkeit rücken. Sie werfen neue Probleme auf, erleichtern aber gleichzeitig die Lösung anderer. Werden diese Sätze in ihren Funktionen berücksichtigt, so kann man die Rolle der Subjektausdrücke im allgemeinen nicht mit einer Identifizierungsrolle gleichsetzen. Die Rolle der Subjektausdrücke in diesen Sätzen ist eine referentielle, insofern durch sie auf etwas hingewiesen, dieses Etwas aber nicht identifiziert wird. Daher kann auch *nicht allgemein* Referieren mit Identifizieren oder individuellem Spezifizieren gleichgesetzt werden.

Hier soll aber zunächst noch auf die allgemeinen grammatikalischen Überlegungen in ihren semantisch relevanten Aspekten eingegangen werden. Durch diese Überlegungen gelangt nämlich Strawson zum Begriff des *Grads* der identifizierenden *Kraft* eines Ausdrucks und zu der These, daß die Ausdrücke, die für die Subjektposition in Frage kommen, diejenigen sind, die die größere identifizierende Kraft haben: "...the term apt for subjectposition is, other things being equal, the term with the greater identificatory force." (SaP. 105) Es darf natürlich nicht - wie bereits erwähnt - übersehen werden, daß ein und derselbe Ausdruck in verschiedenen Kontexten in verschiedenen Rollen vorkommen kann und daß somit die hier gegebenen Formulierungen ungenau sind. Wichtig ist aber Strawsons Hinweis, daß es verschiedene Intensitätsgrade in der Identifizierungsfunktion von Ausdrücken einer Sprache gibt. Was bis jetzt in dieser Arbeit als eigentliche Identifizierung bezeichnet wurde, steht an der Spitze der Skala, denn die individuelle Identifizierung der Einzeldinge ist zweifelsohne die mit der größten identifizierenden Kraft. Was als Spezifizierung der Sorten genannt wurde, kommt in der Skala weiter unten vor; durch sie werden nur die Sorten der Einzeldinge, nicht aber diese selbst spezifiziert. Am unteren Ende der Skala stehen die "nicht-identifizierenden" Ausdrücke, wie "etwas", "Ding" usw. Strawsons These, daß die Ausdrücke mit der größeren identifizierenden Kraft in Subjektposition vorkommen, soll nun anhand eines von ihm selbst erwähnten Beispiels erläutert werden (SaP. 106). In der Beschreibung der Unordnung in einem Raum sollen folgende Sätze vorkommen: Ein Stuhl war umgeworfen; eine Flasche lag auf dem Boden; ein Bild war zerbrochen. In diesen Sätzen kommen tatsächlich die Ausdrücke mit größerer identifizierender Kraft in Subjektposition vor. Es handelt sich in allen drei Fällen um artidentifizierende Ausdrücke, zwar nicht um individuell spezifizierende Ausdrücke, aber doch um solche, die eine stärkere identifizierende Kraft als die ihnen beigefügten Prädikatausdrücke haben. Durch diese werden lediglich Eigenschaften und Zustände von Einzeldingen angegeben. Natürlich wird man, je nach stilistischem Empfinden, die Ordnung der Ausdrücke innerhalb der Sätze auch ändern können, man wird aber nicht - gegen die These Strawsons - die Ausdrücke mit der größeren identifizierenden Kraft in Prädikatposition zwängen können. Die Ergebnisse wären nämlich folgende: Etwas Umgeworfenes war ein Stuhl; ein Ding, das auf dem Boden lag, war eine Flasche; ein zerbrochenes Ding war ein Bild. Wird eingewandt, die erwähnten Ergebnisse zeigen doch, daß die alternativen Formulierungen, in denen die Ausdrücke mit der geringeren identifizierenden Kraft in Subjektposition vorkommen, gegen Strawsons These möglich sind, so ist der Einwand nur dem Schein nach stichhältig. Werden die alternativen Formulierungen als möglich akzeptiert, so nur deshalb, weil die Subjektausdrücke darin als verkappte *Kennzeichnungen* behandelt werden, d.h. als Ausdrücke, die individuelle Gegenstände spezifizieren. Wenn also der jeweilige Subjektausdruck als "concealed definite singular term" (SaP. 107) gedeutet wird, so kann der Satz, in dem er vorkommt, nicht als Gegenbeispiel gegen Strawsons These fungieren. Der Subjektausdruck hat nämlich in diesem Fall eine größere identifizierende Kraft, insofern er ein Einzelding identifiziert. Strawson versucht auch, mit den Schwierigkeiten fertig zu werden, die sich aus Sätzen ergeben, in denen Subjektausdrücke vorkommen, die überhaupt keine identifizierende Kraft haben, wie "*Etwas* traf mich am Kopf" (SaP. 108). Dieses Etwas wird hier überhaupt nicht identifiziert; der Ausdruck "etwas" hat auf alle Fälle eine geringere identifizierende Kraft als der Prädikatausdruck und müßte somit als Gegenbeispiel zu Strawsons These gelten. Da aber der Subjektausdruck ohne identifizierende Kraft ist - meint Strawson -, könne er überhaupt nicht als Term, der sich auf etwas beziehen würde, aufgefaßt werden. Ein Ausdruck wie "etwas" ist ein "non-term", d.h. "...an expression which shows the place to be still *vacant*..." (SaP. 109). Sätze, in denen die Subjektausdrücke überhaupt keine identifizierende Kraft haben,

> ...differ from those previously considered in that they do not contain two terms, competing, as it were, for identificatory position. Each contains just one term applied to an object which is otherwise simply signalled as unidentified. (SaP. 109)

Grammatikalische Unterschiede in unseren natürlichen Sprachen zwischen Typen von Ausdrücken signalisieren nach Strawson Unterschiede in ihrer semantischen Funktion, d.h. hier in ihrer identifizierenden Kraft, und umgekehrt: Unterschiede in der semantischen Kraft zwischen Ausdrücken finden eine Entsprechung in grammatikalischen Unterschieden. Ausdrücke, die Qualitäten spezifizieren, kommen meistens in der grammatikalisch *adjekt*ivischen Form, und die anderen, die sich lediglich auf Änderungstypen beziehen, in der *verbalen* vor. Die größere identifizierende Kraft haben allerdings die sortalen Ausdrücke, und diese kommen durchwegs in *substantivischer* Form oder als "Nominals" - wie Strawson sagt (SaP. 103) - vor. Seiner These entsprechend sind somit Ausdrücke in substantivischer Form für die Rolle in Subjektposition geeigneter als Ausdrücke in adjektivischer, und letztere geeigneter als Ausdrücke in verbaler Form:

> ...other things being equal, nominals are the most apt for the substantiating role, and nominals and adjectivals, separately or in combination, are more apt for the substantiating role than verbals, the latter more apt for the role of complementary general characterspecification [= für die Rolle als Prädikate] in relation to the former. (SaP. 104)

Schon in "Individuals" und in anderen kleineren Schriften hat Strawson die grammatikalischen Unterschiede zwischen Subjekt- und Prädikatausdrücken anhand der Unterschiede zwischen den durch sie "eingeführten Sachen" zu erklären versucht[106]. Ähnlich geht er hier vor. Die Tatsache, daß bestimmte grammatikalische Typen von Ausdrücken geeigneter als andere sind, die Rolle der Subjektausdrücke zu übernehmen, führt er auf ihre semantische Funktion oder auf die Stärke ihrer Identifizierungskraft zurück. Fällt die individuelle Identifizierung aus, so folgt noch nicht, daß der Unterschied zwischen der Funktion des Subjekts und der des Prädikats verschwinden würde. Er besteht nach wie vor, und zwar zwischen der allgemeinen Substanziierungsfunktion und der allgemeinen Charakterspezifizierungsfunktion. Die Substanziierungsfunktion hat allerdings nicht nur verschiedene Grade ihrer identifizierenden Kraft, sondern auch verschiedene *Arten* ihrer Verwirklichung: "Substantiation can be effected in a variety of modes: e.g. ...it can be pluralized or not; it can be numerative or not; it can be compound or non-compound; it can be more or less attenuated." (SaP. 113) Damit verschiedene Arten davon verwirklicht werden können, müssen die bis jetzt besprochenen Sprachtypen durch Einführung neuer Elemente erweitert werden. Soll z.B. die sogenannte Pluralisierung im Subjektausdruck möglich sein, so müssen bestimmte Elemente vorhanden sein, wie die Ausdrücke, die Geach "applicativa" nennt: z.B. "einige", "irgendwelche", "viele", "der Großteil" usw. Durch solche Ausdrücke können die Grade der Pluralisierung einer Substanziierungsfunktion angegeben werden. Die jeweilige essentielle Grammatik wird dabei auf die Notwendigkeit von Bestimmungen hinweisen, durch die Zweideutigkeiten vermieden werden, denn Applicativa werden auch für die genauere Bestimmung von Prädikaten verwendet[107].

Strawson geht es in seinen Überlegungen über die Rolle der essentiellen Grammatik für Sprachtypen mit unterschiedlicher Komplexität darum zu zeigen, wie und warum es Sprachtypen gibt, wie z.B. die natürlichen Sprachen, in denen nicht nur Subjekte mit einer individuell spezifizierenden Funktion, sondern mit allgemeineren Funktionen in verschiedenen Ausfaltungen vorkommen. Er will zeigen, wie und warum es Subjekte gibt, die relativ schwache Identifizierungsfunktionen haben und darüber hinaus zu verschiedenen Arten ausgefaltet werden können. All diese Subjekte geben zwar in irgendeinem Sinn an, worüber im jeweiligen Satz etwas prädiziert wird, aber diese Funktion kann nicht mit der Funktion der Identifizierung im eigentlichen Sinn gleichgesetzt werden. Letztere ist nur ein spezieller Fall einer allgemeineren Funktion. In unserem Leben gibt es aber viele Fälle, in denen wir so über Einzeldinge sprechen, daß wir durch die Sprache zum Ausdruck bringen, daß es zwar wünschenswert wäre, die jeweiligen Einzeldinge individuell zu identifizieren, daß wir es aber nicht wollen oder nicht kön-

106 Siehe Abschnitte 1.2.3 und 1.2.4.

107 Wir werden sehen, daß Geach bestrebt ist aufzuzeigen, daß Applicativa niemals zu den Subjekt-, sondern *immer* zu den Prädikatausdrücken gehören. (Siehe Abschnitt 1.7.2.)

nen. Statt "ein Mensch" oder "irgend ein Mensch" zu sagen und dadurch zu verstehen zu geben, daß die individuelle Spezifizierung des betreffenden Menschen irrelevant ist, kann ich "ein bestimmter Mensch" sagen. Dabei gebe ich zu verstehen, daß die genaue Identifizierung wünschenswert wäre, daß ich aber entweder nicht gewillt oder nicht fähig bin, den betreffenden Menschen individuell zu identifizieren. Solange nur die drei grundlegenden Funktionen von Teilausdrücken eines Satzes berücksichtigt werden, nämlich die der individuellen Spezifizierung, der Charakterzugspezifizierung und der Raum-Zeit-Angabe, versteht man die Rolle des Subjektausdrucks in enger Beziehung oder in Korrespondenz zu der Rolle, die den singulären Termen in einem einfachen semantischen System zukommt. Jedem Term eines solchen Systems ist nämlich ein und nur ein Individuum aus dem Individuenbereich zugeordnet. Betrachtet man allerdings die erweiterten Sprachtypen mit der allgemeineren Funktion der Substanziierung in ihren verschiedenen Ausfaltungen, so wird die Deutung der *semantischen* Rolle der Subjektausdrücke kompliziert. Strawson meint auf alle Fälle feststellen zu können, daß die Ausfaltung der grammatikalischen Formen der Subjektausdrücke Hand in Hand geht mit der Ausfaltung der Substanziierungsarten: "...the grammatical notion of subject keeps in step with the functional notion of substantiation, broadens as it broadens: we now have indefinite grammatical subjects and plural grammatical subjects..." (SaP. 118). In den erweiterten Sprachtypen, in denen dermaßen geartete Subjektausdrücke vorkommen, gelten auch nicht mehr Bestimmungen, die in dieser Arbeit über die singuläre Prädikation umrissen worden sind[108]. Die Negation des Prädikates kann nicht mehr gleichgesetzt werden mit der Negation des ganzen Satzes, in dem es vorkommt. Negiere ich das Prädikat von "Einige Menschen überlebten", so erhalte ich "Einige Menschen überlebten nicht". Negiere ich allerdings den ganzen Satz, so erhalte ich "Es ist nicht der Fall, daß einige Menschen überlebten". Die zwei Sätze sind nicht äquivalent.

Es erhebt sich die Frage, weshalb man Strawsons Überlegungen zur Grammatik von Sätzen mit komplexen Subjekten so ernst nehmen soll - angesichts der Tatsache, daß die Prädikatenlogik ein viel einfacheres Erklärungsmuster für derlei geartete Sätze bietet. Überführt man nämlich die umgangssprachlichen Sätze in die *quantifizierte* prädikatenlogische Form, so erübrigen sich viele Schwierigkeiten. Diese Überführungen werden in der Arbeit im Zusammenhang mit Quine besprochen. Unabhängig davon sind aber Strawsons Bemerkungen über die semantischen Funktionen und die grammatikalischen Formen der Sätze einer komplexe-

108 Siehe Abschnitte 1.2.2 und 1.2.3.

ren Sprache sehr lehrreich, da sie aufzeigen, daß Referieren nicht auf Identifizieren im eigentlichen Sinn reduziert werden kann. Sie machen deutlich, daß wir mit Prädikationen auch dann noch operieren und sie auch dann noch verstehen, wenn wir die Einzeldinge, über die wir prädizieren, nicht identifizieren und im Raum-Zeit-Gefüge nicht lokalisieren können. Sie zeigen allerdings auch auf, daß selbst die so einfach anmutende individuelle Identifizierung insofern von der *sortalen* Identifizierung abhängig ist, als sie nur ein spezieller Fall davon ist. Durch Subjektausdrücke können nur dann Einzeldinge identifiziert werden, wenn auch oder zunächst ihre Sorte identifiziert wird.

Referenz wird in den ersten Werken Strawsons eindeutig vom Akt des Referierens und dieser vom Akt des Identifizierens her verstanden. Wie gesehen, braucht es aber verschiedene Präzisierungen, um dieses Verständnis aufrecht zu erhalten. Einige davon, wenn auch anderer Art, sind aber auch schon im ersten Teil seines Werkes über Subjekt und Prädikat (SaP.) zu finden. Strawson untersucht darin die Rolle und die Nützlichkeit der Verwendung von Eigennamen. Dabei wird deutlich, daß Eigennamen nicht nur für die Identifizierung von Einzeldingen verwendet werden und daß somit ihre Funktion nicht auf die der Identifizierung reduziert werden darf.

1.6.5 Eigennamen und Strawsons Relativierung des identifizierenden Wissens

Kehren wir wieder zur einfachsten Form der singulären Prädikation zurück, d.h. zu der Form 'aF', wo 'a' ein singulärer Term für einen ganz bestimmten Gegenstand ist und 'F' ein einstelliges Prädikat. In unseren natürlichen Sprachen sind die günstigsten Kandidaten für die Rolle der singulären Terme in solchen Prädikationen die Eigennamen. Über Eigennamen gibt es verschiedene Theorien[109]. Hier sei zunächst nur Strawsons "low key"-Zugang knapp geschildert. Dieser zeichnet sich dadurch aus, daß die Funktion der Eigennamen von ihrer *Nützlichkeit* in der zwischenmenschlichen Kommunikation her verstanden wird. Als Bedingungen für diese Nützlichkeit gibt Strawson - ohne Vollständigkeit beanspruchen zu wollen - folgende an (SaP. 42):

a) einen Kreis von Sprechern, bei denen das Bedürfnis festzustellen ist, sich immer wieder auf einen bestimmten Gegenstand zu beziehen;

b) ein Interesse besagter Sprecher an der fortdauernden *Identität* des betref-

109 Siehe Abschnitte 3.2.1f und 3.5.1.

fenden Gegenstandes, auf den sie sich immer wieder beziehen; dieses Interesse ist z.B. bei einer Billiardkugel nicht gegeben, wohl aber bei einem Menschen;

c) einen Zustand, der es nicht gestattet, daß die Sprecher des Kreises sich durch ein und dieselbe Kennzeichnung oder konstante Beschreibung auf den betreffenden Gegenstand beziehen; das ist immer dann der Fall, wenn sich der betreffende Gegenstand in seinen Merkmalen und in seinen Beziehungen zu den anderen Gegenständen ändert.

Daß diese Bedingungen für eine nützliche Verwendung von Eigennamen erfüllt sein müssen, geht hauptsächlich aus der Untersuchung der Verwendung von Eigennamen für Personen hervor. Ein und derselbe Mensch steht im Laufe seines Lebens in vielen verschiedenen Positionen, geht verschiedene Beziehungen zu anderen Menschen ein, so daß er zwar über diese Positionen und Beziehungen leicht identifiziert werden kann. Das Interesse an Personen beschränkt sich aber in den meisten Fällen nicht auf kurze Phasen in ihrem Leben, weshalb ein sprachliches Bezugsmittel gesucht wird, das unabhängig von den vielen Änderungen ist. Man will sich auf Personen nicht nur beziehen, insofern sie Träger bestimmter Ämter sind, bestimmte soziale Stellungen innehaben oder in zeitlich beschränkten Beziehungen zu anderen Menschen stehen. Hauptsächlich dann, wenn man Personen kennt, mit ihnen ständig zu tun hat, interessiert man sich für sie in ihrer *Kontinuität* als Personen. Man sucht somit nach Mitteln, mit denen man unabhängig von den Rollen, die sie in verschiedenen Phasen ihres Lebens spielen, auf sie referieren kann. Solche Mittel sind gerade die Eigennamen. Es gibt Sprechsituationen, in denen wir von einem Menschen Verschiedenes prädizieren, aber so, daß wir das Prädizierte nicht von ihm als zufälligem Träger bestimmter Merkmale oder Ämter, sondern von ihm als Person, dessen Identität bis zu seiner Geburt zurückverfolgt werden kann, verstanden haben wollen. In solchen Sprechsituationen beanspruchen wir, durch die Verwendung eines Eigennamens auf eine Person unabhängig von den zufälligen Positionen, in denen sie sich befindet, unabhängig von den verschiedenen Änderungen im Laufe ihres Lebens, zu referieren[110].

Für die *erfolgreiche* Verwendung von Eigennamen braucht es weitere Bedingungen. Eine davon ist ein bestimmtes identifizierendes Wissen über den jeweiligen Namensträger von seiten der Sprecher und der Hörer jenes Kreises oder jener Kreise, in denen der Name verwendet wird. So wie es Unterschiede im Grad der

110 Die These der *Unabhängigkeit* der Referenz der Eigennamen von kontingenten Merkmalen ihrer Namensträger wird ausführlich im dritten Hauptteil der vorliegenden Arbeit besprochen werden. Sie widerspricht der traditionellen Kennzeichnungstheorie und Bündeltheorie der Eigennamen.

identifizierenden Kraft von Ausdrücken gibt, so gibt es Unterschiede im identifizierenden Wissen der jeweiligen Sprecher und Hörer. Sollen Sprecher und Hörer einen Eigennamen erfolgreich verwenden, so müssen nach Strawson beide wissen, *wer* der Namensträger ist: "...each must know who *he* means, or understands, by the name, as then used; and each must mean and understand the same person. This we may treat as a defining requirement of 'successful use' as the phrase is here employed." (SaP. 47) Wissen, wer mit einem Eigennamen gemeint ist, kann aber sehr viel bedeuten. Es muß nicht notwendigerweise auch die Fähigkeit besagen, adäquate Beschreibungen oder Kennzeichnungen für den Namensträger explizit anzugeben. Es kann sein, daß beide Gesprächspartner den Namensträger kennen, ohne aber fähig zu sein, eine adäquate Beschreibung von ihm zu geben. Es kann allerdings auch vorkommen, daß man einen Menschen nur "beim Namen" kennt. Strawson gibt zu, daß das sogenannte identifizierende Wissen für den erfolgreichen Gebrauch bestimmter Eigennamen minimal sein kann. Es dürfte genügend Anlässe geben, nur anhand von Namenslisten über Menschen, die man weder persönlich noch durch Beschreibungen kennt, zu sprechen, und zwar - zumindest unter einer ganz bestimmten Rücksicht - mit Erfolg. Strawson gibt als Beispiel dafür den Fall an, in dem ein Lehrer mit einem Kollegen anhand einer Liste der Namen der Studenten den Unterricht für sie plant:

> ...one should notice that a name may sometimes be successfully used, or understood, by one who does not, in either of the ways so far distinguished, know who he means by the name. That is, he need not have either perceptual knowledge or non-name-dependent descriptively identifying knowledge of the bearer of the name. (SaP. 48)

Strawsons diesbezügliche Bemerkungen können zur Korrektur oder Präzisierung jener Stellen in "Individuals" herangezogen werden, in denen das Wissen darüber, wer oder was mit einem Eigennamen bezeichnet wird, als Bedingung für die sinnvolle Verwendung des Eigennamens eng gefaßt wird. Es heißt dort, wer einen Eigennamen sinnvoll verwendet, muß auch in der Lage sein, den Namen durch seine Beschreibung zu ersetzen (I. 181); wer durch die Verwendung eines Eigennamens die Sache oder den Namensträger erfolgreich "einführt", muß zumindest eine kennzeichnende Tatsache über es oder ihn kennen (I. 191). Das identifizierende Wissen, das Sprecher und Hörer mit einem Eigennamen verbinden, kann ganz verschieden sein. Selbst das Wissen eines bestimmten Sprechers kann sich von Sprechsituation zu Sprechsituation stark ändern oder durch neue Informationsgehalte ergänzt werden. Strawsons Bemerkungen über das identifizierende Wissen entsprechen den Fregeschen Bemerkungen über den Sinn, der zwar im Fall von idealen Sprachen fix ist, aber in den natürlichen Sprachen fluktuiert. Auch Strawson kann daher Identitätsaussagen als informativ deuten, und zwar deshalb, weil das Bündel an identifizierendem Wissen, das ein Sprecher mit einem ganz bestimmten Namen verbindet, nicht identisch sein muß mit dem Bündel, das er mit einem anderen Namen verbindet, obwohl beide Namen denselben Namensträger haben (SaP. 52). Durch Identitätsaussagen wird aber nicht nur Information über den sprachlichen Sinn von Namen vermittelt, sondern auch Wissen, welches den Namensträger selbst betrifft. Das identifizierende Wissen mag zwar einerseits nur Wege (im Fregeschen Sinn) andeuten, wie man zum jeweiligen Referenzobjekt stoßen kann, dazu muß es aber auch das jeweilige Referenzobjekt selbst betreffen. Insofern kann gesagt werden, daß durch Identitätsaussagen auch Information über den beiden Namen gemeinsamen Träger vermittelt wird. Der Informationswert solcher Identitätsaussagen variiert von Mensch zu Mensch, von Situation zu Situation. Strawson weist dabei darauf hin, daß auch unter dieser Rücksicht die Identitätsaussagen von den normalen Prädikationen abweichen. Der Informationswert der Identitätsaussagen ist variabel, jener der normalen Prädikationen konstant: letzterer ist lediglich von den Bedeutungen der darin vorkommenden Prädikatausdrücke abhängig. In "Individuals" (I.) hat Strawson aufzuweisen versucht, daß die erfolgreiche "Einführung" von Sachen durch ein Prädikat keine empirische Voraussetzungen hat und unabhängig ist vom pragmatischen Kontext des Sprechers und Hörers: Versteht jemand die sprachliche *Bedeutung* eines Prädikates, so kann er erfolgreich durch das Prädikat die entsprechende Sache "einführen". Zugleich versteht er auch den Inhalt der prädikativen Behauptung, in der das Prädikat vorkommt[111]. Dieser Inhalt ist für alle Sprecher und Hörer der Sprechergemeinschaft derselbe - vorausgesetzt natürlich, man klammert die Entwicklungen und die Verschiebungen der Bedeutungen der Ausdrücke einer *natürlichen* Sprache aus. Die Bedingungen für das erfolgreiche Referieren durch Eigennamen hingegen sind - wie bereits gesehen - grundverschieden von denen des erfolgreichen Prädizierens. Diese Bedingungen sind vom Kontext und vom identifizierenden Wissen der jeweiligen Sprecher und Hörer abhängig. In einer Identitätsaussage, deren Erfolg in der Vermittlung ihres Gehaltes von derlei Bedingungen auf beiden Seiten des Identitätszeichens abhängig ist, wird der Informationswert bzw. -gehalt von Mensch zu Mensch variieren.

> In the case of any ordinary predicative proposition, we can give a general account, valid for all audiences, of *what* anyone who is informed by that proposition is informed of; whereas in the case of a given identity-statement it does not seem that we can do this. (SaP. 54)

111 Siehe Abschnitt 1.2.4.

Die These der starken Kontextabhängigkeit der Regeln für ein erfolgreiches Referieren kann durch Strawsons Bemerkungen zur Verwendung von Eigennamen wiederum, wenn nicht relativiert, so zumindest präzisiert werden. Ein Grund für die Nützlichkeit der Eigennamen ist die Einschränkung der Abhängigkeit von den rein zufälligen Faktoren der referentiellen Akte. Referiere ich z.B. auf ein Einzelding durch eine definite Beschreibung, so ist der Erfolg davon abhängig, ob das betreffende Referenzobjekt und außer ihm kein anderes im Augenblick des Referenzaktes genau die Eigenschaft oder die Eigenschaften hat, die in der Beschreibung angegeben werden. Wenn es einen Kreis von Sprechern gibt, in dem der Umgang mit einem Eigennamen geläufig ist, insofern alle Sprecher wissen, was oder wer sein Träger ist, so werden die durch die Verwendung des Eigennamens erfolgten referentiellen Akte unabhängiger von diesen zufälligen Faktoren. Durch die Verwendung von Eigennamen wird auch die *Zeitinvarianz*, von der schon im ersten Teil die Rede war[112], deutlicher.

Obwohl Strawson Sprache von dem her untersucht wird, was mit Sprache *getan* werden kann, gelingt es ihm - gerade durch die Berücksichtigung der Gründe für die Nützlichkeit der Verwendung von Eigennamen -, ein bestimmtes Verständnis für die Deutung der Referenz der Eigennamen nach dem Schema der Logiker als Beziehung zwischen singulärem Term und Individuum aus dem jeweiligen Individuenbereich aufzubringen. Er sagt, im Kontext einer eingespielten Sprechergemeinschaft wird ein Eigenname so verwendet, als wäre er ein idealer Name, d.h. ein Ausdruck, der einem und nur einem Individuum zugeordnet ist. Strawson glaubt natürlich nicht, daß Eigennamen so wie singuläre Terme in der Logik funktionieren. Er meint aber dennoch, einen bestimmten Sinn in den Erklärungsversuchen für Eigennamen zu finden, die von diesem einfachen Schema einer Zuordnung in der Logik ausgehen[113]. Die Voraussetzung für die Sinnhaftigkeit solcher Erklärungsversuche bleibt allerdings eine eingespielte Sprechergemeinschaft, in der die jeweiligen Sprecher mit dem Eigennamen sich direkt auf den Namensträger zu beziehen beanspruchen, unabhängig von seinen zufälligen Merkmalen oder Beziehungen zu den anderen Einzeldingen. Strawsons Verständnis für diese Erklärungsversuche bleibt durch einen weiteren Aspekt eingeschränkt,

112 Siehe Abschnitt 1.2.2.

113 "As far as particulars are concerned, such names [= logische Namen bei Russell] are fabled entities... But there is a kind of sense in the fable. It tries to reproduce, in a context-free style, the character which an ordinary proper name, as used in a social context, has, if all goes well, in that context. One might say, that, in its context of use, the name is *heard as* an ideal name." (SaP. 57f)

nämlich durch Strawsons Betonung der Rolle der *Intention* der Sprecher. Soll die Meinung, ein Eigenname sei mit einem Namensträger so verknüpft wie eine Konstante oder ein singulärer Term mit einem Individuum, sinnvoll sein, so nur deshalb, weil die Sprecher durch die Verwendung des Eigennamens die Intention haben, sich auf seinen Träger zu beziehen. Die sogenannte Beziehung zwischen Name und Namensträger gründet nicht so sehr in einer vorgegebenen Zuordnung, die z.B. in einer Taufzeremonie vollzogen würde, sondern in der Absicht der jeweiligen Sprecher. Nur wenn die Sprecher einer Sprechergemeinschaft untereinander so eingespielt sind, daß jeder die Absicht des anderen versteht, wenn dieser den Namen verwendet, kann das Bild einer Beziehung zwischen Name und Namensträger verwendet werden.

Daß Strawson die Rolle der Intention der jeweiligen Sprecher im Funktionieren von Sprache hoch einschätzt, geht auch aus seiner Deutung der *Kennzeichnungen* hervor. Die Problematik der Kennzeichnungen wird noch ausführlich behandelt werden; hier seien nur die zwei Probleme erwähnt, die dann entstehen, wenn ein Sprecher durch die Verwendung einer Kennzeichnung auf einen Gegenstand zu referieren beabsichtigt, den es entgegen seinem Glauben gar nicht gibt, oder wenn es den vom Sprecher beabsichtigten Gegenstand zwar gibt, aber die für den Referenzakt verwendete Kennzeichnung nicht auf ihn zutrifft. Da - wie bereits gesehen - die Voraussetzungen für einen erfolgreichen referentiellen Akt nach Strawson (und Frege) nicht in den Behauptungsgehalt einfließen, kann dieser nicht falsch sein, wenn sie nicht erfüllt sind; dafür wird aber die vermeintliche Aussage keine Aussage sein, da es nichts gibt, von dem sie gelten oder nicht gelten könnte. Im ersten Fall ist somit die Frage nach der Gewichtung der Intention nicht relevant, da es das Intendierte gar nicht gibt; im zweiten Fall wird allerdings die Lösung des Problems von der Einschätzung des Gewichts der Rolle der Intention abhängen[114]. Es ist auf alle Fälle zunächst problematisch zu entscheiden, ob überhaupt - und wenn ja, in welchem Sinn - der Sprecher auf den von ihm intendierten Gegenstand durch die Verwendung einer Beschreibung referiert, die auf ihn nicht zutrifft. Noch schwieriger wird der Fall, wenn die kennzeichnende Beschreibung nicht nur nicht auf den intendierten, sondern statt dessen auf genau einen anderen Gegenstand zutrifft. Worauf bezieht sich der Sprecher in solch einem Fall tatsächlich? Gibt man dem objektiven Sinn der Ausdrücke den Vorrang, so wird man zur Annahme neigen, der Sprecher referiere

114 Siehe dazu den Abschnitt 3.1.3 über die referentielle und attributive Verwendung von Kennzeichnungen nach Donnellan.

durch die Verwendung besagter Kennzeichnung auf etwas, das er gar nicht intendiert, nämlich auf den Gegenstand, auf den die Beschreibung entgegen seiner Annahme tatsächlich zutrifft. Gibt man allerdings dem Sprecher, seiner Intention den Vorrang, so wird man zur gegenteiligen Meinung neigen. Strawson sympathisiert konsequenterweise mit dieser Meinung: "...in such a case, it is to be what the speaker actually *meant*, rather that what he would normally be taken to mean, that governs the ruling of what he *said*." (SaP. 63)

Würde man das Funktionieren von Sprache allein nach dem Schema vom *Zutreffen* bestimmter Ausdrücke auf Gegenstände oder - nach der Tarskischen Tradition - von der *Erfüllungsrelation* zwischen Gegenständen und Aussagefunktionen[115] erklären, so wäre die Variante der Lösung des Problems einer "falschen" Kennzeichnung undenkbar. Im Alltag dürften wir uns aber in vielen Fällen tatsächlich so verhalten, daß wir der Intention den Vorrang geben. Sobald wir entdecken, daß die von uns gegebene Kennzeichnung nicht auf den intendierten Gegenstand zutrifft, sondern auf einen anderen, dürften wir mit großer Wahrscheinlichkeit folgendermaßen reagieren: Ich habe mich ja gar nicht auf diesen anderen Gegenstand bezogen; ich habe allerdings einen Fehler gemacht, insofern ich den von mir intendierten Gegenstand falsch beschrieben habe.

Daß Strawson die Intention der Sprecher im Funktionieren von Sprache hoch einschätzt, geht indirekt auch aus seinem Verständnis für die Deutung der Allaussagen als Generalisierungen von singulären Aussagen hervor. Strawson distanziert sich nämlich von der allgemeinen Deutung der Allaussagen nach dem Schema der *Allquantifikation*. Nach dieser Deutung werden die Subjektausdrücke den Prädikatausdrücken dadurch angeglichen, daß sie in den Skopus des Allquantors verlegt werden. Strawson versucht dagegen, die Auffassung eines philosophisch und logisch ungebildeten Menschen in ihrem Kern zu retten, daß nämlich auch in Allaussagen der Subjektausdruck vom jeweiligen Sprecher verwendet wird, um durch ihn auf alle Gegenstände einer bestimmten Art Bezug zu nehmen und von ihnen etwas auszusagen. Er deutet somit die Allaussagen als *Generalisierungen* von singulären Prädikationen. Eine Aussage über alle Elefanten z.B. ist die Generalisierung von Prädikationen über die einzelnen Elefanten:

> ...we understand the generalization correctly only if we see it as a generalization of singular subject-predicate propositions *about elephants*; but the orthodox form of representation prevents our seeing it in this way and encourages us instead to assimilate it to a class of general propositions to which it does not really belong. (SaP. 68)

115 Siehe Beginn von Hauptteil 2.

Durch diese Deutung kann die Trennung zwischen Referieren und Prädizieren beibehalten werden, und der Ausdruck 'Elefant' muß nicht in Prädikatposition gedrängt werden. Natürlich will Strawson seine Deutung nicht allgemein der Standarddeutung vorziehen. Diese ist viel einfacher, klarer und hilfreicher, um bestimmte Aspekte von Sprache zu erklären und einzuordnen. Die Deutung der Allaussagen als Generalisierungen von singulären Prädikationen, durch deren Subjektausdrücke auf die Gegenstände einer bestimmten Art - der Intention des Sprechers entsprechend - referiert wird, kommt aber dem intuitiven Verständnis von Sprache näher bzw. der Auffassung, daß der grundlegende Typ von Prädikation die singuläre Prädikation ist.

Obwohl in Strawsons Überlegungen die singuläre Prädikation eine zentrale und grundlegende Rolle spielt, die Intention der jeweiligen Sprecher dabei berücksichtigt wird und die Bedingungen für das erfolgreiche Referieren pragmatischer Natur und somit kontextabhängig sind, gibt es in seinen Bemerkungen über die Rolle der Eigennamen - gegenüber seinen frühen Werken - Akzentverschiebungen, die für die Frage nach der Referenz von Bedeutung sind. Vorausgesetzt, es gibt eine eingespielte Sprechergemeinschaft bzw. mehrere untereinander eingespielte Gruppen von Sprechern, so bietet die Verwendung von Eigennamen für bestimmte Gegenstände, Lebewesen und speziell Personen verschiedene Vorteile: Der wiederholte Bezug auf den jeweiligen Namensträger als in der Zeit fortdauernd wird einfacher und von zufälligen Faktoren unabhängiger. Die Kontextabhängigkeit des Erfolgs der referentiellen Akte wird eingeschränkt. Mit anderen Worten, die Eigennamen funktionieren in solch einem Kontext fast wie ideale Namen. Das Referieren durch Eigennamen im Rahmen einer eingespielten Sprechergemeinschaft kann somit auch aufgrund dieser Strawsonschen Überlegungen nicht reduziert werden auf ein Identifizieren im engen Sinn.

Identifizieren im engen Sinn heißt angeben oder herausfinden, welches von allen im Raum-Zeit-Gefüge das Gemeinte ist. Wir haben auch gesehen, daß Identifizieren im engen Sinn mit Lokalisieren zusammenhängt. Die referentiellen Akte durch Eigennamen sind insofern einfacher als eigentliche Identifizierungsakte, als ja die Sprecher der eingespielten Sprechergemeinschaft schon wissen, wer oder was mit dem jeweiligen Eigennamen gemeint ist. Da sie das wissen, ist die Lokalisierung des jeweiligen Namensträgers bzw. die Identifizierung im engen Sinn für den Erfolg des referentiellen Aktes nicht erforderlich. Das schließt allerdings nicht aus, daß auch in diesen idealen Fällen Eigennamen mit sortalen Ausdrücken gekoppelt sind, durch die die Sorte oder die Art der Namensträger angegeben wird. Diese Koppelung stört nicht die Zeitinvarianz, da die Sorte des jeweiligen Namensträgers im Laufe seiner Geschichte dieselbe bleibt.

1.7 Geach über Referenz

Geach steht insofern in Freges Tradition, als auch nach ihm gesagt werden kann, sprachliche Ausdrücke haben Referenz. Nach Geach sind es primär Ausdrücke, die referieren, und nur in einem abgeleiteten Sinn die Sprecher, die sich der Ausdrücke bedienen. Unabhängig davon ist aber für unsere Zwecke die These interessant, die auf ihn zurückgeführt wird, daß Eigennamen ihre referentielle Rolle nur dann erfüllen, wenn sie mit einem *allgemeinen* Namen bzw. mit einem sortalen Ausdruck gekoppelt sind, durch den die *Identitätskriterien* für den jeweiligen Namensträger angegeben werden: "For every proper name there is a corresponding use of a common noun preceded by 'the same' to express what requirements as to identity the proper name conveys..." (RG. 43f). Nur Ausdrücke, die mit Identitätskriterien gekoppelt sind, können Referenz haben und zu den *Namen* gezählt werden. Ausdrücke, die zwar grammatisch allgemeine Namen sind, die aber kein Identitätskriterium angeben, können keine referierenden Ausdrücke sein. "Ding", "Gegenstand" sind mit keinem Identitätskriterium gekoppelt und sind somit keine allgemeinen Namen. "Irgendetwas", "irgend ein Ding" sind Ausdrücke, von denen man meinen könnte, sie hätten Referenz, sie bezögen sich auf etwas. Geach geht es darum zu zeigen, daß diese Annahmen falsch sind. Seine Ausführungen enthalten wertvolle Hinweise auf Details, die in der Behandlung der Frage nach Referenz oft übersehen werden.

1.7.1 Nur Ausdrücke mit Identitätskriterien haben Referenz

Bemerkenswert ist zunächst, daß Geach die Lehre, Namen stünden nur im Kontext von Sätzen oder Propositionen für etwas, ablehnt. Geach sagt im Unterschied zu Wittgenstein und den Positivisten, daß ein Name für etwas anderes auch außerhalb des Kontextes eines Satzes stehen kann: "A name may be used outside the context of a sentence simply to name something - to acknowledge the presence of the thing named." (RG 26) Mit Namen allein können wir z.B. warnen oder grüßen[116]. Ausschlaggebend sind allerdings die sogenannten Benennungsakte (acts of naming), wie "das ist Smith", "das ist Gold" usw. Diese werden oft als Prädikationen gedeutet. Solche Deutungen setzen aber voraus, daß das

116 Engländer können angeblich ihre Katzen nicht nur mit Eigennamen, sondern auch mit allgemeinen Namen grüßen: "Hallo, Jemina" oder "Hallo, cat". (RG. 26)

Demonstrativum "das" ein referierender Ausdruck oder ein idealer Name (wie bei Russell) sei. Demonstrativa haben aber keine Identitätskriterien eingebaut und können nicht als Namen fungieren: "Not only are demonstratives not super-names, not a logically perfect species of names - they are not names at all, any more than the hands of a watch are figures." (RG. 27) Benennungsakte sind keine prädikativen Akte, sondern Akte sui generis. Bemerkenswert ist nun, daß es nach Geach nicht nur nicht angebracht ist anzunehmen, Namen könnten lediglich im Kontext von Prädikationen für etwas stehen, sondern daß nach ihm das Stehen für etwas in einem oder durch einen Benennungsakt grundlegend ist: Immer dann, wenn ein Ausdruck in einem Satz auch für einen Benennungsakt außerhalb des Satzes verwendet werden kann, *ist* der Ausdruck ein Name, und der Satz, in dem er vorkommt, ist eine Prädikation über seinen Namensträger: "Whenever an expression in a sentence could thus be linked up with an act of naming, the expression is a name, and the sentence will have the role of a proposition about the bearer of the name." (RG. 28) Geach spricht zwar nicht ausführlich über die "acts of naming". Sie haben aber nach ihm nicht die Funktion, bestimmte Dinge zu benennen, sondern auch die Gegenwart des benannten Dinges anzuzeigen. Das können sie auch außerhalb des Kontexts einer Prädikation. Man wird somit auch immer fragen können, ob das Ding, für das der Name in Subjektposition eines Satzes steht, dasselbe Ding ist, auf das man sich durch einen entsprechenden "act of naming" bezieht. Es ist auf alle Fälle so, daß die Rolle der Namen nach Geach nicht auf die Rolle eingeengt werden darf, die sie als Subjektausdrücke in Prädikationen haben. Namen kommt eine Rolle zu, die unabhängig davon ist: "A name has a complete sense, and can stand by itself in a simple act of naming..." (RG. 31f) Obwohl Geach die analytische Tradition in der Frage nach der Referenz entschieden geprägt hat, darf ihm keinesfalls die Ansicht unterschoben werden, Sätze seien die primäre semantische Einheit und die Rolle der Namen könne nur von der Rolle her verstanden werden, die sie in Subjektposition einer Prädikation spielen. Im Gegenteil, Geach macht die sinnvolle Verwendung der Namen in Subjektposition von deren sinnvoller Verwendung in den entsprechenden "acts of naming" abhängig. Die Beziehung eines Namens zu seinem Träger, d.h. die Beziehung des "Stehens für etwas anderes", scheint bei ihm etwas Primäres zu sein, das nicht erst von der Verwendung dieser Ausdrücke im Kontext von Sätzen her verständlich gemacht werden müßte.

Unabhängig von der Frage nach dem semantischen Primat sind aber Geachs Beiträge zur Verknüpfung der Namen mit *Identitäts*kriterien maßgebend für jede Diskussion über Referenz. Wenn ein Name mit einem Identitätskriterium gekoppelt ist, so kann er sinnvollerweise mit "derselbe, dieselbe, dasselbe" ergänzt werden. Die Möglichkeit einer sinnvollen Ergänzung durch solche Ausdrücke ist schon im Zusammenhang mit der Diskussion über die sortalen Ausdrücke aufgefallen. Bei Strawson z.B. ist der Übergang von einem bloß grundzugaufweisenden Ausdruck zu einem sortalen Ausdruck dadurch gekennzeichnet, daß letzterer durch "derselbe, dieselbe, dasselbe" ergänzt werden kann[117]. Die Möglichkeit der sinnvollen Ergänzung durch solche Partikel ist notwendige Voraussetzung dafür, daß ein Ausdruck mit einem Identitätskriterium gekoppelt ist. Nicht alle Ausdrücke nun, die als allgemeine Namen erscheinen, erfüllen diese Bedingung (RG. 38). Geach schränkt daher die Verwendung von "allgemeinen Namen" auf die Ausdrücke ein, die besagte Bedingung erfüllen und somit mit einem Identitätskriterium gekoppelt sind. Wenn ich also denselben echten allgemeinen Namen "F" für verschiedene referentielle Akte verwende, so werde ich immer fragen können, ob das, worauf ich mich in den verschiedenen Akten beziehe, *dasselbe* F ist oder nicht. Die Identitätskriterien, von denen Geach spricht, bleiben immer relativ zu den Ausdrücken, mit denen sie gekoppelt sind:

> I maintain that it makes no sense to judge whether x and y are 'the same', or whether x remains 'the same', unless we add or understand some general term - "the same F". That in accordance with which we thus judge as to the identity, I call a *criterion* of identity... (RG. 39)

Die Zählbarkeit jener Dinge, auf die man sich durch einen bestimmten Ausdruck beziehen kann, ist schon eine *hinreichende* Bedingung dafür, daß der Ausdruck mit einem Identitätskriterium gekoppelt ist. Wir könnten die betreffenden F nicht zählen, wenn wir nicht wüßten, ob das jeweilige F dasselbe oder verschieden vom vorhergehenden F ist. Die Zählbarkeit ist aber keine notwendige Bedingung dafür, daß ein Ausdruck mit einem Identitätskriterium gekoppelt ist. Um sinnvoll die Frage stellen und beantworten zu können, ob etwas, z.B. F, dasselbe wie etwas anderes ist oder nicht, muß ich nicht notwendigerweise die F zählen können. Wir können sehr wohl fragen, ob das Gold, das zunächst eine Statue war, dasselbe Gold ist wie das, welches in Münzen gegossen wurde. Gold können wir aber nicht zählen. Die Bedingungen für die Koppelung eines Ausdrucks mit einem Identitätskriterium sind auf alle Fälle schwächer als die Bedingungen für die Verwendung eines sortalen Ausdrucks oder eines Ausdrucks, der im Sinne Freges mit einem Einheits- *und* Unteilbarkeitsprinzip gekoppelt ist. Für die sinnvolle Verwendung solcher Ausdrücke ist die Zählbarkeit auch eine notwendige Bedingung. Nach Geach muß auf alle Fälle ein Ausdruck mit einem Identitätskriterium gekoppelt sein, um zu den *Namen* gezählt werden zu können.

117 Siehe Abschnitt 1.2.5.

1.7.2 Nominalessenzen

Für Geach ist zwar die Beziehung zwischen einem Eigennamen und seinem Träger grundlegend (primitiv). Sie wird von ihm als Schlüssel für die Deutung von Referenz überhaupt verwendet. Auch für Geach hat es allerdings keinen Sinn anzunehmen, der sinnvolle Gebrauch oder die Bedeutung eines Eigennamens ergäbe sich allein aus der Tatsache, daß der Name einem ganz bestimmten Gegenstand als seinem Träger zugeordnet ist: "People sometimes speak as if a proper name had meaning just by having a bearer. This is absurd..." (RG. 43) Die Eigennamen als solche haben zwar keine Bedeutung, die unmittelbar die Identitätskriterien bestimmen würde. Ihre Bedeutung ergibt sich aber aus ihrer zumindest indirekten oder impliziten Koppelung mit einem allgemeinen Namen. Dieser bestimmt die Bedingungen für die Identität des Namensträgers:

> For every proper name there is a corresponding use of a common noun preceded by "the same" to express what requirements as to identity the proper name conveys; ..."Jemina"-"the same cat"; "Thames"-"the same river"... In all these cases we may say that the proper name conveys a *nominal essence*; thus, "cat" expresses the nominal essence of the thing we call "Jemina", and Jemina's corps will not be Jemina any more than it will be a cat. (RG. 43f)

Ein Eigenname vermittelt somit das, was nach Geach in Anlehnung an Locke die "Nominalessenz" des Namensträgers ist, allerdings nicht unmittelbar; die Nominalessenz wird durch den allgemeinen Namen ausgedrückt, mit dem der Eigenname gekoppelt ist. Dabei setzt sich Geach von Russell ab, nach dem die üblichen Eigennamen letztlich wie Kennzeichnungen funktionieren. Die sogenannte Nominalessenz ist nicht zu verwechseln mit einer Beschreibung des Namensträgers, die allein auf ihn zutreffen würde. Sie bestimmt lediglich Aspekte des Namensträgers, die für seine Identität relevant sind und von den kontingenten Änderungen des Trägers unberührt bleiben. Auch bei Geach ist also ein Bestreben festzustellen, das Funktionieren der Eigennamen so zu erklären, daß der relativen Unabhängigkeit ihrer Verwendung von zufälligen Faktoren oder vom Kontext des jeweiligen Sprechers oder Hörers Rechnung getragen wird. Wenn wir einen Eigennamen verwenden, so meint zwar auch Geach, daß wir die Fähigkeit beanspruchen, seinen Träger zu identifizieren (RG. 43). Diese Fähigkeit wird aber von ihm sehr weit gefaßt. So wie vom späten Strawson ist damit nicht die Fähigkeit gemeint, den Namensträger als solchen zu erkennen, oder wenn wir damit konfrontiert werden, ihn ausfindig zu machen oder ihn in Raum und Zeit zu lokalisieren. Wie weit diese Fähigkeit gehen muß, ist umstritten. Diesem Problem entspricht die Frage, was zum Sinn eines Ausdrucks und was zur Information über das durch den Ausdruck Bezeichnete gerechnet werden muß: Wann kann gesagt werden, ein Sprecher habe den Sinn eines Ausdrucks nicht verstanden?

Wann, er sei über das durch den Ausdruck Bezeichnete schlecht informiert? Wann, er habe den Sinn des Ausdrucks nur teilweise erfaßt? Weiß jemand nicht - so Dummett (D. 99) -, daß die Themse durch Oxford oder gar durch London fließt, so kann noch nicht gesagt werden, er beherrsche aufgrund dieses Mangels den Eigennamen "Themse" nicht; wohl aber, er sei über die Themse schlecht informiert. Daraus folgt aber nicht, daß "Themse" überhaupt keinen Sinn hätte und daß der Ausdruck nichts bestimmen würde, was allein aufgrund des Sinns auf die Themse zuträfe. Würde z.B. jemand die Auffassung vertreten, die Themse sei in Rußland, so würden wohl die meisten von uns zum Schluß kommen, er beherrsche den Ausdruck nicht bzw. verstehe ihn nicht richtig oder nur teilweise richtig. Die Fähigkeit, den Namensträger zu identifizieren, die ein Sprecher haben muß, wenn er den Namen versteht und beherrscht, wird von Geach sehr weit gefaßt. Sie kann sogar nur in der Kenntnis (acquaintance) (RG. 43) eines anderen Sprechers bestehen, der die Fähigkeit der Identifizierung im eigentlichen Sinne hat. Diese Auffassung erinnert schon fast an die "kausale Theorie der Eigennamen"[118], nach der ein Name von Sprecher zu Sprecher tradiert werden kann, ohne daß jeder Sprecher in der Kette im eigentlichen Sinn wissen muß, was der Namensträger des betreffenden Namens ist. Um den Namen sinnvoll verwenden zu können, genügt nach diesen Theorien eine Art Beziehung zu jenen anderen Sprechern in der Kette, die das wissen. Trotz Relativierung der geforderten Identifizierungsfähigkeit bleibt das Erfordernis der Kenntnis eines allgemeinen Namens, durch den die Nominalessenz des Eigennamens ausgedrückt wird. Würde jemand meinen, "Themse" sei der Name einer Katze, so ist klar, daß er den Ausdruck nicht versteht und nicht nur falsche Vorstellungen des Namensträgers hat. Der allgemeine Name, der die Nominalessenz der Themse ausdrückt, ist "Fluß". Hat jemand den Ausdruck "Themse" verstanden, beherrscht er seine Verwendung, so wird er diesen Ausdruck - zumindest implizit - in seiner Verwendung mit dem Ausdruck "Fluß" gekoppelt wissen.

Die Deutung der Referenz als Spezifizierung oder Identifizierung muß somit selbst dann präzisiert bzw. korrigiert werden, wenn sie sich nur auf die Referenz von Eigennamen in Subjektposition singulärer Prädikationen bezieht. Noch problematischer wird die Deutung, wenn sie sich nicht mehr auf die Referenz von Eigennamen, sondern jener Ausdrücke in Subjektposition bezieht, die von verschiedenen Philosophen "referring expressions" genannt wurden: "referring expressions" sind, zunächst oberflächlich betrachtet, Ausdrücke, die aus einem

118 Siehe Abschnitt 3.5.1.

allgemeinen Namen und einem Applicativum bestehen. Zu den Applicativa rechnet Geach folgende Ausdrücke: "der", "ein", "irgendein", "jeder beliebige", "kein", "jeder", "nur", "höchstens ein", "alle bis auf zwei", "die meisten" usw. (RG. 47). Seine Theorie besteht nun darin, daß die "referring expressions" als solche keine Referenz haben: Referenz haben nur die allgemeinen Namen, die darin vorkommen. Diese Namen referieren unparteiisch und gleichmäßig auf alle Gegenstände, die mit ihnen benannt werden können. Auch hier bezieht sich Geach also wieder auf die "acts of naming" als grundlegend: "Katze" referiert, wenn in Subjektposition, unabhängig von den Applicativa, gleichmäßig auf all die Gegenstände, von denen man in einem "act of naming" sagen kann, "das ist eine Katze":

> ...if a theory of common noun's being logical subjects is to be taken seriously, it must make any (unambiguous) common noun refer in an impartial way to each of the objects that could be so named in a simple act of naming. (RG. 46)

Die sogenannten "referring expressions" sind keine logischen Einheiten, die als solche Subjektausdrücke von Prädikationen abgeben könnten und Referenz hätten. Geach verwendet den Ausdruck "referring expression" im Anschluß an eine bestimmte Tradition der Britischen Philosophen[119], lediglich um aufzuzeigen, daß die Ausdrücke, die damit gemeint sind, gerade *keine* referierenden Ausdrücke sind: "The term 'referring phrases' as here used must not be taken to estop the author from arguing that it is a misnomer..." (RG. 47) Geach greift nun nicht nur die Theorien an, nach denen die jeweiligen "referring expressions" je nach Applicativum *verschiedene* Referenz haben - in dem Sinn, daß "ein A" sich z.B. nur auf ein A und "viele A" sich auf viele A bezieht -, sondern auch jene Theorien, nach denen zwar "A" in den verschiedenen "+A"[120] auf alle Gegenstände, die A sind, referiert, daß aber je nach Applicativum in den verschiedenen "+A" die *Weise* der Referenz von "A" verschieden ist (RG. 51f). Zu diesen Theorien zählt Geach verschiedene Varianten der *Suppositions*lehren des Mittelalters.

119 Siehe auch "What are referring expressions" und "Referring expressions again", in: P.T. Geach, Logic Matters. Oxford 1972, 95-102.

120 Es ist der Einfachheit halber erforderlich, den bisherigen Symbolismus geringfügig zu erweitern: "a", "b" usw. sollen weiterhin Konstanten für Individuen; "F", "G" usw. Platzhalter für einstellige Prädikate; "A", "B" usw. Platzhalter für allgemeine Namen, wenn in Subjektposition; und "+A", "+B" usw. Platzhalter für sogenannte "referring expressions" sein, wo "+..." ein beliebiges Applicativum darstellt.

1.7.3 Gegen die Lehre verschiedener Arten von Referenz oder Suppositionen

Geach geht in seinem Werk "Reference and Generality" (RG.) ausführlich auf die mittelalterliche Lehre der Suppositionen ein. Eine seiner Bestrebungen ist dabei aufzuzeigen, daß die mittelalterliche Postulierung verschiedener *Arten* von Referenz, d.h. Suppositionen, zwar Teilprobleme löst, daß sie aber grundsätzlichen Anfechtungen nicht standhält. Diese Postulierung ergibt sich nach Geach aus demselben Fehler, dem auch verschiedene Oxforder verfallen sind, nämlich zu meinen, die sogenannten "referring expressions" referierten als ganze. Durch den Aufweis der verzwickten Lage, in die die Lehre der Suppositionen aufgrund besagten Fehlers gerät, will Geach auf die Notwendigkeit hinweisen, die "referring expressions" zu spalten: Referieren kann nur der allgemeine Name, der darin vorkommt; das Applicativum hingegen gehört in das Prädikat.

Die Fragen, die durch die Lehre der Suppositionen aufgeworfen werden, sind allerdings auch unabhängig von der Diskussion, welche Geach ausgelöst hat, für unsere Zielsetzung relevant. Sie werden im Zusammenhang mit der Quineschen Behandlung der "Skopusambiguitäten" wieder auftauchen[121]. Daher sei zunächst wiederum der prinzipielle Unterschied zwischen Ausdrücken in Subjekt- und solchen in Prädikatpositionen ausgeklammert und im Sinne der mittelalterlichen Autoren angenommen, daß Ausdrücke in beiden Positionen Referenz hätten. Durch diese Ausklammerung wird es leichter, auf die durch die Lehre der Suppositionen aufgeworfenen Probleme einzugehen. Von den verschiedenen Suppositionen seien hier nur zwei herausgegriffen: die "suppositio *determinata*" und die "*confusa*", alle anderen und die genaueren Ausfaltungen der "confusa" seien ausgeklammert. Das einfachste Kriterium, um zwischen den beiden Suppositionen zu unterscheiden, ist wahrscheinlich nach wie vor das, ob auf die Frage, was das Referenzobjekt sei, mit einem Eigennamen geantwortet werden kann oder nicht, bzw. ob der referierende Ausdruck salva veritate durch einen Eigennamen ersetzt werden kann oder nicht. "Ich schulde Dir einen Esel" wird im allgemeinen besagen, daß ich keinen bestimmten Esel schulde, sondern irgendeinen. Auf die Frage, welchen Esel ich schulde, werde ich nämlich nicht mit einem Eigennamen eines bestimmten Esels antworten können. Würde der Ausdruck "einen Esel" durch einen Eigennamen ersetzt, so ist nicht garantiert, daß der Wahrheitswert des Satzes erhalten bliebe. Was ohne Gefährdung des Wahrheitswertes für "einen Esel" eingesetzt werden kann, ist höchstens eine disjunktive Liste der Namen

121 Siehe Abschnitte 2.2.1f.

aller Esel, die für die Quittierung der Schuld in Frage kommen. Verschiedene Sätze sind in bezug auf die Supposition zweideutig. In "Tom hat sich verpflichtet, *eine* Schwester von Bill zu heiraten" - wobei nach Geachs Beispiel (RG. 68) Bill Mary, Kate und Jane als Schwestern hat - kann "eine Schwester" sowohl confuse als auch determinate supponieren. Ersteres wird dann der Fall sein, wenn "eine Schwester" durch die Disjunktion der Namen der drei Schwestern salva veritate ersetzt werden kann; letzteres dann, wenn man den ganzen Satz in eine Disjunktion von drei Sätzen überführen kann. In diesem Fall handelt es sich um eine suppositio determinata, da eines der Disjunkte wahr ist bzw. es aufgrund des genannten Kriteriums eine Antwort auf die Frage gibt, welche der drei Schwestern Bill zu heiraten sich verpflichtet hat.

Es scheint sinnvoll zu sein, semantische Fragen auf diese Art zu behandeln. Der verhängnisvolle Fehler, dem man dabei verfällt, ist aber nach Geach der, daß man nach der Referenz von zusammengesetzten Ausdrücken fragt, die als zusammengesetzte gar keine Referenz haben. Sollten die referring expressions als ganze Referenz haben, so müßten bestimmte Schlüsse gültig sein, die allerdings - wie Geach zeigt - nicht gültig sind. Die Ungültigkeit dieser Schlüsse wird von Geach als weiterer Grund gegen die referring expressions als Einheiten mit Referenz herangezogen. Wenn "...G" ein Prädikat ist, das auf all die Gegenstände zutrifft, auf die "...F" zutrifft, so muß der Übergang von einem Satz, in dem "...F" von etwas prädiziert wird auf einen Satz, in dem "...G" von demselben prädiziert wird, gültig sein. Wenn "a" auf einen ganz bestimmten Gegenstand referiert, so wird der Schluß von "aF" auf "aG" gültig sein. Verwendet man allerdings anstelle von Eigennamen allgemeine Namen *zusammen* mit einem Applicativum, so gerät man in vielen Fällen in Schwierigkeiten oder zu Fehlschlüssen. Aufgrund dieser Fehlschlüsse kann gefolgert werden, daß die referring expressions keine eigentlichen referierenden Ausdrücke sind. Offenkundig sind die Fehlschlüsse der Form "+AF also +AG", auch wenn "...G" auf all die Dinge zutrifft, auf die "...F" zutrifft, wenn für "+" "nur ein" oder "ein paar" (RG. 87f) eingesetzt wird. Der Schluß von "nur ein A ist F" auf "nur ein A ist G" ist offensichtlich ein Fehlschluß. Andererseits scheint es zunächst plausibel anzunehmen, ein Sprecher, der eine referring expression wie "die meisten A" in Subjektposition verwendet, beziehe sich durch den Ausdruck auf die meisten A. Daher geht Geach in verschiedenen Beispielen auf die Fälle ein, in denen Sprecher das Applicativum "die meisten" verwenden. Geach zeigt auf, wie selbst dann, wenn nicht nur "...G" auf all die Dinge zutrifft, auf die "...F" zutrifft, sondern "...G" *nur* auf die Dinge zutrifft, auf die "...F" zutrifft, der Schluß von "+AG" auf "+AF" ungültig sein kann, wenn für "+" "die meisten" eingesetzt wird. Es kann nämlich der Satz "+AG" wahr und der Satz "+AF" falsch sein. Als Beispiel für den ersten nimmt

Geach (RG. 89f): "Jeder Junge bewundert die meisten Mädchen", greift "die meisten Mädchen" als den fraglichen Subjektausdruck heraus und betrachtet den Rest als einstelliges Prädikat - die Deutung des Satzes als einstellige Prädikation ist legitim, obwohl man ihn für andere Zwecke als relationalen Satz deuten wird. Als Prädikat "...G" gilt also "Jeder Junge bewundert...". Dieses Prädikat soll nun auf all die Individuen und nur auf die Individuen zutreffen, auf die das zweite Prädikat "...F" zutrifft, z.B. "...wird von den meisten Mädchen beneidet". Würde nun der Ausdruck "die meisten Mädchen" als ganzer referieren, und, würde er, in die Leerstellen der beiden extensionsgleichen Prädikate eingesetzt, als echtes Subjekt fungieren, so müßten beide Sätze denselben Wahrheitswert haben, also, wenn "die meisten Mädchen G" wahr ist, müßte auch "die meisten Mädchen F" wahr sein. Ist also der Satz "jeder Junge bewundert die meisten Mädchen" wahr, so müßte auch der zweite Satz "die meisten Mädchen werden von den meisten Mädchen beneidet" wahr sein. Das ist aber allein aufgrund der Wahrheit des ersten Satzes und der angenommenen Extensionsgleichheit der beiden Prädikate offensichtlich nicht der Fall. Setzt man allerdings in die Leerstellen der extensionsgleichen Prädikate Eigennamen für bestimmte Individuen ein, so geht die Rechnung auf. Sollte es der Fall sein, daß jeder Junge ein bestimmtes Mädchen bewundert, das durch den Eigennamen in Subjektposition bezeichnet wird, so würde auch der zweite Satz wahr sein, durch den von diesem Mädchen ausgesagt wird, daß es von den meisten Mädchen beneidet wird. Im Mittelalter kannte man verschiedene *Regeln*, durch die aufgrund von Unterscheidungen zwischen verschiedenen Arten von Suppositionen Fehlschlüsse verhindert werden konnten. Schlüsse aus Sätzen, in denen Ausdrücke z.B. rein confuse supponieren, wurden durch Regeln eingeschränkt. In unserem Beispiel ist der Ausdruck "ein Mädchen" im ersten Satz zunächst einmal zweideutig: er kann determinate oder auch confuse supponieren. Wenn er allerdings confuse supponiert, dann darf man nach den mittelalterlichen Regeln nicht mehr ohne weiteres Schlüsse daraus ziehen. Der Sinn besagter Regeln war anzugeben, welche Umformungen aufgrund welcher Suppositionen gestattet sind und welche nicht. Solche Regeln waren hauptsächlich für Ableitungen aus Sätzen notwendig, die ohne Schwierigkeiten als zweistellige Prädikationen gedeutet werden konnten. Setzt man z.B. in die Leerstellen des zweistelligen Prädikates "...liebt..." referring expressions ein und versucht man daraus verschiedenes abzuleiten oder sich zu fragen, wie man durch Ableitungen zu solchen Sätzen kommt, so stößt man auf große Schwierigkeiten. Nimmt man z.B. den Satz "jeder Junge liebt ein Mädchen", so wird aufgrund der mittelalterlichen Unterscheidungen der Ausdruck "ein Mädchen" confuse supponieren. In der Konjunktion all jener Sätze allerdings, in denen für "jeder Junge" die Eigennamen der einzelnen Jungen eingesetzt werden, wird "ein Mädchen" determinate supponieren. Geht man nun den umgekehrten Weg und schließt aus der Konjunktion all dieser Sätze, in denen "ein Mädchen" determinate supponiert, auf den genannten allgemeinen Satz, so darf man dabei nicht übersehen, daß sich die Suppositio von "ein Mädchen" ändert, und zwar in eine confusa. Übersieht man das, so verfällt man dem Fehlschluß "a pluribus determinatis ad unum determinatum" (RG. 97). Russell hat in modernen Zeiten ähnliche Überlegungen angestellt im Zusammenhang mit seiner Theorie der "denoting phrases"[122] und stellt ähnliche Bestimmungen für Umformungen und Einsetzungen auf, um offenkundige Fehlschlüsse zu vermeiden. Von den verschiedenen mittelalterlichen Regeln und Russellschen Bestimmungen sagt nun Geach: "These rules of formation or interpretation need only be clearly formulated to make it obvious how artificial and awkward they are." (RG. 98) Geach hebt hervor, daß die mittelalterliche und die Russellsche Art, semantische Probleme zu lösen, *unnötigerweise* kompliziert und mühsam ist. Selbst dann, wenn man referring phrases in Subjektposition als echt referierende Ausdrücke annimmt, kann man durch die Berücksichtigung jener Zweideutigkeiten, die man heutzutage "Skopusambiguitäten" nennt, verschiedenen Irrwegen vorbeugen: Die Zweideutigkeit des zuletzt genannten Beispiels, welche im Mittelalter durch die Unterscheidung zwischen determinierter und konfuser Supposition behoben wurde, kann auch durch Verlagerung oder Verschiebung des referentiellen Gewichts des Satzes beseitigt werden. Es ist nämlich ein Unterschied, ob ich zunächst auf ein Mädchen Bezug nehme und von ihm prädiziere, daß es von jedem Jungen geliebt wird, oder aber, ob ich zunächst auf die Jungen Bezug nehme und von ihnen prädiziere, daß sie ein Mädchen lieben. Den Unterschied kann man durch die Bestimmung dessen, was man als Prädikat nimmt, darstellen. Das ist selbst dann noch möglich, wenn man für das genannte Beispiel die alternative Formulierung im Passiv verwendet: "Ein Mädchen wird von jedem Jungen geliebt."

> ...there is a vast difference between saying of some girl that she is loved by every boy, and saying of every boy that some girl is loved by him: we might express this by parentheses, writing 'Some girl (is loved by every boy)' for the first and '(Some girl is loved by) every boy' for the second. In either case, the words within parentheses form a predicable, which does not occur at all in the other proposition... (RG. 101)

Die semantischen Zweideutigkeiten können also offensichtlich auch mit anderen Mitteln behoben werden als nur durch die Postulierung verschiedener Arten von Referenz. Die hier besprochene Ambiguität wird durch Klammern, d.h. durch

122 Vgl. B. Russell, The Principles of Mathematics. London ²1956, 56-65.

rein formale Mittel behoben; durch diese Zeichen wird sofort ersichtlich, wieviel von einem Satz in den Bereich oder *Skopus* des Prädikats fällt und wieviel davon ausgeschlossen ist. Geach selber akzeptiert die von ihm angegebene semantische Aufgliederung des Satzes nicht, da in ihr referring expressions wie "ein Mädchen" und "jeder Junge" in Subjektposition vorkommen. Durch das erwähnte Beispiel wird aber ersichtlich, daß selbst in solchen Fällen Zweideutigkeiten behoben werden können, ohne daß dabei auf den schwerfälligen Apparat der verschiedenen Suppositionen zurückgegriffen wird. Das Beispiel ist auch deshalb wichtig, weil darin schon Andeutungen der Art und Weise enthalten sind, wie mit der modernen Quantorenlogik semantische Fragen geklärt werden können. Umgangssprachliche Sätze werden dabei so gedeutet, daß nicht mehr die Unterscheidung zwischen Subjekt und Prädikat und deren Zusammenfügung ausschlaggebend sind, sondern die Bestimmungen, welche im Skopus eines Quantors enthalten sind, von denen behauptet wird, daß sie auf Individuen des Individuenbereiches zutreffen oder nicht. Darüber wird ausführlich im Zusammenhang mit der Quineschen Lehre von Referenz und Quantifikation die Rede sein[123]. Geach geht auf alle Fälle nicht so weit, mit Quine den im Skopus eines Quantors enthaltenen und durch den Quantor gebundenen Variablen die ganze "Last der Referenz" zuzuschreiben. Geach steht zur konventionellen Auffassung, daß die *Namen* in Subjektposition referieren, sowohl die Eigennamen als auch die allgemeinen Namen, und daß die Prädikate je nach Wahrheitswert des jeweiligen Satzes auf die Referenzobjekte dieser Namen zutreffen oder nicht. Dabei referieren die Namen auf unparteiische und in allen Fällen gleichbleibende Art, d.h. Geach lehnt nicht nur die Auffassung ab, nach der die Applicativa zu den Subjektausdrücken zu rechnen sind, sondern auch die Auffassung, daß für die Klärung semantischer Fragen die Annahme verschiedener Arten von Referenz notwendig ist: "The obscure notions...of different modes of reference, have turned out quite needless..." (RG. 105)

Um seine Auffassung der Referenz allgemeiner Namen darzulegen, greift Geach auf das Bild von *Listen* all jener Dinge zurück, die unter einen bestimmten allgemeinen Namen fallen. Listen, die aus Eigennamen a_1, a_2, ..., a_n jener Dinge bestehen, die A sind, funktionieren unter bestimmten Umständen, die Geach genauer umreißt (RG. 171ff), so wie der entsprechende allgemeine Name "A". Listen in diesem Sinn und die entsprechenden allgemeinen Namen sind unter bestimmten Bedingungen untereinander - wenn in Subjektposition - nicht nur

123 Siehe Abschnitt 2.3.

salva congruitate, sondern auch salva veritate (RG. 168) austauschbar. Was also für Listen bestimmter Dinge gilt, soll auch für die entsprechenden allgemeinen Namen gelten. Untersucht man die Entsprechungen zwischen Listen und allgemeinen Namen in Subjektposition, so wird man des Irrtums schnell gewahr, die Applicativa zu den Subjekten zu rechnen bzw. sie als bestimmend für die *Art* der Referenz allgemeiner Namen in Subjektposition zu betrachten. Die Applicativa sind nicht für die Referenz bestimmend, sondern für die *Wahrheitsbedingungen* der Sätze, in denen sie vorkommen, und insofern sie für die Wahrheitsbedingungen bestimmend sind, sind sie Teil der Prädikate. Die Art der Bestimmung geht aus Beispielen hervor, in denen man das Subjekt eines Satzes "A" durch die Liste all der Dinge ersetzt, die A sind, d.h. in denen ein Satz der Form "+AF" durch Ersetzung zu einem Satz der Form "+(a_1, a_2, ..., a_n)F" wird. Nimmt man z.B. für "+" "jedes" und für "a_1, a_2, a_3" die drei Eigennamen, die sich auf die drei Dinge beziehen, die A sind, so kann man die Wahrheitsbedingungen für "+AF" durch die Konjunktion der drei singulären Prädikationen angeben: a_1F & a_2F & a_3F. Nimmt man für "+" "mindestens ein", so geschieht dies durch die Disjunktion derselben Prädikationen; nimmt man hingegen für "+" "die meisten", so durch die Disjunktion der Konjunktionen: (a_1F & a_2F) v (a_2F & a_3F) v (a_1F & a_3F).

Für bestimmte Applicativa sind die Angaben der wahrheitsfunktionellen Abhängigkeiten sehr komplex. Durch den Hinweis auf die einfachen Beispiele soll aber gezeigt werden, *inwiefern* die Applicativa eine wahrheitsfunktionale Rolle spielen und sie daher nach Geach zu den Prädikaten und nicht zu den Subjekten gerechnet werden sollen. Durch die Applicativa werden die Prädikate modifiziert und durch sie auch die Wahrheitsbedingungen der Sätze, in denen sie vorkommen:

> "F(every a_1, a_2, ...)" und "F(some a_1, a_2, ...)" differ not because the list "a_1, a_2, ..." has different manners of reference to the things listed, but because the predicable "F( )" is modified so as to form two different predicates attached to the list as subject: the difference of import between these predicates comes out in the different truth-functions of singular propositions with predicate "F( )" that have to be used in stating truth-conditions. (RG. 175)

In den betrachteten Listen beziehen sich die Eigennamen "a_1, a_2,..., a_n" auf "unparteiische" Art auf die Dinge, die A sind. Diese unparteiische, gleiche Art zu referieren, kommt nach Geach auch dem allgemeinen Namen "A" zu. Behauptet z.B. ein Sprecher, "nur einige Menschen sind gebildet", so mag er zwar das Empfinden in sich hegen, er beziehe sich durch die Behauptung hauptsächlich auf ganz bestimmte Menschen, nämlich auf die gebildeten. Der Mechanismus der Referenz - so wie ihn Geach aufzeigt - läßt aber diesen Unterschied im Intensitätsgrad der Referenz nicht zu. Der Sprecher bezieht sich durch das Subjekt des Satzes auf unparteiische Art auf *alle* Menschen und sagt von ihnen aus, daß nur einige unter ihnen gebildet sind[124].

Aufgrund von Geachs Überlegungen wird der Unterschied zwischen Eigennamen und allgemeinen Namen relativiert. Diese Relativierung betrifft die Ebene des Sinns, des Verstehens von sprachlichen Ausdrücken, aber auch die Ebene der Referenz. Ersteres ist deshalb der Fall, weil ich einen Eigennamen nur dann verstehe, wenn ich weiß, mit welchem allgemeinen Namen er zur Vermittlung eines Identitätskriteriums für den Namensträger gekoppelt ist. Letzteres deshalb, weil nach Geachs Verständnis allgemeine Namen wie Listen von Eigennamen referieren und "...a single proper name may itself count as a one-item list" (RG. 169). Spricht man von Prioritäten in bezug auf Eigen- oder allgemeine Namen, so ist deshalb zumindest Vorsicht geboten. Trotz dieser Einschränkung muß allerdings konzediert werden, daß auf der Ebene des Sinns den allgemeinen Namen insofern die fundamentalere Rolle zukommt, als sie die Identitätskriterien für die Referenzobjekte angeben. Es muß andererseits ebenfalls konzediert werden, daß im Sinne Geachs auf der Ebene der Referenz die Beziehung zwischen Eigenname und seinem Träger grundlegend ist. Sie ist nach Geach selbst außerhalb von Prädikationen durch die "acts of naming" gegeben. Es gibt verschiedene Versuche, den Mechanismus von Referenz aufgrund dieser primären Beziehung zu deuten und zu erklären. Ein solcher Versuch wird im dritten Hauptteil der vorliegenden Arbeit anhand der Untersuchungen von Kripke und Putnam besprochen werden.

Die Deutung der Referenz bzw. der referentiellen Akte als *Identifizierung* von Gegenständen in der Welt leistet gute Dienste, sie kann aber nicht für Referenz im *allgemeinen* herangezogen werden. Die sinnvolle Verwendung der Ausdrücke mit Referenz setzt zwar von seiten des Sprechers und Hörers ein bestimmtes identifizierendes Wissen voraus, nicht aber die Fähigkeit, das jeweilige Referenzobjekt auch ausfindig zu machen. Schon allein durch Strawsons späte Arbeiten wird klar, daß das vorausgesetzte identifizierende Wissen auch minimal sein kann. Ein letzter Rest muß aber bestehen bleiben, nämlich die Kenntnis eines sortalen Ausdrucks, der mit dem jeweiligen referentiellen Ausdruck gekoppelt ist. Durch den sortalen Ausdruck werden die Identitätsbedingun-

124 Durch dieses Beispiel wird allerdings eine neue Schwierigkeit ersichtlich: die Menschen kann man nicht durch Listen aufzählen. Die bis jetzt behandelten Beispiele betrafen *finite* Bereiche. Wie sieht es mit infiniten Bereichen aus? Dieses Problem sei hier zunächst ausgeklammert und auf die Frage nach der Deutung von all-quantifizierten Aussagen verschoben (siehe Abschnitt 2.3).

gen für das Referenzobjekt vermittelt. Durch Geachs Arbeiten wurde klar, daß Ausdrücke ohne Identitätsbedingungen keine Referenz haben können.

Kennzeichnend für alle bisher besprochenen Autoren ist die scharfe Trennung zwischen Subjekt- und Prädikatausdrücken. Am schärfsten wird diese Trennung von Geach vertreten. Ausdrücke, die in Prädikatposition vorkommen, haben kein referentielles Gewicht: Sie können in dieser Position niemals Namen sein. Sie können allerdings auf Dinge in der Welt zutreffen oder nicht zutreffen. Sie sind somit für die Wahrheit der Sätze, in denen sie vorkommen, ausschlaggebend. Es soll nun im zweiten Hauptteil der Arbeit der Versuch besprochen werden, aufgrund dieser Relation des *"Zutreffens"* Referenz zu verstehen. Jeder dermaßen geartete Versuch gleicht die Subjektausdrücke den Prädikatausdrücken an: Die Gegenstände in der Welt werden nicht nur unter die Prädikat-, sondern auch unter die Subjektausdrücke fallen und sie *erfüllen*, wenn die Sätze, in denen sie vorkommen, wahr sind. Voraussetzung für eine solche Deutung ist allerdings die Überführung der umgangssprachlichen Sätze in quantifizierte Sätze nach der Art der prädikatenlogischen Quantifikation.

2 Referenz als Erfüllungsrelation

Daß ein Ausdruck Referenz hat, wird in der Tarski-Frege-Tradition auch so gedeutet, daß er von Gegenständen in der Welt *erfüllt* wird. Diese Deutung ist hauptsächlich unter analytischen Philosophen verbreitet, die auf dem Gebiet der sogenannten philosophischen Logik arbeiten, die sich also in ihrer Untersuchung von Sprache nicht primär auf Prädikationen, wie sie in der Umgangssprache üblich sind, konzentrieren, sondern auf quantifizierte Sätze, wie sie in der Prädikatenlogik vorkommen. Wenn alle Sätze einer natürlichen Sprache in quantifizierte Sätze überführt werden, so verschwindet der für Strawson und Geach so gravierende Unterschied zwischen Ausdrücken in Subjekt- und solchen in Prädikatposition. In einer Sprache, in der nur quantifizierte Sätze vorkommen, befinden sich nämlich alle referentiell relevanten Ausdrücke im *Skopus*, im Bereich eines Quantors. Referenz muß somit notgedrungen anders gedeutet werden, als es von den Autoren geschieht, die bisher berücksichtigt worden sind.

Die Auffassung, daß Gegenstände Ausdrücke erfüllen, geht auf Tarski zurück, kann aber in einem übertragenen Sinn schon Frege zugeschrieben werden. Nach Frege erfüllen nämlich die Gegenstände zwar nicht direkt die Prädikatausdrücke, wohl aber die Funktionen, für die die Prädikatausdrücke stehen. Die Gegenstände, auf die sich die Subjektausdrücke beziehen, sind die Argumente, die die Funktion sättigen oder erfüllen, auf die sich die Prädikatenausdrücke beziehen[1]. Was von Frege stammt, ist die Idee, Sätze nach dem Schema von *Funktionen* zu deuten. Auf dieser Idee gründen die bahnbrechenden Arbeiten von Tarski zur Wahrheitsproblematik[2]. Zur Konstruktion der Definition der *wahren* Aussage greift Tarski auf das *Erfülltsein* von Aussagefunktionen durch Folgen von Gegenständen zurück:

Eine Definition der Wahrheit kann man auf sehr einfache Weise aufgrund der

1 Siehe Abschnitt 1.4.2.

2 A. Tarski, Der Wahrheitsbegriff in den formalisierten Sprachen, in: Logik-Texte. Hg. von K. Berka und L. Kreiser. Berlin 1971, 447-559.
Vgl. M. Sukale, Wahrheit, Referenz und Bedeutung in der modernen Sprachphilosophie, in: Moderne Sprachphilosophie. Hg. von M. Sukale. Hamburg 1976, 29f.

> Definition eines anderen semantischen Begriffs erhalten, nämlich des Begriffs der *Erfüllung*. Die Erfüllung ist eine Beziehung zwischen beliebigen Gegenständen und bestimmten Ausdrücken, genannt *Aussagefunktionen*. Diese Funktionen sind Ausdrücke wie 'x ist weiß', 'x ist größer als y' etc.[3]

Auf die grundlegenden semantischen Arbeiten Tarskis kann hier nicht eingegangen werden. Es sei lediglich darauf hingewiesen, daß die sogenannte Erfüllungsrelation nach Tarski eine Beziehung zwischen *Gegenständen* und Aussagefunktionen ist. Wird nun Semantik in der Tarskischen Tradition betrieben, so muß in den Angaben der *Wahrheitsbedingungen* der quantifizierten Sätze auf Gegenstände (Individuen) aus dem Individuenbereich, über den quantifiziert wird, Bezug genommen werden. Eine existenzquantifizierte Aussage z.B. ist dann und nur dann wahr, wenn es ein Individuum aus dem Individuenbereich gibt, das die Ausdrücke im Skopus *erfüllt*. Wer in der Tarskischen Tradition steht, wird konsequenterweise die *referentielle* Deutung der Quantifikation der rein substitutionellen vorziehen[4].

Als prominentester Vertreter jener Philosophen, die Referenz aufgrund der Tarskischen Erfüllungsrelation deuten, gilt zweifelsohne W.v.O. *Quine*. Er hat die zeitgenössische Diskussion über Referenz inhaltlich und terminologisch entscheidend geprägt. Quines philosophisches Schaffen ist fast zur Gänze von der Frage durchdrungen, wie der referentielle Apparat von Sprache funktioniert. Quine vermittelt wertvolle Einsichten, die auf alle Fälle berücksichtigt werden müssen, wenn man sich mit der Frage nach der Referenz sprachlicher Ausdrücke beschäftigt; auch dann, wenn man sich im Disput zwischen ihm und Strawson auf die Seite Strawsons stellt[5]. Für die Zielsetzung dieser Arbeit wird hauptsächlich die Diskussion wichtig sein, die Quine im Zusammenhang mit seiner Ablehnung der quantifizierten modalen Logik ausgelöst hat. Die Gründe, die er für seine Ablehnung angibt, werden von anderen Autoren aufgegriffen, um die Referenz sortaler Ausdrücke neu zu deuten. Quine kann auch mit guten Gründen als paradigmatisch für jene Philosophen betrachtet werden, die menschliche Sprache mit Hilfe der philosophischen Logik zu deuten versuchen[6]. Quine ist nämlich

3 A. Tarski, Die semantische Konzeption der Wahrheit und die Grundlagen der Semantik, in: Zur Philosophie der idealen Sprache. Hg. von J. Sinnreich. München 1972, 71.

4 Siehe Abschnitt 2.3.3.

5 P.F. Strawson, Singular Terms and Predication, in: Words and Objections. Hg. von D. Davidson und J. Hintikka. Dordrecht 1969, 97-117;
W.v.O. Quine, Reply to Strawson, in: Words and Objections. Hg. von D. Davidson und J. Hintikka. Dordrecht 1969, 320-325.

6 Siehe bes. S. Haack, Philosophy of Logics. Cambridge 1978.

Logiker und analytischer Philosoph zugleich. Innerhalb der sogenannten analytischen Philosophie nimmt er allerdings eine ganz eigenständige Position ein:

> So ist er einer der schärfsten Kritiker des Positivismus und seines historischen Nachfolgers, des logischen Empirismus. Doch ist dies allein nicht ungewöhnlich. Was Quine aber auszeichnet, ist, daß er seine Kritik von der Position eines noch radikaleren Empirismus und Skeptizismus aus übt.[7]

Wie bereits erwähnt, ist zwar sein philosophisches Schaffen fast zur Gänze von der Frage durchdrungen, wie der referentielle Apparat von Sprache funktioniert. Das schließt aber eine Art Skeptizismus auch auf diesem Gebiet nicht aus: Referenz *ist* nach Quine letztlich unerforschlich, ja sogar Unsinn; es sei denn, man relativiert sie: "Fair enough; reference *is* nonsense except relative to a coordinate system."[8] Es soll nun zunächst sein philosophischer Hintergrund unter der Rücksicht seiner Relevanz für die Frage nach der Referenz in groben Zügen umrissen werden. Erst dann soll auf seinen philosophisch-logischen Standpunkt in bezug auf die Referenz quantifizierter Sätze eingegangen werden.

2.1 Quines sprachphilosophischer Hintergrund[9]

Quine erklärt sich verbunden mit Dewey (OR. 26ff)[10]: Sprache ist auch für ihn zuallererst eine soziale Kunstfertigkeit und eine gesellschaftliche Einrichtung, die wir Menschen allein auf der Grundlage des beobachtbaren Verhaltens anderer Menschen unter öffentlich angebbaren Umständen erwerben: "Language is a social art. In acquiring it, we have to depend entirely on intersubjectively available cues as to what to say and when." (WO. ix)[11] Die Möglichkeit von "Privatsprachen" wird somit von vornherein ausgeschlossen. Wir lernen unsere Sprache durch

7 W. Spohn, Nachwort, in: W.v.O. Quine, Ontologische Relativität und andere Schriften. Stuttgart 1975, 220.

8 W.v.O. Quine, Ontological Relativity, in: Ontological Relativity and Other Essays. New York 1969, 48.

9 Siehe W.K. Essler, W.v.O. Quine: Empirismus auf pragmatischer Grundlage, in: Grundprobleme der großen Philosophen. Philosophie der Gegenwart III. Hg. von J. Speck. Göttingen 1975, 87-125.
F.v. Kutschera, Sprachphilosophie. München ^{2}1975, bes. Die Sprachphilosophie Quines 94-131.

10 W.v.O. Quine, Ontological Relativity and Other Essays. New York 1969, 26ff.
Kurztitel: OR.

11 W.v.O. Quine, Word and Object. Cambridge Mass. 1960, ix. (Deutsch: Wort und Gegenstand. Stuttgart 1980.) Kurztitel: WO.

Imitation des Verhaltens unserer Mitmenschen, die ihrerseits unsere Versuche anerkennen oder korrigieren. Wir haben ein Wort dann gelernt, wenn wir es so gebrauchen wie die Mehrheit oder ein guter Durchschnitt unserer Mitmenschen. Um aber das Verhalten unserer Mitmenschen richtig imitieren zu können, müssen wir erkennen, was sie stimuliert, wenn sie bestimmte Ausdrücke verwenden. Das ist in den Fällen relativ einfach, in denen es ein klares behavioristisches Schema von Reizung der Sinne und Äußerung eines Lautes oder einer Lautfolge gibt. Es gibt aber viele Sprechsituationen, in denen das zunehmend komplizierter und undurchschichtiger wird. Nach Quine hat der Lernende allerdings selbst in den komplizierten Phasen des Spracherwerbs keine anderen Arbeitsdaten zur Verfügung als das beobachtbare Verhalten der anderen Sprecher. Dieser naturalistisch-behavioristische Zugang Quines schließt die Ansicht aus, daß jeder sprachliche Ausdruck eine ganz bestimmte, wohl umrissene Bedeutung hat: Nach Quine gibt es in unserer Sprache nichts, was über die Disposition der Sprecher zu beobachtbarem Verhalten hinausgehen würde. Die Postulierung von Bedeutungen und Bedeutungsgleichheit sprachlicher Ausdrücke, unabhängig vom empirisch wahrnehmbaren Verhalten der Sprecher, wird somit von Anfang an verworfen. Das Gebiet, auf dem sich der behavioristisch eingestellte Sprachforscher mit Erfolg betätigen kann, ist nach Quine der Spracherwerb des Kindes. Hier kann er sich ausschließlich auf äußere Gegebenheiten, die intersubjektiv zugänglich sind, beziehen: "The beginnings of language are learned ostensively. The needed stimuli are right out there in front, and mystery is at a minimum." (RoR. 35)[12] Nach Quine lernt das Kind sprachliche Ausdrücke, ja selbst kurze Sätze als ganze nur, indem es sie unter beobachtbaren Umständen von Erwachsenen hört. Der Lernvorgang - so verstanden - ist etwas Handfestes, das der empirischen Wissenschaft zugänglich ist. Gerade wegen ihrer intersubjektiven Unmittelbarkeit sind - laut Quine - die empirischen Beobachtungen darüber für die Erforschung des Sprachlernens grundlegend.

2.1.1 Quines Realismus

Es wäre zu einfach und sicherlich einseitig, wollte man es bei einer

12 W.v.O. Quine, The Roots of Reference. La Salle 1974, 35. (Deutsch: Die Wurzeln der Referenz. Frankfurt 1976.)
Kurztitel: RoR.

naturalistisch-empiristischen Charakterisierung von Quines sprachphilosophischem Hintergrund belassen. Quines Hintergrund ist auch ein realistischer und muß ein solcher sein, wenn sein Fragen nach dem referentiellen Apparat von Sprache Sinn haben soll. Der Mensch macht von Anfang an Beobachtungssätze. Er bezieht sich von Anfang an auf das, was er beobachtet. Selbst in den Anfängen des Spracherwerbs gibt es somit nach Quine Referenz. Das Kind lernt nicht nur Wortfolgen: "...somewhere there have to be nonverbal reference points, nonverbal circumstances that can be intersubjectively appreciated and associated with the appropriate utterance on the spot." (RoR. 37) Es gibt nach Quine bereits in den frühen Phasen des Spracherwerbs nicht nur Beziehungen zwischen sprachlichen Ausdrücken untereinander, sondern auch Beziehungen zwischen diesen und nicht-sprachlichen Gegenständen in der Welt. Es soll daher zunächst geklärt werden, inwiefern Quine eine realistische Position zugeschrieben werden kann. Das geschieht am besten durch die Untersuchung seiner Auffassung dessen, was Erkenntnistheorie ist und sein soll.

Quine schließt die erkenntnistheoretische Fragestellung, so wie sie Descartes eingeleitet hat, aus. Für Quine gibt es keine erste Philosophie in dem Sinn, daß man von einem sicheren Ausgangspunkt alles übrige Schritt für Schritt herbeiführen und begründen könnte. Wenn Erkenntnistheorie überhaupt Sinn hat, so nicht als grundlegende philosophische Disziplin, sondern als eine Sparte der positiven empirischen Wissenschaften, z.B. der Biologie, der Psychologie oder der Physiologie der Sinne. Wird man von erkenntnistheoretischen Fragen geplagt, so soll man nach Quine mit allen zur Verfügung stehenden Mitteln untersuchen, wie die Wissenschaften tatsächlich erlernt werden oder wie das Kind sich Erkenntnisse über die Welt tatsächlich erwirbt. Es hat wenig Sinn, fiktive Strukturen zu entwickeln, um von angeblich evidenten und unbezweifelbaren Wahrheiten auszugehen.

Quine setzt sich nicht nur von der klassischen erkenntnistheoretischen Fragestellung, sondern auch von der logisch-positivistischen ab. Die klassische wollte nur von "evidenten Wahrheiten", die logisch-positivistische nur vom "Gegebenen" ausgehen. Nach Quine haben viele positivistische Philosophen zu Recht ihr Programm, all unser Sprechen und Wissen über die Welt, auf eine sichere unbezweifelbare "Basis" zurückzuführen, preisgegeben. Das Programm, alles in logisch-mathematische und Beobachtungsausdrücke zu übersetzen, ist nicht durchführbar. Quine hat schon in "Two Dogmas" (LPV. 44f)[13] auf die Unzulänglichkeiten

13 W.v.O. Quine, Two dogmas of empirism, in: From a Logical Point of View. New York ²1963, 44f.
Kurztitel: LPV.

der Erkenntnistheorie im logisch-positivistischen Sinn hingewiesen.

Die Irreduzibilität der physikalischen Sprache auf eine phänomenalistische, in der wir uns allein auf das unmittelbar "Gegebene" beziehen, besagt aber nicht den Bankrott der Erkenntnistheorie überhaupt. Im Gegenteil, Erkenntnistheorie kann und soll nach Quine auch weiterhin betrieben werden, jedoch in einem neuen Rahmen, nämlich innerhalb der positiven Wissenschaften[14]. Das eigentliche Untersuchungsobjekt der Erkenntnistheorie im Quineschen Sinn ist die Beziehung zwischen dem mageren *Input* und dem überwältigenden *Output* des Menschen. Der Input besteht nur aus den Reizungen - wie Quine sagt - der Sinne; der Output hingegen aus den unzähligen Sätzen über die Welt, ja selbst über die verborgene Struktur der Welt. Der Erkenntnistheoretiker hat herauszufinden, in welcher Beziehung die Reizungen der Sinne eines Menschen zu den Sätzen stehen, die er ausspricht, und auf welche Weise die Theorien, die er sich zurechtlegt, über seine Beobachtungen hinausgehen. Quine lehnt nur den Ausgangspunkt der logischen Positivisten, nämlich die angeblich unbezweifelbare "Basis" im konstitutions-theoretischen Sinne Carnaps ab, aus der man alles übrige zu konstituieren oder zu rekonstruieren glaubte. Quine lehnt nicht die zwei Hauptthesen der Positivisten ab: die eine, die besagt, daß alles, was für oder gegen wissenschaftliche Theorien spricht, aus der Beobachtung stammt; und die andere, die besagt, daß jegliche Bedeutungsgebung für Wörter letztlich allein auf Beobachtungen basieren muß. Insofern ist und bleibt Quine ein Positivist oder zumindest Empirist.

Durch die Eingliederung des alten erkenntnistheoretischen Bestrebens in die positiven Wissenschaften kann Quine vielen alten Rätseln und Zirkularitäten der klassischen und positivistischen Erkenntnistheorie ausweichen. Der Erkenntnisvorgang wird nun nicht mehr als "Konstitution" aus neutralen Sinnesdaten oder aus dem unmittelbar "Gegebenen" gesehen, sondern als einer der vielen natürlichen Vorgänge in der Welt. Fragen nach erkenntnistheoretischen Prioritäten zwischen Sinnesatomen, Gestalten, Elementarerlebnissen, Relationen zwischen solchen usw., alte Paradoxien über unbewußte und vergangene Daten, alte Probleme des Übergangs von der Zwei- in die Dreidimensionalität[15] - diese alle sind nicht mehr wichtig. Innerhalb eines strikten logisch-positivistischen Pro-

14 "Epistemology...studies a natural phenomenon, viz., a physical human subject. This human subject is accorded a certain experimentally controlled input - certain patterns of irradiation in assorted frequencies, for instance - and in the fullness of time the subject delivers as output a description of the three-dimensional external world and its history." W.v.O. Quine, Epistemology Naturalized, in: OR. 82f.

15 Vgl. E. Runggaldier, Conventionalism in Carnap's Early Philosophy. Amsterdam 1984, bes. Kap. III "The struggle over 'the given'" 28-40.

gramms ist es praktisch unmöglich, den genauen Status und den Sinn der "Basis" oder der Beobachtungssätze zu bestimmen. Wenn man aber die Frage nach dem Erkenntnisvorgang in den normalen Kontext unseres wissenschaftlichen Sprechens über die Welt einbettet, erübrigen sich diese Schwierigkeiten. Beobachtungssätze werden z.B. im Zusammenhang mit den Sinnesreizungen, die von den positiven Wissenschaften untersucht werden können, gesehen. Es sind jene Sätze, die am stärksten von den momentanen Reizungen der Sinne und von keiner zusätzlichen gespeicherten Information abhängig sind. Die Beobachtungs- oder Protokollsätze werden als jene bestimmt, die den Sinnesrezeptoren - wie Quine sagt - am nächsten stehen. Sie sind nicht von der von Sprecher zu Sprecher verschiedenen Speicherung an Information abhängig. Daher kann Quine sagen:

> ...an observation sentence is one on which all speakers of the language give the same verdict when given the same current stimulation. To put the point negatively, an observation sentence is one that is not sensitive to differences in past experience within the speech community. (OR. 86f)

Dadurch wird mit der alten positivistischen Tendenz, mit Beobachtungssätzen subjektive Sinnesdaten zu assoziieren, gebrochen[16]. Dafür wird aber die ihnen zugeschriebene Rolle als "intersubjektives Tribunal" für wissenschaftliche Hypothesen verständlicher. Beobachtungssätze bilden bekanntlich nach der traditionellen empiristischen Lehre das Überprüfungsmaterial für wissenschaftliche Hypothesen. Quine bleibt Empirist, gibt aber den positivistischen Anspruch preis, Erkenntnis und Wissenschaft auf etwas Festerem, Neutralerem, nämlich auf dem "Gegebenen" zu gründen. Er will - so wie Neurath es vorschlägt - sein Boot nicht im trockenen Dock, sondern auf offener See reparieren[17]. Quine betrachtet den menschlichen Erkenntnisprozeß und die gesamte Wissenschaft als einen der vielen natürlichen Vorgänge in dieser Welt. Als einer dieser Vorgänge wird der Erkenntnisprozeß selbst zum Gegenstand der positiven Wissenschaft. Wissenschaft wird durch Wissenschaft untersucht.

Verfällt hier Quine nicht einem Zirkel: Die Erkenntnistheorie sollte in den empirischen Wissenschaften und die empirischen Wissenschaften sollten in der Erkenntnistheorie enthalten sein? Angenommen, es handle sich hier tatsächlich um einen Zirkel, so würde sich Quine nicht beunruhigen lassen. Der Zirkel wird allein schon durch die Metapher des Bootes, das auf offener See repariert werden

16 Vgl. RoR. 39-43.

17 "Wie Schiffer sind wir, die ihr Schiff auf offener See umbauen müssen, ohne es jemals in einem Dock zerlegen und aus besten Bestandteilen neu errichten zu können." O. Neurath, Protokollsätze, in: Erkenntnis 3 (1932) 206.

muß, hoffähig. Und Quine selbst sagt: "...fear of circularity is a case of needless logical timidity, even granted the project of substantiating our knowledge of the external world." (RoR. 2) Wenn der Erkenntnistheoretiker Zweifel über die Außenwelt-Information hat, die ihn nur durch seine Sinne erreichen kann, so darf und soll er, um den Zweifeln begegnen zu können, von sämtlichen wissenschaftlichen Theorien freizügig Gebrauch machen. Paradoxerweise - so Quine - war es gerade die Wissenschaft selbst, die auf die Begrenztheit dessen hinwies, was für sie grundlegend ist, nämlich der Information aus den Sinnesdaten. So ist es auch die Wissenschaft selbst, die es uns ermöglicht, aus diesen begrenzten Quellen das Beste herauszuholen. Daher - so Quine - soll der Erkenntnistheoretiker ohne Skrupel von Sinnesreizungen, die durch wissenschaftliche Methoden untersucht werden können, statt von neutralen, unmittelbar "gegebenen" Sinnesdaten sprechen: "Our liberated epistemologist ends up as an empirical psychologist, scientifically investigating man's acquisition of science." (RoR. 3)

Da Quine die Erkenntnistheorie in die positiven Wissenschaften eingliedert, müssen die Gegenstände in der Außenwelt nicht erst konstituiert werden. Quine kann von den räumlichen Gegenständen ausgehen, so wie der durchschnittliche Mensch sie sieht, als von Gegenständen nämlich, die in Raum und Zeit fest umrissen und uns vorgegeben sind. Quines grundlegendes Werk "Word and Object" beginnt in der Tat mit gewöhnlichen Gegenständen in der Außenwelt, den "ordinary things"[18]: Die hervorstechenden Referenzobjekte von Sprache sind für Quine die sichtbaren und greifbaren Gegenstände.

Quine leugnet keineswegs, daß wir besagte Gegenstände allein durch die Sinne wahrnehmen und daß wir sie somit irgendwie "setzen" oder "konstituieren", wie es die Positivisten annehmen. Er teilt diese Einsicht, auf die das Bestreben der Phänomenalisten und Positivisten seit Berkeley, von den Sinnesdaten auszugehen, zurückzuführen ist. Diese Einsicht ist aber ihrerseits von unserem Wissen über die durchschnittlichen Gegenstände in der Welt abhängig. Um verstehen zu kön-

18 Quines Bestreben, den referentiellen Mechanismus von Sprache zu durchschauen, setzt eine realistische Erkenntnisphilosophie voraus - so wie wir sie von Strawson her kennen (s. Abschnitt 1.1.3). Quines diesbezüglicher Realismus steht allerdings in Spannung zu seinen frühen extrem empirischen Auffassungen. Von Quine wird daher zu recht gesagt:
"Earlier versions of his philosophy of science, for example in his *From a Logical Point of View*, contain phenomenalist and instrumentalist tendencies of thought, but in *WO* these have almost entirely disappeared in favour of an explicitly realistic philosophy of science."
J.J.C. Smart, Quine's Philosophy of Science, in: Words and Objections. Essays on the Work of W.v.O. Quine. Hg. von D. Davidson und J. Hintikka. Dordrecht 1969, 3.

nen, was z.B. visuelle Sinnesdaten sind, von denen die Positivisten sprechen, braucht man zumindest eine Ahnung einer zweidimensionalen Fläche, auf der die Farbeindrücke verteilt sind. Zu dieser Ahnung kommt man durch das Wissen über unsere Augen und die Lichtstrahlen, die diese verschiedentlich affizieren und Änderungen im visuellen Feld hervorrufen: "...the trouble is that immediate experience simply will not, of itself, cohere as an autonomous domain. References to physical things are largely what hold it together." (WO. 2) Die Sinnesdaten, die unmittelbar gegeben sind, können nur durch Bezug auf öffentlich wahrnehmbare Gegenstände beschrieben und erklärt werden. Die Annahme, man könne in der Fundierung der Erkenntnisse von einer rein phänomenalistischen Sprache ausgehen, die das unmittelbar Gegebene festhält, ist utopisch. Quine würde sicher auch den Machschen Monismus der "Elemente", die "gegeben" sind, bevor zwischen Ich und Außenwelt getrennt werden kann[19], ablehnen: Das Sich-Beziehen auf die Machschen Elemente setzt ja den Dualismus von Ich und Außenwelt voraus, der gerade durch die Postulierung der neutralen monistischen Elemente überwunden werden sollte. Unser Sprechen über die Sinnesdaten und Sinnesqualitäten ist für Quine ein abgeleitetes und kein grundlegendes:

> When one tries to describe a particular sensory quality, he typically resorts to reference to public things - describing a color as orange or heliotrope, a smell as like that of rotten eggs...he best identifies his sense data by reflecting them in external objects. (WO. 1)

Das phänomenalistische Programm war auch mit einem weiteren schier unlösbaren Problem verbunden, das sich aber durch Quines Zugang als Scheinproblem herausstellt. Die Phänomenalisten mußten sich, wenn auch zum Teil wider Willen, auf sogenannte *vergangene* Sinnesdaten beziehen. Diese Daten sind uns aber nicht "gegeben", sie sind endgültig vorbei; alles, was uns in der Erfahrung "gegeben" ist, sind gegenwärtige Daten und allein Erinnerungen an die vergangenen Daten, aber nicht diese selbst. Die Erinnerungen sind nicht identisch mit den Daten, an die man sich erinnert.

Der Mensch und speziell der Philosoph wollen das Verständnis unseres Sprechens über die Gegenstände in der Außenwelt verbessern. Das wird ihnen - so Quine - sicherlich nicht durch den irrigen Versuch gelingen, dieses Sprechen auf ein angeblich grundlegenderes zu reduzieren. Ein vertieftes und besseres Ver-

19 Siehe E. Mach, Analyse der Empfindungen. Jena ²1900, 230. Eine abgeschwächte Form des phänomenalistischen Monismus vertritt heutzutage A.J. Ayer;
Siehe A.J. Ayer, The Central Questions of Philosophy. London 1973, 89-108.

ständnis wird ihnen erst dann gelingen, wenn sie die Verbindungen aufdecken zwischen unserem Sprechen über physikalische Gegenstände und vielen anderen Vorgängen in unserem Leben, die sie wiederum nur in einem Rahmen erfassen und verstehen können, in dem von den raum-zeitlich gegebenen Gegenständen ausgegangen wird[20].

Auch die Voraussetzungen, mit denen Quine an die Untersuchung der - wie er sie nennt - Wurzeln der Referenz herangeht, sind von einem erkenntnistheoretischen Realismus geprägt. In dem Werk "The Roots of Reference" (RoR.) untersucht er, wie sich der referentielle Apparat der Sprache eines Menschen von Kindheit an entwickelt. Dabei rücken die Sprachdispositionen des Kindes in den Mittelpunkt, und diese Dispositionen werden von Quine realistisch aufgefaßt. Dispositionen sind für ihn Gewohnheiten des menschlichen Organismus, die durch Konditionierung entstanden sind. Dispositionen als Gewohnheiten sind aber ganz bestimmte Zustände oder Mechanismen eines Organismus[21]. Quine sagt sogar ausdrücklich, man könne selbst dann auf so einen Mechanismus referieren, wenn man ihn noch nicht durchschaut hat, wenn man noch nicht weiß, worin er besteht. Intelligenz z.B. ist die Disposition eines Organismus zu raschem Lernen. Wir wissen nicht, worin dieser komplizierte Mechanismus besteht, wir können uns aber durch den Ausdruck "Intelligenz" auf ihn beziehen. Fast alle Dispositionen sind noch nicht voll durchschaute Zustände oder Mechanismen, von denen man hofft, sie eines Tages aufgrund des Fortschritts der positiven Wissenschaften vollständig zu durchschauen und somit auch zu identifizieren (RoR. 13f).

Selbst Quines Auffassung von Kausalität hat - zumindest in seinem späten Werk "RoR." - realistische Züge. Quine distanziert sich eindeutig von der Humeschen Auffassung von Kausalität. Er will Kausalität in einem realistischen Sinne verstanden wissen:

> My concern...is with the ontological nature of the causal relation as an object of scientific theory. All will agree, materialists and others, that causal efficacy within the material world, at any rate, is compounded of microphysical forces, despite our incapacity to single out all those components in every particular case. (RoR. 6)

20 "On the face of it there is a certain verbal perversity in the idea that ordinary talk of familiar physical things is not in large part understood as it stands, or that the physical things are not real, or that evidence for their reality needs to be uncovered." (WO. 3)

21 "Each disposition, in my view, is a physical state or mechanism. A name for a specific disposition, e.g. solubility in water, deserves its place in the vocabulary of scientific theory as a name of a particular state or mechanism." (RoR. 10)

Quines Voraussetzungen seiner sprachanalytischen Untersuchungen sind also realistischer Natur. Man könnte sagen, sie entsprechen den gängigen Ansichten des durchschnittlichen Menschen auf der Straße: Es gibt Gegenstände, es gibt Kräfte, Dispositionen der Substanzen und Organismen, die uns vorgegeben sind und die es zu entdecken gilt. Auf diese Gegenstände können wir uns durch Sprache beziehen, auf sie können wir referieren, über sie können wir sprechen.

2.1.2 Quines Holismus

Quine unterscheidet sich von den alten logischen Positivisten und verschiedenen zeitgenössischen Empiristen in seiner Auffassung von Sprache durch ein weiteres Charakteristikum, durch den sogenannten "Holismus", d.h. durch die Ganzheitsbetrachtung von Sprache[22]. Die Bedeutungseinheit ist für ihn weder das einzelne Wort noch der Satz, sondern allein der ganze lebendige Körper (body) der Sprache[23]. Dieser lebt und ist ständig in Entwicklung. In jeder Sprache gibt es viele Sätze, die nur im Zusammenhang mit anderen Sätzen verstanden werden, da sie mit keinen Reizungen der Sinne und keinen Beobachtungen direkt in Verbindung gebracht werden können. Für diese Sätze gibt es keine direkte Methode der Verifikation oder Falsifikation. Wenn sie verifiziert oder falsifiziert werden, so durch ihre Verbindung mit anderen Sätzen, die ihrerseits wieder mit Beobachtungssätzen zusammenhängen. Man kann aber nie genau angeben, welche Sätze in einer bestimmten Sprache als reine Beobachtungssätze fungieren. Das ist von Situation zu Situation, von Zeit zu Zeit verschieden. Daher kann Quine die positivistische klare Trennung zwischen Beobachtungssätzen und reinen theoretischen Sätzen nicht annehmen. Es gibt zwar diesbezüglich auch für Quine Unterschiede, aber diese sind fließend: Ein Satz, der nach der Carnapschen Trennung zur theoretischen Sprache gehört[24], ist nach Quine relativ weit weg von den Sinnesreizungen, d.h. relativ unabhängig von ihnen. Ein Satz der Beobachtungssprache

22 Der Holismus Quines kann unter bestimmten Rücksichten mit idealistischen Positionen verglichen werden. Cresswell stellt einen solchen Vergleich an:
M.J. Cresswell, Can Epistemology be Naturalized? in: Essays on the Philosophy of W.V.O. Quine. Hg. von R.W. Shahan und C. Swoyer. Oklahoma 1979, 113ff.

23 Siehe bes. § 3 "The interanimation of sentences", in: WO; und die Einleitung, in: W.v.O. Quine, Methods of Logic. London ³1974 (Deutsch: Grundzüge der Logik. Frankfurt 1974).

24 Vgl. L. Krauth, Die Philosophie Carnaps. Wien 1970, 113-121.

hingegen ist sehr stark von den Sinnesreizungen abhängig. Derartige Unterschiede könnte ein Sprachforscher durch empirische Methoden in einer ganz bestimmten Phase der Sprachentwicklung feststellen.

Es gibt zwar im Netzwerk einer Sprache immer wieder neue Umschichtungen, durch die bestimmte Sätze weiter an die Peripherie rücken, andere hingegen von der Peripherie in den mittleren Kern des "bodys" hineingedrängt werden. Direkte Verbindungen mit den Reizungen der Sinne gibt es aber nur an der Peripherie. Das ist der Ort, an dem die Sätze konzentriert sind, die in einer bestimmten Phase der Entwicklung des "bodys" die Rolle der eigentlichen Beobachtungssätze übernehmen.

An Stelle der Metapher des Netzwerkes können auch andere Bilder verwendet werden. Quine selbst spricht von einem Bogen, in dem jeder Stein eine wesentliche Trägerfunktion für das Ganze hat. In einem Bogen sind aber nur die untersten Steinblöcke mit dem tragenden Boden verbunden:

> In an arch, an overhead block is supported immediately by other overhead blocks, and ultimately by all the base blocks collectively and none individually; and so it is with sentences, when theoretically fitted. The contact of block to block is the association of sentence to sentence... (WO. 11)

Der Unterschied zwischen der positivistisch-verifikationistischen Deutung von Sprache und Quines Holismus kann auch durch die Gegenüberstellung einer von vielen Stützen getragenen und einer kuppelartigen Überdachung geschildert werden[25]. Im ersten Fall würde die Entfernung einer Stütze den Großteil des Daches intakt lassen, mit Sicherheit aber den Teil des Daches zum Einsturz bringen, der von der einen Stütze getragen wird. Im zweiten Fall würde die Entfernung eines Teiles der Grundmauern unter Umständen keinen Teil, unter Umständen aber auch das Ganze der Überdachung zum Einsturz bringen. Wenn bestimmte Querverbindungen in der Konstruktion nicht sehr belastungsfähig sind, könnte die ganze kuppelartige Konstruktion einstürzen. Es könnten aber auch die relevanten Teile in der Konstruktion so stark sein, daß sie die Mehrbelastung, die durch die Entfernung eines Teiles der tragenden Mauern entsteht, aushalten. Im ersten Fall kann man angeben, welche Stütze für welchen Teil des Daches verantwortlich ist. Übertragen auf Sprache würde das bedeuten, daß für jede Teilmenge von theoretischen Sätzen angegeben werden kann, welche Beobachtungssätze sie verifizieren oder falsifizieren. Im zweiten Fall, d.h. im Fall der kuppelartigen Konstruktion, ist das aber nicht mehr möglich. Da sind alle Teile

25 Den Vergleich verdanke ich S. Blackburn (Pembroke College, Oxford).

miteinander verwoben. Man kann nicht angeben, welcher Teil der Grundmauern für welchen Teil der Überdachung verantwortlich ist. Sollte ein Teil der Grundmauern in seiner Stützfunktion ausfallen, so muß man Umbildungen in der Überdachung vornehmen, will man den Zusammensturz des Ganzen verhindern. Übertragen auf Sprache heißt das, der Weg der Verifikation theoretischer Sätze ist nicht fix. In bestimmten Fällen ist es gar nicht notwendig, Verifikationen oder Falsifikationen vorzunehmen. Sollte aber diese Trägheit ein bestimmtes Ausmaß überschreiten, so bricht das Ganze zusammen.

Nach Quine stößt das System einer bestimmten Sprache nur als Ganzes mit seinen "Rändern" an die Erfahrung. Unsere Sätze über die Welt stehen dem Tribunal der Erfahrung - wie Quine sagt[26] - d.h. der Verifikation und Falsifikation, nicht einzeln gegenüber, sondern als ein zusammenhängendes Ganzes. Die Sätze unserer Theorien und unserer Sprache im allgemeinen sind so miteinander verwoben, daß es nicht leicht ist zu entscheiden, welche von ihnen revidiert oder umstrukturiert werden müssen, sobald in der jeweiligen Theorie oder in unserer Alltagssprache etwas durch die Erfahrung erschüttert wird[27]. Immerhin gibt es eine große Menge von Sätzen, die wir nur sehr schwer zu ändern oder preiszugeben gewillt sind. Mathematik und Logik, offensichtlich die zentralen Teile unseres Sprachnetzes, genießen gewöhnlich unseren ganz besonderen Schutz. Wenn wir aufgrund von unerwarteten Erfahrungen Änderungen vornehmen müssen, werden wir normalerweise diese notwendigen Änderungen in anderen Teilen des Systems vornehmen. Mutmaßungen über Geschichte und Wirtschaft werden sicherlich bereitwilliger abgeändert als physikalische Gesetze und diese bereitwilliger als die Gesetze der Mathematik und der Logik. Es gibt nach Quine viele Abstufungen in der Revidierbarkeit von Sätzen und Gesetzen. Nach ihm ist aber kein Satz grundsätzlich "von Revision immun".

Aufgrund von Quines Holismus ist auch seine Attacke in "Two Dogmas" (LPV. 20-37) gegen die prinzipielle Unterscheidung zwischen analytischen und synthetischen Sätzen leichter zu verstehen. Die Unterscheidung ist höchstens eine graduelle und immer relativ zu einem bestimmten System von Sprache in einer bestimmten Phase. Demnach ist ein Satz einer bestimmten Sprache zu einem bestimmten Zeitpunkt analytisch, wenn er sich in der Mitte des betreffenden Sy-

26 W.v.O. Quine, Methods of Logic. London ³1974, 2.
27 "...we retain a wide latitude of choice as to what statements of the system to preserve and what ones to revise; any one of many revisions will be sufficient to unmake the particular implication which brought the system to grief." (ibid.)

stems, und synthetisch, wenn er sich am Rand desselben befindet. Im ersten Fall dürfte ein Satz von Revision geschützt sein und somit durch Erfahrung und Beobachtung wohl kaum widerlegbar. Eine eventuelle Widerlegung würde erst dann eintreten, wenn das ganze System revolutioniert würde.

Quine verwirft keineswegs die Verifikationstheorie der Bedeutung. Quine lehnt - wie gesehen - die Postulierung von Bedeutungen ab. Was man gemeinhin als Bedeutung eines Satzes ansieht, bringt er in Zusammenhang mit den Beobachtungen, die den Satz bestätigen oder widerlegen: "To learn a language is to learn the meaning of its sentences, and hence to learn what observations to count as evidence for and against them." (RoR. 38) Die alten Vertreter der Verifikationstheorie der Bedeutung machen aber - so Quine - den Fehler, daß sie von der Bedeutung einzelner Sätze in Isolierung sprechen. Das kann höchstens in Ausnahmefällen und in ganz bestimmten Situationen geschehen[28]. Das Gewebe von Sätzen ist uns niemals fix vorgegeben. Es ist somit schwer, wenn nicht unmöglich, es zu durchschauen. "The intervening theory is composed of sentences associated with one another in multifarious ways not easily reconstructed even in conjecture." (WO. 11) Ein Satz kann wahr oder falsch sein, je nachdem wie er mit den anderen Sätzen verknüpft ist. Diese Verknüpfungen unterliegen einem ständigen Wandel: "...the connection continue to evolve. No two of us learn our language alike, nor in a sense, does any finish learning it while he lives." (WO. 13) Quines Holismus kommt bestimmten pragmatischen Auffassungen von Sprache, Bedeutung und Wahrheit sehr nahe. Der Holismus paßt zu Quines naturalistisch-behavioristischen Betrachtungen von Sprache. Er steht aber in Spannung zu Quines realistischen Ansätzen, von denen im vorhergehenden Abschnitt die Rede war. Diese Spannung ist selbst in seinem Hauptwerk "WO." vorhanden: Der Anfang des Werkes ist behavioristisch-holistisch, der Hauptteil und das Ende realistisch im Sinne der Tarski-Frege-Tradition:

> For all its impressive merits, *Word and Object* seems to me a book whose two ends do not quite meet. The difference in approach between the early and the later parts of *Word and Object* is in fact quite striking. (Hintikka)[29]

Im zweiten Teil versucht nämlich Quine die Sprache, dem Fregeschen Ideal ent-

28 "Most sentences do not admit separately of observational evidence. Sentences interlock. An observation may refute some chunk of theory comprising a cluster of sentences, and still leave us free to choose which of the component sentences to continue to count as true and which to abandon." (RoR. 38)

29 J. Hintikka, Behavioral Criteria of Radical Translation, in: Words and Objections. Hg. von D. Davidson and J. Hintikka. Dordrecht 1969, 69.

sprechend, zu reglementieren und in die "kanonische Notation" zu überführen. Um das zu tun, muß er notgedrungen bestimmte holistische Positionen in den Hintergrund drängen. Quines Holismus mag vielen plausibel erscheinen; er erklärt aber letztlich sehr wenig. Im Gegenteil, er versperrt den Weg zur Bildung einer Theorie über das Funktionieren von Sprache. Nach Dummett ist es ein Glück, daß Quine selber nicht so konsequent ist und nicht zu den "defätistischen" Folgen seines Holismus steht. Vom Quineschen Holismus sagt Dummett:

> At the worst, it is irremediably conservative, because there can be no base from which to criticize whatever is generally accepted. (D. 627)[30]

Und weiter:

> At the best, it is simply defeatist: it renders in principle inscrutable the laws which govern the common acceptance of a statement as true or its later demotion. In either case it is, in effect though not in intention, antiintellectual; for it stigmatizes as misguided any attempt either to discover or to impose such laws. (D. 627)

2.1.3 Indeterminiertheit der Übersetzung

Will man sich mit Fragen der Referenz sprachlicher Ausdrücke beschäftigen, so kann man nicht umhin, auch den Relativismus zu berücksichtigen, der sich aus Quines Deutung des Übersetzungsvorgangs aus radikal fremden Sprachen ergibt. Der einzige Weg, eine radikal fremde Sprache zu interpretieren und zu erlernen, ist - so Quine - die Beobachtung des Verhaltens der Sprecher dieser unbekannten Sprache. Durch Beobachtung wird man bestimmte Zusammenhänge feststellen zwischen Gegenständen und Ereignissen in ihrer Umwelt und bestimmten Lauten, die sie äußern. So wird man Schritt für Schritt Hypothesen über die Laute der fremden Sprache aufstellen und dementsprechend die ersten Versuche einer Übersetzung machen. Quine weist nun darauf hin, daß es selbst in einem fortgeschrittenen Stadium der Interpretation der fremden Sprache verschiedene gleichberechtigte Varianten in der Übersetzung geben kann. Die Frage, welche unter ihnen die richtige oder zumindest die richtigere ist, ist nicht nur faktisch, sondern prinzipiell nicht beantwortbar. Ein und derselbe Ausdruck in der fremden Sprache kann durch verschiedene untereinander abweichende Ausdrücke wiedergegeben werden, vorausgesetzt, daß genügend viele "kompensierende Korrekturen" in der Wiedergabe anderer Ausdrücke vorgenommen werden. Diese Ansich-

30 M. Dummett, Frege. Philosophy of Language. London 1973. Kurztitel: D.

ten werden in der Quineschen These der empirischen *Indeterminiertheit*[31] der Übersetzung zusammengefaßt, in der These nämlich, daß das empirisch überprüfbare Verhalten der Sprecher nicht ausreicht, um zwischen verschiedenen Übersetzungsvarianten und Übersetzungsregeln zu wählen. "The thesis is then this: manuals for translating one language into another can be set up in divergent ways, all compatible with the totality of speech dispositions, yet incompatible with one another." (WO. 27) Quine begründet seine These der Indeterminiertheit der Übersetzung durch Argumentationen, die auf ein etwas gekünsteltes Beispiel zentriert sind: Ein Linguist hat die Aufgabe, eine ihm gänzlich fremde Sprache zu erforschen und zu interpretieren. Alle Daten, die ihm zur Verfügung stehen, erschöpfen sich in dem, was er an sprachlichen Reaktionen der Sprecher unter bestimmten Umweltbedingungen wahrnehmen kann. In seiner Suche nach Ansätzen für eine Interpretation wird somit der Linguist nach auffallenden Verbindungen zwischen Gegenständen und Ereignissen in der Umwelt und sprachlichen Äußerungen der Sprecher Ausschau halten. Eine solche auffallende Verbindung sei nun die zwischen vorbeilaufenden Hasen und dem Laut "Gavagai". Die erste Hypothese über die fremde Sprache wird dann darin bestehen, daß "Gavagai" unserem "Hase" entspricht. Da es sich um eine Hypothese handelt, wird der Linguist nach Mitteln und Möglichkeiten suchen, sie zu überprüfen. Die einfachste Methode der Überprüfung bestünde für ihn darin, herauszufinden, ob die Einheimischen den Laut "Gavagai" in all den Umweltbedingungen bejahen, in denen wir unseren Laut "Hase" bejahen. Durch diese Überprüfung könnte aber nur dieselbe "Reizbedeutung" (stimulus meaning) festgestellt werden (WO. 33).

Dieselbe Reizbedeutung zweier Ausdrücke garantiert noch nicht dieselbe Referenz, und das, wofür wir uns interessieren, ist die Referenz. Übereinstimmung in der Reizbedeutung ist alles, was unser Linguist durch empirische Methoden, zumindest unter Ausklammerung verschiedener Schwierigkeiten feststellen kann. Übereinstimmung in der Reizbedeutung garantiert nicht, daß "Gavagai" mit "Hase" koextensiv ist, d.h. auf all die Gegenstände zutrifft, auf die "Hase" zutrifft; sie ist auch nicht ausreichend, um anzunehmen, "Gavagai" sei ein allgemeiner Term der fremden Sprache, d.h. ein sprachlicher Ausdruck, der auf mehrere Gegenstände zutrifft und daher auch von diesen ausgesagt werden kann. Selbst wenn

31 Die These der Indeterminiertheit (Unbestimmtheit) der Übersetzung wird von Quine entfaltet, in: Kap. II "Translation and Meaning" von WO. W.O. 26-79;
"Ontological Relativity" in: OR. 29-42;
teilweise auch in "Speaking of Objects" in: OR. 1-6.

er es wäre, so könnte man dennoch fragen, was genau die Gegenstände sind, auf die der fremde Ausdruck "Gavagai" zutrifft. Könnte es nicht sein - so Quine[32]-, daß diese Gegenstände keine Hasen in unserem Sinn, sondern nur zeitliche Stadien von Hasen, d.h. kurze zeitliche Abschnitte und nicht volle Hasen von Geburt bis zum Tod sind? Oder könnte es nicht sein, daß die Gegenstände, auf die "Gavagai" zutrifft, unabgetrennte Hasenteile sind, z.B. der Kopf eines Hasen, solange er nicht vom Rest des Körpers getrennt ist? Die Reizungen der Sinne, die bei den Eingeborenen die Zustimmung zu "Gavagai" hervorrufen, wären in all diesen Fällen dieselben. Ein ganzer Hase ist nämlich immer genau dann anwesend, wenn auch ein nicht abgetrennter Hasenteil und ein zeitliches Stadium eines Hasen anwesend ist.

Der Linguist im Dschungel hätte - vorausgesetzt, daß er kein Philosoph ist - diesbezüglich sicherlich keine Skrupel. Er würde sicherlich nicht annehmen, die Eingeborenen bezögen sich durch "Gavagai" lediglich auf einen nicht abgetrennten Hasenteil oder auf ein zeitliches Stadium eines Hasen. Er würde wie jeder vernünftige Linguist annehmen, die zwei Ausdrücke hätten aufgrund derselben Reizbedeutung auch dieselbe Referenz. Quine geht es aber darum zu zeigen, daß dieses an sich verständliche und normale Verhalten auf Voraussetzungen gründet, die empirisch nicht überprüfbar sind:

> When from the sameness of stimulus meaning of 'Gavagai' and 'Rabbit' the linguist leaps to the conclusion that a gavagai is a whole enduring rabbit, he is just taking for granted that the native is enough like us to have a brief general term for rabbits and no brief general term for rabbit stages or parts. (WO. 52)

Die Eruierung der Reizbedeutung von "Gavagai" ist nicht ausreichend, um herauszufinden, ob "Gavagai" ein allgemeiner Term oder ein singulärer Term ist. Es könnte sein - so Quine -, daß die Einheimischen "Gavagai" so verwenden wie wir "Wasser". "Gavagai" würde sich in diesem Fall auf den diskontinuierlichen Teil der Raum-Zeit beziehen, der aus Hasen besteht, so wie sich unser Ausdruck "Wasser" auf die Substanz Wasser bezieht, die über die ganze Welt verteilt ist, ohne eine Kontinuität in Raum und Zeit aufzuweisen. "Gavagai" wäre dann ein Term, der sich auf nur einen Gegenstand bezieht, nämlich auf die *Fusion* aller Hasen. Damit wäre man aber noch nicht am Ende. Man muß nicht annehmen, die Eingeborenen seien faktische Nominalisten, insofern sie sich niemals auf Universalien bezögen. Könnte es nicht auch den Fall geben, daß die Einheimi-

32 OR. 32ff. WO. 68-79.

schen "Gavagai" wie einen singulären Term verwenden, der sich statt auf einen konkreten Gegenstand auf ein immer wiederkehrendes Universale bezöge, nämlich auf Hasenartigkeit (rabbithood)? In diesem Fall wäre "Gavagai" ein singulär abstrakter Term. Aufgrund der Untersuchung der Reizbedeutung kann zwischen diesen Möglichkeiten nicht entschieden werden: "The distinction between concrete and abstract object, as well as that between general and singular term, is independent of stimulus meaning." (WO. 52)

Wie sieht es aber mit der *Ostension* aus? Könnten wir nicht durch Zeigegesten weiterkommen? Quine erwidert zu Recht, daß das nicht möglich ist. Wenn jemand auf einen ganz bestimmten Hasen zeigt, dann zeigt er auch auf ein zeitliches Stadium, auf einen nicht abgetrennten Hasenteil, auf die Fusion aller Hasen und auf ein Vorkommnis von Hasenartigkeit, somit auch auf Hasenartigkeit; wenn jemand auf einen nicht abgetrennten Hasenteil zeigt, z.B. auf einen lebenden Kopf eines Hasen, so zeigt er auch auf den ganzen Hasen und auf die übrigen Gegenstandsarten. Durch Ostension könnte man zwar der Lösung des Problems näher kommen, aber nur wenn man den Zeigegestus durch verschiedene Bemerkungen und Fragen ergänzen könnte. Die Bemerkungen und Fragen beträfen die Individuation der verschiedenen Gegenstandsarten. Durch sie könnte eruiert werden, ob für die Einheimischen ein bestimmter Gavagai identisch oder verschieden von einem anderen ist, ob er nur ein oder mehrere Gavagai ist, wo und wann er aufhört, er selbst zu sein, und ein anderer anfängt usw.[33]. Unser Linguist, dem die unglückliche Aufgabe gestellt wird, eine *radikale* Übersetzung zu bewerkstelligen, hat aber keine Mittel, individuierende Fragen zu stellen. Er kann ja auch nicht die Entsprechung zu unserer Pluralbildung in der fremden Sprache kennen. Es fehlt ihm somit ein ganz wesentliches Mittel für jeglichen Individuationsapparat von Sprache: "Nothing not distinguished in stimulus meaning itself is to be distinguished by pointing..." (WO. 53)

Natürlich erreicht der Linguist früher oder später den Punkt, an dem er Fragen in bezug auf die Individuation von verschiedenen Gegenstandsarten und einzelnen Individuen stellen kann. Das setzt aber vieles voraus. Dazu muß er ein System haben, das angibt, welche Ausdrücke in der fremden Sprache und welche syntaktischen Umbildungen unseren Pluralbildungen, Pronomina, Zahlwörtern und ähnlichen Kunstmitteln wie "derselbe wie...", "ein anderer als..." entsprechen. Ein

33 Vgl. die Behandlung der Frage nach Referenz im Zusammenhang mit den Identitätskriterien bei Geach (Abschnitt 1.7.1) und Wiggins (Abschnitt 3.5.3).

solches System ist uns aber nicht gleichsam vorgegeben. Es kann weder entdeckt noch durch empirisch-induktive Methoden gewonnen werden. Es kann nur durch hypothetische Annahmen konstruiert werden. Der Linguist muß die verschiedenen Partikel und die Individuationsmittel aus der fremden Sprache abstrahieren und versuchen, so gut er kann, sie Partikeln und Konstruktionen unserer Sprache zuzuordnen. Diese Zuordnungen können aber durch keine Untersuchung der Reizbedeutungen empirisch überprüft werden. Sie werden daher von Quine auch "analytische Hypothesen" genannt. Sie sind keine Hypothesen im gängigen Sinn, die man überprüfen könnte[34], sondern lediglich Arbeitshypothesen. Wenn sie sich in der Arbeit des Linguisten bewähren, behält er sie bei, wenn nicht, läßt er sie fallen.

Die referentielle Unbestimmtheit von "Gavagai" kann durch ein System von analytischen Hypothesen beseitigt werden. Aufgrund eines solchen Systems kann man nämlich die Eingeborenen befragen und herausfinden, ob "Gavagai" von ihnen als singulärer oder als allgemeiner Term verwendet wird; wenn das der Fall ist, wo ein Gavagai aufhört und ein anderer anfängt, ob einer identisch mit oder verschieden von einem anderen ist usw. Dadurch wird man klären können, ob die Einheimischen sich durch "Gavagai" auf Hasen in unserem Sinn, auf Hasenstadien, auf unabgetrennte Hasenteile usw. beziehen. Die Klärung dieser Fragen wird aber eine *relative* bleiben, nämlich eine, die vom gewählten System der analytischen Hypothesen abhängig ist, deren es mehrere, zum Teil sehr stark voneinander abweichende Systeme geben kann. Sollte ein System einen ganz bestimmten Ausdruck der fremden Sprache unserem "ist derselbe wie" zuordnen, so hieße das nicht, daß ein anderes dadurch ausgeschlossen wäre, das denselben Ausdruck unserem "gehört zusammen mit" zuordnen würde. Natürlich müßte es in diesem alternativen System sehr viele kompensierende Korrekturen in den Zuordnungen geben, damit von beiden Systemen gesagt werden könnte, sie seien gleichberechtigt. Vielleicht wäre das eine komplizierter als das andere, aber das schließt nicht aus, daß der Linguist auch mit einem komplizierten die Aufgabe der Interpretation der fremden Sprache bewerkstelligen könnte[35]. Sobald also unser Linguist durch ein System von analytischen Hypothesen die Einheimischen befragen kann, wird er auch die referentiellen Schwierigkeiten von "Gava-

34 "The point is not that we cannot be sure whether the analytical hyposthesis is right, but that there is not even...an objective matter to be right or wrong about." (WO. 73)

35 Ähnliche Argumentationen findet man in *konventionalistischen* Schriften in bezug auf wissenschaftliche Theorien.

gai" lösen können. Er hat aber keinen empirischen Anhaltspunkt für die Klärung seiner Fragen. Die Entscheidung zwischen "Hase", "Hasenstadium", "unabgetrenntem Hasenteil" ist und bleibt eine relative: sie ist von der Wahl der analytischen Hypothesen abhängig: "There seem bound to be systematically very different choices, all of which do justice to all dispositions to verbal behavior on the part of all concerned." (OR. 34)

Die Vorstellung, der Linguist müsse zuerst ein System von analytischen Hypothesen aufstellen und könne erst dann übergehen, die anderen Ausdrücke zu interpretieren, ist einseitig. Der Linguist kann auch hypothetisch bestimmte Ausdrücke aus der fremden Sprache als allgemeine Terme mit ganz bestimmten Identitätskriterien interpretieren und dann aufgrund dieser Interpretation die entsprechende Zuordnung der individuativen Partikel vornehmen. Quine selber meint, ein vernünftiger Linguist würde von Anfang an "Gavagai" ganz einfach mit "Hase", unabhängig von jeglichem individuativen Apparat, gleichsetzen. Er würde all die erwähnten alternativen referentiellen Möglichkeiten aus instinktiv gesunden Gründen ausschließen. Werden von Anfang an solche Entscheidungen getroffen, so werden die Möglichkeiten, alternative Systeme analytischer Hypothesen aufzustellen, eingeschränkt. Die Entscheidung darüber, ob ein Ausdruck aus der fremden Sprache als singulärer oder allgemeiner Term anzusehen ist, die Entscheidung darüber, was seine Referenz ist, bestimmt die Zuordnungen des individuativen Apparats. Ob nun der Linguist so vorgeht, daß er zuerst bestimmte Ausdrücke interpretiert, deren Reizbedeutung er durch empirische Methoden erforscht hat, und dann erst die entsprechenden analytischen Hypothesen aufstellt, oder ob er umgekehrt vorgeht: er wird auf alle Fälle der fremden Sprache etwas aufzwingen und dadurch etwas festlegen, was empirisch unbestimmt ist: "...stimulus meanings never suffice to determine even what words are terms, if any, much less what terms are coextensive." (WO. 70)

Quines These der Indeterminiertheit der Übersetzung besagt also, daß es verschiedene, voneinander abweichende, ja selbst sich gegenseitig ausschließende Interpretationen radikal fremder Sprachen geben kann, sofern sie alle der Gesamtheit der Sprachdispositionen der Sprecher der fremden Sprache gerecht werden. Quines ausgetüfteltes Beispiel "Gavagai" soll zeigen, daß die Referenz von Ausdrücken radikal fremder Sprachen nicht durch empirisch intersubjektiv zugängliche Methoden feststellbar ist. Was empirisch feststellbar ist, ist höchstens deren Reizbedeutung. Die Referenz von "Gavagai" ist und bleibt letztlich unerforschlich: Worauf sich die Einheimischen beziehen, wenn sie den Ausdruck "Gavagai" verwenden, kann durch empirische Methoden nicht geklärt werden: "The terms 'rabbit', 'undetached rabbit part', and 'rabbit stage' differ not only in meaning; they are true of different things. Reference itself proves behaviorally inscrutable." (OR. 35)

2.1.4 Relativität der Unterscheidung zwischen Singulärem und Allgemeinem

Um den Mechanismus von Referenz, so wie Quine ihn deutet, fassen zu können, muß auf den schon erwähnten Kontrast zwischen allgemeinen und singulären Termen zurückgegriffen werden. In unserer Alltagssprache kann man zunächst ganz einfach ein grammatisch-syntaktisches Kriterium anwenden, um eine vorläufige Unterscheidung zu treffen. Wenn Terme den bestimmten oder unbestimmten Artikel und die Pluralbildung zulassen, dann handelt es sich um allgemeine Terme. Wenn Terme das nicht zulassen (wie z.B. der Ausdruck "Mama", für den es keinen Artikel und nur die grammatische Form des Singulars gibt), so handelt es sich zunächst um singuläre Terme. Mit der Unterscheidung zwischen allgemeinen und singulären Termen meint man aber weit mehr als bloß diese grammatisch-nomenklatorische Unterscheidung. Sie wird auch als eine semantische verstanden. Als solche besagt sie, daß sich ein allgemeiner Term auf mehrere Gegenstände bezieht, daß er auf mehrere Gegenstände zutrifft, daß er von mehreren Gegenständen ausgesagt werden kann im Unterschied zu singulären Termen. Diese beziehen sich auf jeweils nur einen Gegenstand, wie kompliziert auch immer dieser Gegenstand sein mag, ob konkret oder abstrakt, ob in Raum und Zeit kontinuierlich oder diskontinuierlich; sie treffen auf jeweils nur einen Gegenstand zu und heißen deshalb singuläre Terme. Uns, die wir in unserer Alltagssprache beheimatet sind, scheint diese Unterscheidung, auch in ihrer semantischen Deutung, selbstverständlich. Quine will aber darlegen, daß dem nicht so ist. Anhand der schematischen Rekonstruktion des Lernvorgangs der Muttersprache eines Kindes, das durch diesen Vorgang allmählich in die Welt der Erwachsenen, die eine bestimmte Sprache sprechen, hineinwächst, versucht Quine die Problematik um die Relativität der Unterscheidung aufzudecken. Nehmen wir ein Kind, das gerade einige Ausdrücke unserer Sprache gelernt hat, z.B. "Mama", "Wasser" und vielleicht auch "rot". Quine weist darauf hin, daß wir in solch einem Fall kein Recht haben, anzunehmen, das Kind verwende diese Ausdrücke als referentielle Terme so wie wir, selbst dann, wenn es sie in allen Fällen angemessen verwendete[36]. Was für den Linguisten gilt, der sich mit "Gavagai" plagt, gilt auch für uns. Durch bloße Beobachtung des Sprechverhaltens des Kindes können Fragen

36 Vgl. hauptsächlich: Speaking of Objects, in: OR. 1-25.

nach der Referenz nicht geklärt werden. Entspricht das Sprechverhalten des Kindes dem unseren, so ist das kein hinreichender Grund, um die Ausdrücke des Kindes mit Referenz in unserem Sinn aufzufassen. Wir, die Erwachsenen, haben uns daran gewöhnt, die Mutter des Kindes als einen vollständigen Körper anzusehen, der in Raum und Zeit kontinuierlich ist; Wasser hingegen als etwas Diskontinuierliches, das in Raum und Zeit verstreut ist, und so auch Rotes. Rotes ist für uns allerdings nicht im gleichen Sinn diskontinuierlich wie Wasser: rot können nur Gegenstände, Wasser hingegen kann nur ein ganz bestimmter Stoff sein. Für das Kind, das die Ausdrücke "Mama", "Wasser" und "rot" verwendet, dürfte das aber nicht so sein:

> ...the mother, red, and water are for the infant all of a type: each is just a history of sporadic encounter, a scattered portion of what goes on. His first learning of the three words is uniformly a matter of learning how much of what goes on about him counts as the mother, or as red, or as water. (OR. 7)

Die Ausdrücke des Kindes "Mama", "Wasser", "rot" sind prä-individuativ. Sie gehen auf eine Phase der Menschheit zurück - so Quine -, für die der Unterschied zwischen Singulärem und Allgemeinem irrelevant ist. Das Kind kann den Umgang mit prä-individuativen Ausdrücken gut beherrschen, ohne eine Ahnung von unseren beweglichen, aber doch beständigen materiellen Dingen zu haben, die von Ort zu Ort und über größere Zeitabstände hinweg sich zwar ändern, aber dennoch dieselben bleiben. Es kann auch nicht gesagt werden, daß das Kind diese unsere Auffassung von materiellen Dingen teilt, sobald es die Pluralbildungen bestimmter Terme beherrscht. Sobald das Kind auf mehrere Äpfel mit dem Plural von "Apfel" reagiert, ist man geneigt zu vermuten, es habe den individuativen Gebrauch des allgemeinen Terms "Apfel" gelernt.

> But not so. He may at that point have learned 'apples' as another mass term, applicable to just as much apple as is taken up in apple heaps. 'Apples', for him, would be subordinated to 'apple' as is 'warm water' to 'water', and 'bright red' to 'red'. (WO. 93)

Quine weist dabei auf den faktisch sehr unwahrscheinlichen, aber prinzipiell möglichen Fall hin, in dem selbst die Pluralbildung von "Apfel" noch als kontinuativer Term verwendet wird. Er rechnet also mit der Möglichkeit, "Äpfel" mit kontinuativer Referenz wie z.B. "Wasser" zu verwenden. Ein Ausdruck wie "Wasser" ist für uns Erwachsene insofern kontinuativ, als er sich auf eine Substanz unabhängig von ihren Vorkommnissen bezieht. "Wasser" ist mit keinen Unterscheidungskriterien für die verschiedenen Vorkommnisse von Wasser gekoppelt: er bezieht sich nämlich auf die ganze Substanz Wasser. Besagte Pluralbildung "Äpfel" von "Apfel" hätte dementsprechend lediglich eine spezifikative Funktion: So wie "warmes Wasser" "Wasser" spezifiziert und "hellrot" "rot", so würde "Äpfel" "Apfel" spezifizieren. "Äpfel" würde sich demnach nicht auf die ganze Apfelsubstanz der Welt oder auf das ganze Apfelmaterial beziehen, sondern auf eine ganz bestimmte Portion davon. Diese Alternative im referentiellen Apparat der Sprache eines Kindes würde natürlich nicht ewig bestehen bleiben. Ein Kind, das in unsere Sprachgemeinschaft hineinwächst, lernt immer mehr Ausdrücke. Es lernt früher oder später auch jene Ausdrücke und sprachlichen Hilfsmittel, die es gestatten, diese Alternative aufzudecken und auszuräumen, wie: "...derselbe wie...", "ein anderer als...", "dieser..., aber nicht jener...". Das Kind wird also jene Kunstmittel erlernen, auf die sich auch die "analytischen Hypothesen" des Linguisten im Busch beziehen. Erst dann, wenn das Kind diese Individuationsmittel unserer Sprache beherrscht, kann festgestellt werden, ob es einen Ausdruck als allgemeinen Term oder als einen Term mit kontinuativer Referenz verwendet. Wir werden durch Fragen feststellen können, was für es als ein Apfel und was als ein anderer, oder was als derselbe Apfel gilt. Erst aufgrund dieser Individuationsmittel kann zwischen dem spezifisch individuativen Gebrauch eines Ausdrucks im Sinne der allgemeinen Terme unserer Erwachsenensprache und dem soeben betrachteten alternativen Gebrauch derselben unterschieden werden.

Die Aneignung der individuativen Partikel und Redewendungen ist nach Quine der Hauptschritt im Erwerb des eigentlichen referentiellen Apparats von Sprache. Erst derjenige, der diesen Schritt getan hat, kann Sprache im eigentlich referentiellen Sinn verwenden, d.h. sich auf Gegenstände, auf Einzeldinge beziehen. Erst durch die Erlernung der Individuationsmittel kann z.B. jemand den Ausdruck "Mama" als einen eigentlichen singulären Term verwenden, der sich auf einen immer wiederkehrenden, aber individuellen Gegenstand bezieht. Quine zeigt, daß die semantische Unterscheidung zwischen singulären und allgemeinen Termen für uns Erwachsene zwar in den allermeisten Fällen eine selbstverständliche ist, daß sie aber als eine *relative* zu bestimmen ist: sie ist und bleibt relativ zu unseren gängigen Individuationsmitteln. Der korrekte Gebrauch eines Ausdrucks von seiten des Kindes ist kein hinreichender Grund, um anzunehmen, das Kind verwende den Ausdruck als einen singulären oder einen allgemeinen Term. Quine zeigt aber auch, daß selbst wir Erwachsene, die wir den individuativen Gebrauch unserer Sprache beherrschen, von Zweideutigkeiten in bezug auf diese Unterscheidung nicht ganz immun sind. Im Fall der Ausdrücke, die wir als Terme mit kontinuativer Referenz verwenden, ist es nicht von vornherein klar, daß sie nur als singuläre zu bestimmen sind. Oft bleibt die Unterscheidung zwischen singulär und allgemein in bezug auf sie zweideutig (WO. 98). Diese Zweideutigkeit kann meistens durch die Position der Ausdrücke im Gefüge des Satzes beseitigt werden. Wenn in Prädikatposition, können sie als allgemeine, wenn hingegen in Subjektposition, als singuläre Terme gedeutet werden. Der kontinuative Term

"Wasser" z.B. kann, wenn er in Prädikatposition auftritt, als allgemeiner bestimmt werden, insofern er auf viele verschiedene Mengen (Portionen) Wasser zutrifft. Kommt er hingegen in Subjektposition vor, so kann er als singulärer Term aufgefaßt werden, insofern er sich auf die Gesamtheit allen Wassers in der Welt bezieht, nämlich auf einen einzigen Gegenstand, der allerdings raumzeitlich nicht kontinuierlich ist, sondern in Raum und Zeit verstreut ist.

2.1.5 Perfektionierung des referentiellen Apparats

In unserem Alltag spielen die Terme, die keine kontinuative, dafür aber eine gestückelte Referenz haben, eine viel wichtigere Rolle. Das sind allgemeine Terme, die - wie Quine sagt - ein eingebautes Verfahren der Individuation besitzen (OR. 8). Mit diesen Termen ist mitgegeben, was als ein und was als ein anderer Gegenstand gilt von jenen Gegenständen, auf die sie sich beziehen. Diese Terme sind also gekoppelt mit den Identitäts- und Unterscheidungskriterien jener Gegenstände, auf die sie zutreffen. Sie sind die Terme, "whose ontological involvement runs deep", weil sie nach Quine die referierenden Ausdrücke im eigentlichen Sinn sind. Sie entsprechen in etwa den Ausdrücken, die von Strawson, Geach und Carl als sortale Ausdrücke bestimmt werden[37] (OR. 8). Hier soll nun gezeigt werden, daß nach Quine die Referenz selbst solcher Terme eine relative ist, d.h., daß sie vom Kontext abhängig ist, in dem die Terme vorkommen. Dieser Kontext kann auch durch die demonstrativen Partikeln unseres komplizierten Sprachapparates bestimmt sein. Sie ermöglichen z.B. die Überführung eines allgemeinen Terms mit gestückelter Referenz in einen singulären: Durch das Voranstellen der demonstrativen Partikel "dieses" oder "jenes" kann man allgemeine Terme in singuläre transformieren. Durch die Ausdrücke "dieser Fluß", "diese Frau" können wir uns, wenn wir uns in der entsprechenden Situation befinden, auf ganz bestimmte Gegenstände beziehen. Um auf Einzeldinge zu referieren, brauchen wir also nicht im Besitz von Eigennamen zu sein. Durch die Demonstrativa ersparen wir uns - so Quine - viel Mühe im referentiellen Apparat. Wir können uns dadurch auf Einzeldinge beziehen, die überhaupt keine Namen haben und sehr wahrscheinlich nie einen haben werden. Das gilt z.B. für einen ganz bestimmten Apfel[38].

37 Siehe Abschnitt 1.6.

38 Wir werden noch sehen, daß für Quine die Rolle der Eigennamen eine sehr geringe ist: sie sind letztlich entbehrlich. Siehe Abschnitt 2.2.5.

Das Voranstellen von Demonstrativa vor allgemeine Terme ermöglicht auch die Erlernung, Weitergabe und Einführung von Eigennamen. Wenn z.B. jemand, der am Ufer des Nils steht, einem Unkundigen den Eigennamen "Nil" erklären will, so genügt es nicht, wenn er auf den Nil zeigt und hinzufügt, das ist der Nil. Durch die hinweisende Geste könnte ja nur ein Teil des Flusses oder nur das Wasser im Fluß oder nur eine Windung davon gemeint sein und nicht der ganze Nil. Um eine adäquate Weitergabe des Eigennamens zu gewährleisten, braucht es die Hinzufügung des allgemeinen Terms "Fluß", der die Individuierungskriterien für den ganzen Nil vermittelt. Natürlich muß der individuierende Gebrauch der allgemeinen Terme mit gestückelter Referenz mit viel Mühe erlernt werden. Sobald aber ein heranwachsendes Kind oder eine Gruppe von Menschen den individuierenden Gebrauch dieser Terme beherrscht, können mit großer Leichtigkeit singuläre Terme erklärt oder neu eingeführt werden. Bereits im Zusammenhang mit der Besprechung der Ansichten Freges und Geachs über Referenz wurde klar, wie wichtig für den referentiellen Apparat von Sprache die Rolle jener Ausdrücke ist, die mit Identitätskriterien gekoppelt sind.

Die singulären Terme, die durch Hinzufügung eines hinweisenden Pronomens aus allgemeinen Termen entstehen, sind ihrerseits nützlich, um neue allgemeine Terme einzuführen. Wenn wir einem Kind, jedesmal wenn wir einen Granatapfel vor uns haben, sagen: "dieser Apfel ist ein Granatapfel", und wenn das genügend oft in den richtigen Umständen geschieht, so wird das Kind mit großer Wahrscheinlichkeit den neuen allgemeinen Term "Granatapfel" bald erlernen. Es zeigt sich also, daß allgemeine Terme mit gestückelter Referenz für die Einführung von singulären Termen wie "dieser Apfel" nützlich sind, daß aber ihrerseits diese gebraucht werden, um weitere allgemeine Terme wie "Granatapfel" einzuführen.

Allgemeine Terme ändern zumeist ihre Referenz, wenn sie z.B. statt mit Demonstrativa mit bestimmten Artikeln ergänzt werden. In solchen Fällen braucht es auch keine ergänzende hinweisende Geste mehr. Wenn in den vorhergehenden zusammengesetzten Ausdrücken die Demonstrativa durch bestimmte Artikel ersetzt werden, so kann man sie in vielen Fällen als neue singuläre Terme verwenden. Quine nennt sie daher auch "degenerierte hinweisende singuläre Terme" (degenerate demonstrative singular terms) (WO. 102) und weist darauf hin, daß sie der Kern für die Kennzeichnungen sind. Es gibt nämlich viele Situationen, in denen die Ausdrücke "der Mann", "der Apfel" usw. auf einen ganz bestimmten und nur auf diesen Gegenstand zutreffen.

Aus den allgemeinen Termen mit gestückelter Referenz kann man auch dadurch neue Terme schaffen, daß man sie mit einem Adjektiv ergänzt. Adjectiva, die in solchen zusammengesetzten Termen auftreten, haben keine prädikative, wohl aber eine - wie Quine sagt - attributive Funktion. Sie bestimmen die

Referenz der allgemeinen Terme, denen sie hinzugefügt werden, dadurch daß sie sie einschränken. Die so zusammengesetzten Ausdrücke sind Terme, die auf genau diejenigen Gegenstände zutreffen, auf die ihre Bestandteile zusammengenommen zutreffen:

> 'Red' has attributive position in 'red house', as against its predicative position in 'Eliot House is red'. A composite general term thus formed is true of just the things of which the components are both true. (WO. 103)

Die Teilausdrücke z.B. des zusammengesetzten Ausdrucks "Rotwein" sind singuläre, kontinuative Terme: Sie beziehen sich auf zwei in Raum und Zeit verteilte Portionen von Welt. Folglich ist der Ausdruck "Rotwein" ein singulärer Term, der sich auf die Portion von Welt bezieht, die sowohl rot als auch Wein ist. Rotwein ist demnach der Teil des gesamten Weines der Welt, der auch Teil des gesamten roten Stoffes dieser Welt ist. Diese Überlegung ist allerdings nur für den Fall stichhältig, in dem der Ausdruck "Rotwein" nicht in Prädikatstellung, in der er zunächst als allgemeiner Term zu deuten wäre, vorkommt. Darüber hinaus kommt die Schwierigkeit hinzu, daß der Ausdruck "rot", selbst dann, wenn er nicht in Prädikatstellung auftritt, meist nur in einem übertragenen Sinn als singulärer Term verwendet wird. "Rot" kann nämlich auf Dinge zutreffen, die gar nicht Teil der gesamten roten Substanz der Welt sind. Rote Häuser und rote Öfen überschneiden sich mit der roten Substanz der Welt nur auf eine ganz oberflächliche Art, insofern sie nur nach außen hin rot sind.

Die Arten von Termen, die bis jetzt besprochen worden sind, beziehen sich alle - ob singulär oder allgemein, ob mit kontinuativer oder gestückelter Referenz - auf Gegenstände, unabhängig von den Beziehungen dieser Gegenstände zu anderen Gegenständen. Es gibt aber auch Ausdrücke, die nur kraft dieser Beziehungen Referenz haben. Quine nennt sie "relative Terme" (WO. 105). Die relativen Terme können verschiedene grammatikalische Formen annehmen: die eines Substantivs mit einer Präposition, z.B. "Bruder von..."; die eines Adjektivs mit einer Präposition, z.B. "größer als..."; die eines transitiven Zeitwortes, z.B. "spielt..."; oder ganz einfach die einer einzelnen Präposition, z.B. "in", "unter" usw. Relative Terme werden im Normalfall mit singulären kombiniert und ergeben so neue zusammengesetzte Terme, z.B. "Bruder von Abel". Die so entstandenen Terme können allgemeine aber auch singuläre sein. Die allgemeinen unter ihnen können durch weitere Operationen zu noch komplexeren Termen führen, z.B. zu "böser Bruder von Abel". Handelt es sich um komplexe allgemeine Terme, so können diese durch Hinzufügung von Demonstrativa wieder in singuläre verwandelt werden. Die so gewonnenen singulären Terme können ihrerseits durch Hinzufügung von relativen Termen wieder zu allgemeinen noch komplexerer Art führen usw.

All diese Operationen bringen der Sprache neue referentielle Mittel. Wir, die Erwachsenen, verfügen im Unterschied zum Kind über ein ganz ausgetüfteltes System, um über Gegenstände in der Welt zu reden. Quine spricht daher auch von *Phasen* im Erwerb von seiten des Kindes unseres äußerst komplexen referentiellen Apparats von Sprache: In der ersten Phase spricht das Kind noch prä-individuativ; in der zweiten lernt es die individuative Terme, d.h. jene, die das Verfahren der Individuation eingebaut haben. Beherrscht das Kind einen individuativen Term, so beherrscht es auch die Identitäts- und Unterscheidungskriterien für jene Gegenstände, die unter ihn fallen. Erst in dieser Phase entwickelt das Kind eine echte Vorstellung von raum-zeitlichen Gegenständen und erwirbt sich den Gebrauch von hinweisenden Pronomina und bestimmten Artikeln. Bereits in der zweiten Phase ist aber auch die Möglichkeit des Irrtums in bezug auf Referenz gegeben. Man kann einen allgemeinen Term durch die angegebenen Mittel in einen singulären überführen und annehmen, er beziehe sich auf etwas, obwohl er sich in Wirklichkeit auf nichts bezieht[39]. Die Fälle, in denen die Referenz von Termen versagt, tauchen aber hauptsächlich erst in der dritten Phase auf. In diese tritt das Kind, sobald es lernt, Terme mit anderen zu komplexen zu verknüpfen. Die referentiellen Mittel von Sprache werden - wie bereits gesehen - durch diese Verknüpfung erheblich vermehrt. Gleichzeitig nimmt aber auch die Möglichkeit des Versagens der Referenz zu. In der dritten Phase können viele Ausdrücke entstehen, die auf nichts zutreffen, z.B. "eckiger Apfel", "fliegendes Pferd", "trockenes Wasser" usw. Obwohl es Gegenstände gibt, auf die die Teilausdrücke der so zusammengesetzten Ausdrücke zutreffen, gibt es keinen Gegenstand, auf den beide zusammen zutreffen. "The third phase brings mass production of general terms, far outrunning the objects of reference..." (WO. 109). Falls es allerdings Gegenstände gibt, auf welche die so gebildeten Ausdrücke zutreffen, so sind sie nichts Neues, keine neue Kategorie von Gegenständen. Sie sind ganz einfach die Dinge, auf die jeder Teilausdruck zutrifft.[40] Erst in der vierten

39 "And in any event failures of reference of a sort become possible on the part of the demonstrative singular terms and singular descriptions, as when 'this apple' or 'the apple' is used in connection with something that proves to lack its back half or to be a tomato." (WO. 108)

40 Es gibt aber auch komplexe Terme, die nicht so funktionieren, wie "scheinbare Zuneigung", "echtes Geld", "werdende Mütter", "wahre Künstler", "falsche Propheten" usw. Ein wahrer Künstler ist zwar ein Künstler, aber keiner, der wahr wäre, und ein falscher Prophet ist kein Prophet. Diese Fälle legen - so Quine - die alte Unterscheidung nahe zwischen kategorematisch und *syn*-kategorematisch (WO. 103), insofern die Teilausdrücke zwar in bestimmten Kontexten als Terme mit Referenz auftreten, in anderen wiederum - wie in den genannten - nicht: in ihnen treffen sie auf keine

Phase wird der Zugang zu einer neuen Art von Gegenständen ermöglicht. In dieser Phase lernt das Kind, relative Terme mit singulären oder allgemeinen zu verknüpfen. Die so gebildeten Terme können sich auf Gegenstände beziehen, die nicht mehr direkt beobachtbar sind. Der Umgang mit solchen Termen kann also nicht aufgrund von ganz bestimmten Reizsituationen der Sinne gelernt werden. Die Nicht-Beobachtbarkeit der Gegenstände, auf die sich die so gebildeten Terme beziehen, ist nicht gleichzusetzen mit ihrer Nicht-Existenz wie im Fall der zusammengesetzten Ausdrücke in der dritten Phase. "Kleiner als dieser Fleck" wäre z.B. ein solcher zusammengesetzter Term, wenn sich "dieser Fleck" auf etwas bezieht, das schon an der Grenze der Beobachtbarkeit ist. Der Kunstgriff, der zu solchen zusammengesetzten Termen führt, "...enables us, for the first time, to form terms whose references can be admitted to be forever unobservable without yet being repudiated, like blue apples, as non-existent". (OR. 13)

In den weiteren Phasen lernt das Kind nicht nur neue zusammengesetzte Terme, sondern auch abstrakte Terme. Durch diese kann es sich auf Qualitäten, Eigenschaften und Klassen usw. beziehen. In der schematischen Rekonstruktion des Erwerbs dieser Terme greift Quine auf die prä-individuative Phase des Kindes zurück, in der das Kind in Ermangelung des individuativen Apparats weder auf dem Standpunkt des Allgemeinen noch des Singulären steht. Für das Kind haben die prä-individuativen Terme einerseits den Hauch des Allgemeinen um sich, vergleichbar dem individuativen "Apfel"; andererseits aber auch den des Singulären, da sie so gelernt wurden wie "Mama": "So the mass term already has rather the hybrid air of the abstract singular term" (WO. 120). Das "hybride Gebaren" ergibt sich daraus, daß "Wasser" z.B. als Term aufgefaßt werden kann, der auf viele verschiedene Pfützen und Glasfüllungen usw. zutrifft und gleichzeitig auf nur einen Gegenstand, nämlich auf den Teil der Welt, der aus diesen Pfützen und Glasfüllungen usw. besteht. In der ersten Phase der Erlernung von Sprache steht das Kind, in Ermangelung des individuativen Apparats, weder auf dem Standpunkt des Allgemeinen noch des Singulären. Aber gerade das macht die

eigene Kategorie von Gegenständen zu. Betrachtet man komplexe Ausdrücke - unabhängig vom weiteren Kontext - so wird es viele referentiell mehrdeutige Ausdrücke geben. In "intellektueller Zwerg" z.B. kann "intellektuell" sowohl kategorematisch als auch synkategorematisch auftreten: "If in 'intellectual dwarf' we take the use of 'intellectual' as truly attributive, then anyone referred to will be both intellectual and a dwarf. If we take it in the syncategorematic way, then anyone referred to will be unintellectual and quite possibly gigantic." (WO. 132)

Zwitterhaftigkeit vieler Ausdrücke, die das Kind verwendet, aus. Diese Zwitterhaftigkeit ist nach Quine der Nährboden für die Bildung abstrakter Terme. Quine erläutert das anhand der Farbwörter: "Rot" z.B. kann ebenso wie "Wasser" als kontinuativer Term gelernt werden. Sobald das Kind aber den individuativen Gebrauch von Sprache erlernt und die Vorstellung von beständigen materiellen Gegenständen gewonnen hat, wird "Rot" zweideutig: "Rot" trifft auf den gesamten roten Stoff zu (auf Singuläres), aber auch auf alle roten Gegenstände (auf Allgemeines):

> ...there is red stuff (tomato juice) and there are red things (apples) that are mostly white stuff. "Red" both remains a bulk term of the ancient vintage of "water" and "mama", and becomes a concrete general term like "round" or "apple". Since the child will still not clearly conceive of "red" as suddenly two words, we have him somehow infusing singularity into the concrete general; and such is the recipe, however unappetizing, for the abstract singular. (OR. 14)

Durch das "unappetitliche Rezept" für die Bildung abstrakter singulärer Terme, von dem Quine hier spricht, wird das abstrakt Singuläre dem konkret Allgemeinen unterschoben. In den frühen Phasen der Erlernung bleibt das abstrakt Singuläre mit dem konkret Allgemeinen noch gleichsam vermengt. In den späteren Phasen wird es durch die Diversifizierung der Terme ("rot" und "Röte" z.B) auseinandergehalten. Diese Entwicklung betrifft nicht nur Farbwörter, sondern letztlich alle Terme: Das "Rezept" wird auch auf die anderen allgemeinen Terme angewandt, so daß auch diese singuläre Terme liefern (WO. 121). Das sind dann Terme für Eigenschaften, Klassen usw.

Quine hat eine schematische (keine psychologische) Rekonstruktion der Phasen der Erlernung des ausgeprägten referentiellen Apparats der Erwachsenensprache in Angriff genommen. Dabei hat er zu schildern versucht, wie das Kind von den prä-individuativen Termen in die abstrakte Ontologie (abstrakte Gegenstände) hineinschlittert. Bekanntlich nehmen sich viele Philosophen entweder aus intellektuellen Redlichkeitsgründen oder aus anderen Gründen vor, die Rede von abstrakten Gegenständen zu vermeiden. Andere wollen diese Rede nur als eine elliptische verstanden wissen: Sätze über abstrakte Gegenstände sind nur Abkürzungen für Sätze über konkrete Gegenstände. Wieder andere meinen, man solle die Verwendung von abstrakten Gegenständen nicht so ernst nehmen, zumindest nicht in bezug auf ihre Referenz. Quine selbst macht es sich allerdings diesbezüglich nicht so leicht:

> For I deplore that facile line of thought according to which we may freely use abstract terms, in all the ways terms are used, without thereby acknowledging the existence of any abstract objects. (WO. 119)

Quine steht zur These, daß die Verwendung nicht nur von konkreten, sondern auch von abstrakten Termen *ontologisch verpflichtet.* Mit anderen Worten, auch abstrakte Terme, ob singulär oder allgemein, referieren, d.h. sie beziehen sich auf abstrakte Gegenstände, wenn die Sätze, in denen sie vorkommen, wahr sind[41]. Quine hat zwar mit Goodman das nominalistische Credo formuliert: man sollte sich nur auf konkrete Individuen beziehen. In "Word and Object" und in seinen späteren Werken aber kommt er zu dem Schluß, daß das nominalistische Programm nicht ohne weiteres zu verwirklichen ist (WO. 123). Die Einführung abstrakter Terme könnte nach Quine sogar ein glücklicher Zufall gewesen sein. Daß die Einführung nicht ganz sauber und "anrüchig" ist (OR. 16), ist noch kein hinreichender Grund, diese Terme nicht zu verwenden. Wir würden ja auch nicht die Theorie der Elektronen abschaffen, würden wir entdecken, daß die Physiker nur durch unsinnige Träume auf sie gekommen sind.

Bereits durch diese summarische Schilderung des sprachphilosophischen Hintergrunds Quines und seiner Rekonstruktion der Aneignung des referentiellen Apparats von seiten des Kindes wurde klar, daß Quine Referenz aufgrund des *Zutreffens* von Ausdrücken auf Gegenstände deutet: Ausdrücke können von Gegenständen "wahr sein", m.a.W., sie können von diesen "erfüllt" werden. Auch Quine behandelt also die Frage nach Referenz im Kontext der Wahrheitsfrage. Dabei verschwindet allerdings bei ihm der für andere Autoren so gravierende Unterschied zwischen Ausdrücken in Subjekt- und solchen in Prädikatposition; denn auf Gegenstände können sowohl die einen als auch die anderen zutreffen. Referenz bleibt nach Quine allerdings stets abhängig vom Kontext, in dem die referentiellen Terme vorkommen. Referenz ist somit keine fixe Beziehung nach dem Schema von Eigennamen und Namensträger wie nach Geach. Nicht nur die Applicativa können die Referenz von Termen verschieben, sondern auch andere Terme, die mit diesen zu komplexen Termen verbunden werden. Nicht zu übersehen ist in Quines Abhandlung zudem die Betonung der *Relativität* der Referenz: Referenz ist und bleibt vom individuativen Apparat einer bestimmten Sprache oder einer Phase in ihrer Entwicklung abhängig. Wird dieser individuative Apparat nicht berücksichtigt, so ist nach Quine Referenz sogar "unerforschlich". Durch die einleitenden Bemerkungen über Quines Sprachphilosophie wurde auch

41 Vgl. zur Diskussion über das Quine-Kriterium für ontologische Verpflichtungen (ontological commitments):
G. Küng, Ontologie und logistische Analyse der Sprache. Wien 1963, 104-115;
R.W. Trapp, Analytische Ontologie. Der Begriff der Existenz in Sprache und Logik. Frankfurt 1976, 78-118;
Abschnitt 2.3.4.

klar, daß Quine zwar aufgrund seines extrem empiristischen Standpunkts und seiner holistischen Betrachtung von Sprache das Sprechen von Bedeutungen ausklammern möchte; daß allerdings auch er Terme, die auf verschiedene Gegenstände zutreffen, als mit *Identitäts-* und *Unterscheidungskriterien* gekoppelt annimmt, die ein Sprecher beherrscht, wenn er die entsprechenden Terme sinnvoll anwendet. Was also über die sortalen Ausdrücke in der Frege-Geach-Tradition im ersten Hauptteil dieser Arbeit gesagt wurde, verliert durch Quine seine Gültigkeit nicht.

2.2 Quines Vorschläge für die Reglementierung von Sprache

Quine nimmt - wie bereits gesehen - innerhalb der analytischen Philosophie eine ganz eigenständige Position ein. Will man ihn dennoch grob einordnen, so muß man ihn auf alle Fälle der *ideal*-sprachlichen[42] (in Abhebung von der normalsprachlichen) Richtung zuordnen. Quine wird nämlich nicht müde, für die Vervollkommnung unserer Sprache und speziell unseres referentiellen Apparats auch durch künstliche Mittel einzutreten. Abweichungen von der Umgangssprache können unter Umständen - wenn sie unser Sprechen über Gegenstände *reglementieren* - wünschenswert sein. Speziell die Logik bietet nach seinen Ausführungen Möglichkeiten, Vieldeutigkeiten und Mißverständnisse in unserem alltäglichen Sprechen zu beseitigen. Quine greift daher in verschiedenen Schriften hauptsächlich auf die Prädikatenlogik zurück und versucht, durch sie einen Beitrag für die Vervollkommnung unseres Sprechens über Gegenstände und unseres Verständnisses davon zu leisten. Bei seinen Ausführungen spielt die prädikatenlogische Quantifikation eine wesentliche Rolle. Auf sie soll im nächsten Hauptabschnitt ausführlich eingegangen werden. In den nächsten Teilabschnitten hingegen seien lediglich einige für die eigentliche Reglementierung durch die Quantifikation ausschlaggebende Beobachtungen Quines wiedergegeben. Diese sind schon als solche für die Frage nach der Referenz sprachlicher Ausdrücke relevant, wie z.B. die Beobachtungen darüber, wie Vieldeutigkeiten ausgeräumt werden können; wann Referenz versagt; welche Rolle die Ausdrücke "alles" und "etwas" spielen; wozu die "so daß"-Sätze gebraucht werden.

42 Vgl. J. Sinnreich, Einleitung, in: Zur Philosophie der idealen Sprache. Hg. von J. Sinnreich. München 1972, 7-20.
K. Lorenz, Elemente der Sprachkritik. Eine Alternative zum Dogmatismus und Skeptizismus in der analytischen Philosophie. Frankfurt 1971, 242.

2.2.1 Erste Vorschläge zur Beseitigung referentieller Vieldeutigkeiten

Ein ganz einfaches und verbreitetes Mittel, Mißverständnisse und Vieldeutigkeiten im schriftlichen referentiellen Apparat von Sprache zu beseitigen, sind z.B. die *Anführungszeichen*. Ein Ausdruck wird dann unter Anführungszeichen gesetzt, wenn er nicht mehr in seiner üblichen referentiellen Rolle verwendet wird. Da man im Mittelalter dieses oder ein ähnlich einfaches Kunstmittel nicht kannte, konnten diesbezügliche Mehrdeutigkeiten erst im Nachhinein durch Angabe der Art der Supposition des Ausdrucks behoben werden. Wurde ein Ausdruck nicht in seiner üblichen Bezeichnungsrolle verwendet, sondern als z.B. sich selbst bezeichnend, so sagte man, er supponiere "materialiter" im Unterschied zu "personaliter". Ein weiteres einfaches Kunstmittel haben wir schon in Zusammenhang mit Geach[43] kennengelernt, die *Klammern* nämlich. Mehrdeutige Sätze können aufgrund von Klammern insofern geklärt werden, als durch sie z.B. angegeben werden kann, was in den verschiedenen Interpretationen zum jeweiligen Prädikat gerechnet werden soll und was nicht. Die Verwendung von Klammern stammt aus der Mathematik und Logik und dient als Mittel zur Kennzeichnung von Gruppierungen. Mehrdeutigkeiten können aber auch dadurch behoben werden, daß man die fraglichen Sätze in Sätze überführt, die eindeutig sind.

Durch die Rekonstruktion der Erlernung von Sprache nach Quine wurde klar, wie groß die referentielle Unbestimmtheit der Terme in den ersten Phasen der Verwendung von Sprache ist; es wurde auch klar, wie ein Großteil dieser Unbestimmtheiten in der Entwicklung beseitigt wird. Ein Teil der Unbestimmtheiten und Unregelmäßigkeiten im referentiellen Apparat bleibt aber bestehen. Er verursacht verschiedene Mißverständnisse, in bestimmten Fällen sogar den Zusammenbruch von Kommunikation. Ist nun hier von Beseitigung der Unbestimmtheiten gewisser Terme die Rede, so soll das nicht mit Beseitigung von *Vagheit* verwechselt werden. Viele unserer Ausdrücke sind vage, sie stören aber selten die Zielsetzung der üblichen Kommunikation zwischen Erwachsenen; sie stören auch nicht den Wahrheitswert der Aussagen, in denen sie vorkommen. In vielen Fällen wird nach Quine Vagheit sogar gefragt sein, um ganz bestimmten Zwecken in der Kommunikation zu dienen (WO. 127). Gravierende Störungen des Kommunikationsprozesses ergeben sich erst aus den Mehrdeutigkeiten in bezug auf Referenz. Die referentiellen Mehrdeutigkeiten betreffen sowohl einzelne als auch zusam-

43 Siehe Abschnitt 1.7.3.

mengesetzte Ausdrücke bis hin zu ganzen Sätzen. Referentiell mehrdeutige Sätze können zur selben Zeit verschiedene Wahrheitswerte haben, so wie einzelne referentiell mehrdeutige Terme auf bestimmte Gegenstände zutreffen und gleichzeitig nicht zutreffen können.

Hier soll nun ein weiteres formales Mittel erwähnt werden, das Quine zur Behebung von referentiellen Mehrdeutigkeiten vorschlägt, nämlich die Einführung von *unbestimmten Buchstaben* (Variablen). Die Einführung von unbestimmten Buchstaben ist einer der Quineschen Schritte zur Reglementierung von Sprache durch die prädikatenlogische Quantifikation. Dieses Mittel wird von Quine zunächst vorgeschlagen, um die referentiellen Mehrdeutigkeiten zu beheben, die sich aus dem *pronominalen* Bezug ergeben. In ganz einfachen Kontexten, in denen der Rückverweis durch ein Pronomen auf einen referentiellen Term klar ist, wird es keine Schwierigkeiten geben in der Bestimmung des jeweiligen Referenzobjektes. Quine zeigt aber auf, wie problematisch der Rückverweis oder Querverweis durch ein Pronomen und wie groß die Verwirrungen sein können, die dadurch entstehen. Die Mehrdeutigkeiten können in den Fällen leicht beseitigt werden, in denen der Term, auf den das Pronomen verweist, ein bestimmter ist. Dabei braucht dieser nur repetiert zu werden, sollten sich Fragen aufgrund der referentiellen Unbestimmtheit ergeben. Wenn aber der Term ein unbestimmter ist, fällt diese Art der Behebung von Mehrdeutigkeiten aus. Zwei der Quineschen Beispiele, die die Problematik aufzeigen sollen, sind folgende (WO. 135):

1. Jedes Ding hat ein Teilstück, das kleiner ist als es.

2. Ein Anwalt erzählte einem Kollegen, er glaube, einer seiner Klienten sei ihm gegenüber kritischer als gegenüber irgendeinem seiner Konkurrenten.

"Es" im ersten Beispiel verweist klarerweise auf "jedes Ding"; ersetzt man es allerdings durch "jedes Ding", so ändert man den kognitiven Gehalt und den Wahrheitswert des Satzes. Um Mehrdeutigkeiten in den Fällen zu beheben, in denen die Wiederholung des Ausdrucks, auf den durch das Pronomen verwiesen wird, nicht möglich ist, kann aber - so lehrt Quine - ein formaler Trick aus der Logik oder Mathematik angewendet werden: Man ergänze den Ausdruck, auf den verwiesen wird, durch einen unbestimmten Buchstaben, und wiederhole diesen an Stelle des verweisenden Pronomens. Solche unbestimmte Buchstaben könnten auch Variablen genannt werden. Mit diesem Ausdruck ist allerdings in der Wiedergabe der Quineschen Ansichten Vorsicht geboten, da Quine "Variable" nur für die unbestimmten Buchstaben verwendet, die durch Quantoren *gebunden* werden und als *Werte* Individuen aus dem Individuenbereich, über den quantifiziert wird, annehmen. Durch die Einführung unbestimmter Buchstaben wie "x, y, z..." können auf alle Fälle Mehrdeutigkeiten beseitigt werden, wie aus folgender Ergänzung des zweiten Beispiels ersichtlich wird:

> Ein Anwalt x erzählt einem Kollegen y, x (oder y?) glaube, ein Klient z von y (oder x?) sei z (oder x oder y?) gegenüber kritischer als gegenüber irgendeinem Konkurrenten von z (oder y oder x?).

Durch Einführung unbestimmter Buchstaben kann man die referentiellen Mehrdeutigkeiten, die durch die Verwendung von Pronomina gegeben sind, beseitigen. Obwohl nun diese Buchstaben nicht "Variablen" im Quineschen Sinn genannt werden dürfen, so haben sie dennoch etwas mit ihnen gemeinsam. Alle Vorkommnisse desselben Buchstabentyps verweisen nämlich - Quine nennt das "cross-reference" - auf das erste Vorkommnis desselben Typs im Satz, durch das die Referenz aller übrigen bestimmt ist. Es ist somit im Quineschen Sinn angebrachter, nicht von einer direkten Referenz der Pronomina zu sprechen und somit auch die Strawsonsche Deutung der Pronomina als *variabler* Namen[44] fallenzulassen. Spricht man den Pronomina dennoch Referenz zu, so kann diese nur über den Umweg des Ausdrucks, auf den verwiesen wird, gedeutet werden. Referenz ist nämlich auch nach Quine eine Beziehung zwischen Zeichen und Bezeichnetem, Querverweis (cross-reference) hingegen nur eine zwischen Zeichen und Zeichen: "Reference...is genuinely the relation of sign to object, whereas cross-reference is only a relation of sign to coordinate sign..." (WO. 137). So wie in der Prädikatenlogik gesagt wird, der Quantor eines quantifizierten Satzes *binde* die Variablen im Skopus des Satzes, so sagt Quine, der erste unbestimmte Buchstabe binde alle übrigen Vorkommnisse desselben Buchstabentyps:

> The introductory or appositive occurrence of 'x' is said to *bind* the various reccurrences of 'x', insofar as they hark back to that apposition and not to some independent use of the letter. (WO. 137)

Es wird somit jetzt schon - zumindest zum Teil - klar, inwiefern Quine von den gebundenen Variablen eines in die quantifizierte prädikatenlogische Form übertragenen umgangssprachlichen Satzes sagen kann, *sie* tragen die "Last der Referenz": sie tragen sie nämlich nicht als einzelne, sondern als durch den jeweiligen Quantor *gebundene*. Das soll aber später im Rahmen der Quineschen Deutung der Quantifikation genauer besprochen werden. Bis jetzt wurde klar, welche Rolle bestimmten formalen Tricks und Mitteln zukommen kann, die von der Logik übernommen werden, um umgangssprachliche referentielle Mehrdeutigkeiten zu beheben. Es waren dies Klammern und unbestimmte Buchstaben. Gibt es um-

44 Strawson nennt die Pronomina *variable* Namen, weil sie je nach Kontext ganz verschiedene Referenzobjekte haben. (SaP. 60)

gangssprachliche mehrdeutige Sätze, so kann im jeweiligen Satz durch Beifügung oder Verschiebung dieser formalen Mittel die Mehrdeutigkeit insofern behoben werden, als dadurch bestimmt wird, welche Teile davon das referentielle Hauptgewicht zu tragen haben. Ähnliches wurde schon im Rahmen der Semantik von Geach klar. Auch dort war von der Verlagerung oder Verschiebung des referentiellen Gewichts eines komplexen mehrdeutigen Satzes die Rede, sobald von der einen Interpretation in die andere übergegangen wird. Allerdings stellt sich Geach das Problem der referentiellen Mehrdeutigkeiten nicht in der Schärfe wie Quine, da für Geach nur Eigen- und allgemeine Namen in Subjektposition referieren.

2.2.2 Transparente (durchsichtige) und opake (undurchsichtige) Kontexte

Es gibt nicht nur insofern Mehrdeutigkeiten, als ein und derselbe Term verschiedene Referenzobjekte haben kann, sondern auch insofern, als es *Positionen* gibt, in denen ein Term rein referentiell, und Positionen, in denen derselbe Term nicht referentiell oder zumindest nicht rein referentiell vorkommt (WO. 141f). Quine spricht daher auch von referentiellen Mehrdeutigkeiten in bezug auf Positionen. Ob eine Position referentiell mehrdeutig ist, hängt von der Konstruktion ab, in der sie vorkommt: die Art und Weise ihres Enthaltenseins bestimmt, ob die Terme, die in ihr vorkommen, referentiell, nicht referentiell oder mehrdeutig sind (WO. 144). Im ersten Fall sagt Quine von der Konstruktion, daß sie in bezug auf die Position durchsichtig, im zweiten, daß sie undurchsichtig und im dritten, daß sie mehrdeutig ist. Durch Änderung der Konstruktion kann eine Position von einer referentiellen in eine nicht referentielle verwandelt werden und umgekehrt; durch Änderung der Konstruktion kann allerdings auch die referentielle Mehrdeutigkeit - sofern sie vorhanden ist - behoben werden. Viele Konstruktionen unserer Umgangssprache sind in bezug auf bestimmte Positionen weder eindeutig durchsichtig noch undurchsichtig, so z.B. die Konstruktionen, die mit "glauben" und "suchen" beginnen. Die Konstruktion

Tom glaubt, daß Cicero Catilina denunziert hat (WO. 145)

ist in bezug auf die Position von "Cicero" mehrdeutig: "Cicero" kann nämlich als rein bezeichnend (referentiell) oder auch als nicht rein bezeichnend (nicht referentiell) aufgefaßt werden. Quine gibt den Fall an, in dem Tom nicht weiß, daß Cicero mit Tullius identisch ist und daß er somit bestreitet, daß Tullius Catilina denunziert hat, obwohl er andererseits glaubt, daß Cicero Catilina denunziert hat. Wenn wir nun einerseits bereit sind, den oben angegebenen Satz zu bejahen, andererseits, weil Tom wegen seines Mangels an humanistischer Bildung negiert, daß Tullius Catilina denunziert hat, dazu neigen zu bestreiten, daß Tom glaubt, Tullius habe Catilina denunziert, so wird "Cicero" von uns als nicht rein bezeichnend gedeutet. In diesem Fall wird daher die Konstruktion mit "glaubt, daß" undurchsichtig sein. Sind wir aber der Meinung, daß Tom doch glaubt, Tullius habe Catilina denunziert, insofern er den Satz "Cicero hat Catilina denunziert" ernst nimmt und nur durch eine Lücke in seinem Wissen irregeleitet wird, so deuten wir "Cicero" als rein bezeichnend, und der Kontext, in dem "Cicero" vorkommt, ist daher für uns durchsichtig. In diesem zweiten Fall drückt der erste Satz eine Beziehung zwischen den Personen Tom und Cicero aus, die Beziehung nämlich, daß der eine den anderen für den Denunzianten Catilinas hält (WO. 145).

Als ein *Kriterium* für rein referentielle Positionen gibt Quine die *Ersetzbarkeit* der Identität an (WO. 142)[45]. Wenn ein Term allein zur Angabe eines Gegenstandes verwendet wird, damit von diesem in Unabhängigkeit von der Art und Weise, sich auf ihn zu beziehen, Verschiedenes ausgesagt werden kann, so wird das Ausgesagte auch dann noch zutreffen, wenn ein anderer Term verwendet wird, um denselben Gegenstand anzugeben. Wenn nun in einer Prädikation ein Term rein referentiell verwendet wird, so kann sich der Wahrheitswert der Prädikation nicht ändern, wenn besagter Term durch einen anderen mit derselben Referenz ersetzt wird. Soll eine Position rein bezeichnend sein, so *muß* sie daher der Ersetzbarkeit der Identität gehorchen: "The position must be subject to the *substitutivity* of *identity*." (WO. 142) Tut sie das nicht, so kann sie nicht rein bezeichnend sein.

Das Kriterium gilt für Positionen innerhalb von komplexen singulären Termen *und* innerhalb von Sätzen. Die Positionen sind aber wiederum *relativ* zu dem, was man als Umgebung der Position betrachtet. Ich kann als Umgebung von "Cicero" in unserem Satz nur den Teilsatz "Cicero hat Catilina denunziert" betrachten. In diesem Fall ist die Position von "Cicero" klarerweise referentiell. Betrachte ich allerdings den ganzen Satz, der mit "Tom glaubt" beginnt, als Umgebung von "Cicero", so ändert sich die Lage. Deute ich den ganzen Satz so, daß sich der Wahrheitswert des Satzes ändert, wenn ich "Cicero" durch "Tullius" ersetze, so wird die Position des Namens keine rein referentielle sein können.

45 Vgl. Reference and Modality, in: LPV. 139-142. (Deutsch: Bezeichnung und Modalität, in: Das Universalien-Problem. Hg. von W. Stegmüller. Darmstadt 1978, 165-168.)

Im ersten Fall ist die Konstruktion durchsichtig, im zweiten hingegen nicht. Die Auflösung der referentiellen Mehrdeutigkeiten von Positionen und der darin vorkommenden Terme ist also als eine relative zu bestimmen: Sie ist davon abhängig, was als Umgebung oder als *Reichweite* (Skopus) des in der Position vorkommenden Terms genommen wird. (WO. 144) Was im Rahmen dieser Arbeit allerdings von besonderem Interesse ist, ist Quines Unterscheidung zwischen durchsichtigen und undurchsichtigen Konstruktionen. Die Unterscheidung hängt nämlich zusammen mit der Frage, wie weit das identifizierende Wissen des jeweiligen Sprechers die Referenz von Ausdrücken bedingen kann oder nicht. In undurchsichtigen Konstruktionen ist die Abhängigkeit der Referenz vom Wissen des jeweiligen Sprechers eine viel größere als in den durchsichtigen. Diese Abhängigkeit geht aus einem weiteren Quineschen Beispiel klar hervor:

(1) "Der Steuerprüfer sucht den Direktor"
(2) "Der Steuerprüfer sucht den Verkaufsleiter"
(3) "Der Verkaufsleiter = der Direktor" (WO. 142)

Das Beispiel entspricht in seiner Struktur dem Beispiel mit Tom: Es wird angenommen, daß (1) wahr ist und der Steuerprüfer somit dem Direktor nachsteigt; daß aber der Steuerprüfer nicht weiß, daß der Verkaufsleiter mit dem Direktor identisch ist und er somit dem Verkaufsleiter aus dem Wege geht. Aufgrund dieser Annahme ergeben sich die gleichen Mehrdeutigkeiten in bezug auf die Positionen rechts von "sucht": sie können rein referentiell oder nicht referentiell gedeutet werden. Betrachten wir (2) als wahr, so ist die Position von "Verkaufsleiter" eindeutig referentiell; betrachten wir hingegen (2) aufgrund des Verhaltens des Steuerprüfers als falsch, so versagt die Ersetzbarkeit der Identität, und die Position wird nicht referentiell sein.

Setzt man allerdings anstelle der kennzeichnenden singulären Terme rechts von "sucht" einen unbestimmten Term wie "jemand" ein, so ändert sich die Lage: man ist dann nicht mehr frei, zwischen den zwei Interpretationen zu wählen. Durch die Ersetzung der bestimmten Terme durch einen unbestimmten verschwindet nämlich jegliche Abhängigkeit des Wahrheitswertes der Sätze von der *Art* der Benennung des vom Steuerprüfer Gesuchten. Ob der Gesuchte in den Augen des Prüfers auch Verkaufsleiter ist oder nur Direktor, das ändert nichts an der Tatsache, daß er gesucht wird. Die Unterscheidung zwischen dem betreffenden qua Direktor und qua Verkaufsleiter läßt sich auf dieser Ebene, auf der nicht bestimmt referiert wird, nicht mehr anwenden. Dabei muß die Konstruktion "sucht" in beiden Fällen als durchsichtig betrachtet werden, da der Steuerprüfer in beiden Fällen in dem Sinn die betreffende Person sucht, in dem sowohl (1) als auch (2) wahr sind. Quine kommt daher zu dem Schluß, daß unbestimmte singuläre Terme, gerade weil sie unbestimmt sind und somit im eigentlichen Sinn nicht referieren, auf referentielle Positionen angewiesen sind: "To put the point paradoxically, indefinite singular terms need referential position because they do not refer." (WO. 147)

Wenn man nun "Cicero" im Beispiel mit Tom durch den unbestimmten Term "jemand" ersetzt, so scheint es, daß man aufgrund der vorhergehenden Überlegungen zum selben Ergebnis kommen müßte, daß nämlich die Position von "jemand" rein referentiell und die Konstruktion "Tom glaubt" durchsichtig sei. In diesem Fall wirkt sich allerdings die Mehrdeutigkeit der Reichweite von "jemand" aus, die den Fall zusätzlich verkompliziert. Als Trick oder formales Manöver, um Mehrdeutigkeiten der Reichweite eines unbestimmten Terms innerhalb von Sätzen zu beseitigen, schlägt Quine die Konstruktion "...so daß..." (such that) (WO. 140f) vor. Dabei fällt auf, daß trotz der Quineschen Nivellierung zwischen Subjekt und Prädikat eines Satzes, das Manöver der "so daß"-Konstruktion dem entspricht, was Geach mit der Festlegung des jeweiligen Prädikates meint. Quine selber weist darauf hin, daß die Frage nach der Reichweite eines unbestimmten Terms auf die Frage zurückzuführen ist, wie man das Prädikat eines Subjektes ausfindig machen kann[46]. Die "so daß"-Konstruktion erlaubt, Prädikate in die Form "ist so, daß...es..." zu verwandeln. Sollte allerdings das Prädikat sehr komplex sein, so wird auch in diesem Fall die Einführung von unbestimmten Buchstaben (Variablen) hilfreich sein, um die verschiedenen Querverweise eindeutig anzugeben. Die Konstruktion wird dann zu "ist ein solcher Gegenstand x, daß...x..." ("is an object x such that...x..."). Wendet man Quines Trick der "so daß"-Konstruktion auf das Beispiel "Tom glaubt, daß jemand Catilina denunziert hat" an, so erhält man zwei verschiedene Interpretationen:

(1) Tom glaubt, daß jemand so ist, daß er Catilina denunziert hat.

(2) Jemand ist so, daß Tom glaubt, er habe Catilina denunziert. (WO. 147)

In (1) steht es uns - anders als im Beispiel vom Steuerprüfer - frei, die Position von "jemand" als rein bezeichnend (referentiell) oder nicht aufzufassen. (1) ist nach wie vor zweideutig, obwohl der untergeordnete Satz "jemand hat Catilina denunziert" nicht zweideutig ist. In diesem untergeordneten Satz ist "jemand" eindeutig rein bezeichnend. Durch die Ergänzung "Tom glaubt, daß" kann zwar "jemand" nach wie vor als rein bezeichnend, aber auch als nicht rein bezeichnend

46 "This way of showing scope is essentially a matter of getting the indefinite singular term into the position of grammatical subject of a predication which is its scope, and so reducing the question of scope to the question of spotting a subject's predicate." (WO. 140)

aufgefaßt werden: "jemand" befindet sich nämlich innerhalb der Konstruktion "glaubt, daß". Wenn allerdings "jemand" hinausverlegt wird, so daß es vor dieser Konstruktion steht, wie in der Interpretation (2), so wird "jemand" nur mehr rein bezeichnend vorkommen können, so wie im für sich allein betrachteten untergeordneten Satz "jemand hat Catilina denunziert". Die Interpretation (2) läuft letztlich auf den Satz hinaus "Es gibt jemand, von dem Tom glaubt, Catilina denunziert zu haben". In diesem Fall ist die Zweideutigkeit weg, denn wer ist dieser jemand, von dem Tom glaubt...? Es ist Cicero, aber auch Tullius, auch wenn Tom nicht weiß, daß dieser auch Tullius ist.

Fragt man sich also, ob die Konstruktion "glaubt, daß" in bezug auf einen unbestimmten Term durchsichtig ist oder nicht, so muß man zunächst die Frage nach der Reichweite des unbestimmten Terms klären. Je nachdem, ob sich seine Reichweite nur auf den untergeordneten oder auf den ganzen Satz erstreckt, wird die Konstruktion zweideutig oder aber eindeutig, d.h. nur durchsichtig sein. Im ersten Fall wird der unbestimmte Term innerhalb der Konstruktion, im zweiten Fall außerhalb der Konstruktion vorkommen. (WO. 147)

Durch die Überlegungen zu den genannten Beispielen bereitet Quine den Boden für seine philosophisch gewichtige These vor, daß es nicht gestattet sei, in opake, undurchsichtige Kontexte hineinzuquantifizieren[47]. Quine will nämlich durch besagte Überlegungen auch verständlich machen, daß es keinen sinnvollen Querverweis geben kann aus einer *undurchsichtigen* Konstruktion auf einen unbestimmten Term außerhalb dieser Konstruktion, d.h., daß ein unbestimmter singulärer Term außerhalb einer undurchsichtigen Konstruktion *keine* Variable innerhalb dieser Konstruktion *binden* kann; ein unbestimmter Term bindet nur dann Variablen, wenn sie sich innerhalb von transparenten Konstruktionen befinden.

Quine erwähnt mehrere Mittel, referentielle Mehrdeutigkeiten aufzulösen: darunter verschiedene referentiell eindeutige Umschreibungen der ursprünglich mehrdeutigen Sätze. Will man z.B. bestimmte singuläre Terme, die mehrdeutig sind, als rein bezeichnend hinstellen, so kann man sie in Positionen bringen, die unweigerlich rein bezeichnend sind. Der ursprünglich mehrdeutige Satz über Tom kann demnach überführt werden in: "Tom glaubt von Cicero, Catilina denunziert zu haben." In dieser Umschreibung ist "Cicero" rein bezeichnend. Will man auch "Catilina" rein referentiell interpretieren, so kann man auch diesen Ausdruck in eine rein referentielle Position verlagern: "Tom glaubt von Cicero und

47 Siehe Abschnitt 4.3.

Catilina, in der Beziehung von Denunziant und Denunziertem zu stehen." (WO. 149f) Die Neigung zu Formulierungen mit Querverweisen von innerhalb einer undurchsichtigen Konstruktion auf äußere unbestimmte Terme würde durch derlei Formulierungen gemindert.

Quine will Konstruktionen wie "glauben" weder als ausnahmslos transparent noch als ausnahmslos opak erklären. Viele Fälle solcher Konstruktionen sind im Alltag zweideutig. Quine rettet dadurch die Möglichkeit von Referenz selbst innerhalb solcher Konstruktionen - auch wenn er andererseits aufweist, daß es darin Störungen oder Versagen (failures) der Referenz geben kann. Die Rettung der Referenz hat natürlich etwas Merkwürdiges an sich: Deutet man "glauben" als durchsichtig (transparent), so kann man nicht umhin anzunehmen, Tom z.B. glaube, Tullius habe Catilina denunziert und er habe ihn nicht denunziert. Quine gibt zu, es sei merkwürdig, weist aber darauf hin, daß es aufgrund der obigen Überlegungen nicht widersprüchlich ist, weder auf unserer noch auf Toms Seite (WO. 148). Diese Merkwürdigkeit muß allerdings in Kauf genommen werden, da wir im Alltag allzuoft Konstruktionen wie "glauben" als transparent verwenden.

In Quines Abhandlung über Transparenz und Opakheit[48] ist die Betonung der referentiellen Rollen von *Positionen* in der Struktur von Sätzen auffallend, seien es einfache oder komplexe. Die Auflösung der Mehrdeutigkeiten in bezug auf Durch- und Undurchsichtigkeit läuft letztlich auf die Klärung hinaus, welche *Positionen* des inneren Satzes, der von den betrachteten Konstruktionen eingeleitet wird, als referentiell oder als nicht referentiell zu deuten sind. Auch dieser Aspekt der Quineschen Lehre kann als Vorbereitung gesehen werden auf seine Deutung von Referenz im Zusammenhang mit den *quantifizierten* prädikatenlogischen Sätzen, in die - nach Quine - die umgangssprachlichen Sätze übersetzt werden können.

2.2.3 "Alles" und "etwas" als unbestimmte singuläre Terme

Von einem unbestimmten Term kann nicht gesagt werden, er benenne etwas, er stehe für etwas. Es gibt kein bestimmtes Ding, das durch den Ausdruck "ein

48 Die Quinesche Unterscheidung zwischen transparenten und opaken Kontexten ist umstritten.
Vgl. J.M. Bell, What is Referential Opacity? in: Journal of Philosophical Logic 2 (1973) 155-180.

Mensch" benannt oder aus allen übrigen Gegenständen herausgegriffen würde. Um mit den unbestimmten Termen zu Rande zu kommen, mußte Strawson auf eine sehr allgemeine Art der Spezifizierung von Gegenständen zurückgreifen und Geach auf eine Lösung rekurrieren, die alle Applicativa in das jeweilige Prädikat verbannte. Dadurch hob Geach den Unterschied zwischen bestimmten und unbestimmten singulären Termen letztlich auf und unterschob die ganze Last der Referenz den allgemeinen Namen, die sich unparteiisch auf all die Dinge, die unter den jeweiligen allgemeinen Namen fallen, beziehen sollen. Quine hingegen greift nicht zu solchen drastischen Lösungen - zumindest diesbezüglich nicht: So wie durch den bestimmten Artikel ein allgemeiner Term in einen singulären, so kann nach Quine durch andere Applicativa ein bestimmter singulärer Term in einen unbestimmten verwandelt werden. Zu den Applicativa, die allgemeine Namen in singuläre und diese in unbestimmte verwandeln, sind nicht nur "ein", "mancher" zu rechnen, sondern nach Quine auch "jeder", "irgendein" usw. Das Applicativum "jeder" unterscheidet sich von "ein" durch die Wahrheitsbedingungen für die Sätze, in denen es vorkommt (WO. 114). Durch "jeder Löwe" wird ebensowenig ein bestimmtes Ding benannt wie durch "ein Löwe". Diese Ausdrücke können somit nicht als referentiell im eigentlichen Sinn verstanden werden, wohl aber die Positionen, in denen sie vorkommen. Quine erklärt zunächst, was eine referentielle Position ist, durch Rekurs auf das simple Schema der Beziehung zwischen einem bestimmten singulären Term und seinem Referenzobjekt. Er verläßt aber dann dieses Schema zugunsten der Betrachtung der *Wahrheitsbedingungen*. Was eine referentielle Position ist, in der ein unbestimmter Term vorkommt, soll nicht durch die Beziehung von Name und Namensträger erklärt werden, wohl aber durch die Rolle, die ihr in der Bestimmung des Wahrheitswertes eines Satzes zukommt. Es wird sich herausstellen, daß diese Ebene der Betrachtung und der Deutung von Referenz für Quine die bei weitem fundamentalere ist. Dabei tritt das bestimmte Sich-Beziehen auf Gegenstände in den Hintergrund. Quine verlagert daher das Gewicht seiner Untersuchungen von den bestimmten auf die unbestimmten Terme. Faßt man Referenz primär als Spezifizierung oder Identifizierung auf, so wird man konsequenterweise von der Untersuchung der bestimmten singulären Terme (siehe Strawson) ausgehen. Hebt man andererseits den starken Unterschied zwischen Referieren und Prädizieren auf zugunsten einer einheitlicheren Deutung von Referenz im Sinne des *Zutreffens* eines Ausdrucks auf Gegenstände, so wird den bestimmten singulären Termen in der Untersuchung von Referenz nicht mehr die zentrale Rolle zukommen. Quine geht zwar in der genetischen Rekonstruktion des referentiellen Apparates von Sprache ausführlich auf die bestimmten Terme ein, in der systematischen Behandlung allerdings auf die unbestimmten.

Die unbestimmten Terme spielen in Quines Deutung der Referenz eine Schlüsselrolle. Sie benennen zwar nichts Bestimmtes und haben somit keine Referenz im üblichen Sinne; sie kommen aber in referentieller Position vor und sind somit dennoch für die Referenz ausschlaggebend. Die reglementierte Form, in die Quine die umgangssprachlichen Sätze zu überführen vorschlägt, ist angebracht, diese Referenztheorie Quines verständlich zu machen. Quine führt allerdings nur schrittweise zu dieser Form. Ein Schritt dahin ist die Anwendung des "so daß"-Hilfsmittels. Durch dieses Mittel können umgangssprachliche Sätze in Sätze überführt werden, in denen in Subjektposition nur unbestimmte Terme und in Prädikatposition nur Ausdrücke der Form "ist ein Gegenstand x, so daß...x..." vorkommen. Durch diesen Schritt in der "Standardisierung" der umgangssprachlichen Sätze tritt die Spezifizierungsfunktion der Subjektausdrücke in den Hintergrund. Auch die Frage nach der Art und *Weise* der Benennung durch die Namen in Subjektposition verliert ihre Relevanz. Die Wahrheitswerte der Sätze der neuen Form sind nämlich klarerweise unabhängig von einem bestimmten Bezug auf Gegenstände.

Durch einen weiteren Schritt in der "Standardisierung" sollen alle unbestimmten Terme auf ihre zwei Grundformen gebracht werden, auf "ein F" und "jedes F", wobei "F" für einen beliebigen allgemeinen Term in substantivischer Form steht (WO. 162). Die so gewonnenen Sätze haben die Form: "Ein F ist ein Gegenstand x, so daß ...x..." und "Jedes F ist ein Gegenstand x, so daß ...x...". Die zwei Klassen von unbestimmten Termen sollen dann ihrerseits - und das ist ausschlaggebend im Hinblick auf die quantifizierte Form - auf lediglich zwei unbestimmte singuläre Terme reduziert werden, auf "etwas" und auf "alles". Ein Satz der Form "Ein (some) F ist ein Gegenstand x, so daß ...x..." läßt sich nämlich folgendermaßen paraphrasieren: "Etwas ist ein Gegenstand x, so daß (x ist ein F *und* ...x...)"; und ein Satz wie "Jedes F ist ein Gegenstand x, so daß ...x..." folgendermaßen: "Alles ist ein Gegenstand x, so daß (*wenn* x ein F ist, so ...x...)".

> Thus all the indefinite singular terms are got down to 'everything' and 'something', and even these two come never to occur except followed by the words 'is an object x (or y, etc.) such that'. (WO. 162)

Wenn nun die unbestimmten Terme "etwas" und "alles" nach der üblichen Art symbolisiert werden, so kann man statt dessen von Existenz- und Allquantor sprechen. Auf die zwei unbestimmten Terme oder Quantoren kann also nach Quine das gesamte verwirrende Phänomen der unbestimmten Terme reduziert werden. Sobald die umgangssprachlichen Sätze diese quantifizierte Form erhalten, können sie in bezug auf ihre Referenz klarerweise nicht mehr nach dem Strawsonschen Prinzip gedeutet werden. Die Sprecher beziehen sich durch sie nicht auf etwas Bestimmtes, um von diesem etwas auszusagen, sondern sie beziehen sich *unbestimmt* auf etwas oder alles, um dann von diesem Unbestimmten zu sagen, es erfülle oder falle unter die Ausdrücke im Skopus, im Bereich der Quantoren. Die "Last der Referenz" tragen also die unbestimmten Terme "etwas" und "alles" bzw. die Quantoren.

Aus der Anwendung des "so daß"-Tricks ergeben sich aber Probleme: Die "so daß"-Konstruktion leitet nämlich rein grammatisch gesehen *Sätze* und nicht Terme ein. Quine behandelt aber die Relativsätze wie Terme, die auf Gegenstände zutreffen oder die von Gegenständen erfüllt werden können. Das soll nun erläutert werden.

2.2.4 Die "so daß"-Relativsätze

Nach Quine funktionieren Relativsätze wie *adjektivische Terme*: "'Which' clauses are adjectives..." (WO. 141) Mit ihnen können aus einfachen komplexe Terme gebildet werden. Sie haben zwar die Form eines Satzes, unterscheiden sich aber wesentlich von Sätzen dadurch, daß an ihrer Subjektstelle nur ein Relativpronomen und kein eigentlicher Term vorkommt. Als Terme treffen sie genau auf die Dinge zu, die einen wahren Satz ergäben, würde ihr Name anstelle des Relativpronomens stehen (WO. 110). Was von den Termen im allgemeinen gesagt wurde, trifft daher nach Quine auch auf die Relativsätze zu (WO. 110ff); durch sie wird man, so wie durch andere allgemeine Terme, singuläre Terme bilden können. "Welches ich gekauft habe" kann z.B. mit "Auto" einen singulären Term ergeben, der sich genau auf das Auto bezieht, welches ich gekauft habe. Relativsätze können natürlich auch als singuläre Massenterme (mit kontinuativer Referenz) fungieren und für die Bildung von neuen komplexen singulären Termen verwendet werden. "Aus *dem* Extrakt gewonnen wird" kann zusammen mit "Kaffee" den neuen Massenterm "Kaffe, aus dem Extrakt gewonnen wird" ergeben, dessen Bestandteile jeder ein verstreutes Teilstück der Welt bezeichnet. Der neue zusammengesetzte Term bezeichnet den kleineren Teil der Welt, der den Bestandteilen gemeinsam ist. Durch die Deutung der Relativsätze als Terme, speziell jener, die durch die "so daß"-Konstruktion eingeleitet werden, konnte Quine die Schritte, die zur Quantifikation führen, schematisch rekonstruieren. Es scheint allerdings nicht klar zu sein, daß Relativsätze wie Terme funktionieren. Es soll daher zunächst die Quinesche Auffassung, daß Relativsätze wie Adjectiva funktionieren, mit Geach in Frage gestellt werden. Geach vertritt nämlich die Ansicht, daß sich durch Zusammensetzungen und Verschiebungen die Referenz der Namen in Subjektposition eines Satzes nicht ändern kann. Relativsätze können daher von ihm nicht als Terme gedeutet werden, welche die Referenz der Namen der Hauptsätze einschränken oder spezifizieren würden. "A, welches P ist" funktioniert nicht wie ein komplexer Term, der sich auf das bezöge, was sowohl A als auch P ist[49]. Um seine These zu untermauern, greift Geach auf Beispiele zurück, die zum Teil aus dem Mittelalter stammen, so z.B. auf:

Jeder Mensch, der einen Esel besitzt, schlägt ihn;

Mancher Mensch, der einen Esel besitzt, schlägt ihn nicht (RG. 117f).

Nach der Quineschen Auffassung müßte "Mensch, der einen Esel besitzt" als logisch-grammatikalische Einheit, d.h. als ein komplexer allgemeiner Term betrachtet werden, der sich nur auf die Menschen bezieht, die einen Esel besitzen. "Der einen Esel besitzt" wäre nämlich ein Adjektiv in attributiver Position und daher ein Term, der die Referenz des anderen Terms "Mensch" - nach dem Muster von "aus dem Extrakt gewonnen wird" - einschränkt. Wenn dem so ist, müßte allerdings der fragliche komplexe Term durch "Eselbesitzer", aufgrund der Ersetzbarkeit der Identität, ersetzbar sein. Durch die Einsetzung von "Eselbesitzer" gehen aber die Sätze offensichtlich in Unsinn über, d.h. in:

Jeder Eselbesitzer schlägt ihn;

Mancher Eselbesitzer schlägt ihn nicht.

Die Schwierigkeit besteht allerdings nicht nur darin, daß der Ausdruck "ihn" nichts mehr hat, auf das er verweisen könnte: Schwierigkeiten entstehen selbst dann, wenn man die Sätze so formuliert, daß "ihn" nicht in der Luft hängt. Die ersten zwei Sätze können nämlich überführt werden in:

Jeder Mensch, der einen Esel besitzt, besitzt einen Esel und schlägt ihn;

Mancher Mensch, der einen Esel besitzt, besitzt einen Esel und schlägt ihn nicht.

In diesen Sätzen scheint es, könnte man ohne weiteres "Mensch, der einen Esel besitzt" durch "Eselbesitzer" ersetzen. Durch die Ersetzung würde der Querver-

49 Durch Zusammensetzung wird die Referenz eines referierenden Namens in ihrer Art weder bestimmt noch eingeengt: Zusammengesetzte Ausdrücke der Form "A, welches P ist" können nach Geach genausowenig wie Ausdrücke der Form "einige A" als ganze referieren. Namen, d.h. Eigen- und allgemeine Namen, sind in bezug auf ihre Referenz *Urzeichen*, die nicht aus zusammengesetzten Zeichen bestehen können. Dabei beruft sich Geach auf den Tractatus (3.26): "Der Name ist durch keine Definition weiter zu zergliedern: er ist ein Urzeichen"; "A name relates directly to what it names; a complex sign cannot bear a direct relation to the thing signified..." (RG. 122)

weis des Pronomens "ihn" nicht gestört werden. Vergleicht man allerdings das Paar der Sätze in der Ausgangsformulierung mit dem Paar in der neuen Formulierung, so wird man feststellen, daß das erste Paar aus kontradiktorischen Sätzen besteht - das zweite hingegen nicht (RG. 117f). Die Sätze im zweiten Paar wären nämlich in dem Fall wahr, in dem jeder Eselbesitzer zwei Esel besäße und er von den zweien jeweils nur einen schlagen würde.

Nach Geach sind die Relativsätze *Sätze*. Er schlägt daher vor, das jeweilige Relativpronomen in einen Junktor und ein Pronomen aufzuspalten. Die Art des Junktors und des Pronomens hängt vom jeweiligen Kontext ab. Das Relativpronomen des erwähnten Beispiels aus dem Mittelalter z.B. soll nach Geach aufgespalten werden in "*wenn* er" und "*und* er". Die ursprünglichen Sätze werden somit zu:

Jeder Mensch, *wenn* er einen Esel besitzt, schlägt ihn;

Mancher Mensch besitzt einen Esel *und* er schlägt ihn nicht. (RG. 118)

Analysiert man Relativsätze auf diese Art, so erübrigt sich die Annahme, zusammengesetzte Ausdrücke der Form "A, welches P ist" seien logisch-grammatikalische Einheiten bzw. Terme mit eigener Referenz:

> ...in such phrases we have to split up 'that' into a connective (not always the same one) and a logically relative pronoun, and with this the whole appearance of a complex term vanishes like a mirage. (RG. xxviii)

Geach lobt zwar Quine in "Quines Syntactical Insights"[50] wegen seiner verschiedenen Verdienste in der Analyse der Struktur der Sätze in bezug auf Referenz. Er bedauert allerdings, daß Quine nicht mit derselben Konsequenz und derselben Skepsis an die Ausdrücke in der Umgangssprache der Form "A, welches P ist" herangegangen ist:

> When he comes to consider the vernacular, however, Quine has not scrutinized with due scepticism the traditional view that a phrase of the form 'A that is P', with or without a definite article prefixed, is a syntactically coherent complex term; on the contrary, he seems to accept this view.[51]

In seinen Erwiderungen (Replies) akzeptiert Quine die Kritik, die Geach vorbringt; er akzeptiert auch Geachs alternative Analyse der Relativsätze. Er sagt von Geach: "He shows that we must not view the relative clause, as I and others have done, as a complex adjective attachable attributively to a noun to form

50 P.T. Geach, Quine's syntactical Insights, in: Words and Objections. Hg. von D. Davidson und J. Hintikka. Dordrecht 1969, 146-157.

51 Ibid. 151.

a noun phrase."[52] In "Wurzeln der Referenz" (Roots of Reference - RoR.) allerdings will Quine seine Analyse insofern verteidigen, als er zwischen der Analyse einer ausgewachsenen Sprache und der schematischen Beschreibung ihrer Aneignung unterscheidet. Für eine "fertige" Sprache akzeptiert er Geachs Analyse, für die Beschreibung der Lernschritte des Kindes allerdings nicht (RoR. 91f). Dafür sei es besser, die primitiven Relativsätze mit Termen, die als Bestandteile in komplexen Termen fungieren, gleichzusetzen. Quine erhebt zwar nicht den Anspruch, eine adäquate Rekonstruktion der tatsächlichen Lernschritte des Kindes zu liefern. Er peilt allerdings zumindest die Beschreibung eines möglichen schrittweisen Lernvorgangs von Sprache an. Für eine derartige Rekonstruktion ist es nicht angebracht, das jeweilige Relativpronomen als Ersatz für Ausdrücke wie "und er", "wenn er", "da er" usw. zu konzipieren. Für die Quinesche Rekonstruktion, wie wir sie von den ersten Phasen her kennen, ist es durchaus einleuchtend, Relativsätze in Parallele zu setzen mit referierenden Termen in adjektivischer Form. Die besonderen Relativsätze, welche mit der "so daß"-Konstruktion beginnen, werden dementsprechend von Quine in seiner Rekonstruktion hauptsächlich zum Zweck der Einführung und Erklärung der quantifizierten Sätze verwendet. Schon allein deshalb ist es für Quine nicht günstig, sie nach der von Geach vorgeschlagenen Art zu reduzieren. Die Rekonstruktion führt zuerst zum Relativsatz und dann erst mit seiner Hilfe zur Quantifikation. Der Vorteil der "so daß"-Relativsätze ist zunächst der, daß im Unterschied zu den anderen Relativsätzen die Pronomina in ihnen leicht in *Variablen* verwandelt werden können. In seiner Rekonstruktion zieht es daher Quine vor, die Relativsätze dieser Form so zu behandeln "...as if the child were growing up directly into this idiom instead of the traditional one". (RoR. 93)

"Ich kaufte Fido von einem Mann, der ihn gefunden hatte" wird demnach durch die "so daß"-Konstruktion zu einer Prädikation über Fido: "Fido ist *so, daß* ich ihn von einem Mann kaufte, der ihn gefunden hatte." Hier fungiert der Relativsatz klarerweise als Term in adjektivischer Form. Man kann ihn allerdings auch in einen Term in substantivischer Form überführen: "Fido is a thing such that I bought it..." (RoR. 93) Macht man darüber hinaus den Variablen Platz, so erhält man: "Fido ist ein Ding x, so daß (derart, daß) ich x von einem Mann kaufte, der x gefunden hatte." Mit Relativsätzen in der "so daß"-Form können - so Quine - alle Sätze über einen bestimmten Gegenstand a auf die Form einer Prädikation "a ist P" gebracht werden. Dabei bleibt man allerdings immer noch an der einfa-

52 Ibid. 331.

chen Form der singulären Prädikation, die bei Strawson die fundamentale Rolle in der Erklärung aller Formen von Prädikationen spielt, haften. Mit den Relativsätzen in der "so daß"-Form kann aber Quine gleich darüber hinausgreifen und die Deutung der kategorischen Sätze der Form "*ein* F ist ein G" und "*jedes* F ist ein G" angehen. Nach Strawson haben All-Aussagen als Generalisierungen von singulären Prädikationen zu gelten. Für Strawson ist eine generelle Aussage über alle Elefanten das Ergebnis der Generalisierung von singulären Prädikationen über einzelne Elefanten[53]. Das Erklärungsschema für eine generelle Aussage der Form "Jedes F ist ein G" gründet für ihn letztlich auf Aussagen der Form "aF". Für Geach wiederum gibt es keine großen Unterschiede zwischen den einzelnen Typen von Aussagen, da in ihnen immer nur die Namen in Subjektposition referieren - und die Eigennamen sich von den allgemeinen Namen nur dadurch unterscheiden, daß die Liste der Namensträger im Fall der Eigennamen nur aus einem Element besteht[54].

Wie soll aber ein universeller Satz wie folgender aufgrund dieser semantischen Ansätze gedeutet werden: "Alles, was wir von dem Wrack gerettet haben, ist im Schuppen."? Hier kommen in Subjektposition keine allgemeinen Namen vor, und wovon soll die universelle Aussage eine Generalisierung sein? Quine kennt diese Schwierigkeiten nicht, da Relativsätze nach seiner Analyse wie allgemeine Terme funktionieren. "Was wir von dem Wrack gerettet haben" wird von ihm in "Ding x, derart, daß wir x von dem Wrack gerettet haben" umformuliert und kann somit als allgemeiner Term in substantivischer Form fungieren. Der problematische Satz kann daher von Quine einfach nach dem Schema "jedes F ist ein G" gedeutet werden. Darin zeigt sich wiederum die Nützlichkeit der "so daß"-Konstruktion der Relativsätze und ihre Deutung als Terme:

> The whole sentence now runs: 'Everything x such that we salvaged x from the wreck is in the shed'. Clearly the utility of the universal categorical construction depends heavily on this use of relative clauses. (RoR. 94)

Durch die Anwendung dieser Form von Relativsätzen können nach Quine auch die anderen kategorischen Formen von Sätzen durchschaut werden (RoR. 97). Der universelle *negative* kategorische Satz "*Kein F* ist ein G" wird von Quine vom positiven "Jedes F ist ein G" so abgeleitet, daß für G der Relativsatz in substantivischer Form "Ding x, derart, daß x nicht ein G ist" eingesetzt wird. Dadurch geht der positive Satz über in "Jedes F ist ein Ding x, derart, daß x

53 Siehe Abschnitt 1.6.5.
54 Siehe Abschnitt 1.7.3.

nicht ein G ist". Das ist aber elliptisch für "Kein F ist ein G". Die zwei partikulären kategorischen Sätze "Ein F ist ein G" und "ein F ist nicht ein G" ergeben sich aus den Negationen der zwei universellen Sätze "kein F ist ein G" und "jedes F ist ein G". Der universelle Satz "Jedes F ist ein G" kann durch Anwendung der "so daß - derart, daß"-Relativsätze erklärt werden als: Jedes Ding x, derart, daß Fx, ist ein Ding x, derart, daß Gx. Der partikuläre Satz "Ein F ist ein G" kann seinerseits erklärt werden als: Ein (manches) Ding x, derart, daß Fx, ist ein Ding x, derart, daß Gx. Diese Sätze sind aber bereits Umschreibungen der quantifizierten Sätze: (x) (wenn Fx, dann Gx) und (Ex) (Fx und Gx).

2.2.5 Eliminierung singulärer Terme

Quine schlägt nicht nur die Reglementierung der vier kategorischen Sätze vor, sondern auch die der singulären Prädikation. Um singuläre Prädikationen zu reglementieren, d.h. sie in quantifizierte Sätze zu übersetzen, muß er die singulären Terme, die in Subjektposition vorkommen, in den Skopus des Quantors verlegen. Durch eine solche Verlegung wird aber jeder Subjektausdruck seinen Charakter als Singularterm verlieren und den eines Allgemeinterms annehmen. Der Quinesche Vorschlag der Eliminierung der singulären Terme läuft daher letztlich darauf hinaus, alle Namen der Kategorie der allgemeinen Terme anzugleichen. Der Vorschlag geht auf die Russellsche Deutung der Kennzeichnung zurück und wird von Quine schon in "On what there is" (LPV. 1-19)[55] vorgebracht. Der Hintergrund für den Vorschlag in diesem Artikel ist das Problem der negativen Existenzaussagen: Wie kann am besten und einfachsten aufgewiesen werden, daß derartige Aussagen nicht widersprüchlich sind? Wie kann man den alten Gedanken aus dem Wege räumen, daß man von Pegasus nicht sagen könne, es gebe ihn nicht, ohne sich auf ihn zu beziehen und so vorauszusetzen, daß es ihn gibt? Den Gedanken nämlich, daß man von etwas nur dann etwas aussagen kann, wenn man voraussetzt, daß es dieses Etwas auch gibt? Die Russellsche Umformung der singulären Kennzeichnungen liefert Quine die Möglichkeit, von Anfang an zu zeigen, wie singuläre Terme sinnvoll verwendet werden können, ohne jeweils schon zu unterstellen, daß die durch die Terme vorgeblich benannten Entitäten existieren. Aufgrund der Russellschen Analyse wird z.B. die singuläre Prädikation "Der

55 Deutsch: Was es gibt, in: Das Universalien-Problem. Hg. von W. Stegmüller. Darmstadt 1978, 102-123.

Autor von Waverley war ein Dichter" übersetzt in "*Etwas* schrieb Waverley und war ein Dichter, und nichts anderes schrieb Waverley" (LPV. 6), wobei der letzte Zusatz die umgangssprachliche Umschreibung der Einzigkeitsklausel in der Russellschen Analyse darstellt. "Etwas" ist kein spezifischer Name - das ist ausschlaggebend -, der etwas benennen würde, obwohl "Etwas" die Last der Referenz in dieser existenzquantifizierten Aussage trägt. Ähnliches wurde schon im Zusammenhang mit der Quineschen Deutung des unbestimmten Terms "jemand" klar. Von ihm wurde gesagt, er bezeichne zwar keine bestimmte Person, er habe also keine bestimmte Referenz, er komme aber gerade deshalb in referierender Position vor[56]. Die Ausdrücke "etwas" und "alles", welche quantifizierte Aussagen einleiten, referieren auf keine bestimmten Entitäten, sie sind also keine Namen, sie referieren aber dennoch und zwar *allgemein*: "These words, far from purporting to be names...do not purport to be names at all; they refer to entities generally..." (LPV. 6) Die Sinnhaftigkeit der Verwendung dieser unbestimmten Terme setzt nicht voraus, daß die Bestimmungen, die in ihrem Skopus vorkommen, erfüllt sind, da diese Bestimmungen nicht als Namen mit Namensträgern auftreten. Daher kann auch sinnvoll vom Autor von Waverley oder selbst von der runden, eckigen Kuppel des Berkeley College (LPV. 7) gesagt werden, es gebe sie nicht. Die Aussage, daß es den Autor von Waverley nicht gibt, kann nämlich umformuliert werden in folgende Russellsche Disjunktion: "Entweder gilt für alle Dinge, daß sie Waverley nicht geschrieben haben, oder zwei oder mehr Dinge haben Waverley geschrieben" (Either each thing failed to write Waverley or two or more things wrote Waverley. LPV. 7) Durch diese Russellschen Umschreibungen verschwinden alle Ausdrücke, die den Anschein erwecken, Dinge zu benennen, wenn sie in Subjektposition von negativen Existenzaussagen vorkommen. Es wird also schon in "On What there is" klar, daß nach Quine die singulären Terme für ontologische Fragen völlig irrelevant und letztlich nicht geeignet sind, die Last der Referenz zu tragen. Diese Last tragen unbestimmte Terme, die in einer expliziten quantorenlogischen Sprache in Quantoren und in durch sie gebundenen Variablen bestehen. Sie referieren auf den gesamten Bereich der Gegenstände, über die wir sprechen, was immer sie sein mögen. Werden singuläre Prädikationen nach der Strawsonschen Art so gedeutet, daß der jeweilige Sprecher sich durch den singulären Term in Subjektposition auf einen ganz bestimmten Gegenstand bezieht, um von diesem etwas zu prädizieren, so werden die Prädikationen in den Fällen, in denen es den bestimmten Gegenstand nicht

56 Siehe Abschnitt 2.2.2.

gibt, weder wahr noch falsch sein können. In der jeweiligen Prädikation wird nämlich die Existenz vom Sprecher nicht behauptet, sondern - wie gesehen[57] - nur vorausgesetzt. Wenn es das Vorausgesetzte gar nicht gibt, so hat das Prädizierte nichts, wovon es zu Recht oder Unrecht prädiziert werden könnte. Die Wahrheitswertlücken, die es aufgrund der Strawsonschen Analyse gibt, sind aber insofern unangenehm, als man sie nicht aufgrund sprachlicher Analysen allein feststellen kann: Ob es das jeweils intendierte Referenzobjekt gibt oder nicht, das ist eine Tatsachenfrage. In "Word and Object" versucht nun Quine unser Sprechen über Gegenstände auch unter dieser Rücksicht zu reglementieren, so daß es diese Wahrheitswertlücken von vornherein nicht geben kann. Quine lehnt die Analyse Strawsons zwar nicht ab, weist aber darauf hin, daß sie für seine Zielsetzung nicht angebracht sei. Man könne zwar Wahrheitswertlücken zulassen, sie sind aber lästig. Sie stellen nämlich Komplikationen dar, die den Gewinn an Einsicht eher hemmen als fördern: "...they remain an irksome complication, as complications are that promise no gain in understanding." (WO. 177) Quine schlägt daher auch in "WO." eine Neuanalyse von Namen als *allgemeinen* Termen vor, durch die letztlich Wahrheitswertlücken verhindert werden. Die Quinesche Neuanalyse der singulären Prädikationen der Form "Fa", wo "a" für den singulären Term steht, kann kurz durch folgende Formel wiedergegeben werden:

$$Fa \equiv (Ex)\,(x = a \text{ und } Fx)$$

Durch diese Äquivalenz wird gezeigt, daß und wie ein rein bezeichnendes Vorkommnis eines singulären Terms in einer singulären Prädikation in einen Ausdruck der Form " = a" im Skopus eines Quantors übergeführt werden kann. Ausdrücke dieser Form sind - als ganze aufgefaßt - letztlich Prädikate, d.h. allgemeine Terme, und diese werfen nicht die Probleme auf, die typisch für die singulären Terme sind:

> ...an interesting thing about our being able to manoeuvre those singular terms into standard position '= a' is that '= a' taken as a whole is in effect a predicate, or a general term; and general terms raise none of the problems that singular terms raise. (WO. 178)

Quines Neuanalyse hat zur Folge, daß ein Eigenname wie "Sokrates" in der kanonischen Notation zu einem *allgemeinen* Term wird, der zwar nur auf einen Gegenstand zutrifft, der aber trotzdem allgemein ist: "'Socrates' becomes a general term... It comes to play the role of the 'F' of 'Fa' and ceases to play that of the 'a'." (WO. 179) Durch die Neuanalyse von Namen als allgemeinen Termen können

57 Siehe Abschnitt 1.2.

auch Existenzaussagen ganz einfach formuliert werden, ohne daß die erwähnten Schwierigkeiten auftauchen. "Pegasus existiert" wird zu "(Ex) (x = Pegasus)" und somit zu einer klarerweise sinnvollen, wenn auch aufgrund der üblichen Ontologie in unserem Alltag falschen Aussage; "Sokrates existiert" hingegen wird zu "(Ex) (x = Sokrates)", einer wahren Aussage - vorausgesetzt "=" wird zeitlos gedeutet. Sätze, die nach Strawson insofern in der Luft sind, als sie nichts haben, auf das das Prädizierte zutreffen oder nicht zutreffen könnte, und die somit keinen Wahrheitswert haben, werden nun aufgrund der kanonischen Notation zu Sätzen, die entweder wahr oder falsch sind. "Pegasus fliegt" z.B. wird zum falschen Satz "(Ex) (x ist Pegasus *und* x fliegt)".

Quines Vorschläge zur Lösung der Probleme, die sich aus den Existenzaussagen und aus singulären Prädikationen, in denen der Subjektausdruck auf nichts referiert, ergeben, sind nach seinem eigenen Verständnis - zumindest zum Teil *willkürlich* (an arbitrary matter) (LPV. 165)[58]. Sie wurden von ihm unter Gesichtspunkten der Vorteilhaftigkeit vorgebracht. Quine schließt das alltägliche Verständnis nicht aus, nach dem Prädikationen über etwas, das es nicht gibt, in bezug auf ihren Wahrheitswert unbestimmt sind. Im normalen Sprachgebrauch scheint es ja keine Möglichkeit zu geben, in bezug auf Sätze wie "Pegasus fliegt" und "Pegasus fliegt nicht" Klarheit zu schaffen. Dadurch, daß allgemein angenommen wird, daß es Pegasus nicht gibt, geht man der Frage aus dem Weg, ohne sie zu beantworten. Die Logik allerdings - so Quine - erlaubt sich eine gewisse *Kreativität* (ibid.), durch die wir Menschen uns in verschiedenen Fällen, je nach Bedürfnis, Klarheit verschaffen können. Die Logik bietet nützliche Mittel, unsere Sprache als Werkzeug zu vervollkommnen. Für die Klarheit und *Einfachheit* unseres Sprechens über die Welt ist eine Sprache ohne Wahrheitswertlücken vorteilhafter:

> ...the defectiveness of singular statements in point of truth values calls, in the interests of simplicity of logical rules, for a...supplementation of ordinary usage by assigning truth values to those singular statements which, by ordinary usage, have lacked them. (LPV. 165)

Die Eliminierung aller singulären Terme ist nach Quine kein "Muß", sondern ein für seine Zwecke sehr vorteilhafter *Kunstgriff*. Für die Zielsetzung dieser Arbeit ist der Kunstgriff insofern relevant, als dadurch die Namen in der Quineschen Theorie der Referenz nicht die fundamentale Rolle spielen können, die ihnen im Rahmen alternativer Theorien zukommt. Insbesondere wird Quine Referenz

58 W.v.O. Quine, Meaning and Existential Inference, in: LPV. 160-170.

nicht auf Spezifizieren zurückführen können. Diese Rückführung ist nur im Kontext einer Theorie sinnvoll, die von der singulären Prädikation als vom Grundtypus unseres deskriptiven Sprechens ausgeht. Da nun Quine den Grundtypus in quantifizierten Sätzen sieht, wird er konsequenterweise auch die Erklärung der Referenz der singulären Terme, so ihnen eine zukommt, von der Referenz der quantifizierten Sätze her angehen bzw. sie auf diese zurückführen.

Schon in einem seiner frühen Artikel, in "Designation and Existence"[59], reduziert Quine die Frage, ob ein Name etwas bezeichnet, auf die Frage, ob die aus der Prädikatenlogik bekannte *Existenzgeneralisierung* in bezug auf den Namen gültig ist oder nicht. Wenn es nämlich den Namensträger tatsächlich gibt, dann gibt es einen Gegenstand, auf den der Name zutrifft: Es gibt etwas, das ein So und So ist, d.h. (Ex) (...x...). Der Anspruch, daß der Name, den ein Sprecher verwendet, einen Träger hat, wird auf den Anspruch zurückgeführt, der durch die Verwendung des Existenzquantors und der durch ihn gebundenen Variablen ausgedrückt wird. Daher kann die Existenzgeneralisierung auch als Kriterium dafür genommen werden, daß der jeweilige Ausdruck Referenz hat. Zu sagen, daß das Wort "Blinddarmentzündung" etwas bezeichnet, daß es Referenz hat, heißt letztlich, daß die Existenzgeneralisierung in bezug auf "Blinddarmentzündung" *gültig* ist: "Ein Wort W bezeichnet etwas genau dann, wenn die Existenzgeneralisierung in bezug auf W eine gültige Form des Schlusses ist."[60] Durch dieses Kriterium wird man natürlich nicht entscheiden können, ob ein Wort W tatsächlich etwas bezeichnet oder nicht, dadurch wird man aber wenigstens sagen können, "...ob ein gegebenes Muster sprachlichen Verhaltens ein Wort W so *deutet*, daß es etwas oder nichts bezeichnet" (ibid.). Die Existenzgeneralisierung als solche entspricht allerdings noch nicht den Anforderungen, die mit Quines Vorschlag zur Eliminierung der singulären Terme gekoppelt sind. Die Existenzgeneralisierung besteht nämlich lediglich in der Ersetzung des fraglichen Namens durch eine Variable und durch ihre Bindung durch einen Existenzquantor. Dadurch geht die Bestimmtheit des singulären Terms verloren: Führt man eine Prädikation über Paris über in die quantifizierte Form "(Ex) (...x...)", so geht - vorausgesetzt man ergänzt die Überführung nicht durch weitere Bestimmungen im Skopus des Quantors - die Bestimmtheit der Referenz von "Paris" verloren. Will man die Eliminierung von singulären Termen adäquat durchführen, so wird man die Quantifikation

59 Deutsch: Bezeichnung und Existenz, in: Zur Philosophie der idealen Sprache. Hg. von J. Sinnreich. München 1972, 23-33.
60 Ibid. 29.

durch eine Art Einzigkeitsklausel, so wie sie schon Russell vorschlägt, zu ergänzen haben. Die Einzigkeit des Bezugs kann aber auch durch den in den Skopus verlegten singulären Term gewährt sein; seine Verwandlung in einen allgemeinen Term impliziert nämlich nicht den Verlust der Einzigkeit seiner Referenz. (WO. 182)

Durch die Existenzgeneralisierung allein, in der Namen mit Variablen vertauscht werden, wird auf alle Fälle ersichtlich, wie die Referenz dieser Namen auf die Referenz der durch den Quantor gebundenen Variablen zurückgeführt wird, d.h. letztlich auf *unbestimmte* Terme. Das wird besonders dann klar, wenn man, so wie Quine es tut, die Quantoren und die durch sie gebundenen Variablen in Korrespondenz bringt zu den umgangssprachlichen Ausdrücken "etwas, das" und "alles, was", oder "etwas derart, daß" und "alles derart, daß", d.h. zu den Grundformen der unbestimmten Terme und zu Relativpronomina, die auf sie zurückverweisen. Die gebundenen Variablen der reglementierten Sätze beziehen sich also durch die Quantoren unbestimmt und unparteiisch auf all das, worüber wir sprechen, auf den ganzen *Bereich* der Entitäten, auf die wir uns durch Sprache beziehen. Dieser gesamte Bereich kann auch als der *Wertbereich* unserer Variablen umschrieben werden, da die Entitäten, über die wir sprechen, die *Werte* sind, die die gebundenen Variablen unserer Sätze annehmen.

Dabei ist es sehr wichtig, aufgrund der Fregeschen Warnung, Zeichen und Bezeichnetes nicht zu vermischen: Die Werte, die die Variablen annehmen, sind nicht die sprachlichen Zeichen, die man für sie einsetzen kann, sondern die durch sie bezeichneten Entitäten:

> Der Wertbereich darf nicht mit dem Bereich der *Ersetzungen* durcheinandergebracht werden. Die Namen sind Ersetzungen, die benannten Entitäten sind Werte. Ziffern, Namen von Zahlen, sind Ersetzungen für die Variablen in der Arithmetik. Die Werte dieser Variablen umgekehrt sind Zahlen. Variablen können in etwa als unbestimmte Namen ihrer Werte angesehen werden.[61]

Als Entität angesehen zu werden, heißt für Quine schließlich und einfach, als Wert einer Variable angesehen zu werden. Die einzige Art und Weise, sich *ontologisch* festzulegen, ist der Gebrauch von gebundenen Variablen. Der Gebrauch von Namen ist dafür kein Kriterium. Der Gebrauch von Namen kann nämlich - wie gezeigt - auch dann noch sinnvoll sein, wenn sie keinen Träger haben. Namen sind für die ontologische Frage irrelevant: sie sind "...altogether immaterial to the ontological issue..." (LPV. 12). Und da alles, so Quine, was mittels Namen

61 Ibid. 31.

gesagt werden kann, auch durch eine Sprache, in der keine Namen vorkommen, gesagt werden kann, soll durch die kanonische Notation für philosophische Zwecke der Gebrauch von Namen vermieden werden.

2.3 Quantifikation und Referenz

In diesem Abschnitt soll ausführlich auf die Quinesche Deutung des referentiellen Apparats von Sprache aufgrund der quantifizierten Sätze eingegangen werden. Zu dieser Deutung gehören vornehmlich die Abhebung der Theorie der Referenz von der der Bedeutung (im engen Sinn), die Abhebung der Variablen von den rein schematischen Buchstaben und die Abhebung der referentiellen von der rein substitutionellen Quantifikation.

Durch die Überführung der umgangssprachlichen Prädikationen in die quantifizierten Sätze der Quineschen reglementierten Sprache verschwindet der Unterschied zwischen Subjekt- und Prädikatausdrücken. Sobald die Terme nur mehr im Skopus eines Quantors vorkommen, kann man nicht mehr zwischen den Termen, durch die man referiert, und denjenigen, durch die man prädiziert, unterscheiden. Durch besagte Überführung verschwindet allerdings nicht der Unterschied zwischen referentiellen und prädikativen Positionen: In den quantifizierten Sätzen kommen nämlich die Ausdrücke, die die Last der Referenz tragen, d.h. die Quantoren und die durch sie gebundenen Variablen, in referentieller, die übrigen Ausdrücke hingegen, die auf die Entitäten des Wertbereichs zutreffen oder nicht zutreffen, in prädikativer Position vor. Was sich dabei erübrigt, ist aber der für viele Autoren grundlegende Unterschied zwischen Spezifizieren, Identifizieren, Angeben, welches von allen das gemeinte Ding ist, einerseits, und Prädizieren andererseits. Die Funktion des singulären Terms in Subjektposition ist für besagte Autoren - wie gesehen - die, anzugeben, welcher von allen der gemeinte Gegenstand ist, damit die jeweiligen Hörer auch wissen und verstehen können, worüber prädiziert wird. Der Unterschied zwischen den Funktionen von Subjekt- und Prädikatausdrücken und der Unterschied zwischen den Voraussetzungen für eine sinnvolle Verwendung der beiden ist in Quines reglementierter Sprache dahin. In dieser Sprache gibt es letztlich nur Ausdrücke, die *unbestimmt* referieren, und Ausdrücke, die auf die Gegenstände des Wertbereichs *zutreffen* oder nicht, "wahr sind" oder nicht. Die Singularität der singulären Prädikationen wird zwar auch in der kanonischen Notation beibehalten, und zwar durch Einzigkeitsklauseln oder Terme, die Einzigkeit besagen, im jeweiligen Skopus. Die Information darüber, daß es nur einen Gegenstand gibt, auf den die Ausdrücke in prädikativer Position im Skopus zutreffen, kann aber die Identifizierungsfunktion eines Ausdrucks in Subjektposition einer singulären Prädikation nicht erschöpfen. In Quines eigenen Worten:

> In *Word and Object* a conspicuous effect of regimentation is that a predication of the form 'Fa', with identificatory singular term in the 'a' place, goes over into the symmetrical form '(Ex) (Fx.Ax)'. A uniquess clause regarding 'A' may still be added, but the identificatory work of singular terms has lapsed.[62]

In der kanonischen Notation wird ein Satz mit einer Einzigkeitsklausel darüber informieren, daß es genau einen Gegenstand gibt - unabhängig davon, wie er identifiziert wird -, der die Ausdrücke im Skopus erfüllt. Referieren im Sinne von Identifizieren aber wird nicht auf die Tätigkeit reduziert werden können, zu behaupten, es gäbe genau einen Gegenstand, der bestimmte Bedingungen erfüllt. Die Deutung der Referenz singulärer Terme als Identifizierung geschieht auf dem kommunikationstheoretischen Hintergrund von Sprecher und Hörer; die Quinesche hingegen auf einem anderen. Die Quinesche Deutung ist geprägt vom Phänomen des Zutreffens sprachlicher Ausdrücke auf Gegenstände oder von der *Erfüllungsrelation*, letztlich vom Verhältnis zwischen Zeichen und Bezeichnetem, Wort und Gegenstand, wie es auch der Titel des Hauptwerkes von Quine besagt.

2.3.1 Theorie der Referenz versus Theorie der Bedeutung

Schon im Zusammenhang mit Dummetts Behandlung der Entwürfe für Bedeutungstheorien wurde klar[63], wie problematisch und vielschichtig die Frage nach der Bedeutung sprachlicher Ausdrücke ist. Quine selber akzeptiert das Sprechen von Bedeutungen lediglich dann, wenn diese auf Reizbedeutungen[64] reduziert werden. Allein die Reizbedeutungen können nämlich nach ihm durch wissenschaftliche, empirische Methoden untersucht werden. Das Sprechen und Fragen nach Bedeutungen in einem umfassenderen Sinn lehnt Quine als sinnlos ab. Er plädiert für eine "Flucht" vor jeglicher Theorie der Bedeutung (vgl. Kap. VI "Flight from Intension" in "WO") und tritt statt dessen für Theorien der Referenz ein.

In seinen philosophischen Werken greift Quine verschiedene Unterscheidungen

62 W.v.O. Quine, Reply to Strawson, in: Words and Objections. Hg. von D. Davidson und J. Hintikka. Dordrecht 1969, 321.

63 Siehe Abschnitt 1.4.

64 Siehe Abschnitt 2.1.3.

aus der Tradition auf, will sie aber als rein graduelle verstanden wissen, so die Unterscheidungen zwischen analytisch und synthetisch, a priori und a posteriori, logisch und empirisch wahr[65]. In seiner Philosophie in bezug auf die kanonische Notation geht Quine mit verschiedenen Unterscheidungen allerdings so um, als wären sie auch in seinen Augen prinzipielle Unterscheidungen, so z.B. mit der Unterscheidung zwischen transparenter und opaker Konstruktion, zwischen prädikativer und referentieller Position, und nicht zuletzt, so würde ich meinen, auch mit der Unterscheidung zwischen Theorie der Referenz und Theorie der Bedeutung. Die Theorie der Bedeutung befinde sich - so Quine - in einem solch desolaten Zustand und arbeite mit derart verschwommenen Begriffen, wie mit dem der Synonymie, daß sie schon allein unter dieser Rücksicht klar von der Theorie der Referenz, die auf Tarskis "Semantik" zurückgeht, abzuheben sei[66]. Mit der Theorie der Referenz meint Quine u.a. den theoretischen Fragenkomplex der Wahrheit im Sinne der Tarskischen Korrespondenz (wie z.T. schon im Zusammenhang mit Davidsons Entwurf einer Bedeutungstheorie klar geworden ist[67]), der *Erfüllung* durch Gegenstände oder Folgen von Gegenständen sprachlicher Ausdrücke oder Aussagefunktionen usw. Quine steht klar in der Tradition, die im Gefolge Freges zwischen Bedeutung (Sinn) und Referenz unterscheidet:

> When the cleavage between meaning and reference is properly heeded, the problems of what is loosely called semantics become separated into two provinces so fundamentally distinct as not to deserve a joint appellation at all. They may be called the *theory of meaning* and the *theory of reference*. (LPV. 130)

Die Theorie der Referenz befaßt sich auch mit den *Werten*, die die gebundenen Variablen der quantifizierten Sätze annehmen. Diese Werte sind für Quine - wie wir bereits gesehen haben - nicht die sprachlichen Ausdrücke, die man für die Variablen einsetzt: nein, es sind die *Gegenstände*, über die quantifiziert wird - in Freges Terminologie - das "Reich der Bedeutungen", d.h. das "Reich" der Referenzobjekte *und* auch jener Objekte, die entweder keine Namen haben oder keine haben können. Variablen können nämlich auch Werte annehmen, für die wir keine sprachlichen Bezeichnungen haben[68].

65 Vgl. Two Dogmas of Empiricism, in: LPV. 20-46.

66 Vgl. Notes on the Theory of Reference, in: LPV. 130-138.

67 Siehe Abschnitt 1.4.5.

68 "Mistaken critical remarks keep one reminded that there are those who fancy the mathematical phrase 'values of the variables' to mean 'singular terms substitutable for the variables'. It is rather the object designated by such a term that counts as a value of the variable; and the objects stay on as values of the variables though the singular terms be swept away." (Anm. WO. 192)

Da sich die Theorie der Referenz mit den Werten beschäftigt, die die gebundenen Variablen einer Theorie annehmen und annehmen müssen, wenn die quantifizierten Sätze in ihr wahr sein sollen, bringt sie Quine in Zusammenhang mit ontologischen Fragen, d.h. mit der *"Ontologie"* der Theorie. Da sich die Theorie der Bedeutung hingegen mit dem befaßt, was die Sprecher verstehen und erfassen, wenn sie die Terme der Theorie verwenden, bringt er sie in Zusammenhang mit den Ideen, die durch die Terme ausgedrückt werden, d.h. letztlich mit der *"Ideologie"* der Theorie. Quine lehnt zwar Bedeutungstheorien und folglich "ideologische" Fragestellungen ab, weist aber auf die Tatsache hin, daß es zwischen der Ontologie und der Ideologie bestimmter Theorien kein einfaches Entsprechungsverhältnis gibt oder keine ein-eindeutige Zuordnung zwischen den einzelnen Werten der Variablen und den Ideen. Nach Frege gibt es eine mehr-eindeutige Zuordnung zwischen den Entitäten im "Reich des Sinns" und denen im "Reich der Referenzobjekte"; nach Putnam sogar eine ein-mehrdeutige, insofern - wie wir noch sehen werden - ein und demselben Sinn verschiedene Referenzobjekte entsprechen können[69]. Für die Zielsetzung dieser Arbeit ist auf alle Fälle die Feststellung Quines wichtig, daß es kein einfaches Entsprechungsverhältnis zwischen den beiden "Reichen" geben muß. Quines Erläuterungsbeispiel dafür ist der Bereich der *reellen* Zahlen:

> Thus, consider the usual theory of real numbers. Its ontology exhausts the real numbers, but its ideology - the range of severally expressible ideas - embraces individual ideas of only certain of the real numbers. (LPV. 131)

Durch seine Überlegungen über das Verhältnis zwischen Ontologie und Ideologie eröffnet Quine den Blick für die Tatsache, daß wir auch dann über Dinge in der Welt sprechen können, wenn wir dafür keine singulären Terme bzw. keine Identifizierungskriterien zur Verfügung haben. Durch die quantifizierten Sätze beziehen wir uns auf ein x oder auf alle x, *was immer* sie auch sein mögen: "Whatever x may be" (LPV. 82)[70].

Der Bereich der x, was immer sie auch sein mögen, muß allerdings wiederum in Relation gesehen werden zu dem, was eine Theorie oder ein Sprachsystem zu ihrem bzw. seinem Wertbereich zählt. Diese Relativität besagt zwar nicht, daß das, was es gibt, theorieabhängig wäre. Was es gibt, hängt nicht von der Wahl des Sprachsystems ab; was allerdings vom Sprachsystem abhängig ist, ist dasjenige, wovon man *sagt*, daß es es gibt: "What there is does not in general

69 Siehe Abschnitt 3.3.2.
70 W.v.O. Quine, New Foundations for Mathematical Logic, in: LPV. 80-101.

depend on one's use of language, but what one says there is does." (LPV. 103) Verschiedene Theorien setzen verschiedene Arten von Entitäten voraus. Die Abhängigkeit vom jeweiligen Sprachsystem ist allerdings nicht derart, daß man in ihm nur über das sprechen könnte, wofür es im System singuläre Terme gibt. Worauf man sich im jeweiligen System bezieht, ist ebenfalls nicht auf das eingeschränkt, wofür es Ideen oder Intensionen (Bedeutungen) gibt. Was eine Theorie an Entitäten voraussetzt, ist vom Kriterium der *ontologischen* Verpflichtung, die mit der Theorie gekoppelt ist (ontological commitment), abhängig. Das Quinesche Kriterium besagt, daß eine Theorie eine Entität dann und nur dann als existent voraussetzt, wenn sie als *Wert* einer der gebundenen Variablen der quantifizierten Sätze der Theorie benötigt wird, um die *Wahrheit* der in der Theorie ausgesagten Sätze zu ermöglichen[71]:

> In general, entities of a given sort are assumed by a theory if and only if some of them must be counted among the values of the variables in order that the statements affirmed in the theory be true. (LPV. 103)

Was sich aus den bisherigen Ausführungen zur Quineschen Deutung der Referenz quantifizierter Sätze ergibt, ist eine starke Relativierung der Identifizierungsfunktion der singulären Terme und der damit gekoppelten Identifizierungskriterien. Für die *Wahrheit* der quantifizierten Sätze ist die Identifizierung der Gegenstände, die die Ausdrücke in ihrem Skopus erfüllen, irrelevant. Wird im Gefolge Quines die Referenz aufgrund der Tarskischen Erfüllungsrelation gedeutet, so tritt der kommunikations-theoretische Aspekt, der für die sprachanalytische Reduktion von Referenz ausschlaggebend ist, in den Hintergrund. Für die Wahrheit der quantifizierten Sätze einer reglementierten Sprache ist die individuelle Kompetenz der einzelnen Sprecher sekundär. Von den einzelnen Sprechern wird nicht gefordert, daß sie fähig seien, *bestimmt* zu referieren. Wollen sie über die Welt Aussagen machen, so genügt es, wenn sie *unbestimmt* auf etwas oder alles referieren.

2.3.2 Variablen versus schematische Buchstaben

Wir haben bereits gesehen, daß nicht alle Buchstaben, die für sprachliche Ausdrücke stehen und die gemeinhin als Variablen bezeichnet werden, von Quine

71 Für sein Kriterium bietet Quine verschiedene Formulierungen. Vgl. dazu: R.W. Trapp a.a.O. 78ff.

als Variablen im eigentlichen Sinne angesehen werden. Quine unterscheidet zwischen bloß *schematischen* Buchstaben und eigentlichen Variablen. Was den Unterschied zwischen den beiden ausmacht, ist, daß die Variablen durch Quantoren gebunden werden können, die anderen hingegen nicht. Daher haben die einen ontologisch-referentielles Gewicht, die anderen hingegen, die nicht gebunden werden können, nicht. In den gewöhnlichen Notationen des Aussagenkalküls verwendet Quine die Symbole "p, q, r usw.", um ganze Sätze oder Teilsätze von zusammengesetzten Sätzen zu signalisieren. M.a.W. diese Buchstaben stehen *anstelle* von Sätzen. Sie können im gewöhnlichen Aussagenkalkül durch Quantoren nicht gebunden werden und sind somit keine Variablen im eigentlichen Sinn. Faßt man allerdings Sätze als Namen für etwas anderes auf, für Wahrheitswerte z.B. (wie Frege) oder für Propositionen, so sieht die Lage anders aus. Man wird dann in einer entsprechenden Sprache auch über diese Entitäten quantifizieren. Die Buchstaben "p, q, r usw." werden dann zu Variablen, die als Werte besagte Entitäten annehmen.

> Vorher ist allerdings der Buchstabe 'p' keine Variable, die über Gegenstände läuft; er ist nur ein Schema-Buchstabe für Sätze, eine Leerstelle in einer logischen Formel oder grammatischen Struktur, in die ein Satz hineingehört. Wenn man aber Sätze als Namen von Propositionen auffaßt, dann ist der Buchstabe 'p' auch eine Variable, die über bestimmte Gegenstände, nämlich Propositionen, läuft. (Phil.Log. 20f)[72]

Dasselbe gilt für die Buchstaben "F, G, H", die in dieser Arbeit anstelle von Prädikatausdrücken oder Aussagefunktionen verwendet werden. Auch sie können - zumindest in den einfachen Prädikatenkalkülen unterster Stufe (erster Ordnung) - nicht gebunden werden. Auch sie sind keine Variablen im Quineschen Sinn.

Nimmt man aus der reglementierten Quineschen Sprache einen *atomaren* Satz, d.h. einen Satz, der keinen Teilsatz in sich enthält, der aber insofern *offen* ist, als er durch keinen Quantor gebunden ist, so wird er diese Form "xF" aufweisen. "F" ist im Unterschied zu "x" keine Variable, sondern ein schematischer Buchstabe, für den verschiedene Prädikatausdrücke eingesetzt werden können, z.B. "geht spazieren" (ibid. 32). Dieser offene Satz "x geht spazieren" besteht aus einer Variable, die verschiedene Werte annehmen kann, und einem Prädikatausdruck. Als offener ist er weder wahr noch falsch. Sobald er allerdings gebunden wird, erhält er einen Wahrheitswert. Er ist nämlich *für* bestimmte Werte, für diejenigen nämlich, welche spazieren gehen, wahr und für die anderen falsch. Setzt

72 W.v.O. Quine, Philosophie der Logik. Stuttgart 1973, 20f. (Englisch: Philosophy of Logic. New York 1970.)

man für "F" "+3 > 7" ein, so erhält man ebenfalls einen offenen Satz "x+3 > 7". Es kann nun gesagt werden, x stehe anstelle von Zahlausdrücken; es darf allerdings nicht gesagt werden - nach Quines Philosophie -, die Variable x nehme als Werte Zahlausdrücke an (LPV. 109f)[73]. Die Werte, die sie annimmt, sind die Zahlen selbst. Schließt jemand den offenen Satz durch einen Existenzquantor, so verpflichtet er sich, Zahlen in den Wertbereich seiner quantifizierten Sätze aufzunehmen oder vorauszusetzen.

Im Unterschied zu diesen Sätzen ist z.B. die Formel "(x) (Fx→p)" *kein* Satz, da "F" und "p" lediglich anstelle von Prädikaten resp. Sätzen stehen und nicht als Variablen fungieren. Da sie nur schematische Buchstaben sind, die durch Quantoren nicht gebunden werden können, ist die ganze Formel lediglich ein *Schema*, das die Struktur bestimmter Sätze aufzeigt, ohne selbst ein Satz zu sein: "The schema '(x) (Fx→p) cannot be imbedded within quantification to form part of a statement, for schematic letters are not bindable variables." (LPV. 109) Daher spricht Quine von den gültigen Formeln im Aussagen- und im Prädikatenkalkül einfach als von Schemata oder Diagrammen, die die Form verschiedener logisch wahrer Sätze verkörpern. Die Buchstaben "F" "G" usw. "...are not bindable variables, and hence need be regarded as no more than dummy predicates; blanks in a sentence diagram." (LPV. 108) Interpretiert man allerdings in Analogie zu den Sätzen die Prädikatausdrücke als Ausdrücke, die für besondere Entitäten in der Welt stehen, z.B. für Klassen oder Attribute, so wird man in geeigneten Kontexten auch über diese Entitäten quantifizieren. Die Buchstaben "F", "G", "H" usw." werden in solch einem Fall ihren Status als bloße schematische Buchstaben verlieren und zu Variablen werden:

> 'F' is on a par with 'p'. If predicates are thought of names of certain entities and 'F' is treated as a bindable variable, then the values of 'F' are such entities as predicates are names of. (LPV. 110)

Umgekehrt gilt ähnliches. Will man über "x" in "x+3 > 7" *nicht* quantifizieren, so wird man "x" nicht als Variable behandeln, sondern lediglich als schematischen Buchstaben, als Platzhalter für einen unbestimmten Zahlausdruck. Man wird dabei den Gedanken fallen lassen, daß es Zahlen gibt, die durch Zahlausdrücke benannt werden. In diesem Falle wäre der gesamte Ausdruck wiederum ein bloßes Schema und kein Satz im eigentlichen Sinne:

> In this event 'x+3 > 7' would become, like '(x) (Fx→p)', a mere schema or dummy statement, sharing the form of genuine statements (such as '2+3 > 7') but inca-

73 W.v.O. Quine, Logic and the Reification of Universals, in: LPV. 102-129.

pable of being quantified into a statement. (LPV. 110)

Die Relativität der Unterscheidung zwischen Variablen und schematischen Buchstaben, auf die Quine selbst aufmerksam macht, darf nicht übersehen werden. Um entscheiden zu können, ob bestimmte Symbole in einem Kalkül oder reglementierten Sprachsystem Variablen oder bloß schematische Buchstaben sind, muß man wissen, ob die betreffenden Symbole durch Quantoren gebunden werden können oder nicht. Das ist das ausschlaggebende Kriterium. Ob die Bindung möglich ist, das ist und bleibt relativ zum jeweiligen Kalkül und seiner *Interpretation*, d.h. zu seinem Individuenbereich. Für seine reglementierte Sprache sieht Quine nur raum-zeitliche Einzeldinge als Werte für die Variablen vor und schließt Attribute (Eigenschaften) und Propositionen sowie Intensionen als Entitäten aus. Aufgrund dieser philosophischen Option kann Quine Aussagen und Prädikate nicht als Bezeichnungen für etwas anderes ansehen und behandelt daher die Buchstaben "p, q, ..., F, G, ..." lediglich als schematische Buchstaben.

Da schematische Buchstaben nicht durch Quantoren gebunden werden können, haben sie kein ontologisches Gewicht. Dort, wo sie vorkommen, haben sie lediglich die Funktion, für Ausdrücke bestimmter Kategorien zu stehen, zu signalisieren, daß für sie andere Ausdrücke eingesetzt werden können. Sie werden verwendet, um die *Struktur* bestimmter Aussagen (oder rein möglicher Aussagen) anzugeben. Will man die Rolle der schematischen Buchstaben innerhalb von Formeln verstehen, so genügt es, die logische Kategorie der möglichen Einsetzungen zu erfassen, welche die jeweilige Formel in eine Aussage transformieren. Mit den Variablen (im eigentlichen Sinn) ist es anders bestellt. Sie können durch Quantoren gebunden werden und haben somit ein referentiell-ontologisches Gewicht. Sie kommen nicht nur in Schemata vor, die Strukturen von Aussagen aufzeigen, sondern auch in Sätzen selbst. Will man nun die Rolle dieser durch Quantoren gebundenen Variablen - sobald sie in Sätzen vorkommen - verstehen, so ist nach Quine ein Bezug auf den Bereich erforderlich, über den quantifiziert wird, über den die Variablen laufen. Dafür ist also ein Bezug auf außersprachliche Entitäten erforderlich, d.h. auf die Werte, die die Variablen annehmen müssen, wenn die quantifizierten Sätze wahr sein sollen. Der Gebrauch und die Funktion der schematischen Buchstaben kann rein linguistisch gedeutet werden, d.h. allein durch Rekurs auf die sprachlichen Ausdrücke, an deren Stelle sie stehen; der Gebrauch und die Funktion der Variablen, die in reglementierten Sätzen vorkommen, erfordert hingegen einen Rekurs auf außersprachliche Entitäten. Für die Deutung und Erklärung der Variablen ist also eine rein syntaktische Betrachtung nicht ausreichend, sie muß durch semantische Überlegungen ergänzt werden. Wer nun Quine in diesen Überlegungen folgt, darf nicht den Fehler begehen zu meinen, er könne sich direkt, außerhalb von Sprache, auf diese Entitäten beziehen; nein, er weiß, daß er sich immer durch Sprache darauf bezieht. Worin sich Quine von den strikten sprachanalytischen Philosophen unterscheidet, ist die Ansicht, daß - trotz des sogenannten sprachanalytischen Prinzips, wonach man nicht ohne Sprache das leisten kann, was nur durch Sprache zu leisten ist - semantische Relationen in und durch Sprache ausdrückbar sind. Er ist also der Meinung, es sei möglich, sich auf die Entitäten zu beziehen, die die Variablen als Werte annehmen können, auch wenn diese Entitäten keine sprachlichen, sondern außersprachliche Entitäten sind. Wer anderer Meinung ist und zu wissen glaubt, daß semantische Relationen sprachlich nicht ausdrückbar sind, wird Quine in seiner Unterscheidung zwischen schematischen Buchstaben und Variablen und in seiner Verknüpfung von durch Quantoren gebundenen Variablen und Referenz nicht folgen. Er wird die quantifizierten Sätze der reglementierten Sprache anders deuten und die gebundenen Variablen von den für sie möglichen Einsetzungen sprachlicher Ausdrücke her verstehen. Selbst die Wahrheitsbedingungen der quantifizierten Sätze wird er anders anzugeben versuchen. Eine existenzquantifizierte Aussage ist nach Quine dann und nur dann wahr, wenn es eine Entität aus dem Individuenbereich gibt, auf welche die Ausdrücke im Skopus des Quantors zutreffen. Für seinen Rivalen ist sie hingegen dann und nur dann wahr, wenn es eine Einsetzung für die Variable gibt, die zusammen mit den Ausdrücken im Skopus einen wahren Satz ergibt. Man spricht daher auch von einer *referentiellen* oder objektuellen und einer *substitutiellen* Deutung der Quantifikation. Quine steht insofern in der Fregeschen Tradition, als er in seiner Deutung des Funktionierens von Sprache auf das Fregesche "Reich der Bedeutungen", d.h. auf das "Reich" der Referenzobjekte oder auf den Individuenbereich Bezug nimmt. Durch den Rekurs auf dieses "Reich" unterscheidet er zwischen schematischen Buchstaben und Variablen. Allein schon aufgrund dieser Unterscheidung wird ersichtlich, weshalb Quine die referentielle Deutung der Quantifikation der substitutionellen vorzieht:

> It is thus highly disagreeable to Quine's outlook that some have attempted an account of at least certain kinds of quantification which does not involve assigning to the variables a set of non-linguistic entities as their range, but only a set of linguistic expressions substitutable for them: for such an account blurs, for him, the radical distinction between schematic letters and variables. (D. 521)

2.3.3 Referentielle versus substitutionelle Deutung der Quantifikation[74]

Wenn lediglich über finite Bereiche quantifiziert wird, in denen jedem Individuum ein singulärer Term zugeordnet ist, gibt es keine Differenz zwischen einer referentiellen und einer rein substitutionellen Angabe der Wahrheitsbedingungen der quantifizierten Sätze. In solchen Fällen ist die Quantifikation von trivialen Zügen geprägt. Sie ist nichts anderes als ein Kürzel: sie kann in endliche Konjunktionen bzw. Disjunktionen aufgelöst werden. Die Wahrheitswerte der quantifizierten Sätze können dabei rein mechanisch aufgrund der Wahrheitswerte der atomaren Sätze bestimmt werden. Schwierig wird die Lage, wenn über unendliche Bereiche quantifiziert wird. Man kann nämlich keine unendlich langen Konjunktionen oder Disjunktionen bilden. Aber selbst in solchen Fällen, sagt Quine, könne man noch auf die referentielle Deutung der Quantifikation zugunsten der rein substitutionellen verzichten (OR. 63). Wenn nämlich angenommen wird, jedem der unendlich vielen Gegenstände könne ein Name zugeordnet werden, so wird ein allquantifizierter Satz immer noch dann und nur dann wahr sein, wenn alle seine Substitutionen wahr sind.

Es gibt nun verschiedene Autoren[75], die den unangenehmen ontologischen und referentiellen Fragen dadurch aus dem Wege zu gehen trachten, daß sie eine rein substitutionelle Deutung der Quantifikation bevorzugen. Barcan Marcus z.B. greift auf die substitutionelle Deutung zurück, weil durch sie unangenehme Folgen der Quantifikation in modale Kontexte verhindert werden. Zu diesen Folgen ist z.B. der verpönte aristotelische Essentialismus zu rechnen, der sich aus der Interpretation modaler Operatoren (wie "möglicherweise" und "notwendiger-

74 Vgl. L. Linsky, Names and Descriptions. Chicago 1977, 153-166;
R.W. Trapp a.a.O. 36ff;
J.M. Dunn und N.D. Belnap, The Substitution Interpretation of the Quantifiers, in: Noûs 9 (1975) 165-185;
S. Kripke, Is there a Problem about Substitutional Quantification? in: E. 325-419.

75 Vgl. R. Barcan Marcus, Modalities and Intensional Languages, in: Synthese 13 (1961) 303-322; Quantification and Ontology, in: Noûs 6 (1972) 240-250.
S. Leśniewski - Quine berichtet, Leśniewski habe ihm die Idee der substitutionellen Quantifikation persönlich mitgeteilt (OR. 63).
Vgl. dazu G. Küng, The Meaning of the Quantifiers in the Logic of Leśniewski, in: Studia Logica 36 (1977) 309-322.
Als Vorläufer der substitutionellen Deutung gilt auch Geach.
Siehe P.T. Geach, Quantification Theory and the Problem of Identifying Objects of Reference, in: Acta Philosophica Fennica 21 (1963) 41-52.
Vgl. dazu D. 521.

weise") innerhalb des Skopus eines Quantors ergibt. Die essentialistische Unterscheidung zwischen notwendigen und kontingenten Eigenschaften drängt sich nicht auf, wenn man die Quantifikation in modale Kontexte rein substitutionell deutet. Barcan Marcus meint sogar, die substitutionelle Version der Quantifikation sei besser geeignet, bestimmte Redeweisen unserer Umgangssprachen wiederzugeben als die referentielle:

> "...there is a genuine question about the appropriateness or even the meaningfullness of supposing that there is a clear connection between the standard interpretation of the quantifiers [referentielle Deutung] and any paraphrase into and out of ordinary philosophical discourse."[76]

Quine selbst gesteht der substitutionellen Deutung verschiedene Vorteile zu. Er macht aber darauf aufmerksam, daß in bestimmten Fällen die rein substitutionelle Angabe der Wahrheitsbedingungen nicht mit der referentiellen übereinstimmt: "...it deviates from the ordinary interpretation in ways that can matter"[77]. Das gilt für all die Fälle, in denen wir es mit Gegenständen zu tun haben, über die wir zwar quantifizieren, von denen wir aber nicht alle benennen können. Als Beispiel dafür gibt Quine die reellen Zahlen[78] an:

> "On the classical theory, at any rate, they are indenumerable, whereas the expressions, simple and complex, available to us in any given language are denumerable. There are therefore, among the real numbers, infinitely many none of which can be separately specified by any expression, simple or complex."[79]

Quine weist auch auf die Möglichkeit hin, *innerhalb* einer bestimmten Theorie aufzuzeigen, daß ihr Gegenstandsbereich namenlose Gegenstände enthält. Wenn es gelingt, mittels einer Gödelnumerierung die Ausdrücke und Beweise der Theorie innerhalb der Theorie selbst zu behandeln und aufzuzeigen, daß jede Substitution eines offenen Satzes in der Theorie wahr ist, gleichzeitig aber ihre Allquantifikation nicht gültig ist, so enthält der Gegenstandsbereich namenlose Gegenstände (OR. 64). In solchen Fällen ist die rein substitutionelle Angabe der Wahrheitsbedingungen der quantifizierten Sätze nicht mehr adäquat.

Über die zwei Versionen der Quantifikation gibt es verschiedene Auseinandersetzungen, auf die hier nicht eingegangen werden kann. (Die Option für die eine

76 R. Barcan Marcus, Quantification and Ontology, in Noûs 6 (1972) 244.

77 W.v.O. Quine, Reply to Professor Marcus, in: The Ways of Paradox and Other Essays. New York 1966, 180f.

78 Im Umgang mit reellen Zahlen ist Vorsicht geboten. Vgl. dazu Quine selbst OR. 65f.

79 W.v.O. Quine, The Ways of Paradox and Other Essays. New York 1966, 181.

oder andere Version hängt z.T. von der Art der zu untersuchenden Sprache ab. Kripke gibt in seiner Abhandlung zur Quantifikation Systeme an, in denen es weder notwendig noch angebracht ist, zwischen den zwei Alternativen zu wählen, aber auch Systeme, in denen die Differenzen zwischen den beiden "dramatisch" [dramatic] sind [E. 352][80].) In diesem Zusammenhang soll aber auf das Anliegen Quines aufmerksam gemacht werden, nicht primär auf die Erstellung und Deutung formaler Systeme einzugehen, sondern auf die Deutung der quantifizierten Sätze, in die unsere *umgangssprachlichen* Äußerungen überführt werden sollen. Die referentiell gedeuteten quantifizierten Sätze werden dem, was wir in unserem Alltag tun, gerechter als die rein substitutionell gedeuteten. Wir sprechen nämlich über sehr vieles ohne fähig zu sein, es beim Namen zu nennen, und erheben dennoch den Anspruch, Wahres zu sagen. Dazu meint auch Kripke: "Don't almost all the things lack names in our language? (consider grains of sand, rabbits, stones...)... And it seems obvious to me that our existential assertions make no commitment to nameability..." (E. 380f) Es gibt auch Fälle, in denen man existenzquantifizierte Aussagen aufstellt, ohne bereit zu sein, einen singulären Term für die Variable einzusetzen. Man denke an jemand, der behauptet, es gebe unter den Angestellten einen Spion, ohne aber bereit zu sein, den Namen dafür zu nennen[81]. Quine macht auch darauf aufmerksam, daß sich die rein substitutionelle Deutung der Quantifikation auch von der Tarskischen Wahrheitsauffassung entfernt. Die Wahrheitsbedingungen der rein substitutionellen Version "...stehen in einem merkwürdigen Gegensatz zur Tarskischen Wahrheitsbedingung" (Phil. d. Logik 105). Ausschlaggebend für Quines Option für die referentielle Deutung der Quantifikation ist und bleibt allerdings der Bezug zu Gegenstandsbereichen, die so reichhaltig sind, daß darin namenlose Gegenstände vorkommen. Ein solcher Bereich ist sicherlich derjenige, über den wir in unserem Alltag sprechen.

> In einer reichhaltigen Welt ist die Einsetzungs-Definition der Quantifikation nicht extensionsgleich mit ihrer Definition mit Gegenständen oder Werten von Variablen. Eine Existenzquantifikation kann aufgrund der Einsetzungs-Definition falsch und aufgrund der Gegenstands-Definition wahr sein, weil es vielleicht nur namenlose Gegenstände der geforderten Art gibt... In einer solchen Welt ist die Einsetzungs-Quantifikation eine Abweichung. (ibid. 106)

Für die referentielle Deutung der Quantifikation tritt Quine hauptsächlich in seiner Rekonstruktion der Erlernung von Sprache ein. In seiner schematischen

80 S. Kripke, Is there a Problem about Substitutional Quantification? in: E. 325–419.

81 W.v.O. Quine, Replies, in: Words and Objections. Hg. von D. Davidson und J. Hintikka. Dordrecht 1969, 314.

Darstellung des Spracherwerbs spielt - wie gesehen - die Konstruktion "Ding x, so daß x..." eine wesentliche Rolle. Im anfänglichen Stadium der Benützung dieser Konstruktion ist der darin vorkommende Buchstabe "x" zwar auch nach Quine ein rein schematischer, d.h. eine reine Einsetzungsvariable. Das Kind lernt die Konstruktion anhand von Beispielen, in denen Einsetzungen vorkommen. Die Variablen haben für es eindeutig Einsetzungscharakter: "Variables begin as substitutional" (RoR. 99). Sobald allerdings die "so daß"-Konstruktion ihre Aufgabe der Erzeugung der Quantifikation erfüllt hat, ändert sich nach Quine der Charakter der darin vorkommenden Variablen grundlegend: die Variablen werden zu Gegenstands-Variablen, d.h. zu Variablen im eigentlichen Quineschen Sinn. Sie werden zu Zeichen mit referentiellem Gewicht[82]. Sobald das Kind kategorische Sätze von der Form "Ein G ist ein F" zu bilden gelernt hat, d.h. die Allquantifikation (x) (wenn Gx dann Fx) erfaßt hat, so ist es unangebracht, ihm ein Einsetzungsverständnis der gebundenen Variablen unterschieben zu wollen. Hat ein Mensch diese Phase der Spracherlernung erreicht, so wird er über Bereiche "sprechen können, auch wenn er nicht fähig ist", anhand einzelner singulärer Terme die darin vorkommenden Gegenstände anzugeben. Sätze wie "ein Apfel ist eine Frucht" oder "ein Kaninchen ist ein Tier" haben die Struktur von Allquantifikationen. Es wäre aber nach Quine unangebracht, sie substitutionell in dem Sinne zu deuten, daß jeder singuläre Term, der zusammen mit dem ersten allgemeinen Term einen wahren Satz ergibt, auch zusammen mit dem zweiten einen solchen ergibt. Es ist absurd, sich Namen oder singuläre Beschreibungen für alle Äpfel oder für alle Kaninchen vorzustellen: "...it is unnatural if not absurd to imagine names, or singular descriptions either, for all apples and rabbits." (RoR. 99) Dieser referentielle Standpunkt Quines in bezug auf die Quantifikation geht schon eindeutig aus seiner Behandlung der Relativsätze als allgemeiner Terme hervor. Wir brauchen uns nur an das Beispiel zu erinnern "Alles, was wir von dem Wrack gerettet haben, ist im Schuppen". Referenz ist nach Quine nicht primär Spezifizierung von Einzelgegenständen. Referenz ist zuallererst *unbestimmte* Referenz, die durch Quantoren und die durch sie gebundenen Variablen getragen wird. Das drückt sich deutlich in seiner Umschreibung des All- und des Existenzquantors aus: "jedes Ding x ist derart, daß..." und "manches Ding x ist derart, daß..."[83] Die Unbestimmtheit der Referenz tritt hauptsächlich in Quines referentieller

82 Vgl. Th.J. Richards, How Quine didn't learn to quantify, in: The Journal of Philosophy 76 (1979) 421-429.

83 Siehe Abschnitt 2.2.5.

Deutung der Quantifikation zutage. Die gebundenen Variablen und die Quantoren referieren auf Gegenstände, was immer sie auch sind: sie sind alles und jedes.

Der Übergang von der Einsetzungsvariable in der Erlernung von Sprache zur Gegenstandsvariable stellt nach Quine einen großen Sprung nach vorne dar, der nicht rückgängig zu machen ist. Wenn er vollzogen wird, dann ganz und gar:

> I see this switch from substitutional 'x' to objectual 'x' as an irreducible leap in language learning...Once the substitutional variable goes objectual, it goes objectual with vengeance. It becomes the distilled essence of ontological discourse. (RoR. 99f)

Meint man, die Gegenstände, über die man als Erwachsener spricht, auf die man sich durch Sprache bezieht, seien nur jene Gegenstände, die man durch singuläre Terme von allen übrigen herausgreifen kann, so wird man dem tatsächlichen Sprechen in unserem Alltag nicht gerecht. Man braucht nur an Sandkörner oder an Staubkörner zu denken. Wenn du - so Quine - sagst, die Gegenstände, über die du in einer bestimmten Theorie sprichst, seien die durch die singulären Terme genannten,

> ...you omit objects that you might want to include even though individually unspecifiable: various electrons and transcendental numbers, perhaps, if not also some remote grains of sand and star dust. (RoR. 100)

Würde der Mensch nicht über die substitutionelle Auffassung der Quantifikation hinauskommen, so müßte er z.B. letztlich auf das arithmetische Gesetz verzichten, daß jede Zahl einen Nachfolger hat (RoR. 119). Eine Zahl müßte nämlich die letzte sein, denn, würden die natürlichen Zahlen nicht irgendwo aufhören, so müßten unendlich viele Zahlzeichen als Einsetzungen für die Zahlvariablen zur Verfügung stehen. Da aber Zeichen Niederschriften sind, können sie nicht unendlich sein. Der Mensch, der nicht über die substitutionelle Deutung hinauskommt, müßte dann mit einer Schranke rechnen, ohne fähig zu sein, sie anzugeben. Die substitutionelle Erklärung der arithmetischen Quantifikation steht vor einem Dilemma. Entweder gehen die Zahlen aus oder es gibt unendlich viele Zahlenzeichen:

> A substitutional explication of arithmetical quantification brings no ontological economy to elementary number theory for either the numbers must run short or the numerals are infinitely numerous. (RoR. 119)

Sobald der Lernende bei sich den Glauben vorfindet, daß jede natürliche Zahl einen Nachfolger hat, hat er bereits den Sprung von der substitutionellen Auffassung zur referentiellen getan. Durch den Sprung zur Quantifikation im referentiellen Sinn wird der Heranwachsende fähig, über Dinge zu quantifizieren, die man nicht im einzelnen angeben und durch singuläre Terme aus allen übrigen Gegenständen herausgreifen kann. Überabzählbare und unbestimmte Gegenstandsbereiche machen die referentielle Quantifikation erst interessant: "Indenumerable and infinite universes are what, in the end, give point to objectual quantification and ontology." (OR. 107)

2.3.4 Quantifikation und Existenz

Wir haben bereits gesehen, daß nach Quine die Frage, ob ein singulärer Term ein Referenzobjekt hat, auf die Frage reduziert werden kann, ob die Existenzgeneralisierung in bezug auf den Term gültig ist oder nicht[84]. Existenzfragen werden von Quine auf Fragen nach der Existenzquantifikation zurückgeführt: Existenz ist letztlich das, was durch die Existenzquantifikation ausgedrückt wird. Es gibt Dinge der Art F genau dann, wenn (Ex) (Fx) gültig ist. (OR. 97)

> Vor allem habe ich auf *Namen* verzichtet. Auch sie dienen nur der Bequemlichkeit und sind völlig entbehrlich. Sei "a" ein Name und "Fa" ein Satz, in dem er vorkommt. Offenbar ist "Fa" äquivalent mit "(Ex) (a = x und Fx)". Man sieht, daß "a" überhaupt nur in der Form von "a =" vorzukommen braucht. (Phil.d.Logik 34)

Was durch die Existenzquantifikation ausgedrückt wird, ist für Quine *univok*. Nach Quine ist es sinnlos, zwischen verschiedenen Bedeutungen von "es gibt" in der Umschreibung des Existenzquantors zu unterscheiden. Die natürliche Sprache verleitet zwar zur Annahme eines *mehrdeutigen* Existenzbegriffs. Wenn wir von einem konkreten raum-zeitlichen Gegenstand sagen, daß es ihn gibt, so neigen wir dazu, es in einem anderen Sinn zu verstehen, als wenn wir von Zahlen oder sonstigen abstrakten Gegenständen sagen, daß es sie gibt. Die unterschiedliche Auffassungsweise, zu der wir instinktiv neigen, ist aber nach Quine auf die verschiedenen Arten von Gegenständen und nicht auf eine angeblich verschiedene Art zu existieren, zurückzuführen (OR. 99ff)[85]. Hat man die Sätze unserer Umgangssprache in die kanonische Notation überführt, so ist man - laut Quine - besser gegen die Annahme der Mehrdeutigkeit von Existenz gewappnet: "Recht und Ordnung" (WO. 242) werden in der kanonischen Notation wieder hergestellt. Durch diese Notation wird nämlich der Sprecher verpflichtet, all die Gegenstände als existent in einem univoken Sinn anzunehmen, welche die gebundenen Variablen als Werte annehmen. Quine greift diejenigen an, die diese eindeutige Verpflichtung nicht wahrhaben wollen. Es gibt "Missetäter" (offenders), die sich

84 Siehe Abschnitt 2.2.5.
85 W.v.O. Quine, Existence and Quantification, in: OR. 91-113.

zwar gegen abstrakte Gegenstände entschieden haben, aber dennoch zumindest implizit über sie quantifizieren.

> We find philosophers allowing themselves not only abstract terms but even pretty unmistakable quantifications over abstract objects ("There are concepts with which...," "...some of which propositions..." "...there is something that he doubts or believes"), and still blandly disavowing, within the paragraph, any claim that there are such objects. (WO. 241)

Machen sie einen Rückzieher, so meistens mit der Bemerkung, daß abstrakte Gegenstände nicht auf dieselbe Weise existieren wie raum-zeitliche und daß es mehrere Bedeutungen von "es gibt" gibt: In dem Sinn, in dem es die konkreten Gegenstände gibt, gibt es die abstrakten nicht. Diese Doppelzüngigkeit (double talk) ist nach Quine zum Teil auf unredliche Wünsche und zum Teil auf die Launen der Alltagssprache zurückzuführen. Philosophen, die sich davon treiben lassen, genießen die Vorteile der Zulassung abstrakter Gegenstände, schrecken aber davor zurück, ihren vollen ontologischen Verpflichtungen nachzukommen. Die Quineschen Umschreibungen der Quantoren haben nun den Sinn, diese ontologischen Verpflichtungen, die mit der Quantifikation gegeben sind, besser ins Bewußtsein zu heben. Versteht man die Quantoren auf die Quinesche Art, d.h. im referentiellen Sinn, so trifft auf sie zu, daß sie gedrängte Zusammenfassungen der eindeutig referentiellen Ausdrücke unserer Alltagssprache sind und daher ausdrücklich ontologisch verpflichten:

> The quantifiers are encapsulations of these specially selected, unequivocally referential idioms of ordinary language. To paraphrase a sentence into the canonical notation of quantification is, first and foremost, to make its ontic content explicit, quantification being a device for talking in general of objects. (WO. 242)

Aufgrund seiner referentiellen Deutung der Quantifikation kann Quine die logisch-positivistische Lehre, daß Ausdrücke, die auf alles zutreffen, keinen Sinn haben, nicht akzeptieren. Quine teilt nicht die These, der Sinn eines Prädikates ergebe sich aus dem Kontrast zu dem, was es ausschließt (OR. 51f), und daß demnach ein universelles Prädikat aus dem alleinigen Grund, daß es auf alles zutrifft, sinnlos sei. Aufgrund der Quineschen Auffassung von Referenz, die primär und zu allererst unbestimmte Referenz ist und somit den ganzen Bereich betrifft, über den wir sprechen, kann konsequenterweise jede beliebige Tatsachenaussage in eine Aussage transformiert werden, die auch ausdrücklich auf alles zutrifft. Statt z.B. von Jones zu sagen, er singe, kann man von jedem Ding sagen, es sei von Jones verschieden oder singe:

> To say merely of Jones that he sings, is it to say of everything that it is other than Jones or sings. We had better be aware of repudiating universal predication, lest we be tricked into repudiating everything there is to say. (OR. 52)

Dementsprechend lehnt Quine auch Carnaps Unterscheidung zwischen sinnvollen (internen) und sinnlosen, metaphysischen (externen) Existenzfragen oder -behauptungen ab (OR. 92ff). Im Sinne Carnaps und der Logischen Positivisten sind nämlich Fragen nach der Existenz immer nur innerhalb bestimmter Theorien sinnvoll[86]. Für die Beantwortung dieser "internen" Fragen gibt es nämlich intersubjektive, wissenschaftliche Kriterien. Ihre Antworten kann man im Rahmen bestimmter Theorien verifizieren. Auf die "externen" Existenzfragen hingegen gibt es keine intersubjektiv überprüfbaren Antworten. Auf die Frage, ob zwischen 10 und 20 Primzahlen vorkommen, gibt es im Rahmen der Arithmetik eine sinnvolle Antwort. Auf die Frage, ob es Zahlen, Eigenschaften, Raum-Zeit-Punkte, raum-zeitliche Gegenstände überhaupt gibt, hingegen nicht; das sind letztlich "Pseudofragen". Was natürlich auch für die logischen Positivisten sinnvoll gefragt werden kann, ist, ob eine ganz bestimmte wissenschaftliche Rahmentheorie praktisch vorteilhafter ist als eine andere. Diese Fragen betreffen aber nicht die Existenz, sondern lediglich praktische Aspekte von Rahmentheorien. Existenzfragen können nur dann kognitiv sinnvoll sein, wenn sie innerhalb einer bestimmten - aufgrund pragmatischer Kriterien gewählten - Rahmentheorie gestellt werden. Existenzfragen sind daher - wenn sinnvoll - immer nur "interne" Fragen[87].

Überträgt man diese Gedankengänge auf Individuenbereiche, so folgt, daß Existenzfragen und Aussagen nur dann sinnvoll und verständlich sind, wenn sie auf Bereiche bezogen sind, die umfassender sind als der Bereich jener Individuen, nach deren Existenz gefragt oder deren Existenz behauptet wird. Daher plädieren sprachanalytische Autoren, z.B. Carl, für die Überführung von Existenzaussagen in partikuläre Aussagen. Durch partikuläre Aussagen soll nämlich die Struktur der sinnvollen, d.h. verifizierbaren Existenz-Aussagen klar dargelegt werden. Überführt man die Aussage "Es gibt Neger" in die partikuläre Aussage "Einige Menschen sind Neger", so macht man deutlich, auf welchen umfassenderen Bereich man sich durch die Existenzaussage bezieht und wie man die Aussage verifiziert; man braucht nämlich nur zu untersuchen, ob einige Menschen Neger sind. Durch partikuläre Aussagen wird deutlich, zu welchem Bereich von Dingen

86 Vgl. R. Carnap, Empiricism, Semantics, and Ontology, in: Meaning and Necessity. Chicago ^{2}1970, 205-221.

87 "The concept of reality occurring in these internal questions is an empirical, scientific, non-metaphysical concept. To recognize something as a real thing or event means to succeed in incorporating it into the system of things...so that it fits together with the other things recognized as real, according to the rules of the framework." (Ibid. 207)

dasjenige, dessen Existenz behauptet wird, gehören muß, vorausgesetzt, diese Behauptung ist wahr (C. 86ff). Versteht man Existenzaussagen *verifikationistisch*, so ist der Bezug auf einen umfassenderen Bereich eine *notwendige* Bedingung für die Möglichkeit, sinnvoll von Existenz zu sprechen (C. 89).

Quine argumentiert nicht - zumindest nicht in bezug auf Existenzfragen - im Sinne dieser verifikationistischen Tradition, die nach Carl auf Frege zurückzuführen sein soll. Nach Quine können, wie gesehen, Prädikate auch dann sinnvoll sein, wenn sie auf alles zutreffen und nichts ausschließen. In Entsprechung dazu muß nach seiner Auffassung der Bereich, auf den wir uns beziehen, wenn wir Existenzaussagen explizieren, *nicht* umfassender sein als der Bereich jener Dinge, deren Existenz wir behaupten. Der Grund, weshalb sich Quine von der neo-positivistischen Auffassung von Existenz absetzt, dürfte letztlich der sein, daß den Werten, die die Variablen quantifizierter Aussagen annehmen können, prinzipiell keine Grenzen gesetzt sind (OR. 92ff). Diese Werte kann man zwar in Sorten oder Kategorien einteilen, aber diese Einteilungen sind keine prinzipiellen. Verschiedene Sorten von Werten werden sich in verschiedenen Variablensorten bestimmter Systeme niederschlagen - müssen es aber nicht. Die Variablensorten unterliegen keinen von außen her auferlegten Beschränkungen: "...we can use distinctive styles for different sorts [Variablensorten] of number, or a single style for all sorts of numbers and everything else as well." (OR. 92) Man kann nach Quine selbst über Raum-Zeit-Punkte *und* über Zahlen quantifizieren und dabei nur eine Sorte von Variablen verwenden. Daher erübrigen sich die grundsätzlichen Carnapschen Unterscheidungen. Die Antworten auf die Frage, was als *existent* angenommen werden muß, damit die Sätze einer ganz bestimmten Theorie wahr sein können, kann man zwar auch nach Quine nur in einer weiteren Theorie, in der *Rahmentheorie* nämlich, ausdrücken. Die Angabe dessen, was der Wertbereich einer Theorie ist, ist somit natürlich auch für Quine *relativ*. Aber diese Relativität ist anderer Natur als die Relativität, von der die logischen Positivisten sprechen. Die Quineschen Überlegungen zur Existenz gründen auf der Tarskischen Semantik und haben als Ausgangspunkt die *Interpretation* formaler Sprachen, also logischer Kalküle. Die Relativität betrifft lediglich die Sprache, in der der jeweilige Kalkül interpretiert wird. Will man eine bestimmte Theorie semantisch beschreiben, so wird man angeben müssen, aus welchen Sätzen sie besteht, welche Dinge als Werte der Variablen fungieren und welche Dinge die Prädikate erfüllen. Eine Theorie können wir aber immer nur in unseren eigenen Worten beschreiben, letztlich relativ zu unserer eigenen Gesamttheorie. Absolut genommen sind somit ontologische Fragen auch für Quine sinnlos. Der Grund dafür ist aber nach Quine nicht in einer angeblichen Inhaltsleere bestimmter Ausdrücke, deren man sich in der Behandlung ontologischer Fragen bedient, zu orten, sondern in der Tatsache, daß wir Menschen eine Rahmentheorie brauchen, um über eine Theorie zu sprechen. Wir können nur in sprachlichen Sätzen die Interpretation anderer Sätze angeben: "...talk of subordinate theories and their ontologies is meaningful, but only relative to the background theory..." (OR. 51)

In Quines Explikation von Existenz spielen die Begriffe "Erfüllung" und "zutreffen" ("wahr sein von") eine Schlüsselrolle: die Gegenstände, auf die eine Theorie angewiesen ist in dem Sinn, daß sie sie als existent braucht, um wahr zu sein, sind die Gegenstände, die jeweils ein Prädikat (eine Aussagefunktion, eine Bedingung im Skopus eines Quantors) *erfüllen*, oder die Gegenstände, auf die jeweils ein Prädikat *zutrifft*. Da aber all das, worauf ein Prädikat zutrifft oder was ein Prädikat erfüllt, auch *Wert* von Variablen in der kanonischen Notation ist, sind die Gegenstände, auf die eine Theorie angewiesen ist, diejenigen, die Werte von Variablen sein müssen, damit die Theorie wahr sei: "...what objects does a theory require? Our answer is: those objects that have to be values of variables for the theory to be true" (OR. 96). Der Quinesche Standpunkt kann auch in der üblichen Weise verkürzt wiedergegeben werden als "to be is to be the value of a variable". Diese verkürzte Form ist allerdings insofern irreführend, als dabei der Bezug zu Theorien und zu ihren quantifizierten Sätzen, die darin *wahr* sind, außer acht gelassen wird. Sie ist auch insofern irreführend, als sie nahelegt zu meinen, Quine wolle Existenz auf Wertsein von faktischen Variablen reduzieren, was allerdings nicht der Fall ist. Es gibt viele Dinge, über die wir Menschen faktisch nicht sprechen, d.h., die nicht als Werte für die Variablen unserer Sätze vorkommen.

Existenz in ihrer *allgemeinen* Bedeutung wird von Quine nicht expliziert. Existenz ist zwar nach Quines Ausführungen, was durch die Existenzquantifikation ausgedrückt wird. Aber in der Explikation von "es gibt" im Sinne des Existenzquantors kommt Quine nicht sehr weit:

> We found an explication of singular existence, "a exists", as "(Ex) (x=a)"; but explication in turn of the existential quantifier itself, "there is", "there are", explication of general existence, is a forlorn cause. (OR. 97)

Die Schwierigkeiten in bezug auf die Explikation von Existenz sind aber für Quine kein hinreichender Grund, um zu resignieren oder auch um scharfe Grenzen zu ziehen zwischen sogenannten sinnvollen und sinnlosen Existenzfragen und -aussagen. Natürlich gibt es Unterschiede im Bereich dessen, was für oder gegen bestimmte Existenzsätze spricht, diese Unterschiede sind aber nach Quine wiederum nur *gradueller* Natur und keine scharfen Dichotomien, wie Carnap es annahm. Existenzsätze in bezug auf Hasen oder Einhörner können durch das Zeugnis der Sinne entschieden werden; Existenzsätze in bezug auf bestimmte Zahlen durch

Rechenstrategien; Existenzsätze in bezug auf Zahlen überhaupt sind natürlich auch für Quine problematisch. Es scheinen auch für ihn hauptsächlich pragmatische Kriterien ausschlaggebend zu sein für den Entscheidungsprozeß, auch Zahlen oder sonstige abstrakte Gegenstände höherer Ordnung in den Wertbereich der Variablen einzubeziehen, über den wir quantifizieren. Die Gründe, die für oder gegen solche Entscheidungen sprechen, können aber insofern wissenschaftlich relevant sein, als durch die Erweiterung des Quantifikationsbereichs die jeweilige Theorie in ihrer theoretischen Aussagekraft zunimmt oder abnimmt[88]. Die Frage nach der Feststellung dessen, was für oder gegen bestimmte Existenzsätze spricht, d.h. die Frage nach ihrer Verifikation, darf allerdings - wenn man Quines Gedankengänge nachvollzieht - nicht verwechselt werden mit der Frage nach der Existenz. Das sei in Analogie zur Unterscheidung zwischen der Frage nach der Wahrheit und der Frage nach den Wahrheitskriterien gesagt. Was aber aus Quines Ausführungen klar hervorgeht, ist, daß Existenz weder von der Verifikation des Existenzsatzes noch von der Spezifizierung oder Identifizierung des Gegenstandes, von dem Existenz ausgesagt wird, abhängig ist: Es geht eindeutig aus der kanonischen Schreibweise, in die Existenzsätze überführt werden und die von Quine referentiell gedeutet werden, hervor. Wenn nämlich diese Aussagen *wahr sind*, dann muß es etwas im Bereich, über den quantifiziert wird, geben, das sie wahr macht, selbst dann, wenn man es nicht identifizieren kann. Die quantifizierten Sätze werden von Quine nicht im Kontext von Sprecher und Hörer, nicht im Kontext der Frage nach der Identifizierung der Gegenstände, über die man spricht, betrachtet, sondern im Kontext der Semantik. Behauptet ein Sprecher einen existenzquantifizierten Satz, so kann dieser wahr oder falsch sein, unabhängig davon, ob der Sprecher weiß, welcher Gegenstand die Bedingungen, die im Skopus angegeben werden, erfüllt oder nicht. Er braucht nicht fähig zu sein anzugeben, welcher Gegenstand den Satz zu einem wahren macht. Mit anderen Worten, er braucht kein identifizierendes Wissen zu haben, um sinnvoll zu prädizieren und um wahre Aussagen machen zu können. Deutet man die Prädikationen aufgrund von gebundenen Variablen und Quantoren im referentiellen Sinn, so bezieht sich der Sprecher nicht auf etwas Bestimmtes, um dann von diesem etwas auszusagen, sondern auf Unbestimmtes. Er behauptet, daß es

88 "Existence statements in this philosophical vein do admit of evidence, in the sense that we can have reasons, and essentially scientific reasons, for including numbers or classes or the like in the range of values of our variables. And other existence statements in this metaphysical vein can be subject to counterevidence..." (OR. 97)

etwas gibt, das bestimmte Bedingungen erfüllt. Daher sind im Quineschen Rahmen auch ganz allgemeine Existenzsätze sinnvoll, die die Existenz von nicht Angebbarem behaupten. Es kann nämlich Werte für Variablen geben, die nicht mit Namen oder singulären Kennzeichnungen aus allen übrigen Werten herauszugreifen sind[89].

Würde man Existenz zu eng mit der Verifikation verknüpfen, würde man des weiteren existenzquantifizierte Aussagen nur substitutionell und nicht referentiell im Quineschen Sinne verstehen, so stünde man vor unlösbaren Problemen in bezug auf Existenzaussagen über Nicht-Angebbares. Man braucht nur an Sätze zu denken wie "Es gibt namenlose Sterne"[90]: dieser Satz scheint wahr zu sein; wie sollte aber seine Wahrheit in einem rein substitutionalistischen Sinne gerettet werden? Ist der Satz tatsächlich wahr, so kann es keinen Namen geben, der, würde er für die Variable der quantifizierten Form des Satzes eingesetzt werden, den Satz zu einem wahren machte, denn dann hätte der Stern, dessen Existenz man behauptet, einen Namen. Quines Behandlung der Quantifikation im Zusammenhang mit Existenz ist allerdings so differenziert und komplex, daß es nicht in seinem Sinne ist, sich mit so banalen Beispielen zu bescheiden und zu meinen, es sei klar, daß für die Quantifikation nur eine referentielle Deutung in Frage käme. Was Quines Zugang zur Quantifikation zu einem komplexen macht, ist die sogenannte *ontologische Relativität*, die Fragen nach der Referenz und somit auch Fragen nach der Quantifikation affiziert.

2.3.5 Quantifikation und ontologische Relativität

Das Quinesche Beispiel "Gavagai" soll aufzeigen[91], inwiefern man von einer

89 Zur Erläuterung dafür kann Quine immer wieder auf die reellen Zahlen zurückgreifen, auf den Satz nämlich "Es gibt nicht-angebbare reelle Zahlen":
"...under classical set theory there are, given any interpreted notation, some real numbers that are not separately specifiable in that notation. The existence sentence 'There are unspecifiable real numbers' is true; and expressible as an existential quantification; but the values of the variable that account for the truth of this quantification are emphatically not objects with names." (OR. 95)

90 "...it is doubtless true that there are stars that have not yet been discovered and so have never been labelled; but then, (Ex) (Star x and has no label x) is true; but on the substitutionalist's account this sentence could be true only on pain of paradox..."
M.J. Loux, Substance and Attribute. A Study in Ontology. Dordrecht 1978, 59.

91 Siehe Abschnitt 2.1.3.

empirischen *Unter-* oder *In*determiniertheit der Übersetzung aus völlig fremden Sprachen sprechen kann. Nach Quines Schilderungen gibt es keine Verhaltensbeobachtungen, die es uns gestatten würden, ausfindig zu machen, ob sich die Eingeborenen durch "Gavagai" auf Hasen, Hasenstadien, unabgetrennte Hasenteile oder auf das Universale "Hasenheit" beziehen. Quine spricht daher von der Unerforschlichkeit der Referenz der Terme einer radikal fremden Sprache. Das Problem der Unerforschlichkeit der Referenz betrifft aber - so Quine - auch unsere eigene Muttersprache: "...we can reproduce the inscrutability of reference at home." (OR. 47) Wie es verschiedene alternative Übersetzungen aus radikal fremden Ursprachen gibt, deren Abweichungen durch untereinander kompensierende Korrekturen ausgeglichen werden, so kann es auch verschiedene Deutungen der Referenz der Terme, welche unsere Mitmenschen in unserer eigenen Sprache verwenden, geben. Wenn wir die Äußerungen unserer Mitmenschen systematisch genügend stark uminterpretieren, so können wir den Zustand erreichen - zumindest prinzipiell -, in dem sie z.B. nicht mehr über Hasen, sondern über Hasenstadien, Hasenteile usw. sprechen. Ob es uns tatsächlich gelingt, wird von unserer *Geschicklichkeit* abhängen, die neuen Deutungen in Einklang mit dem Sprechverhalten unserer Mitmenschen zu bringen. Letztlich ist auch die Referenz der Terme unserer eigenen Muttersprache unerforschlich. Wir können zwar sagen, dieses da ist ein Hase, dieses andere ein Hasenteil, wir können zwar sagen, daß dieses da und jenes dort verschiedene Hasenteile sind, aber das können wir nur sinnvoll *relativ* zu unserem Netzwerk von Ausdrücken, Termen und Prädikaten und sonstigen sprachlichen Hilfsmitteln sagen. Relativ zu diesem Koordinatensystem oder Referenzrahmen, können wir sinnvoll von Hasen, Hasenteilen usw. sprechen. Ändern wir diesen Referenzrahmen dadurch, daß wir die Referenz der Terme ändern und genügend kompensierende Korrekturen bei der Interpretation der übrigen sprachlichen Hilfspartikel einführen, immer so, daß sie zu all unseren bestehenden Sprachdispositionen passen, so werden wir über *andere* Gegenstände sprechen, die verschieden sind von den Gegenständen, über die wir relativ zu unserem gängigen Referenzrahmen sprechen. Diese Überlegungen ergeben die Unerforschlichkeit der Referenz, die uns selbst in unserer Muttersprache betrifft. Sie ergeben nach Quine auch den Unsinn von Referenz, wenn sie in einem absoluten Sinn verstanden wird. Referenz ist nur *relativ* zu einem Referenzrahmen sinnvoll.

> This was the inscrutability of reference, applied to ourselves; and it made nonsense of reference. Fair enough; reference *is* nonsense except relative to a coordinate system. (OR. 48)

Wollen wir die Referenz der Terme einer uns vorgegebenen Theorie angeben, so können wir das nur durch Paraphrasierung in unserer eigenen Sprache aufgrund unserer Gesamttheorie. Stellen wir die Referenz der Terme auch unserer Gesamttheorie in Frage oder wollen wir angeben, worin sie besteht, so werden wir auch das wiederum nur relativ zu einer weiteren Theorie tun können. Durch *Ostension* allein sind die Fragen der Referenz von Termen nicht zu lösen. Ostension läßt - wie gesehen - referentielle Mehrdeutigkeiten zu. Was die Referenz eines Terms ist, läßt sich nur durch einen anderen oder durch andere Terme angeben. Im Normalfall werden wir, um nicht einem heillosen Regreß zu verfallen, bei unserer Gesamttheorie stehenbleiben. Es wäre sinnlos, die Referenz aller Terme unserer Gesamttheorie in Frage zu stellen.

> To question the reference of all the terms of our all-inclusive theory becomes meaningless, simply for want of further terms relative to which to ask or answer the question. (OR. 54)

Unerforschlich bleibt die Referenz der radikal fremden Terme *und* der Terme unserer Mitmenschen, die unsere eigene Sprache sprechen. Relativ zu unserem eigenen Referenzrahmen können wir zwar die Referenz ihrer Terme angeben, aber immer nur als eine *relative*.

In der Übersetzungspraxis aus radikal fremden Sprachen wird sich ein vernünftig handelnder Linguist bald auf eine bestimmte Menge analytischer Hypothesen, mit der er gut arbeiten kann, festlegen. Ähnliches gilt für unsere Deutungspraxis dessen, was unsere Mitmenschen sprachlich äußern. Im Lichte dieser Festlegungen treffen wir Entscheidungen über die Ontologie der anderen, über das, worauf sie sich durch ihre Terme beziehen. Die Feststellungen, die wir dabei treffen, sind - laut Quine, wie gesehen - keine Tatsachenfeststellungen, da sie empirisch nicht überprüfbar sind. Im Fall der Quantifikation, wenn substitutionell gedeutet, sieht es aber anders aus. Interpretiert man die Quantifikation substitutionell, so ist es in bezug auf sie möglich, durch Verhaltensbeobachtungen unserer Mitsprecher empirische Feststellungen zu treffen. Quine bringt diese Verhaltensbedingungen in Zusammenhang mit den Bedingungen, die für die wahrheitsfunktionalen Junktoren gelten. Es gibt nämlich empirische Verhaltensbedingungen zur Interpretation von Junktoren in fremden Sprachen. Die Bedingungen z.B. für die Interpretation eines Junktors als Disjunktionszeichen lauten: Die fremden Menschen müssen genau dann disponiert sein, jeden beliebigen mit dem fraglichen Junktor gebildeten zusammengesetzten Satz zu verneinen, wenn sie disponiert sind, jeden der Teilsätze zu verneinen, und den zusammengesetzten Satz zu bejahen, wenn immer sie einen Teilsatz davon bejahen (OR. 103f). Ähnliche Verhaltensbedingungen können für die substitutionelle Quantifikation angegeben werden. Wenn nämlich die Quantifikation substitutionell gedeutet wird, kann sie auf wahrheitsfunktionelle Junktoren reduziert werden. Aufgrund der substitutionellen Wahrheitsbedingungen sind die Verhaltenskriterien leicht angebbar - vorausgesetzt man hat schon gewisse Teile aus der fremden Sprache als Kandidaten für die Quantoren und die Variablenrolle festgelegt. Die Verhaltensbedingungen werden im Fall der Existenzquantifikation denen sehr langer Disjunktionen und im Fall der Allquantifikation denen sehr langer Konjunktionen entsprechen[92].

Selbstverständlich gibt es auch diesbezüglich Schwierigkeiten. Es müßten nämlich unendliche Mengen von quantifizierten Sätzen und Einsetzungsergebnissen überprüft werden. Da das unmöglich ist, müßte man sich mit der Induktion begnügen: "Empirical induction is all we have to go on..." (ibid. 105) Dennoch, die substitutionelle Quantifikation ist bei weitem leichter zu orten als die referentielle Quantifikation. Um die Wahrheitsbedingungen für die eine anzugeben, genügt der Rekurs auf sprachliche Elemente - in Analogie zur Angabe der Wahrheitsbedingungen der mit Junktoren zusammengesetzten komplexen Sätze; um die Wahrheitsbedingungen für die zweite, die referentielle Quantifikation anzugeben, muß darüber hinausgegriffen werden, muß auf nichtsprachliche Elemente Bezug genommen werden. Genau dieser Rückgriff ist aber durch empirische Beobachtungen des Verhaltens der Sprecher nicht feststellbar. Daher gesteht Quine der substitutionellen Quantifikation Vorteile zu. Sie ist vom Verhalten der Sprecher her besser bestimmt und daher leichter empirisch feststellbar: "...substitutional quantification is behaviorally better determined than objectual quantification." (OR. 107) Seinem Behaviorismus entsprechend sagt ja auch Quine, das heranwachsende Kind erlerne die substitutionelle vor der referentiellen Quantifikation[93]; die substitutionelle ist nämlich der Imitation zugänglich. "Substitutional quantification and the truth functions are, in brief, far and away more recognizable behaviorally than...*objectual* quantification." (OR. 105) Die referentielle Quantifikation können wir in fremden Sprachen *nur relativ* zu bestimmten Übersetzungsschlüsseln orten, und diese sind zum Teil willkürlich. Für sie gilt ähnliches wie für die Referenz der singulären und der allgemeinen Terme. Sie vertragen verschiedene untereinander abweichende Übersetzungen, die allesamt mit dem beobachtbaren Verhalten der Sprecher kompatibel sind.

92 Als ausschlaggebende Kriterien für die Interpretation eines Ausdrucks als Existenzquantor gibt Quine an:
"...a condition...is that the natives be disposed to dissent from a whole quantified sentence when and only when disposed to dissent from each of the sentences obtainable by dropping the quantifier and substituting for the variable. A second condition is that the natives be disposed to assent to the whole whenever disposed to assent to one of the sentences obtainable by dropping the quantifier and substituting for the variable." (OR. 104f)

93 Siehe Abschnitt 2.3.3.

Die Tatsache, daß der substitutionellen Quantifikation verschiedene Vorteile zukommen, ist allerdings für Quine kein hinreichender Grund, um die Quantifikation im allgemeinen auf sie zu reduzieren, es sei denn, wir wollen uns aller ontologischen Fragen und der damit zusammenhängenden Frage nach der Existenz entledigen. Da wir aber in unserem Alltag doch mit Wörtern wie "existiert" und "es gibt" operieren und diese Wörter lediglich durch den Quantifikationsmechanismus in der referentiellen Version adäquat expliziert werden, dürfen wir der referentiellen Quantifikation nicht aus dem Wege gehen. Die Quantifikation, die als Explikation unseres alltäglichen Verständnisses von Existenz herangezogen werden kann, ist nicht auf ihre substitutionelle Version reduzierbar. Wenn wir sprechen, so sprechen wir auch über *überabzählbare* und unbestimmte Bereiche. Durch unsere Sätze behaupten wir oft, es gebe Dinge, die so und so sind, ohne den Anspruch zu erheben, diese Dinge durch singuläre Terme aus allen übrigen herausgreifen zu können. Wie soll man solche Behauptungen deuten, wenn nicht durch referentiell quantifizierte Sätze? Und wenn wir zu bestimmten Theorien stehen, so erheben wir den Anspruch auf Wahrheit: wir behaupten, daß es *Dinge gibt*, die so beschaffen sind, wie es durch die Sätze der jeweiligen Theorie ausgesagt wird. Durch die Behauptung dieser Sätze legen wir uns fest. Wie sollte nun diese Festlegung oder Verpflichtung untersucht werden, würden besagte Sätze in ihrer kanonischen Form nicht referentiell gedeutet werden?[94]

Wenn Quine von Ontologie spricht und für die Sinnhaftigkeit der Frage nach den Gegenständen eintritt, die eine bestimmte Theorie für die Wahrheit ihrer Sätze voraussetzt und auf die sich die Sprecher verpflichten, wenn sie die Sätze der Theorie behaupten, so darf ihm nicht die Verletzung des sprachanalytischen Prinzips unterschoben werden. Die Angabe des Gegenstandsbereichs geschieht immer nur durch Sprache und bleibt - wie gesehen - relativ zum Referenzrahmen, in dem die Angabe gemacht wird. In seinem ontologischen Bemühen verstößt Quine nicht gegen die von ihm selbst aufgestellte These der Unerforschlichkeit der Referenz. Quine selber weist darauf hin, daß Ontologie durch die Abtrennung von einer Rahmentheorie ihren Sinn verliert; wir können nicht absolut sagen, was genau die Gegenstände oder was die Ontologie einer Theorie sind. Die Angaben bleiben relativ in einem *doppelten* Sinn: Relativ zur gewählten Rahmen-

94 "...the question of the ontological commitment of a theory does not properly arise except as that theory is expressed in classical quantificational form...I hold this for the simple reason that the existential quantifier, in the objectual sense, is given precisely the existential interpretation and no other: there are things which are thus und so." (OR. 106)

theorie *und* relativ zum Übersetzungsverfahren aus der Theorie in die Rahmentheorie (OR. 67). Auch das Übersetzungsverfahren selbst ist nämlich von der Wahl verschiedener Festsetzungen oder "analytischer Hypothesen" abhängig und ist somit in bezug auf sie relativ. Die These der Unerforschlichkeit der Referenz, wenn absolut verstanden, ergibt sich somit im Sinne Quines nicht nur aus sprachphilosophischen Überlegungen über die Referenz einzelner Terme, sondern auch aus Überlegungen über die quantifizierten Sätze einer reglementierten Sprache.

Quine wird nachgesagt, er vertrete eine skeptische und defätistische Philosophie[95]. Die Gründe für diese üble Nachrede ergeben sich aus seinem Holismus, seiner Ablehnung der Postulierung von Bedeutungen bzw. ihrer Reduzierung auf Reizbedeutungen, seiner These der Unterdeterminiertheit der Übersetzung und der ontologischen Relativität und - nicht zuletzt - aus seiner These der Unerforschlichkeit der Referenz. Quines Skeptizismus betrifft allerdings nicht die *Erfüllungsrelation* und die damit zusammenhängende Wahrheit im Tarskischen Sinn. In seinen Werken scheint Quine als selbstverständlich vorauszusetzen, Ausdrücke würden von Gegenständen erfüllt, träfen auf diese zu oder seien "von ihnen wahr". In seinem philosophischen Bemühen kann sich somit Quine unbeschwert auf die Klärung der Frage nach den *Wahrheits*bedingungen der reglementierten Sätze konzentrieren, in die die umgangssprachlichen überführt werden sollen. Wenn die Kontexte *transparent* sind, so sind und bleiben die Referenz und die Wahrheitsbedingungen der quantifizierten Sätze unabhängig von der Art und Weise, sich auf Gegenstände zu beziehen und sie zu identifizieren. Die Frage nach dem identifizierenden Wissen, welche in der sprachanalytischen Rekonstruktion von Referenz eine zentrale Rolle spielt, wird somit in Quines Werken an den Rand geschoben. Andererseits arbeitet Quine mit der Unterscheidung zwischen referentiellen und nicht-referentiellen *Positionen* innerhalb von Sätzen. Nur die Ausdrücke, die in referentiellen Positionen vorkommen, haben referentielles Gewicht. Wie werden aber die referentiellen von den nicht-referentiellen Positionen unterschieden? Strawson beanstandet an Quines Gedankengängen eine bestimmte *Zirkularität*: die umgangssprachlichen Prädikationen werden in quantifizierte Sätze überführt, da quantifizierte Sätze besser geeignet sein sollen, den Mechanismus von Referenz aufzuzeigen. Die Unterscheidung zwischen referentiellen und nicht-referentiellen oder prädikativen Positionen führt aber Quine - so wie Strawson es ihm vorhält - durch Rückgriff auf die singulären Terme in Subjektposition singulärer Prädikationen ein: "When a singular term is

95 Siehe Abschnitt 2.1.

used in a sentence pureley to specify its object, and the sentence is true of its object, then...we have a criterion for what may be called *purely referential position...*" (WO. 142; siehe auch 143f). Strawson hält daher Quine vor, daß er doch auf die Unterscheidung zwischen den Rollen der Ausdrücke in Subjekt- und in Prädikatposition singulärer Prädikationen zurückgreift, um den Mechanismus von Referenz in den quantifizierten Sätzen zu umschreiben: "So our theoretical grasp of the nature of canonical notation rests upon our theoretical grasp of the identificatory function of singular terms" (Words a. Objections. 107)[96].

Will man den referentiellen Mechanismus der Quantifikation mit der dafür notwendigen Unterscheidung zwischen referentiellen und prädikativen Positionen besser erfassen, so fällt man laut Strawson unweigerlich in Überlegungen zurück, die sich aus der Analyse der singulären Prädikationen ergeben. Strawson wirft Quine vor, indirekt mit Einsichten zu arbeiten, ohne diese zu explizieren und zirkelfrei zu erklären: "...the whole apparatus of distinctions in terms of which the theory of canoncial notation is explained rests upon notions whose role is hardly sufficiently acknowledged." (Words a. Objections. 114) Für die Explikation der Quantifikation und der damit zusammenhängenden Unterscheidung zwischen referentiellen und prädikativen Positionen sind nach Strawson die Unterscheidung zwischen Einzeldingen und Universalien und die identifizierende Funktion der singulären Terme in Subjektposition singulärer Prädikationen wesentlich. Diese Anhaltspunkte kommen in Quines Philosophie sicher zu kurz. Es darf aber nicht übersehen werden, daß sich diese Tatsache aus Quines Skeptizismus in bezug auf die Bestimmung der Referenz ergeben muß. Referenz bleibt nach ihm letztlich unerforschlich. Strawsons grundlegende kategoriale Unterscheidung zwischen Einzeldingen (particulars) und Universalien hat einen bösen metaphysischen Beigeschmack und hat in Quines Philosophie keinen Platz. Die These der Unerforschlichkeit der Referenz und der empirischen Unterdeterminiertheit radikaler Übersetzung vereiteln eine Begründung sprachlicher Gegebenheiten durch Rekurs auf verschiedene Typen (Kategorien) von Gegenständen in der Welt. Andererseits darf aber nicht übersehen werden, daß letztlich auch für Quine die raum-zeitlichen Einzeldinge die grundlegenden Gegenstände sind und daß Strawson in keinen irrationalen Platonismus verfällt, wenn er von Universalien, Begriffen bzw. Prinzipien des Zusammenfassens (principles of grouping) spricht[97].

96 P.F. Strawson, Singular Terms and Predication, in: Words and Objections. Hg. von D. Davidson and J. Hintikka. Dordrecht 1969, 107.

97 Wenn Strawson von Gegenständen höherer Ordnung spricht und sie als der Quantifikation zugänglich hinstellt, so meint er damit,

Quine ist kein radikaler Nominalist geblieben - unter Umständen kann nach ihm sogar über Klassen quantifiziert werden -, und Strawson ist kein Platonist, der unkontrolliert Typen von Entitäten vermehren würde; beide nehmen als den Grundtypus der Gegenstände, über die quantifiziert wird, raum-zeitliche Gegenstände an. Bei Strawson spielen allerdings die Unterschiede zwischen Referieren und Prädizieren, zwischen Subjekt- und Prädikatausdrücken, und der diese Unterschiede begründende Unterschied zwischen Einzeldingen und Universalien eine grundlegende Rolle. Bei Quine fällt das weg. Selbst der Gedanke, daß unsere Sätze Sätze *über* etwas Bestimmtes (about - aboutness) sind, verflüchtigt sich. Unsere Sätze beziehen sich, sobald sie in kanonischer Notation vorkommen, auf *alles*: "Sentences quantify over everything...the idea of their being about certain things and not others seems dispensable."[98] Das scheint eine Radikalisierung der These von Geach über die Referenz der allgemeinen Namen zu sein. Was dort nur die Gegenstände betrifft, die unter einen bestimmten Namen fallen, betrifft hier überhaupt alles. Referenz bleibt zwar für Quine insofern unerforschlich, als man nicht wissen kann, was letztlich die Referenzobjekte der Terme einer Sprache sind, das schließt aber nicht aus, daß es Referenz, obschon nur *unbestimmte Referenz*, gibt. Sie ermöglicht *Wahrheit* und ist der Grund dafür, daß die von uns behaupteten quantifizierten Sätze uns ontologisch verpflichten.

"...that we have occasion to bring such things under higher principles of grouping, principles which serve to group them in ways analogous to the ways in which expressions signifying properties (or kinds) of particulars serve to group particulars." (Ibid. 115)

98 W.v.O. Quine, Replies, ibid. 321.

3 *Referenz als starre Designation*

Im ersten Hauptteil dieser Arbeit stand die sprachanalytische Deutung von Referenz als Identifizierungsfunktion im Mittelpunkt. Dabei ist klar geworden, daß die Referenz nicht auf den Sinn von Ausdrücken reduziert werden kann. Strebt man eine "adäquate" Bedeutungstheorie an, so kann man nicht umhin, beide Fregeschen Aspekte von Bedeutung, den Sinn *und* die Referenz zu berücksichtigen[1]. Im zweiten Hauptteil wurde die Deutung von Referenz aufgrund der Tarskischen Erfüllungsrelation behandelt. Dabei wurde ersichtlich, daß der bestimmte Bezug auf Gegenstände für die Wahrheit unserer Aussagen nicht ausschlaggebend ist. Der Bezug kann durchaus ein unbestimmter sein, denn für die Wahrheit ist das Zutreffen der Ausdrücke unserer Sätze auf Gegenstände bestimmend. Nach der Quineschen Rekonstruktion von Referenz beziehen sich unsere Sätze auf etwas und alles, und ihre Wahrheit ist unabhängig von der Art dieses Bezugs. Was bei dieser Analyse im Mittelpunkt steht, ist die Bestimmung der Wahrheitsbedingungen; was dabei allerdings zu kurz kommt, ist der Fregesche Sinn der Sätze und ihrer Bestandteile: Wie soll eine umfassende semantische Theorie des Zutreffens von Ausdrücken auf Gegenstände der Kritik standhalten, wenn in ihr der Sinn bzw. was man beim Verstehen eines sprachlichen Ausdrucks erfaßt, nicht berücksichtigt wird? Die Quinesche Analyse vermittelt zwar wertvolle Einsichten in das Funktionieren der quantifizierten Sätze einer nach seinen Vorschlägen reglementierten Sprache, und dieses Funktionieren ist und bleibt zum Großteil unabhängig von der Kompetenz der einzelnen Sprecher und unabhängig davon, ob sie den Sinn der Sätze erfaßt haben oder nicht. Wenn man allerdings die Quinesche Analyse zu einer umfassenden Bedeutungstheorie erhebt, so wird man notgedrungen in Engpässe geraten. Es kann nämlich die umfassende Bedeutung eines Satzes - wie im Zusammenhang mit der Besprechung des Davidsonschen Vorschlags einer Bedeutungstheorie ersichtlich wurde - nicht auf dessen

1 Vgl. E. Runggaldier, Identifizierungsfunktion und Referenz, in: Sprache und Ontologie. Akten des 6. Internationalen Wittgenstein-Symposiums. Hg. von W. Leinfellner, E. Kraemer, J. Schank. Wien 1982, 286ff.

Wahrheitsbedingungen reduziert werden. Selbst wenn man lediglich nach der Referenz der Terme im Rahmen einer umfassenden Bedeutungstheorie fragt, so wird man auch nach einem *Bestimmungszusammenhang* zwischen dem Fregeschen Sinn und der Referenz der Terme fragen müssen. Durch die revolutionären Arbeiten von *Donnellan, Kripke* und *Putnam* wurden nun verschiedene Aspekte menschlicher Rede aufgedeckt, die die Beantwortung der Frage nach diesem Bestimmungszusammenhang zu einer äußerst komplexen machen.

Die Komplexität entsteht zunächst durch die bewußte Berücksichtigung der *Modaloperatoren*, die in unserer Alltagssprache von uns benützt werden. Die Problematik der Modalitäten, speziell der Notwendigkeit und der Möglichkeit, wird von besagten Autoren herangezogen, um herkömmliche Referenz- und Bedeutungstheorien radikal in Frage zu stellen. Im folgenden Hauptteil soll daher ausführlich auf diese Kritik eingegangen werden, zunächst auf die Kritik der Bündeltheorien der Namen und dann auf die allgemeinere Kritik der positivistischen Bedeutungstheorie wissenschaftlicher Terme. Voraussetzung für die Kritik ist allerdings die These, daß sich nicht alle Modalitäten auf rein sprachliche Gebilde beziehen oder rein epistemischer Natur sind.[2]

Aufgrund der genannten revolutionären Arbeiten ist das Quinesche Programm zur Eliminierung aller Namen, ihrer Überführung in den Skopus von quantifizierten Sätzen, nicht mehr akzeptabel. Durch diese Arbeiten wird nämlich dargelegt, daß viele singuläre Terme, speziell Eigennamen, nicht wie bestimmte Beschreibungen funktionieren können, da sie *starr* referieren oder designieren. Die sich daraus ergebene Deutung von Referenz hebt sich nicht nur von der Quineschen ab, die auf der Erfüllungsrelation gründet, sondern auch von der rein sprachanalytischen.

3.1 Trennung von epistemischen und "metaphysischen" Modalitäten

Kripke bemängelt, daß in "gegenwärtigen Diskussionen" wenige Philosophen zwischen "a priori" und "notwendig" unterscheiden (NN. 44f)[3]. Die meisten analyti-

2 Vgl. H. Hrachovec, Die sprachanalytische Philosophie auf dem Rückweg zur Metaphysik, beobachtet in neueren Untersuchungen zur Logik der Modalitäten, in: Phil. Rundschau 28 (1981) 67-83.

3 S.A. Kripke, Name und Notwendigkeit. Frankfurt 1981. (Englisch: Naming and Necessity, in: Semantics of Natural Language. Hg. von D. Davidson und G. Harman. Dordrecht 1972, 253-355.)
Kurztitel: NN.

schen Philosophen verwenden die zwei Ausdrücke so, als wären sie untereinander austauschbar, als würden beide lediglich bedeuten "unabhängig von der Erfahrung erkennbar". Mit anderen Worten, "notwendig" wird meistens so wie "a priori" in einem rein erkenntnistheoretischen (epistemischen) Sinn verwendet: "Notwendig" sind ein Satz oder eine Wahrheit dann, wenn ihre Gültigkeit a priori erkennbar ist. Von dieser epistemischen Verwendung will Kripke eine andere - die zwar in der klassischen Philosophie üblich war, aber dann fallengelassen wurde - abheben. Kripke geht es darum, eine Auffassung von Notwendigkeit wieder hoffähig zu machen, die nicht unsere Erkenntnis betrifft, sondern die Welt:

> Wir fragen, ob etwas hätte wahr sein können oder falsch sein können. Wenn etwas falsch ist, so ist es offensichtlich nicht notwendigerweise wahr. Wenn es wahr ist, hätte es anders sein können? Ist es möglich, daß die Welt in dieser Hinsicht hätte anders sein können, als sie wirklich ist? Wenn die Antwort 'nein' lautet, dann ist diese Tatsache über die Welt eine notwendige Tatsache. Ist die Antwort 'ja', dann ist diese Tatsache über die Welt eine kontingente Tatsache. Das hat in sich und als solches überhaupt nichts mit irgendeiner Erkenntnis von etwas zu tun. (NN. 45f)

Wenn wir fragen, ob etwas auch anders hätte sein können, so beziehen wir uns durch unsere Frage nicht auf den Bereich der Erkenntnis, sondern auf denjenigen, den Kripke als den "metaphysischen"[4] Bereich charakterisiert. Die Ausdrücke "a priori" und "notwendig" haben es "...mit zwei verschiedenen Bereichen zu tun, zwei verschiedenen Gebieten, dem epistemischen Bereich und dem metaphysischen Bereich" (NN. 46). Was meinen wir, wenn wir in der Umgangssprache sagen, etwas sei notwendig? Damit meinen wir, daß es nicht anders sein könnte, als es ist. Wenn wir hingegen etwas kontingent nennen, dann meinen wir, es könnte auch anders sein, als es tatsächlich ist. Wenn wir so sprechen, so beanspruchen wir nicht, über unsere Art zu erkennen noch über unsere Möglichkeit zu erkennen etwas zu sagen, sondern über das, was der Fall ist; davon wollen wir aussagen, daß es entweder nicht oder doch anders sein könnte, als es ist.[5] Diese Unterscheidung zwischen notwendig und kontingent "...has to do with *metaphysics*, how the world *could* have been; given that it is the way it is, could it have been

4 "Metaphysisch" wird hier von Kripke in einem "nicht-herabsetzenden Sinn" verwendet (NN. 45). "Metaphysisch" heißt hier soviel wie "den Bereich betreffend, auf den man sich durch Sprache bezieht", oder "das Fregesche Reich der Wirklichkeit betreffend".

5 Zur gegenteiligen Meinung vgl.
B.C. Van Fraassen, The Only Necessity is Verbal Necessity, in: The Journal of Philosophy 74 (1977) 71-85;
A. Casullo, Kripke on the A Priori and the Necessary, in: Analysis 37 (1977) 152-159.

otherwise, in certain ways?" (Munitz 150)[6].

Nimmt man die Intention des durchschnittlichen Sprechers, der den Ausdruck "notwendig" verwendet, ernst, so wird man Kripke zumindest in dem einen Punkt folgen müssen, daß "notwendig" von seiner gängigen Verwendung her nicht trivial identisch ist mit "a priori". Es könnte zwar sein, daß alle notwendigen Wahrheiten a priori erkennbar und alle a priori erkennbaren Wahrheiten notwendig sind, d.h., daß die zwei Ausdrücke extensionsgleich sind. Das müßte aber nach Kripke erst durch philosophische Argumente gezeigt werden; es müßte also gezeigt werden, daß alles Notwendige a priori erkennbar ist und umgekehrt.

> Vielleicht gibt es ein philosophisches Argument, das eine Verbindung zwischen ihnen herstellt oder sogar sie gleichsetzt; aber es bedarf eines Arguments, und es genügt nicht, daß man einfach bemerkt, die Termini seien klarerweise austauschbar. (NN. 48)

Übergänge oder Schlüsse von dem epistemischen Bereich in den metaphysischen und umgekehrt sind alles eher als trivial. Sie beruhen letztlich auf philosophischen Annahmen, die man begründen muß und nicht als trivial voraussetzen darf. Es ist also nach Kripke wichtig zu sehen,

> ...daß es nicht trivial ist, aufgrund der Tatsache, daß etwas etwas ist, was wir vielleicht nur *a posteriori* erkennen können, zu argumentieren, daß es keine notwendige Wahrheit ist. Und es ist nicht trivial, daß das, was erkannt wird, eine notwendige Wahrheit ist, einfach weil es in einem bestimmten Sinn *a priori* erkannt wird. (NN. 48)

Als Kripke seine Vorträge "Naming and Necessity" hielt, war Nixon noch Präsident der Vereinigten Staaten. Kripke stellte sich dabei die Frage, ob Nixon auch ein nicht-menschliches Wesen hätte sein können. Will man nun wissen - so Kripke -, *wie* man erkennen kann, was die Antwort auf diese Frage ist, so bewegt man sich auf der epistemischen Ebene; geht man allerdings auf die Frage ein, die sich auf den wirklichen Nixon bezieht, so bewegt man sich auf der "metaphysischen" Ebene. Die Frage, ob Nixon, angenommen, er sei tatsächlich ein menschliches Wesen, auch nicht ein solches Wesen hätte sein können, ist nicht eine Frage über unsere Erkenntnis: "Sie ist eine Frage darüber, was, obwohl die und die Dinge der Fall sind, andernfalls hätte der Fall sein können." (NN. 58)

6 S.A. Kripke, Identity and Necessity, in: Identity and Individuation. Hg. von M.K. Munitz. New York 1971, 135-164.
Kurztitel: Munitz.

3.1.1 Kripke über Identitätsaussagen

Verwendet man die Ausdrücke "a priori" und "notwendig" als untereinander austauschbar, so wird man zur Ansicht stehen müssen, daß die Identitätsaussagen, die in ihrer Gültigkeit a posteriori erkannt werden, nicht notwendig wahr sind. Hält man allerdings die zwei Ausdrücke und ihre Bedeutungen auseinander, so wird man die Möglichkeit von aposteriorischen notwendigen Identitätsaussagen zulassen können. Kripke behauptet nun, daß die aposteriorischen wahren Identitätsaussagen notwendig wahr sind (NN. 114-127. Munitz 235ff). Wenn das der Fall ist, so werden sich auch sehr viele philosophische Einwände gegen bestimmte Formeln, in denen in modale Kontexte hineinquantifiziert wird, erübrigen; es wird dann aber auch eine neue Deutung der Referenz singulärer Terme möglich und notwendig werden.

Eine der revolutionären Grundthesen Kripkes ist also: Identitätsaussagen sind - falls sie wahr sind - notwendig wahr[7]. Diese These ist keine epistemische, erkenntnistheoretische These, sondern eine "metaphysische". Kripke akzeptiert mit anderen Worten die Formel: $(x)\,(y)\,[(x = y) \rightarrow N(x = y)]$, wo "N" den Notwendigkeitsoperator darstellt. Die Problematik dieser Formel ergibt sich schon allein aus der Tatsache, daß der Modaloperator "N" innerhalb des Skopus der Allquantoren vorkommt. Für diejenigen, die lediglich sprachliche Modalitäten zulassen, ist ein Modaloperator innerhalb des Skopus eines Quantors unverständlich[8]. Setzt man nun für "x" und "y" im Skopus der von Kripke akzeptierten Formel z.B. "Abendstern" und "Morgenstern" ein, so heißt das, daß der Abendstern notwendig mit dem Morgenstern identisch ist, falls es wahr ist, daß der Abendstern der Morgenstern ist. Die Annahme der Formel verpflichtet zur Annahme: Sollte der Abendstern tatsächlich der Morgenstern sein, so ist das notwendig der Fall, d.h. es könnte nicht anders sein, als es tatsächlich ist. Es scheint nun relativ leicht zu sein, Gegenbeispiele gegen Kripkes These zu finden. Dazu bräuchte man sich nur Situationen vorzustellen, in denen der Abendstern nicht der Morgenstern wäre. Kripke meint aber, daß die angeblich vorstellbaren Situationen, in denen der Morgenstern nicht der Abendstern wäre und die somit seine These der Notwendigkeit der Identität widerlegen würden, auf Mißverständnisse und auf Vermengungen von metaphysischer und epistemischer Sphäre zurückzuführen sind.

7 Vgl. G.W. Fitch, Are there Necessary *a posteriori* Truths? in: Phil. Studies 30 (1976) 243-246.

8 Siehe Abschnitt 4.3.

Wir können uns sicherlich Situationen vorstellen, in denen die Menschen die zwei Ausdrücke zwar so eingeführt hätten wie wir: Mit "Abendstern" hätten sie den Himmelskörper bezeichnet, der am Abend am hellsten leuchtet, und mit "Morgenstern" den Himmelskörper, der am Morgen am hellsten leuchtet, in der aber diese Himmelskörper nicht der Planet Venus gewesen wären. Die Konstellation unserer Welt hätte ja eine andere sein können. In solchen Situationen wäre der Abendstern nicht der Morgenstern. Durch solche Annahmen verläßt man allerdings den üblichen Sprachgebrauch und nimmt an, daß sich zumindest einer der beiden Ausdrücke auf einen anderen Körper bezöge als auf den, auf den er sich in unserer faktischen Welt bezieht. Wenn wir Situationen angeben, die Alternativen zu gegebenen, tatsächlichen Situationen darstellen, dann geben wir sie in *unserer* Sprache an und nicht in der Sprache, in der die Leute in der alternativen Situation sie angeben würden (NN. 119.126). Daher können wir auch nicht annehmen, "Abendstern" z.B. bezöge sich nicht auf den Planeten Venus. Wir könnten das zwar annehmen, das wäre aber eine Annahme über unsere Sprache; sie würde eine alternative Situation darstellen, die den Ausdruck "Abendstern" betrifft, aber nicht den Abendstern selber, nämlich den Planeten Venus. Die Annahme, daß am Abend ein anderer Himmelskörper am hellsten leuchten könnte statt des Planeten Venus, ist verschieden von der Annahme, daß der Abendstern nicht der Morgenstern sein könnte.

Will man diesen Gedankengängen Kripkes folgen, so darf man die Ausdrücke "Abendstern", "Morgenstern" - das soll schon ein erster Hinweis auf Kripkes Theorie der starren Referenz sein - nicht als Kennzeichnungen verstehen, die in verschiedenen Situationen von verschiedenen Gegenständen "erfüllt" werden. Faßt man den Ausdruck "Abendstern" als Kennzeichnung auf, die sich auf dasjenige Gebilde bezieht - was immer es auch sei -, welches die Bedingung erfüllt, am Abend am hellsten zu leuchten, so wird sich der Ausdruck je nach kontrafaktischer Annahme, d.h. je nach alternativer Situation, auf Verschiedenes beziehen. Deutet man also unsere Ausdrücke in der orthodoxen Weise als "truncated" Kennzeichnungen (Russell), so kann man sich sehr wohl Situationen vorstellen, in denen der Abendstern nicht der Morgenstern ist, ohne dabei den üblichen Sprachgebrauch zu verlassen. Kripke versteht aber die Ausdrücke so, daß sie in den kontrafaktischen Annahmen genau das bezeichnen, was sie in der aktuellen Welt bezeichnen, nämlich den Planeten Venus. Da also Kripke die fraglichen Ausdrücke so verstanden haben will, daß sie trotz verschiedener Verwendungen in verschiedenen kontrafaktischen Annahmen ihr Referenzobjekt nicht ändern, und da ihre Referenzobjekte in der aktuellen Welt identisch sind, ist es klar, daß es keine Situation geben kann, in der sie verschieden wären. Das scheint tautologisch zu sein und keinen philosophischen Wert zu haben. Es hat aber insofern philosophische Relevanz, als Kripke diese Bemerkungen mit der These verknüpft, daß die Namen von uns tatsächlich so verwendet werden, daß sie sich auch in kontrafaktischen Annahmen auf dasselbe beziehen, mit anderen Worten, daß sie nicht wie Kennzeichnungen von uns verwendet werden. Wenn das stimmt, dann sind die Identitätsaussagen, in denen Namen vorkommen - vorausgesetzt sie sind wahr -, notwendigerweise wahr. Alle anderen angeblichen Gegenbeispiele wären dann konsequenterweise auf Fälle zurückzuführen, in denen man gegen das faktische Prinzip der gleichen Referenz eines Namens verstößt oder die epistemische Ebene mit der metaphysischen vermengt.

Einwände gegen die These der Notwendigkeit der Identitätsaussagen ergeben sich allerdings auch aus der Tatsache, daß die Menschheit bis vor kurzem nicht wußte, daß der Abendstern und der Morgenstern identisch sind. Die Forschungen, die zur Feststellung der Identität geführt haben, hätten zu einem anderen Ergebnis führen können. Einwände gegen Kripkes These ergeben sich schließlich daraus, daß sich die Menschheit auch heute noch täuschen könnte. Es ist nämlich prinzipiell denkbar, daß sich aufgrund weiterer Forschungen herausstellen könnte, daß der Abendstern nicht der Morgenstern ist. Solche Überlegungen sind aber rein epistemisch: Sie betreffen unser Wissen bzw. die Gewißheit unseres Wissens über die tatsächliche Welt: "Das 'könnte' ist hier offenkundig rein 'epistemisch' - es drückt nur unseren derzeitigen Zustand des Nicht-Wissens oder der Unsicherheit aus." (NN. 120) Wir Menschen wissen nämlich nicht a priori, daß der Abendstern der Morgenstern ist - die empirischen Untersuchungen hätten auch anders ausgehen und zu anderen Ergebnissen führen können. Es hätte sogar sein können, daß die empirische Evidenz, die für die Aussage spricht, daß die zwei Himmelskörper identisch sind, genau die Evidenz ist, die für die gegenteilige Aussage spricht - vorausgesetzt die Welt wäre in bestimmten Hinsichten anders, als sie ist. Diese Annahmen lassen aber Kripkes Grundthese unberührt, da sie lediglich Evidenzkriterien für unsere Erkenntnis betreffen oder Bestimmungen, die wir verwenden, um die Referenz von Ausdrücken festzulegen. Diese Bestimmungen sind klarerweise kontingent. Daß der Planet Venus gerade der Himmelskörper ist, der sowohl abends als auch morgens so hell leuchtet, daß er die anderen Himmelskörper überragt, ist eine kontingente Tatsache. Die Bahnen des Planeten hätten auch anders sein können. Hätte die Welt einen anderen Verlauf genommen, bräuchten wir andere Merkmale, um den Planeten Venus aus den übrigen Himmelskörpern herauszugreifen und zu identifizieren. Die Eigenarten des Planeten Venus, durch die die Menschheit die Referenz von "Abendstern" und von "Morgenstern" festgelegt hat, sind *kontingente* Merkmale (NN. 122); die Kontingenz der Merkmale läßt allerdings die Notwendigkeit der Identität von Abendstern und Morgenstern intakt. Kripke gibt zwar zu, daß Sprecher, wenn sie einen Namen verwenden, bestimmte Vorstellungen vom Namensträger haben und an bestimmte Merkmale denken, aber diese Kontingenz darf nicht auf die Identitätsaussage übertragen werden.

3.1.2 Fixierung der Referenz versus Fixierung der Bedeutung[9]

Die Tatsache, daß wir Gegenstände durch kontingente Bestimmungen aus dem uns Begegnenden herausgreifen, daß wir sie durch kontingente Merkmale von anderen unterscheiden, darf uns nach Kripke nicht zu der irrigen Ansicht verleiten, alle Namen würden wie Kennzeichnungen funktionieren. Wir brauchen zwar Kennzeichnungen, um die jeweilige Referenz eines Namens festzulegen; sobald sie aber festgelegt ist, funktioniert der Name unabhängig von Kennzeichnungen. Wir bedienen uns zwar kontingenter Merkmale, um die Namensträger aus ihrer Umwelt herauszupicken; die Namen selber aber funktionieren nicht wie die Kennzeichnungen, in denen diese Merkmale angegeben werden. Man kann z.B. die Referenz des Namens "Cicero" durch die Kennzeichnung "Autor der Werke so und so" *festlegen*. Wenn man dann den Namen verwendet, so verwendet man ihn allerdings nicht wie die Kennzeichnung, durch die man die Referenz des Namens festgelegt hat. Wenn einmal die Referenz *fix* ist, kann man vom Referenzobjekt annehmen, es habe die Merkmale nicht, welche man verwendet hat, um es zu identifizieren. Selbst wenn wir die Referenz von "Cicero" durch die Kennzeichnung "Autor der Werke so und so" fixiert haben, könnten wir annehmen, sogar entdecken, daß Cicero diese Werke nicht geschrieben hat[10]. Würde Sprache nur dazu verwendet werden, die aktuelle Welt zu beschreiben, so wären die Gedankengänge Kripkes schwer nachvollziehbar. Sprache wird aber in der Tat auch für die Beschreibung irrealer Zustände verwendet, für die Beschreibung von dem, was sein könnte, wenn z.B. bestimmte Menschen anders gehandelt hätten, als sie gehandelt haben; für die Beschreibung von dem, was in der Zukunft auf uns

9 Vgl. L. Linsky, Names and Descriptions. Chicago 1977, 66-92. Kurztitel: ND.

10 Kripke meint, es hätte sein können, daß z.B. Cassius besagte Bücher geschrieben hat. In solch einem Fall würden wir sicherlich nicht sagen, daß Cicero Cassius wäre: "Cassius might have written these works. But we would not then say that Cicero would have been Cassius, unless we were speaking in a very loose and metaphorical way. We would say that Cicero, whom we may have identified and come to know by his works, would not have written them, and that someone else, say Cassius, would have written them in his place." (Munitz. 156f)

zukommen könnte, auch wenn es dann tatsächlich nicht so auf uns zukommen wird. Kripke nimmt dieses Sprechen ernst, das zweifellos häufig ist. Für die Formulierung von Sätzen über kontrafaktische Situationen braucht es Terme, die in der Tat nicht so funktionieren wie Kennzeichnungen. Durch kontrafaktische Annahmen nimmt man an, bestimmte Menschen oder Gegenstände hätten andere Bestimmungen und Merkmale als in der aktuellen Welt. Für die Formulierung dieser Annahmen braucht es Terme, die sich auf diese Menschen und diese Gegenstände unabhängig von den kontingenten Eigenschaften beziehen, durch die wir sie identifizieren. Die Referenz dieser Terme fixieren wir zwar anhand der faktischen Merkmale in der aktuellen Welt, dann sehen wir aber davon ab. Kripke meint zwar, die Referenz der meisten Eigennamen werde nicht durch Beschreibungen fixiert; er nimmt das aber für bestimmte Fälle an, um zu zeigen, daß selbst in solchen Fällen, in denen die Referenz der singulären Terme tatsächlich durch kennzeichnende Beschreibungen fixiert wird, die singulären Terme nicht wie kennzeichnende Beschreibungen funktionieren:

> Angenommen, wir beschließen tatsächlich, die Referenz des Namens "Hitler" dadurch herauszugreifen [pick out], daß sie der Mann ist, der mehr Juden getötet hat, als es je irgend jemand in der Geschichte getan hat. Auf diese Weise greifen wir also die Referenz des Namens heraus. Doch würden wir in einer anderen kontrafaktischen Situation, in der jemand anders diesen schlechten Ruf besäße, nicht sagen, daß in jener Situation jener andere Mann Hitler gewesen wäre. Wenn Hitler nie an die Macht gekommen wäre, hätte Hitler nicht die Eigenschaft gehabt, mit der wir, wie ich annahm, die Referenz seines Namens festlegen. (NN. 89)

Die Fixierung, Festlegung oder Festsetzung der Referenz eines singulären Terms darf *nicht* mit der Fixierung der Bedeutung oder mit der *Definition* des Terms verwechselt werden.[11] Wären kennzeichnende Beschreibungen mit Namen synonym, so könnte man zwar definite Beschreibungen auch als Definientia für Eigennamen auffassen. Das kann aber nicht der Fall sein, da wir in kontrafaktischen Annahmen gerade auch von den Merkmalen absehen, die wir verwenden, um das Referenzobjekt in der aktuellen Welt zu identifizieren.[12] Als Beispiele für kon-

11 "According to Kripke, the mistake of the classical logicians was to claim that descriptions *fix the meaning* of names; the truth is that they do not fix the meaning but only (sometimes) *fix the referent* of a name." (ND. 50f)

12 Die These, daß die Fixierung der Referenz nicht mit der Definition oder Fixierung der Bedeutung verwechselt werden darf, wird unabhängig von Kripke auch von Putnam vertreten:
H.Putnam, Mind, Language and Reality. Philosophical Papers. Volume 2. Cambridge 1975, 232f.274.
Kurztitel: MLR.

ventionelle Festlegungen der Referenz singulärer Terme gibt Kripke Fälle an, in denen Meßeinheiten festgelegt werden oder wurden, so z.B. die Festlegung der Einheit "Meter" als Länge des Stabes S zur Zeit t_0. Diese Festsetzung darf nicht als einfache Definition von "ein Meter" aufgefaßt werden. Würde man das tun, so müßte man zu dem Schluß stehen, daß der Stab S zur Zeit t_0 per Definitionem, d.h. notwendigerweise, ein Meter lang ist, und das ist sicherlich nicht der Fall: Der Stab S hätte ja zur Zeit t_0 auch nicht ein Meter lang sein können, z.B. dann, wenn die atmosphärischen Bedingungen andere gewesen wären, da in solchen Fällen der Stab kürzer oder länger hätte sein können. Jemand, der die Bestimmung "Länge des Stabes S zur Zeit t_0" dennoch als Definiens für "ein Meter" verwendet, darf nicht zu dem Schluß kommen, daß der Stab S zur Zeit t_0 ein Meter lang ist, eine notwendige Wahrheit ist.

> Denn er benutzt diese Definition nicht dazu, *die Bedeutung* dessen *anzugeben*, was er als das "Meter" bezeichnet, sondern dazu, *die Referenz festzulegen*...Da ist eine bestimmte Länge, die er bezeichnen [mark out] möchte. Er bezeichnet sie durch eine akzidentelle Eigenschaft, durch die Eigenschaft, daß es einen Stab gibt, der diese Länge hat. Jemand anderer mag dieselbe Referenz durch eine andere akzidentelle Eigenschaft bezeichnen [mark out]. (NN. 66)

Diese Stellen Kripkes sind "realistisch" geprägt, insofern sie theoretische Entitäten wie Längen voraussetzen. Aber selbst dann, wenn man diesen realistischen Standpunkt nicht teilt, kann man den intuitiven Unterschied akzeptieren zwischen dem Ausdruck "ein Meter" und dem Ausdruck "die Länge von S zu t_0". Mit dem ersten Ausdruck bezeichnen wir eine bestimmte Länge, die in allen möglichen Situationen dieselbe ist, auch in den kontrafaktischen. Mit dem zweiten Ausdruck hingegen nicht. In all den hypothetischen Situationen, in denen die Randbedingungen für S zu t_0 andere sind, kann die Länge von S variieren. In manchen kontrafaktischen Situationen hätte derselbe Stab kürzer, in anderen länger sein können. Der eine Ausdruck wird in Kripkes Terminologie "starr" verwendet, der andere hingegen nicht. "Ein Meter" und "Länge des Stabes S zu t_0" sind nicht synonym und nicht in allen Kontexten salva veritate untereinander austauschbar. Während das Referenzobjekt des einen immer dasselbe ist, kann jenes des zweiten variieren, sobald von kontrafaktischen Situationen die Rede ist, d.h., sobald man sich zwar auf denselben Stab S bezieht unter der Annahme aber, daß die Randbedingungen für den Stab andere sind. Durch besagte Festsetzung wird konventionell bestimmt, daß der Ausdruck "ein Meter" ein *starrer* Bezeichnungsausdruck der Länge sein soll, die faktisch die Länge von S zu t_0 ist (NN. 67f). Da aber die Länge von S zu t_0 auch eine andere sein könnte, ist die Aussage, daß S zu t_0 ein Meter lang ist - trotz unserer Festsetzung - kontingent und nicht notwendig, es sei denn, man verwendet "notwendig" in einem epistemischen Sinn, als synonym nämlich mit "a priori". Das allerdings ist nach

Kripke nicht unser alltägliches Verständnis von "notwendig". Um die Referenz eines singulären Terms festzulegen, rekurrieren wir in vielen Fällen auf akzidentelle Eigenschaften; sobald wir allerdings das Referenzobjekt fixiert haben, können wir von diesen Eigenschaften absehen und annehmen, der Gegenstand habe statt ihrer andere Eigenschaften. Die Eigenschaften, die wir für die Identifizierung von Gegenständen verwenden, brauchen keine notwendigen oder wesentlichen Eigenschaften des betreffenden Gegenstandes zu sein. Für die Festsetzung der Meßeinheit "Yard" - meint Kripke - war eine akzidentelle Eigenschaft König Heinrichs I. ausschlaggebend: der Abstand nämlich, welcher, wenn der König seinen Arm ausstreckte, zwischen seiner Fingerspitze und seiner Nase bestand (NN. 90). Es ist sicherlich keine notwendige Wahrheit, daß die Distanz zwischen Fingerspitze und Nase genau die war, die sie damals war. Dem König hätte ja etwas zustoßen können, und die Distanz hätte dadurch eine andere sein können.[13]

Durch definite Beschreibungen kann man die Referenz singulärer Terme festsetzen; definite Beschreibungen leisten allerdings auch für die Identifizierung der bereits fixen Referenzobjekte gute Dienste. Was für die Identifizierung von Gegenständen hilfreich oder sogar notwendig sein kann, darf allerdings nicht mit Definientia in eigentlichen Definitionen verwechselt werden. Das ist besonders im Fall der Eigennamen für Personen klar. Würde ein Eigenname mit einer definiten Beschreibung synonym, d.h. in allen Kontexten salva veritate mit ihr austauschbar sein, so wäre die *Konstanz* des Namensträgers fraglich. Würde ein Eigenname dasselbe bedeuten wie eine Kennzeichnung oder wie ein Bündel von Kennzeichnungen, so hätte man große Schwierigkeiten, über einen bestimmten Namensträger kontrafaktisch etwas auszusagen, denn in kontrafaktischen Situationen hätte er ja andere Eigenschaften und Merkmale. Man könnte dadurch nicht mehr voraussetzen, daß genau er und kein anderer besagte Kennzeichnung oder besagtes Bündel von Kennzeichnungen erfüllen würde.

> Angenommen etwa wir sagen: 'Aristoteles ist der bedeutendste Schüler Platons'. Würden wir das als eine *Definition* verwenden, dann würde der Name 'Aristoteles' bedeuten 'der bedeutendste Schüler Platons'. Dann hätte es natürlich sein können, daß in einer bestimmten anderen möglichen Welt dieser Mann nicht Schüler von Platon war und ein anderer Mann Aristoteles gewesen wäre. (NN. 69)

Verwenden wir z.B. einen Personennamen in kontrafaktischen Annahmen, d.h.

13 Diese Ansichten führen zur These Kripkes, daß es auch apriorische kontingente Wahrheiten gibt. Diese These ist besonders umstritten. Siehe z.B. D. Odegard, On *a priori* Contingency, in: Analysis 36 (1975/76)201-203; W.R. Carter, On a priori Contingent Truths, in: Analysis 36 (1975/76) 105f.

in Aussagen über das, was sein könnte, aber nicht ist, so wollen wir uns durch den Namen auf dieselbe Peson beziehen, auf die wir uns beziehen, wenn wir über sie etwas Aktuelles aussagen. Daher sagt Kripke von den Eigennamen, daß wir sie als *starre* Bezeichnungsausdrücke verwenden: Durch sie intendieren wir immer dasselbe Referenzobjekt.

So wie durch kontingente Eigenschaften Meßeinheiten konventionell festgesetzt werden, so können durch akzidentelle Eigenschaften die Referenzobjekte für Namen fixiert werden. Die Beschreibungen, die Eigenschaften angeben, können zur Festsetzung des Referenzobjektes dienen; sobald allerdings das Referenzobjekt fix ist, kann man von ihnen absehen, so wie man von den Eigenschaften absehen kann, die man verwendet, um das Referenzobjekt aus allen übrigen Gegenständen herauszugreifen und zu identifizieren. Wir können die Beschreibung "der bedeutendste Schüler Platons" verwenden, um eine bestimmte Person herauszugreifen. Sobald wir aber diese Person durch die in der Beschreibung angegebene Bestimmung identifiziert haben, können wir von ihr auch absehen und annehmen, die identifizierte Person habe nie besagte Eigenschaften gehabt, der bedeutendste Schüler Platons zu sein. So verstanden ist die Annahme, der bedeutendste Schüler Platons (d.h. Aristoteles) sei nicht der bedeutendste Schüler Platons gewesen, nicht widersprüchlich. Durch die Kennzeichnung greifen wir einen ganz bestimmten Menschen heraus, den Menschen nämlich, dem in der *aktuellen* Welt die Eigenschaft zukommt, der bedeutendste Schüler Platons zu sein, und nehmen von ihm an, er habe diese Eigenschaft nie gehabt, in einer alternativen Situation z.B., in der er statt bei Plato bei einem anderen Philosophen studiert hätte.

> Die Beschreibung ist dann allein dazu gut gewesen, den Mann herauszugreifen, auf den wir referieren wollen. Dann aber brauchen wir, wenn wir kontrafaktisch sagen 'angenommen Aristoteles hat sich überhaupt nie auf die Philosophie verlegt', damit nicht zu meinen 'angenommen ein Mann, der Schüler Platons und Lehrer Alexanders des Großen war...hat sich überhaupt nie auf die Philosophie verlegt', was wie ein Widerspruch aussehen könnte. Wir brauchen nicht mehr zu meinen als 'angenommen *dieser Mann* hat sich überhaupt nie auf die Philosophie verlegt'. (NN. 69)

Schon jetzt wird klar, daß nach Kripke Referenz nicht von der Erfüllungsrelation her gedeutet werden kann. Die Referenz der Eigennamen wird nicht allgemein durch die Merkmale bestimmt, die die Kennzeichnungen erfüllen, welche die Sprecher mit den Namen verbinden, um die Gegenstände zu identifizieren. Schon jetzt wird klar, daß Kripke zumindest indirekt auf die *Intention* der Sprecher rekurriert, die - wenn sie Eigennamen verwenden - nicht auf die Gegenstände referieren wollen, die, was immer sie auch sind, als einzige aufgrund ihrer Merkmale bestimmte Bedingungen erfüllen, sondern auf ganz bestimmte Gegenstände

- *unabhängig* von ihren kontingenten Merkmalen. Kripke entfernt sich eindeutig von der Quineschen Auffassung von Referenz - auch wenn er selber es nicht hervorhebt. Er entfernt sich allerdings auch von den Auffassungen, nach denen das identifizierende Wissen der einzelnen Sprecher für die Referenz ausschlaggebend ist. Um Kripkes Auffassung von Referenz genauer zu erfassen, soll noch eine Unterscheidung berücksichtigt werden, welche an sich alt ist[14], in ihrer zeitgenössischen Verwendung allerdings auf Donnellan zurückgeht. Donnellan unterscheidet zwischen zwei verschiedenen Verwendungen von Kennzeichnungen und bringt dadurch Licht in das Dickicht der Kennzeichnungen.

3.1.3 Referentielle versus attributive Verwendung von Kennzeichnungen

Donnellan[15] legt anhand verschiedener Beispiele dar, in welchem Sinn Kennzeichnungen - je nach Kontext - eine Doppelfunktion haben. Kennzeichnungen werden nämlich von Sprechern verwendet, um auf das zu referieren, worüber sie ihrem Sprecherkreis etwas mitteilen wollen. Die Angaben, worüber sie etwas aussagen wollen, können aber zweideutig sein. In der Aussage "der Mörder von Smith ist wahnsinnig" z.B. wird die Kennzeichnung "Mörder von Smith" verwendet, um von einem Menschen auszusagen, daß er wahnsinnig ist. Es kann aber sein, daß weder die Hörer noch der Sprecher wissen, *wer* der Mörder ist, und sie sich somit auf denjenigen beziehen - wer immer es auch sei -, der tatsächlich der Mörder von Smith ist. Ist das der Fall, so sagt Donnellan, wird die Kennzeichnung *attributiv* verwendet. Die *Intention* des Sprechers ist in solch einem Fall, auf den zu referieren, den er zwar noch nicht kennt und von dem er noch nicht weiß, wer er ist, auf den aber das eine zutrifft, daß er Smith umgebracht hat: "A speaker who uses a definite description attributively in an assertion states something about whoever or whatever is the so-and-so." (RDD. 285)[16] Es kann allerdings auch sein, daß sowohl der Sprecher als auch die Hörer zu wissen glauben, *wer* der Mörder von Smith ist. In diesem Fall ist nach Donnellan die Kenn-

14 Der Unterscheidung Donnellans zwischen "referentiell" und "attributiv" entspricht die alte scholastische Unterscheidung zwischen "spezifikativ" und "reduplikativ".

15 K.S. Donnellan, Reference and Definite Descriptions, in: Phil. Review 75 (1966) 281-304.
Kurztitel: RDD.

16 Siehe Anm. 15.

zeichnung nur ein unwesentliches Mittel, um auf diesen *bestimmten* Menschen Bezug zu nehmen - unabhängig davon, ob er tatsächlich Smith umgebracht hat oder nicht. An ihrer Stelle könnte der Sprecher auch einen Namen oder - in günstigen Umständen - auch ein Demonstrativum verwenden. In diesem zweiten Fall sagt Donnellan vom Sprecher, daß er die Kennzeichnung *referentiell* verwendet. Die *Intention* des Sprechers ist dabei die, einen ganz bestimmten, einen durch andere Mittel bereits identifizierten oder bekannten Gegenstand herauszugreifen.[17] Wenn ein ganz bestimmter Mensch, z.B. Jones, als Mörder von Smith verurteilt wurde, so kann ein Sprecher seinen Eindruck über ihn dahingehend äußern, daß er sagt, der Mörder von Smith sei wahnsinnig. Da auch für die anderen, seine Hörer, der Mörder von Smith Jones ist, wird er in seiner Referenz selbst dann noch erfolgreich sein, wenn der tatsächliche Mörder ein anderer sein sollte, denn der Verurteilte muß nicht der Mörder sein (RDD. 286f). Dieses Beispiel Donnellans ist eines der vielen Gegenbeispiele gegen die Auffassung, nach der alle Kennzeichnungen immer so verwendet werden, als würden durch sie die und nur die Gegenstände aus allen übrigen herausgegriffen, denen in Wirklichkeit die Bestimmungen zukommen, die in den Kennzeichnungen angegeben werden. Es gibt offensichtlich Fälle, in denen die Sprecher Kennzeichnungen verwenden, um auf ganz bestimmte Gegenstände zu referieren, und dabei selbst dann noch bei den Hörern erfolgreich sind, wenn die intendierten Gegenstände die Kennzeichnungen nicht erfüllen.

Akzeptiert man Donnellans Unterscheidung zwischen referentieller und attributiver Verwendung von Kennzeichnungen, so wird man sich weder ganz auf die Seite Russells noch Strawsons stellen können, wenn man mit Kennzeichnungen konfrontiert wird, die von nichts erfüllt werden. Wird z.B. die Kennzeichnung "Mörder von Smith" von nichts erfüllt, weil sich Smith selber umgebracht hat, so kann ein Sprecher, der die Kennzeichnung erfolgreich rein referentiell verwendet, dennoch etwas Wahres sagen, und zwar über Jones. Das spricht gegen Russells Auffassung, nach der er in solch einem Fall etwas Falsches, aber auch gegen Strawsons Auffassung, nach der er weder etwas Wahres noch etwas Falsches sagt. Verwendet der Sprecher die Kennzeichnung rein attributiv, so sieht

17 "A speaker who uses a definite description referentially in an assertion...uses the description to enable his audience to pick out whom or what he is talking about...but in the referential use the definite description is merely one tool for doing a certain job - calling attention to a person or thing - and in general any other device for doing the same job, another description or a name, would do as well." (RDD. 285)

der Fall anders aus: Durch die rein attributive Verwendung intendiert er über denjenigen etwas auszusagen, welcher - wer immer es auch sei - Smith tatsächlich umgebracht hat. Wenn es nun keinen Menschen gibt, der Smith umgebracht hat, so wird der Sprecher nichts haben, von dem er etwas aussagen könnte. In solch einem Fall ist es angebracht, sich auf die Seite Russells bzw. Strawsons zu stellen, je nachdem, ob man die Existenz des Mörders durch die Verwendung der Kennzeichnung als behauptet oder nur als vorausgesetzt auffaßt.

Durch Donnellans Bemerkungen zu seiner Unterscheidung werden wir wieder zurückgeführt zu einer Betrachtung von Sprache, die nicht von der semantischen Erfüllungsrelation, sondern von der *Verwendung* sprachlicher Ausdrücke ausgeht. Was dabei in den Vordergrund rückt, ist nicht nur die Rolle der Intention des jeweiligen Sprechers, sondern auch eine bestimmte Unabhängigkeit der Referenz von den sprachlichen Identifizierungsausdrücken. Durch das Beispiel über Jones wurde nämlich aufgezeigt, daß das Referenzobjekt von "Mörder von Smith" nicht notwendig die Kennzeichnung erfüllen muß.

Zur Stützung seiner These der zwei verschiedenen Verwendungsweisen von Kennzeichnungen greift Donnellan auch auf Beispiele zurück, die nicht allein aus der deskriptiven Sprache stammen: Er beruft sich auf Sätze, die für *Fragen* und für *Befehle* verwendet werden. Wenn sich z.B. jemand - so Donnellan (RDD. 287) - für eine bestimmte Person auf einer Party interessiert, die ein Martiniglas in der Hand hält, und wissen will, wer die Person sei, so kann er fragen: "Wer ist die Person, die Martini trinkt?" Sollte sich dabei herausstellen, daß die betreffende Person statt Martini nur Wasser trinkt, so wird der Fragesteller sich durch seine Frage trotzdem auf die intendierte Person bezogen haben. Das ist also nach Donnellan wieder ein Fall, in dem ein Sprecher durch eine Kennzeichnung auf etwas referiert, das die Kennzeichnung nicht erfüllt, insofern die betreffende Person nicht Martini, sondern nur Wasser trinkt. Wenn auf der anderen Seite z.B. dem Vorstand der Antialkoholikervereinigung mitgeteilt wird, daß ein Mitglied der Vereinigung auf ihrem Jahrestreffen Martini trinkt, so wird der Vorstand sehr wahrscheinlich fragen: "Wer ist die Person, die Martini trinkt?" Durch diese Frage will er herausfinden, *wer* derjenige sei, der entgegen den Gepflogenheiten der Vereinigung Martini trinkt. In diesem Fall muß das Referenzobjekt die Kennzeichnung erfüllen. Sie wird nämlich rein attributiv verwendet. Sollte es nicht stimmen, daß es jemand auf der Party gibt, der Martini trinkt, so wird sich der Vorstand durch die Kennzeichnung auf niemanden bezogen haben - und die Frage wird dementsprechend auch nicht beantwortbar sein.[18]

Die Unterschiede zwischen der referentiellen und der attributiven Verwendung von Kennzeichnungen betreffen auch die Voraussetzungen, die mit der Verwendung von Kennzeichnungen gegeben sind (RDD. 288f). Sprecher, die Kennzeichnungen verwenden, *setzen voraus*, daß sie erfüllt sind. Sprecher, die sie referentiell verwenden, setzen allerdings voraus, daß es ein ganz *bestimmtes* Etwas gibt, welches die jeweilige Kennzeichnung erfüllt. Von diesem Bestimmten nehmen sie an, daß es die Bedingungen erfüllt, die in der Kennzeichnung angegeben werden. Derjenige, der in Donnellans Beispiel fragt, wer die Person sei, die Martini trinkt, setzt im ersten Fall, d.h. im referentiellen Fall, von einem ganz bestimmten Menschen, den er vor sich hat, voraus, daß er Martini trinkt. Da nun dieser ganz bestimmte Mensch keinen Martini trinkt, sondern Wasser, kann vom Fragenden gesagt werden, er setze von ihm etwas Falsches voraus, nämlich, daß er Martini trinkt. Verwendet der Fragende die Kennzeichnung attributiv, so setzt er zwar auch voraus, daß es etwas gibt, das die Kennzeichnung erfüllt. Dieses Etwas ist allerdings ein *Unbestimmtes*: es kann dieses oder jenes sein. Für den Sprecher ist das in diesem Fall irrelevant. Ausschlaggebend ist lediglich die Erfüllung der Kennzeichnung. Wenn nun die Kennzeichnung nicht erfüllt ist, so kann vom Sprecher nicht gesagt werden, er setze von etwas Bestimmtem etwas Falsches voraus. Im ersten Fall nimmt der Sprecher von einem bestimmten Gegenstand irrtümlicherweise an, er habe bestimmte Eigenschaften, nämlich diejenigen, die in der Kennzeichnung angegeben werden. Im zweiten Fall hingegen hat der Sprecher nichts, von dem er etwas Falsches annehmen könnte. Noch klarer wird das aufgrund einer Umarbeitung des ersten Beispiels von Donnellan. Es befinde sich unter den Hörern ein Mensch, der weiß, daß sich Smith selbst umgebracht hat und daß somit die Kennzeichnung "Mörder von Smith" von nichts erfüllt wird. Wenn nun dieser Mensch mit dem Sprecher konfrontiert wird, der die Kennzeichnung referentiell verwendet und sich dabei auf Jones bezieht, so kann er ihm vorhalten, er unterschiebe Jones, einen Mord begangen zu haben. Verwendet der Sprecher die Kennzeichnung rein attributiv, so kann ihm von seiten des Informierten kein dermaßen gearteter Vorwurf gemacht werden, denn der Sprecher nimmt von keiner *bestimmten* Person an, sie sei der Mörder von Smith. Im ersten Fall ist es sinnvoll, von einer falschen oder zumindest nicht adäquaten Beschreibung zu sprechen; im zweiten Fall hingegen nicht: "When a definite description is used attributively...there is not the same possibility

18 "In asking the question the chairman does not have some particular person in mind about whom he asks the question; if no one is drinking a martini, if the information is wrong, no person can be singled out as the person about whom the question was asked." (RDD. 287)

of misdescription." (RDD. 291)[19]

Ob nun ein Sprecher eine Kennzeichnung referentiell oder attributiv verwendet, ist von seiner *Intention* abhängig; es "...is a function of the speaker's intentions in a particular case" (RDD. 297). Die Intention des jeweiligen Sprechers ist wiederum vom pragmatischen Kontext abhängig, und die Zweideutigkeit der Verwendung kann nur durch Berücksichtigung des jeweiligen pragmatischen *Kontexts* behoben werden. Durch die Untersuchung des Satzes allein, in dem die Kennzeichnung vorkommt, wird die Frage nach der Verwendungsweise nicht beantwortet werden können.

Das Aufschlußreiche an Donnellans Beobachtungen ist, daß, wenn ein Sprecher eine Kennzeichnung referentiell verwendet, die Hörer - in günstigen Fällen - auch dann noch verstehen können, worauf er referiert, wenn die Kennzeichnung von nichts erfüllt wird. In günstigen Fällen können die Hörer erfassen, worüber der Sprecher etwas aussagt, und - sollten sie wissen, daß die Kennzeichnung nicht erfüllt ist - den Sprecher korrigieren oder das von ihm Gesagte in einer alternativen Formulierung weitergeben, in einer Formulierung, in der die Kennzeichnung erfüllt wird: "...where the definite description is used referentially, but does not fit what was referred to, we can report what a speaker said and agree with him by using a description or name which does fit." (RDD. 301) Wenn nämlich der Sprecher die Kennzeichnung referentiell verwendet, so kann immer noch gesagt werden, er sage etwas *über* etwas aus, und wenn verstanden wird, worüber er etwas aussagt, so kann er notfalls korrigiert werden. Wenn diese Beobachtungen Donnellans stimmen, so wird man Quines Deutung von Referenz, die auf quantifizierten Sätzen der normierten Sprache gründet, revidieren müssen. Es wird dann nicht der Fall sein, daß Referenz allein nach der *unbestimmten* Referenz von Quantoren und der durch sie gebundenen Variablen adäquat gefaßt werden kann. Man wird allerdings auch Strawson schwerlich folgen können, der dem identifizierenden Wissen, welches durch Kennzeichnungen vermittelt wird, für

19 Wird die Kennzeichnung von nichts erfüllt, so kann man *nur* von dem Sprecher, der sie rein attributiv verwendet, sagen, es gelinge ihm nicht, etwas Wahres zu sagen, eine Frage zu stellen oder einen Befehl zu erteilen, der auch ausgeführt werden könnte. Von dem Sprecher, der die Kennzeichnung referentiell verwendet, kann man das nicht von vornherein sagen: "...it is possible for the linguistic purpose of the speech act to be accomplished in such a case even though nothing fits the description; it is possible to say something true or to ask a question that gets answered or to issue a command that gets obeyed. For when the definite description is used referentially, one's audience may succeed inseeing to what one refers even though neither it nor anything else fits the description." (RDD. 292)

die Referenzakte eine wesentliche Rolle zuschreibt und nicht zwischen den zwei verschiedenen Verwendungsweisen von Kennzeichnungen unterscheidet. Die Beobachtungen Donnellans über die zwei Verwendungsweisen sind für die Zielsetzung dieser Arbeit insofern relevant, als - wenn sie stimmen - Referenz nicht allein von den Merkmalen, die dem jeweiligen Referenzobjekt zukommen, abhängig ist. Die Merkmale sind zwar für die Identifizierung des Gegenstandes ausschlaggebend; das schließt aber nicht aus, daß man auch dann auf einen Gegenstand referieren kann, wenn man dessen Merkmale falsch einschätzt oder sie durch den referentiellen Ausdruck falsch angibt. Wenn Donnellans Bemerkungen zur referentiellen Verwendungsweise von Kennzeichnungen stimmen, so wird die Vermutung plausibler, das Referieren auf Gegenstände erschöpfe sich *nicht* im Referieren auf Gegenstände, *insofern* sie Träger bestimmter Merkmale sind und bestimmte Kennzeichnungen erfüllen; es wird dadurch die Skepsis dem Quineschen Programm der Eliminierung aller Eigennamen gegenüber steigen, und die Kripkesche These wird einleuchtender, daß Eigennamen nicht synonym mit Kennzeichnungen sind.

3.2 Namen versus Kennzeichnungen

Was für die Kennzeichnungen gilt - wenn sie im referentiellen Sinn verwendet werden -, trifft nach Donnellan, Kripke und auch Putnam um so mehr auf Eigennamen zu: Das Referieren durch Eigennamen ist im allgemeinen *nicht* von der Erfüllungsrelation abhängig. Besagte Autoren vertreten zwar keine ausgetüftelten Theorien über die Referenz der Eigennamen, sie greifen aber gängige Meinungen an, an erster Stelle die Meinung, nach der Eigennamen wie Kennzeichnungen oder *Bündel* von Kennzeichnungen - im attributiven Sinn verwendet - funktionieren. Folgt man ihnen, so wird man dazu neigen, wieder zwischen singulären Termen in Subjektposition und Prädikaten insofern zu unterscheiden, als man von den einen sagen wird, sie referieren oder durch sie wird referiert, und von den anderen, daß sie lediglich auf Gegenstände zutreffen. Man wird allerdings das Referieren durch die singulären Terme genauer zu fassen haben. Das Revolutionäre an den Untersuchungen Donnellans, Kripkes und Putnams gegenüber den gängigen sprachanalytischen Ansichten ist nämlich die These der Unabhängigkeit - oder zumindest der partiellen Unabhängigkeit - der Referenz der singulären Terme von den kennzeichnenden oder identifizierenden Bestimmungen, die die jeweiligen Sprecher mit den singulären Termen verbinden. Wenn mich z.B. jemand fragt, wen ich mit einem bestimmten Eigennamen meine, so werde ich sehr wahrscheinlich durch Beschreibungen des intendierten Namensträgers antworten. Dabei können mir *Fehler* unterlaufen. Wenn ich Fehler in diesen Beschreibungen mache, so hat das *nicht* - darauf wollen besagte Autoren besonders aufmerksam machen - zur Folge, daß sich der Namensträger oder das Referenzobjekt des Eigennamens, den ich verwende, ändert. Die Möglichkeit von Fehlbeschreibungen wird von den Theoretikern übersehen, die das jeweilige Referenzobjekt eines singulären Terms *allein* von der Erfüllung der Kennzeichnungen bestimmt haben wollen, welche die Sprecher mit dem Term verbinden. Donnellan greift also konsequent die Auffassung jener an, die die Frage nach der Referenz der Eigennamen allein von der Frage nach den Bestimmungen, die in Kennzeichnungen vorkommen, geklärt haben wollen.

3.2.1 Donnellan über Eigennamen

Es ist einleuchtend anzunehmen, man könne nur dann einen Eigennamen sinnvoll verwenden, wenn man irgendwie auch weiß, worauf man sich durch den Namen bezieht. Dieses Wissen wird zwar am einfachsten dadurch getestet, daß man vom jeweiligen Sprecher kennzeichnende Beschreibungen für den Namensträger verlangt. Donnellan gibt das zu: "...asking him for descriptions would *normally* be the best strategy for finding out" (PN. 377)[20]. Er möchte aber auf ein Zweifaches aufmerksam machen: a) Eigennamen können auch dann ein Referenzobjekt haben, wenn die Kennzeichnungen, die die Sprecher damit verbinden, von *nichts* erfüllt werden; b) die Gegenstände, die als einzige besagte Kennzeichnungen erfüllen, *müssen nicht* die Träger der Namen sein (PN. 356f). Donnellans Angriffe gegen die Auffassung, daß Eigennamen wie *attributive* Kennzeichnungen funktionieren, sind - sofern sie berechtigt sind - nicht nur für die Frage nach der Referenz von Eigennamen relevant, sondern für die Frage nach Referenz überhaupt. Sie laufen letztlich auf eine Infragestellung der weit verbreiteten Auffassungen hinaus, nach denen auf Gegenstände mit Hilfe jener Merkmale referiert wird, die *einzig* ihnen zukommen. Wenn Donnellans und Kripkes Beobachtungen stichhaltig sind, so wird man nicht mehr die Kennzeichnungen, in denen die angeblich ausschlaggebenden Merkmale für das Referieren angegeben werden, als paradig-

20 K.S. Donnellan, Proper Names and Identifying Descriptions, in: Semantics of Natural Language. Hg. von D. Davidson und G. Harman. Dordrecht 1972, 356-379.
Kurztitel: PN.

matisch für Ausdrücke mit Referenz ansehen können, ohne allerdings leugnen zu müssen, daß es Referenz vermittels Kennzeichnungen gibt.

Die Auffassung, daß Eigennamen nach dem Schema von Kennzeichnungen funktionieren, ist von verschiedenen Autoren verschieden vertreten worden. Von der Auffassung gibt es strikte und liberale Ausprägungen. Liberaler sind die sogenannten *Bündel*theorien[21], nach denen das Referenzobjekt eines Namens dasjenige ist, welches zwar keine bestimmten, wohl aber eine hinreichende Menge jener Kennzeichnungen erfüllt, die die Sprecher mit dem Namen verbinden. Donnellan (und unabhängig von ihm Kripke) greift auch diese liberalere Version der genannten Auffassung an bzw. - wie er sagt - des Prinzips der identifizierenden Beschreibungen. Es gibt nämlich Fälle - so Donnellan -, in denen der Träger eines Eigennamens keine einzige der identifizierenden Beschreibungen erfüllt, die von den Sprechern mit dem Namen verbunden werden.

Wäre die Referenz der Namen in allen Fällen von den identifizierenden Beschreibungen abhängig, so würden sich Sprecher, die mit ein und demselben Namen verschiedene Beschreibungen verbinden, möglicherweise auf Verschiedenes beziehen. Donnellan stellt sich daher die Frage, wie weit Sprecher, die denselben Satz behaupten, aber mit dem Namen in dessen Subjektposition verschiedene Mengen von Beschreibungen verbinden, überhaupt noch denselben propositionalen Gehalt äußern. Aufgrund des von ihm angegriffenen Prinzips könnten sie sich nämlich durch den Namen auf Verschiedenes beziehen, und ihre Sätze könnten daher auch verschiedene Wahrheitswerte haben: "The propositions might have different truth values, because the speakers, with different sets of identifying descriptions, may be referring to different things." (PN. 361) Es scheint allerdings absurd zu sein, daß z.B. ein erstsemestriger Student der Philosophie, der noch wenig über Aristoteles gelernt hat, und sein Professor, der Aristoteleskenner und -spezialist ist, mit ein und demselben Satz über Aristoteles Verschiedenes äußern könnten. Aufgrund des Prinzips der identifizierenden Beschreibungen müßte es allerdings möglich sein, daß mit der Behauptung, Aristoteles habe existiert, der eine recht und der andere unrecht hätte (PN. 361f). Es könnte nämlich sein, daß der Student die wenigen Informationen, die er in den Vorlesungen gehört hat, falsch rezipiert hat und daß alles, was er von Aristoteles zu wissen glaubt, falsch ist und daß konsequenterweise seine kennzeichnenden Beschreibun-

21 Stegmüller spricht stattdessen von *Büschel*theorien (cluster theories) der Namen.
Vgl. W. Stegmüller, Hauptströmungen der Gegenwartsphilosophie. II. Stuttgart 1975, 229ff.

gen für Aristoteles von nichts erfüllt werden. Würden wir dann tatsächlich aufgrund des Prinzips meinen, der Student behaupte etwas Falsches, wenn er behauptet, daß Aristoteles existiert hat? Würden wir, wenn mit ihm konfrontiert, uns zu der Aussage hinreißen lassen: "Dein Aristoteles hat nicht existiert, derjenige deines Professors hingegen schon"? Donnellan gibt einen noch extremeren Fall an, um dadurch auf die theoretische Möglichkeit aufmerksam zu machen, daß die Gegenstände, welche als einzige die identifizierenden Beschreibungen erfüllen, nicht mit den Namensträgern zusammenfallen müssen: Es könnte sein - so Donnellan (PN. 362) -, daß das wenige, das der Student über Aristoteles falsch gelernt hat, unglücklicherweise genau auf Platon zutrifft. Sollte man dann tatsächlich zu dem vom Prinzip geforderten Schluß kommen, daß immer dann, wenn der Student den Namen "Aristoteles" verwendet, er sich statt auf Aristoteles auf Platon bezieht?

Die liberalere Deutung des Prinzips kann zwar solchen extremen Folgerungen dadurch vorbeugen, daß sie von Bündeln von Beschreibungen ausgeht, die ganzen Sprechergruppen gemeinsam sind, die also von den meisten Sprechern geteilt werden. Aber selbst in diesem Fall kann die konsequente Anwendung des Prinzips zu unliebsamen Folgen führen. Statt Gegenbeispiele mit Einzelsprechern können Gegenbeispiele mit verschiedenen Menschengruppen in verschiedenen Zeitaltern gefunden werden. Es scheint z.B. klar zu sein, daß verschiedene Menschengruppen im Laufe der abendländischen Geschichte mit dem Namen "Aristoteles" verschiedene identifizierende Beschreibungen verbunden haben. Sollte man aber aufgrund dieser Tatsache zu dem vom Prinzip der identifizierenden Beschreibungen geforderten Schluß stehen, daß die Aussage, Aristoteles habe existiert, möglicherweise im Laufe der Geschichte verschiedene Wahrheitswerte hätte haben können?

> Different times and ages might have different beliefs about Aristotle. And in conjunction with the second part of the principle of identifying descriptions it would be possible that the affirmation that Aristotle existed should have different truth-values from one time to another. (PN. 363)

Selbst Strawson hat bekanntlich aufgrund ähnlicher Schwierigkeiten sein Prinzip der identifizierenden Beschreibungen liberalisiert[22]. Auch nach ihm kann es Fälle geben, in denen Sprecher sinnvollerweise Eigennamen verwenden, ohne *explizit* fähig zu sein, die jeweiligen Namensträger kennzeichnend zu beschreiben. Donnellan meint allerdings, man könne oft Namen auch dann noch sinnvoll verwenden, wenn man ihre Namensträger nicht nur nicht eindeutig kennzeichnen,

22 Siehe Abschnitt 1.6.5.

sondern auch nicht wiedererkennen könne: "...the question of what a speaker referred to by using a name is not foreclosed by his inability to describe or even to recognize or point to the referent" (PN. 364). Donnellan läßt annehmen, ein Kind werde durch den Lärm einer Abendparty im eigenen Haus geweckt. Es steht auf und sucht unter den vielen Gästen die Mutter. Dabei stößt es aber auf einen Gast, der sich als Tom vorstellt und der mit ihm einige Worte wechselt. Am darauffolgenden Tag sagt das Kind den Eltern, Tom sei ein netter Mensch. Auf die Frage allerdings, welchen unter den Toms, die auf der Party waren, es meine, kann das Kind keine befriedigende Antwort geben. Das einzige, was es von ihm sagen kann, ist, daß er auf der Party war und nett zu ihm war. Das Kind verwendet zwar den Eigennamen "Tom", kann aber für seinen Namensträger keine kennzeichnende Beschreibung angeben, die ihn von den anderen unterscheiden würde. Das Kind kann also nicht angeben, *welchen* unter den vielen Gästen es meint, wenn es von ihm aussagt, er sei nett. Donnellan nimmt sogar an, das Kind sei auch unfähig, diesen Tom wiederzuerkennen, d.h. auf ihn hinzuzeigen, würde es ihm begegnen. Heißt das aber schon, daß das Kind den Namen nicht sinnvoll hat verwenden können, d.h., daß es keinen Menschen gegeben hat, auf den es durch den Namen "Tom" referiert hat? "Does this mean that there is no person to whom he was referring"? (PN. 364)[23] Donnellan leugnet allerdings nicht, daß für die sinnvolle Verwendung von Eigennamen gewisse Beschreibungen (in einem weiteren Sinn) erfüllt sein müssen. Wir könnten zwar entdecken, daß Aristoteles z.B. weder die "Metaphysik" geschrieben noch Alexander dem Großen Unterricht erteilt hat, d.h., daß die üblichen Kennzeichnungen, die mit dem Namen "Aristoteles" verbunden werden, nicht erfüllt sind; wir könnten aber selbst nach Donnellan nicht entdecken, daß Aristoteles z.B. kein Mensch war, daß er statt dessen z.B. Platons Hund war (PN. 367).

> If anyone wants to maintain that our use of the name is such that being a human being or not living in modern times, etc. are *necessary* for being the referent of the name, I have no objection here to offer against a 'backing of descriptions' in that weaker sense. Such an attenuated backing would not *uniquely* identify the referent (PN. 367).

Donnellan greift also nicht die Ansicht an, daß gewisse Beschreibungen für die sinnvolle Verwendung von Eigennamen erfüllt sein müssen. Diese Beschreibungen, deren Erfüllung notwendig für die Bestimmung des jeweiligen Referenzobjektes

23 Was dabei allerdings verloren geht, ist der Erfolg des referentiellen Aktes im Sinne Strawsons, denn die Eltern verstehen nicht, worauf das Kind referiert.

sind, sollen in Zusammenhang gebracht werden mit den *sortalen* Ausdrücken und mit einer minimalistischen Auffassung von Freges "Sinn". Wir haben gesehen, daß Eigennamen insofern mit sortalen Ausdrücken gekoppelt sind als jeder, der Eigennamen sinnvoll verwendet, auch weiß, welcher Sorte oder Art ihre Träger sind. Wer "Nausikaa" sinnvoll verwendet, weiß, daß der Namensträger ein Mädchen ist; wer "Themse" sinnvoll verwendet, weiß, daß die Themse ein Fluß ist[24]. Kann der jeweilige Sprecher den Eigennamen nicht mit einem sortalen Ausdruck verbinden, d.h., weiß er nicht, welcher Art der Namensträger ist, so wird er schwerlich den Eigennamen sinnvoll verwenden können. Der sortale Ausdruck gibt allerdings nur Merkmale an, die nicht zu verwechseln sind mit den kontingenten Merkmalen, die in Kennzeichnungen angegeben werden. Wenn man die sortalen Ausdrücke als Nachfolger der Substanzausdrücke ansehen darf, so wird man auf alle Fälle mit ihnen keine kontingenten Eigenschaften meinen. Donnellan greift die Auffassung an, nach der die Referenz von Eigennamen auf die Referenz von Kennzeichnungen, in denen kontingente Merkmale erwähnt werden, reduziert werden soll; nach der es also kontingente Beschreibungen gibt, die *hinreichend* sein sollen für die Bestimmung des Referenzobjektes eines Eigennamens (es sei denn, man versteht unter "Bestimmung" die Identifizierung in einem bestimmten Augenblick, in dem dem Referenzobjekt genau die Bestimmungen zukommen, die in den Beschreibungen erwähnt werden). Durch seine Auswahl an Beispielen hat Donnellan aufgewiesen, daß das Prinzip der identifizierenden Beschreibungen, wenn es auf Eigennamen *allgemein* angewandt wird, nicht haltbar ist. Das jeweilige Referenzobjekt der Eigennamen kann nicht allgemein durch die kennzeichenden Beschreibungen, die der jeweilige Sprecher mit ihnen verbindet, bestimmt werden. Ein Sprecher kann unter Umständen durch die Verwendung eines Eigennamens auf ein Referenzobjekt Bezug nehmen, von dem er falsche Vorstellungen hat und das er falsch kennzeichnet. Donnellans Beobachtungen betreffen nicht nur Einzelsprecher, sondern auch ganze Gruppen von Sprechern. Irrtümliche Beschreibungen können nämlich nicht nur auf das Konto einzelner gehen, sondern auch auf jenes ganzer Generationen von Menschen. Es kommt vor, daß sich ganze Gruppen von Sprechern durch einen Eigennamen auf einen bestimmten Namensträger beziehen, ohne fähig zu sein, ihn adäquat im Sinne einer Kennzeichnung zu beschreiben; oder aber so, daß sie allesamt falsche Vorstellungen davon haben und sie ihn alle mit denselben Kennzeichnungen beschrei-

24 Siehe Abschnitt 1.7.2.

ben, die entweder von nichts oder von einem ganz anderen Gegenstand erfüllt werden.

Donnellan selbst beabsichtigt nicht, eine alternative Theorie der Eigennamen aufzustellen. Ihm geht es durch seine etwas ausgetüftelten Beispiele primär darum aufzuzeigen, daß die gängigen Theorien, die auf dem Modell der Kennzeichnungen gründen, in ihrer Allgemeinheit nicht stichhaltig sind:

> If these examples show that there are other possibilities for identifying the referent, they do their job. It is the idea that *only* a backing of descriptions identifying the referent by its fitting them (or some sufficient number of them) could serve to connect an object with a name that I question. (PN. 376)

Es dürfte andererseits Donnellan schwerfallen, eine einheitliche alternative Theorie der Eigennamen vorzulegen, da er m.E. in der Bestimmung der Referenz von Eigennamen drei grundsätzlich verschiedene Standpunkte einnimmt:

a) einen *realistischen*, nach dem die Referenz eines Eigennamens durch eine Art Taufzeremonie fixiert wird und von Sprecher zu Sprecher weiter tradiert wird, ohne daß dabei auch schon das entsprechende identifizierende Wissen vermittelt würde;

b) einen *intentionalistischen*, nach dem die Intention des jeweiligen Sprechers ausschlaggebend ist, selbst dann, wenn niemand, wie im Beispielsfall mit dem Kind und dem Gast Tom, ausfindig machen könnte, worin sie besteht;

c) einen *pragmatischen*, nach dem für die Bestimmung der Referenz der pragmatische Kontext von Sprecher und Hörer berücksichtigt werden muß.

Alle drei Standpunkte führen, wenn sie einseitig verallgemeinert werden, in Engpässe. Der realistische Standpunkt kann nicht verallgemeinert werden. Viele historische Namen dürften, trotz alldem was Donnellan sagt, doch wie Kennzeichnungen im attributiven Sinn verwendet werden[25]. Der Rekurs auf die Intention des Sprechers kann selbst nach Donnellan nicht immer ausschlaggebend sein. In bestimmten Fällen ist die Intention gar nicht zugänglich und somit für eine

25 So z.B. "Hl. Anna" oder "Homer". Diese historischen Namen dürften wohl so wie Kennzeichnungen im attributiven Sinn verwendet werden. Mit "Hl. Anna" dürfte man diejenige meinen, die - wer immer sie auch gewesen sein mag - tatsächlich Mutter Mariä war; und mit "Homer" den Autor der Ilias und der Odyssee.
Vgl. M. Dummett, Note on an Attempted Refutation of Frege, in: D. 110-151;
L. Linsky, Names and Descriptions. Chicago 1977, 55ff;
E. Runggaldier, Art- und Substanzbezeichnungen als starre Designatoren, in: Sprache, Logik und Philosophie. Akten des 4. Internationalen Wittgenstein Symposiums. Wien 1980, 487.

Berücksichtigung im Rahmen einer allgemeineren Theorie irrelevant. Der Bezug auf den pragmatischen Kontext für die Bestimmung der Referenz singulärer Terme dürfte für bestimmte Fälle unumgänglich sein. Die Frage allerdings, wie dieser Bezug gefaßt werden könnte, ist nicht ohne größere Schwierigkeiten zu behandeln. Ein Zweifaches ist allerdings durch Donnellans Überlegungen klar geworden. Erstens: Referenz kann nicht allgemein von der Erfüllungsrelation her verstanden werden. Nur die Referenz der wenigen Namen, die wie Kennzeichnungen im attributiven Sinn verwendet werden, ist durch dieses Erklärungsmodell faßbar. Ihr Referenzobjekt ist nämlich dasjenige, welches - was immer es auch sei - die Bedingungen der jeweiligen Kennzeichnung erfüllt. Zweitens: der Akt des sinnvollen Referierens setzt von seiten des Sprechers nicht allgemein ein identifizierendes Wissen voraus. Referieren ist nicht von den kontingenten Merkmalen abhängig, durch die das jeweilige Referenzobjekt identifizierbar ist. Durch Donnellans Beobachtung wird allerdings nicht ausgeschlossen, daß Referieren die Kenntnis eines *Sortals* für das jeweilige Referenzobjekt voraussetzt. Die Kenntnis des Sortals besteht nun nicht in einer Kenntnis von kontingenten Merkmalen. Die Bestimmungen des Sortals kommen dem jeweiligen Gegenstand ständig zu. Um einen Gegenstand identifizieren zu können, braucht es zwar mehr als die Kenntnis des entsprechenden Sortals. Sie ist aber nicht nur für das erfolgreiche Identifizieren, sondern auch für das erfolgreiche Referieren *notwendige* Voraussetzung. Um auf Aristoteles referieren zu können, muß ich zumindest wissen, daß er ein Mensch ist. Wäre ich der Meinung, Aristoteles sei der Hund Platons (PN. 367), so könnte ich nicht auf ihn referieren.

3.2.2 Kripke gegen die Bündeltheorie[26] der Namen

Da die Ansichten, die die sogenannte Bündeltheorie der Namen ausmachen, nicht nur die Frage nach der Bedeutung der Namen, d.h. nach dem, was man versteht, wenn man einen Namen versteht, sondern auch die Referenz der Namen betreffen, sind sie für die Behandlung des Problems der *Existenzaussagen* relevant. Kripke geht es nun darum aufzuzeigen, daß die Bündeltheorie zu einer vorschnel-

26 Der Ausdruck "Bündeltheorie" scheint ein Sammelausdruck für eine Reihe von Ansichten zu sein, die man schwerlich als Theorie bezeichnen kann. Kripke versucht daher, verschiedene Thesen zu formulieren, in die sich seiner Meinung nach die betreffende Theorie aufspalten läßt, um sie besser widerlegen zu können.

len und unbegründeten Relativierung dieser Sätze führt. Auf einen Beispielsfall solcher unangenehmer Konsequenzen der Bündeltheorie hat bereits Donnellan hingewiesen: "Dein Aristoteles hat nicht existiert; mein Aristoteles schon", so müßte der Aristoteleskenner aus Donnellans Beispiel reagieren[27]. Folgt man den Ansichten Wittgensteins, die er in §79 seiner *Philosophischen Untersuchungen* festhielt, so muß man zu solchen letzten Konsequenzen stehen. Dort heißt es nämlich, daß Namen ohne *feste* Bedeutung verwendet werden. Je nach Definition haben folglich auch die Sätze, in denen die Namen vorkommen, einen anderen Sinn: "...je nachdem wir die eine oder die andere Definition annehmen, bekommt der Satz 'Moses hat existiert' einen anderen Sinn, und ebenso jeder andere Satz, der von Moses handelt." (PU. §79)[28] Wenn das stimmt, dann könnten die Sätze auch verschiedenen Wahrheitswert haben, je nachdem, mit welchem Sinn der jeweilige Sprecher den Eigennamen verbindet. Kripke greift zwar nicht die Ansicht an, daß Sprecher, die einen Namen verwenden, ihn mit Merkmalen des Trägers verbinden. Er akzeptiert sogar folgende These: "Jedem Namen oder Bezeichnungsausdruck 'X' entspricht ein Bündel von Eigenschaften, nämlich die Familie von Eigenschaften ϕ, für die gilt: A [der Sprecher] meint 'ϕX'." (NN. 77) Was Kripke angreift, ist allerdings die Ansicht, "X" sei mit der Familie der 'ϕ" *synonym*. Bedeutet ein Eigenname dasselbe wie eine Familie von Eigenschaftsausdrücken, so ist die Konstanz des Namensträgers nicht garantiert. Sie steht in Gefahr, sobald sich die Eigenschaften ändern. Selbst die *Existenz* des Namensträgers wäre von seinen Eigenschaften abhängig:

> Wenn 'Moses' *bedeutet* 'der Mann, der das und das getan hat', dann hat, wenn niemand das und das getan hat, Moses nicht existiert; ...[Aber]...sicherlich hätte Moses sich einfach dafür entscheiden können, seine Tage auf angenehmere Weise am ägyptischen Hof zu verbringen. Es hätte sein können, daß er sich nie auf ihre Politik oder Religion eingelassen hat; und in diesem Fall hätte vielleicht niemand irgendeine der Taten vollbracht, die die Bibel von Moses berichtet. Das bedeutet als solches nicht, daß Moses...nicht existiert hätte. (NN. 70)

Kripke greift daher auch weitere Teilthesen an, die seiner Meinung nach ebenfalls in der Bündeltheorie enthalten sind und zu ähnlich unliebsamen Folgen führen, die Thesen nämlich, daß a) der jeweilige Sprecher die Aussage "Wenn X existiert, dann hat X die meisten der ϕ's" *a priori* weiß; und daß b) die Aussage "Wenn X existiert, dann hat X die meisten der ϕ's" eine notwendige Wahrheit ausdrückt

27 Siehe Abschnitt 3.2.1.
28 L. Wittgenstein, Philosophische Untersuchungen. Oxford 1958. Kurztitel: PU.

(NN. 78). Wittgenstein selber beschäftigt sich mit der Tatsache, daß nicht alle ϕ,die durch die jeweiligen Definitionen der Namen aufgezählt werden, erfüllt sein müssen, er setzt allerdings voraus, daß eine bestimmte Anzahl davon erfüllt sein muß und daß von dieser Erfüllung die Existenz des Namensträgers abhängig ist: "Ich werde etwa sagen: Unter 'Moses' verstehe ich den Mann, der getan hat, was die Bibel von Moses berichtet, oder doch vieles davon. Aber wievieles?" (PU. §79) Nach Wittgenstein kann die Grenze nicht eindeutig gezogen werden. Wittgenstein setzt aber voraus, daß den Teilthesen entsprechend, die Kripke der Bündeltheorie zuordnet, zumindest ein Teil der Beschreibungen erfüllt sein muß, damit die Existenz von Moses gesichert sei. Das stellt Kripke in Frage: Es könnte sein, daß Moses auch dann existiert hat, wenn *nichts* von dem, was in der Bibel über ihn geschrieben steht, wahr ist. Kripke bestreitet, daß wir *a priori* wissen, daß Moses, sollte er existiert haben, tatsächlich einige oder die meisten dieser Dinge vollbracht hat:

> Ich habe bereits dargelegt, daß die biblische Geschichte keine *notwendigen* Eigenschaften von Moses angibt, daß er also hätte leben können, ohne irgendeines dieser Dinge zu vollbringen. Jetzt frage ich, ob wir *a priori* wissen, daß Moses, wenn er existierte, tatsächlich einige oder die meisten dieser Dinge vollbracht hat. (NN. 79)

Die Verknüpfungen von Beschreibungen mit Eigennamen drücken nicht nur kein *apriorisches* Wissen aus, sondern in vielen Fällen überhaupt kein Wissen. In vielen Fällen sind die Beschreibungen ganz einfach falsch, so wie es schon Donnellan geschildert hat. "Es kommt häufig vor, daß wir einen Namen aufgrund einer erheblichen Fehlinformation verwenden." (NN. 99) Kripke soll Leute sagen gehört haben, Einsteins berühmteste Leistung sei die Erfindung der Atombombe gewesen. (NN. 100) Heißt das aber, daß sich diese Leute mit "Einstein" nicht auf Einstein, sondern auf den "Erfinder" der Atombombe beziehen? Viele verbinden mit Columbus die kennzeichnenden Beschreibungen, "derjenige, der als erster Amerika entdeckt hat; derjene, der als erster entdeckt hat, daß die Erde rund ist". Heißt das, wenn sie den Eigennamen "Columbus" verwenden, daß sie auf irgendeinen Normannen, der als erster nach Amerika gekommen ist, oder auf irgendeinen Griechen, der als erster die These aufgestellt hat, die Erde sei rund, referieren? "Doch sie tun das nicht. Es scheint daher nicht so zu sein, daß, wenn die meisten der ϕ's von einem Gegenstand y als einzigem erfüllt werden, y der Referent [das Referenzobjekt] des Namens ist. Das scheint einfach falsch zu sein." (NN. 100) Und wenn zufälligerweise die Beschreibungen, mit denen ein Sprecher den Namen koppelt, auf genau den Namensträger des Namens zutreffen, dann muß das der Sprecher nicht a priori wissen, wie es eine Teilthese der Bündeltheorie verlangt (NN. 102). Kripke gibt in einer Anmerkung zu seinen Vorlesungen allerdings zu (Anm. NN. 101f), daß man unter Umständen Namen nach dem Muster von Kennzeichnungen im attributiven Sinn verwendet: Selbst nach Kripke kann sich z.B. ein Philosoph durch den Namen "Gödel" auf denjenigen beziehen, der - wer immer das auch gewesen sein mag - den berühmten Unvollständigkeitsbeweis aufgestellt hat, und zwar dann, wenn ihn der Beweis interessiert und er sich auf denjenigen zu beziehen beabsichtigt, der für den Beweis verantwortlich ist. Somit könnte die Aussage "Gödel hat in dem Beweis ein indirektes Argument verwendet" auch dann noch wahr sein, wenn nicht Gödel, sondern irgendein anderer den Beweis erstellt haben sollte.

Es erhebt sich daher die Frage, ob man nicht doch der Bündeltheorie insofern entgegenkommen könnte, als man für die Eigennamen eine Art *Zweideutigkeit* zuerkennt, wie sie Donnellan in der Verwendung von Kennzeichnungen festgestellt hat. Kripke beobachtet allerdings, daß ein Sprecher eine Kennzeichnung, die er *referentiell* verwendet, zurückzieht, sobald er entdeckt, daß sie nicht erfüllt wird. Eigennamen hingegen werden nicht zurückgezogen. Als die ersten Vermutungen aufkamen, daß Columbus nicht der erste Europäer war, der amerikanischen Boden betrat, hat man den Namen nicht zurückgezogen, obwohl für die meisten Leute Columbus derjenige war (vielleicht noch ist), der als erster Europäer Amerika betrat:

> ...eine referentielle Kennzeichnung wie 'der Mann, der Champagner trinkt' wird typischerweise zurückgezogen, wenn der Sprecher erkennt, daß sie auf den betreffenden Gegenstand nicht zutrifft. Wenn ein Gödelscher Betrug enthüllt würde, dann würde Gödel nicht mehr 'der Urheber des Unvollständigkeitsbeweises' genannt, aber er würde immer noch 'Gödel' genannt (Anm. NN. 103).

Wenn ein Sprecher entdeckt, daß er mit einem Namen falsche Beschreibungen seines Trägers verbindet, so wird er den Namen nicht zurückziehen, wohl aber die falschen Beschreibungen. Diese Beobachtung Kripkes setzt voraus oder impliziert, daß die Zuordnung von Name und Namensträger *fix* ist und daß sie nicht von der Kompetenz des jeweiligen Sprechers abhängig ist. Von Columbus haben die meisten Leute sehr wahrscheinlich nur diese eine, aber falsche Vorstellung gehabt, daß er als erster Europäer amerikanischen Boden betreten habe. Durch die Entdeckung, daß diese Vorstellung falsch ist, hat sich das Referenzobjekt von "Columbus" nicht geändert. Was sich geändert hat, ist die Verknüpfung von "Columbus" und "Entdecker Amerikas". Um das jeweilige Referenzobjekt eines Namens identifizieren zu können, brauchen wir zwar Beschreibungen. Sehr viele Indizien sprechen aber dafür, daß die Referenzobjekte fast aller Namen, selbst der Namen historischer Persönlichkeiten, nicht von diesen Beschreibungen und nicht von der identifizierenden Kompetenz der Sprecher abhängig sind. Die Gründe, die Kripke dafür angibt, sind zweifacher Natur: a) Die Sprecher haben oft *falsche* Vorstellungen oder Beschreibungen der Namensträger und können dennoch durch die Namen auf sie referieren. b) Die Sprecher beziehen sich auf die Namensträger auch unter Absehung von ihren kontingenten Merkmalen, z.B. in kontrafaktischen Annahmen. Was die Bündeltheorie der Namen demgegenüber voraussetzt, scheint die Vorstellung zu sein, man könne nur dann auf einen Gegenstand referieren, wenn man ihn aus den anderen Gegenständen herauspicken kann, letztlich, wenn man ihn identifizieren kann; und man könne ihn nur dann identifizieren, wenn man auf diejenigen Eigenschaften Bezug nimmt, die seine Einzigkeit gewährleisten. Kripke ist es aber gelungen aufzuzeigen, daß Referenz unabhängig ist von einer Bezugnahme auf Eigenschaften, die dem Referenzobjekt lediglich kontingenterweise zukommen. Kripke nimmt natürlich nicht an, die Referenzobjekte der Namen seien so etwas wie mysteriöse Substrate, die "hinter" den Eigenschaften stünden, bzw. "bare particulars"; er bestreitet allerdings die Auffassung, zu der man sich durch die Bündeltheorie gezwungen sieht, nach der die jeweiligen Referenzobjekte "Bündel von Eigenschaften" sind, insofern sie nur kraft ihrer Eigenschaften Referenzobjekte sein können:

> Ich denke, daß Nixon ein Republikaner ist, ...ich denke außerdem, daß er ein Demokrat hätte sein können. Dasselbe gilt für jede andere Eigenschaft, die Nixon vielleicht besitzt... Was ich bestreite, ist, daß ein Einzelgegenstand nichts weiter ist als ein 'Bündel von Qualitäten', was immer das heißen mag. Wenn eine Qualität ein abstrakter Gegenstand ist, dann ist ein Bündel von Qualitäten ein Gegenstand von sogar noch höherer Abstraktionsstufe, und nicht ein konkreter Einzelgegenstand. (NN. 63f)

Im Unterschied zu Donnellans Aufsätzen geht aus denen Kripkes nicht hervor, wie weit die Sprecher, die durch Eigennamen referieren - zumindest implizit - auch einen sortalen Ausdruck für das jeweilige Referenzobjekt kennen müssen. Aus der Auseinandersetzung mit Frege und hauptsächlich Geach ist klar hervorgegangen, daß ohne Sortals nicht referiert werden kann. Ohne Sortals kann ich selbst Ostensionsakte nicht vollziehen. Wenn ich durch "dieses da" auf etwas zeige oder referiere, muß ich einen sortalen Ausdruck parat haben, durch den die Identitätsprinzipien (-bedingungen) für den betreffenden Gegenstand angegeben werden. Nach der aristotelischen Tradition muß ich - zumindest implizit - eine Antwort auf die Frage kennen, *was* der betreffende Gegenstand ist. Wenn ein Sprecher durch "Aristoteles" auf Aristoteles zu referieren beabsichtigt, so muß er selbst nach Donnellan wissen, daß er ein *Mensch* ist. Kripke selber neigt dazu, die Millsche These[29] aufzugreifen, nach der Eigennamen überhaupt keinen

29 Nach Mill haben Eigennamen überhaupt keinen Sinn. Er sagt: "When we name a child by the name 'Paul' or a dog by the name of 'Caesar', these names are simply marks, used to inable those individuals to be made

Sinn haben. Nach dieser Auffassung muß derjenige, der einen Namen sinnvoll verwendet, nicht fähig sein, ihn mit einem sortalen Ausdruck zu koppeln, weil Namen als solche keinen Sinn haben. Kripke erwähnt zwar in einer Anmerkung die Frage nach den Sortals, allerdings lediglich um - seinem Anliegen entsprechend - zwischen der apriorischen (epistemischen) und der "metaphysischen" Ebene zu unterscheiden.[30]

Kripkes Kritik an der Kennzeichnungstheorie und Bündeltheorie der Namen besagt nicht, daß Kripke einer einfachen, simplizistischen "semantischen" Referenztheorie frönen würde. Jede Erklärung muß nämlich auch nach ihm die Bedingung der "Nicht-Zirkularität" erfüllen: Würde man z.B. das Referenzobjekt von "Sokrates" als dasjenige Individuum zu bestimmen trachten, welches "Sokrates" genannt wird, so verletzt man die Bedingung der Nicht-Zirkularität. In diesem Zusammenhang sind auf alle Fälle die *Beobachtungen* Kripkes relevant, die gegen die traditionellen Kennzeichnungs- und Bündeltheorien der Eigennamen sprechen. Diese Beobachtungen implizieren keine *zirkuläre* alternative Theorie der Referenz. Welche alternative Theorie an Stelle der alten treten könnte, das will Kripke nur andeuten. Auch er erhebt nicht den Anspruch, fähig zu sein, eine solche zu entwickeln. Allerdings liefert er verschiedene Ansätze dafür. Neu für diese Ansätze ist die Berücksichtigung der kontrafaktischen Annahmen und der irrealen Konditionalsätze unseres Alltags; neu ist die Berücksichtigung der *modalen* Aussagen, in denen wir Möglichkeits- und Notwendigkeitsoperatoren verwenden.

3.2.3 Kripke gegen die traditionelle Deutung der natürlichen Art- und Substanzbezeichnungen

Der Unterschied zwischen Eigennamen und allgemeinen Namen wurde schon

subjects of discourse."
J. Stuart Mill, A System of Logic, in: J. Stuart Mill's Philosophy of Scientific Method. Hg. von E. Nagel. New York 1950, 26.

30 Das *nominale* Wesen, welches nach Geach durch die sortalen Ausdrücke angegeben wird, ist nicht zu verwechseln mit dem, was Kripke mit "Essence" meint im Zusammenhang mit seiner Unterscheidung zwischen kontingenten und notwendigen Eigenschaften. Seine Unterscheidung zwischen rein kontingenten und *notwendigen* Eigenschaften will eine "metaphysische" und keine epistemische sein:
"Wenn ich Geach richtig verstehe, sollte sein nominales Wesen in Begriffen der Apriorität, nicht der Notwendigkeit verstanden werden, und es ist daher ganz verschieden von der Art des Wesens, die hier vertreten wird..." (Anm. NN. 133)

durch Geach in Frage gestellt. Der einzige Unterschied zwischen den beiden Arten von Namen ist nach ihm der, daß Eigennamen wie Listen mit nur einem Element, allgemeine Namen wie Listen mit mehr als einem Element referieren (RG. 168ff). Nach Quine verschwindet der Unterschied zwischen Eigennamen und allgemeinen Namen - semantisch gesehen - zur Gänze: Sobald ein Eigenname in den Skopus eines quantifizierten Satzes verlegt wird, funktioniert er genauso wie die anderen Ausdrücke darin (außer den Variablen und den logischen Konstanten). Durch die Arbeiten von Donnellan, Kripke und Putnam wird aber klar, daß man diese Nivellierung nicht ohne Vorbehalte annehmen kann. Die Referenz der Eigennamen ist nämlich unabhängig von der zufälligen Konstellation der kontingenten Eigenschaften ihrer Referenzobjekte: Eigennamen können nicht so funktionieren, wie die Ausdrücke, die in ihrer Referenz von dieser Konstellation abhängig sind. Das Neue an den Arbeiten Kripkes und Putnams ist allerdings hauptsächlich die Berücksichtigung einer dritten Art von Namen, die nicht leicht einzuordnen sind. Es sind dies zunächst Ausdrücke, mit denen chemische Substanzen wie Wasser oder Gold bezeichnet werden und die in Quines Terminologie *kontinuative* Referenz haben[31]. Dazu kommen all die Ausdrücke, mit denen wir uns auf Lebewesen bestimmter Arten und Gattungen beziehen, wie "Ulme" oder "Tiger". Obwohl diese Ausdrücke von Kripke und Putnam auch als Namen für natürliche Arten hingestellt werden, so haben sie in Quines Terminologie *gestückelte* Referenz; Ulmen und Tiger kann man im Unterschied zu Wasser und Gold zählen. Diese Ausdrücke, unabhängig vom Unterschied zwischen kontinuativer und gestückelter Referenz, werden von beiden Autoren als Bezeichnungsausdrücke mit *starrer* Referenz hingestellt, d.h. als Ausdrücke, deren Referenz nicht von der Kompetenz oder vom identifizierenden Wissen der jeweiligen Sprecher abhängig ist und in kontrafaktischen Annahmen dieselbe bleibt.

Die Merkmale, die wir faktisch verwenden, um Individuen bestimmter natürlicher Arten oder Substanzen zu identifizieren, müssen diesen *nicht* notwendig zukommen. Das Gelbsein z.B. ist keine notwendige Eigenschaft des Goldes, auch wenn die meisten Sprecher mit dem Ausdruck "Gold" die Beschreibung "gelbes Metall" verbinden. Kripke geht es darum, auch in diesem Fall die zwei Ebenen, die epistemische und die "metaphysische", auseinanderzuhalten[32]. Die Unter-

31 Siehe Abschnitt 2.1.4.

32 Der Vorwurf gegen die Empiristen, sie hätten die zwei Ebenen vermischt, ist allerdings nicht berechtigt, da sie ja keine "metaphysische" Ebene kennen, bzw. die Sinnhaftigkeit der Unterscheidung zwischen wesentlichen und akzidentellen Eigenschaften - wenn "metaphysisch" verstanden - nicht annehmen.

scheidung zwischen den zwei Ebenen ist schon allein unter der Rücksicht relevant, als sie es ermöglicht, *Irrtümern* in bezug auf Merkmale einer Art gerechter zu werden als in der traditionellen Auffassung. Die einzelnen Sprecher - ja selbst die Spezialisten - können sich nämlich über die hinreichenden und notwendigen Bedingungen für die Bestimmung der Zugehörigkeit zu einer natürlichen Art täuschen. Die Referenz der natürlichen Art- und Substanzausdrücke ist nicht allein von den Bedingungen abhängig, die die Sprecher faktisch mit ihnen verbinden und die sie in angeblich mit ihnen synonymen kennzeichnenden Beschreibungen ausdrücken. Individuen, die diese Beschreibungen erfüllen, müssen nicht zur Art gehören, und umgekehrt, Individuen, die sie nicht erfüllen, können sehr wohl zur Art gehören. Selbst Spezialisten können sich auf diesem Gebiet täuschen. Eines scheint auf alle Fälle sicher zu sein, daß die Zugehörigkeit zu einer natürlichen Art nicht von den Beschreibungen abhängig sein kann, die ein *durchschnittlicher* Sprecher, der den Art-Ausdruck verwendet, zu geben in der Lage ist. Kripke sieht in der sogenannten Bündeltheorie der Bezeichnungen für natürliche Arten einen Fortschritt gegenüber den positivistischen Auffassungen über die Extension oder Referenz dieser Ausdrücke. Nach der Bündeltheorie müssen nämlich nicht alle Bestimmungen erfüllt sein, die in den Beschreibungen oder Definitionen einer natürlichen Art angegeben werden, sondern nur eine bestimmte Menge davon. Kripke hält aber den Vertretern dieser Theorie vor, sie hätten die positivistische Vorstellung nicht radikal genug in Frage gestellt. Nach Kripke kann es nämlich - in Analogie zu dem, was er über die Referenz der Eigennamen sagt - Individuen einer bestimmten Art geben, die keine einzige dieser Bestimmungen erfüllen. Kripke bezieht sich dabei auf Ziff und greift eines seiner Beispiele auf. Es ist klar, daß für alle Sprecher Tiger zunächst Vierfüßer sind:

> Angenommen in einer Dschungellichtung sagt jemand 'Sieh mal, ein Tiger mit drei Beinen!': muß man dann verwirrt sein? Der Ausdruck 'ein Tiger mit drei Beinen' ist keine *contradictio in adjecto*. Wenn jedoch der Ausdruck 'Tiger' unter anderem entweder 'Vierfüßer' oder 'vierfüßig' bedeuten würde, dann könnte der Ausdruck 'ein dreibeiniger Tiger' nur eine *contradictio in adjecto* sein. (Ziff nach NN. 137f)

Kripke meint nun, es sei auch kein Widerspruch anzunehmen, man könnte entdecken, daß es überhaupt keine Tiger mit vier Beinen gibt:

> Angenommen, die Forscher, die Tigern diese Eigenschaft zugeschrieben haben, unterlagen einer optischen Täuschung, und die Tiere, die sie gesehen haben, gehörten zu einer dreibeinigen Spezies, würden wir dann sagen, daß es sich herausstellte, daß es nach alledem keine Tiger gibt? Ich denke wir würden sagen, daß trotz der optischen Täuschung, der die Forscher unterlegen waren, Tiger in Wirklichkeit drei Beine haben. (NN. 138)

Das Referenzobjekt einer Art-Bezeichnung ist weder von der Erfüllung aller, noch einer bestimmten Anzahl der Beschreibungen abhängig, die die Sprecher mit der Art-Bezeichnung verbinden. Und umgekehrt, wenn ein Individuum alle Beschreibungen erfüllt, so muß es nicht ein Individuum der betreffenden Art sein:

> Wir könnten in einem Teil der Welt Tiere finden, die zwar genau wie ein Tiger aussehen, die aber, wie sich bei einer genaueren Untersuchung herausstellen würde, nicht einmal Säugetiere sind. Sagen wir, sie seien in Wirklichkeit sehr merkwürdig aussehende Reptilien. Schließen wir dann aufgrund dieser Beschreibung, daß einige Tiger Reptilien sind? Das tun wir nicht. (NN. 138)

Diese Annahmen Kripkes sind zwar sehr problematisch[33], denn wie könnten wir entdecken, daß diese Tiere, die genau so aussehen wie Tiger, nicht einmal Säugetiere sind? Das Anliegen Kripkes kann aber aufgrund der Analogie mit der Diskussion über die Referenz der Eigennamen verstanden und angenommen werden: Der jeweilige Sprecher braucht zwar ein Bündel von Merkmalen, um Individuen einer bestimmten Art identifizieren zu können, diese äußeren Identifizierungsmerkmale dürfen aber nicht verwechselt werden mit den Bestimmungen, die notwendig der Art zukommen. Ob ein bestimmtes Tier zu einer Art gehört oder nicht, hängt nicht von den Identifizierungsmerkmalen oder von den Vorstellungen ab, die die Sprecher haben, wenn sie Art-Bezeichnungen verwenden; Art- und Substanzbezeichnungen werden nach Kripkes Darlegungen wie Eigennamen, deren Referenz fix ist, verwendet. Die einzelnen Sprecher unterscheiden sich voneinander in ihrem Wissen über das jeweilige Referenzobjekt und werden somit auch verschiedene Beschreibungen davon geben. Selbst dann, wenn diese Beschreibungen auf das Referenzobjekt nicht zutreffen, bleibt das Referenzobjekt dasselbe; es ist von diesen Beschreibungen unabhängig. "Tiger" wird als *starrer* Bezeichnungsausdruck für eine Spezies verwendet, und alles, was nicht zu dieser Spezies gehört, *ist* kein Tiger, auch wenn es so wie ein Tiger aussieht oder auch wenn verschiedene Sprecher denken, es sei ein Tiger: "Nach der Auffassung, die ich vertrete, sind Begriffe für natürliche Arten also viel näher mit Eigennamen verwandt, als gewöhnlich angenommen wird." (NN. 145)[34]

Die Art- und Substanzbezeichnungen sind nach Kripke nicht nur insofern *starr*, als ihre Referenz unabhängig ist von der individuellen Kompetenz der einzelnen Sprecher, von ihren Identifizierungsfähigkeiten, sondern auch insofern, als sie nicht wie Kennzeichnungen im attributiven Sinn verwendet werden. Die Merkma-

33 Vgl. E. Runggaldier, Art- und Substanzbezeichnungen als starre Designatoren, in: Language, Logic, and Philosophy. Wien 1980, 487ff.

34 Eine Entfaltung und Verteidigung dieser Ansicht ist zu finden in: P. Teller, Indicative Introduction, in: Philosophical Studies 31 (1977) 173-195.

le, die in den üblichen Definitionen für die natürlichen Arten angegeben werden, sind weder notwendige noch hinreichende Merkmale für die Zugehörigkeit zur betreffenden Art (NN. 139). Es könnte sich nämlich durch empirische Untersuchungen herausstellen, daß die Merkmale, durch die die Referenz einer bestimmten Art-Bezeichnung festgelegt wurde, gar nicht zur Art gehören, sondern nur irrtümlicherweise dazu gerechnet wurden - obwohl sie andererseits die Festlegung der Referenz ermöglichten: "Für Spezies ebenso wie für Eigennamen sollte die Weise der Festlegung der Referenz eines Terminus nicht als ein Synonym für den Terminus betrachtet werden." (NN. 154) Die Festlegung der Referenz von Art- und Substanzbezeichnungen ist zwar ein schwer durchschaubarer Prozeß; die Festlegung kann im Fall von natürlichen Arten und Substanzen nicht so einfach vonstatten gehen wie die Festlegung eines Eigennamens für eine Person oder einen wohlumrissenen Gegenstand. Kripke und auch Putnam nehmen auf alle Fälle an, daß die Referenz primär anhand von *Mustern* oder Exemplaren festgelegt wird. Durch die Festlegung soll der eingeführte Ausdruck als Bezeichnungsausdruck für genau die Spezies verwendet werden, zu der die Muster, auf die durch die "Definition" oder kennzeichnende Beschreibung referiert wird, tatsächlich gehören. Für den Erfolg der Festlegung ist die Kenntnis dessen, was für die Art ausschlaggebend ist, nicht erforderlich. Bei der Festlegung weiß man noch nicht, worin die Art besteht, zu der die Exemplare, welche man vor sich hat, gehören. Es ist die Aufgabe der Wissenschaftler und Experten, dies durch empirische Untersuchungen ausfindig zu machen: Was die typischen Merkmale für eine Art und Substanz sind, wird nicht durch Konventionen oder Definitionen (im attributiven Sinn verstanden) festgelegt, sondern durch Forschungen *entdeckt.*

> *A priori* können wir nicht mehr sagen, als daß es eine empirische Frage ist, ob die charakteristischen Merkmale, die ursprünglich mit der Art verbunden wurden, universell auf ihre Mitglieder zutreffen oder ob sie überhaupt jemals auf sie zutreffen und ob sie tatsächlich zusammengenommen hinreichend für die Zugehörigkeit zu dieser Art sind. (NN. 157)

Durch Kripkes Ausführungen wird klar, daß Ausdrücke wie "Gold", "Kuh", "Tiger" gewiß nicht Abkürzungen für Konjunktionen von Eigenschaften oder Abkürzungen für Bündel von Beschreibungen sind. Daß zwar die Ausdrücke mit Eigenschaften und Beschreibungen verknüpft werden, wird nicht bestritten; diese Beschreibungen sind allerdings nur Hilfen und Mittel, um einerseits zunächst die Referenzen zu fixieren und um andererseits die jeweiligen Referenzobjekte zu identifizieren. Die Merkmale, die in den Beschreibungen erwähnt werden, dürfen aber nicht mit den Merkmalen verwechselt werden, die notwendig den Individuen einer bestimmten Art zukommen. Was für eine Art notwendig und was nur kontingent ist, das hängt von der inneren Struktur der Art ab und nicht von unseren Konventionen. Auch hier wird wiederum Kripkes Bestreben ersichtlich, die epistemische von der metaphysischen Ebene auseinanderzuhalten. Was *notwendig* zu einer Art gehört, kann *nicht* a priori erkannt werden; das ist eine empirisch zu untersuchende Frage. Was notwendig den Individuen einer Art zukommt, das hängt mit anderen Worten von der "inneren Struktur", von der "Natur", vom "Wesen" der Spezies ab und muß durch empirische Forschungen *entdeckt* werden. Wenn Katzen tatsächlich Tiere sind, dann sind sie es *notwendigerweise*, und alle Wesen, die wie Katzen aussehen und wie Katzen handeln, aber keine Tiere sind, sind keine Katzen. Würden solche Wesen existieren, so wären sie nur "Narrenkatzen".

> Obwohl wir sagen könnten, daß sich Katzen als Dämonen einer bestimmten Spezies *erweisen könnten*, so ist doch, gegeben daß Katzen tatsächlich Tiere sind, jedes katzenähnliche Wesen, das kein Tier ist, sei es in der wirklichen Welt oder in einer kontrafaktischen Welt, keine Katze. (NN. 144)

Auch dieser Standpunkt muß nun wieder in Analogie zu dem gesetzt werden, was Kripke über die Identitätsaussagen sagt: Identitätsaussagen mit singulären Termen sind - *wenn* wahr - notwendigerweise wahr, auch wenn a posteriori.

3.2.4 Notwendige Identitätsaussagen aufgrund wissenschaftlicher Entdeckungen

Nach Kripke drücken Aussagen darüber, was ein bestimmter Stoff oder was ein bestimmtes physikalisches Phänomen *ist*, keine kontingenten, sondern *notwendige* Wahrheiten aus. Mit anderen Worten, Identitätsaussagen wie "Wasser ist H_2O", "Gold ist das Element mit der Ordnungszahl 79", "Wärme ist Bewegung von Molekülen" sind nach Kripke - wiederum in Analogie zu den Identitätsaussagen mit singulären Termen - notwendige Aussagen. Eine Bedingung für das Verständnis dieser These ist, daß man die Terme in den Identitätsaussagen zwar als allgemeine, aber als *starre* Terme auffaßt, so wie die Art- und Substanzbezeichnungen. Zu den Ausdrücken, die ihren Referenzobjekten starr zugeordnet und somit in bezug auf ihre Referenz unabhängig sind vom identifizierenden Wissen der Sprecher und von den alternativen und kontrafaktischen Situationen, zählt nämlich Kripke auch Bezeichnungen für *Naturphänomene* bzw. für physikalische Größen wie "Wärme", "Licht", "Schall", "Blitz" (NN. 153). Wenn die Referenz dieser Terme tatsächlich *starr* ist, so gibt es gute Gründe, Kripke in der Ansicht zu folgen, daß die genannten Identitätsaussagen - obwohl Ergebnis empirischer Entdeckungen - notwendig wahr sind. Wir haben gesehen, inwiefern der Abendstern in keiner alternativen Situation nicht der Morgenstern sein könnte, d.h. daß er notwendigerweise mit dem Morgenstern identisch ist: Es hätte zwar vorkommen können, daß in unserer Welt nicht der Planet Venus am Abend am hellsten leuchtet und daß somit mit dem Ausdruck "Abendstern" ein anderer Himmelskörper bezeichnet wird. In diesem Fall wäre das Referenzobjekt von "Abendstern" nicht identisch mit dem Referenzobjekt von "Morgenstern". Dieser denkbare Sachverhalt ist aber kein Gegenbeispiel zur Notwendigkeit der Identität von Abend- und Morgenstern[35]. In dieser alternativen Situation würde nämlich der Ausdruck "Abendstern" einen anderen Himmelskörper bezeichnen als den, welchen er in dieser Welt bezeichnet. Durch kontrafaktische Annahmen verwenden wir allerdings unsere Ausdrücke so, daß wir ihre Referenz nicht ändern. Dasselbe gilt nach Kripke nun für die Identitätsaussagen, die empirische Entdeckungen über physikalische Phänomene ausdrücken. Das Referenzobjekt von "Wärme" z.B. ist - so Kripke - "...ein äußeres Phänomen, das wir durch den Empfindungssinn wahrnehmen; es verursacht eine charakteristische Empfindung, die wir Wärmeempfindung nennen." (NN. 147f) Dieses äußere Phänomen identifizieren und beschreiben wir durch die Wirkung, die es auf uns, auf unsere Nervenenden oder unser Tastgefühl hat. Durch derlei geartete Beschreibungen identifizieren wir das Referenzobjekt von "Wärme" in der tatsächlichen Welt. Das Referenzobjekt ist aber von ihnen nicht wie von kennzeichnenden Beschreibungen im attributiven Sinn abhängig; es ist nicht als dasjenige zu bestimmen, welches - was immer es auch sei - als einziges die Beschreibungen erfüllt, für die Wärmeempfindungen verantwortlich ist. Wäre das der Fall, so könnte das Referenzobjekt von "Wärme" variabel, je nach alternativer Situation verschieden sein. Wir Menschen könnten ja theoretisch so gebaut sein, daß unsere Wärmeempfindungen nicht von *der* physikalischen Größe hervorgerufen werden, von der sie in dieser aktuellen Welt hervorgerufen werden, sondern von einer ganz anderen. Würde "Wärme" wie eine kennzeichnende Beschreibung im attributiven Sinn verwendet, so bezöge sich der Ausdruck in solchen kontrafaktischen Annahmen auf alternative Größen. Kripke betont dem gegenüber, daß wir den Ausdruck "Wärme" *starr* verwenden. Durch die kennzeichnenden Beschreibungen greifen wir nur das physikalische Phänomen heraus, das in dieser Welt tatsächlich für die Wärmeempfindungen verantwortlich ist. Sobald wir es allerdings herausgegriffen haben, referieren wir durch den Ausdruck "Wärme" auf es, auch dann, wenn wir annehmen, die Welt sei unter bestimmten Rücksichten eine andere, als sie tatsächlich ist. Mittlerweile haben wir Menschen durch die Forschungen der Experten entdeckt, daß dieses Phänomen, welches für die Wärmeempfindungen in der faktischen Welt

35 Siehe Abschnitt 3.1.1.

verantwortlich ist, Bewegung von Molekülen *ist*. Wenn diese Entdeckung richtig ist, ist die Identitätsaussage *notwendig*: Es kann keine alternative Situation geben, in der Wärme nicht Bewegung von Molekülen wäre. Die Behauptung ist allerdings nur dann stichhaltig, wenn man sich stets vor Augen hält, daß der Ausdruck "Wärme" nicht bedeutet "was immer Menschen die Wärmeempfindungen gibt", denn das könnte in einer alternativen Situation etwas ganz anderes sein als Bewegung von Molekülen. Wenn "Wärme" starr referiert, sind alle vermutlichen Gegenbeispiele gegen Kripkes Behauptung, besagte Identitätsaussage sei notwendig, keine eigentlichen Gegenbeispiele.

> Es scheint mir, daß jeder Fall, den sich jemand ausdenken wird und den er zunächst für einen Fall hält, in dem Wärme...etwas anderes gewesen wäre als Bewegung von Molekülen, in Wirklichkeit ein Fall wäre, in dem bestimmte Lebewesen mit anderen Nervenenden als den unsrigen diesen Planeten bewohnen...und in dem diese Wesen für dieses andere, sagen wir Licht, auf die Weise empfindungsfähig wären, daß sie dasselbe empfänden, was wir empfinden, wenn wir Wärme empfinden. Doch dies ist keine Situation, in der zum Beispiel Licht Wärme gewesen wäre... (NN. 150f)

In diesem alternativen kontrafaktischen Fall wäre etwas anderes für die Wärmeempfindungen verantwortlich, aber dieses andere wäre nicht das Referenzobjekt von "Wärme", denn dieses ist das physikalische Phänomen, welches in *dieser* Welt für die Empfindungen verantwortlich ist. So wie auch sonst durch *kontingente* Merkmale die Referenz singulärer Terme fixiert wird, so wird die Referenz von "Wärme" durch den kontingenten Sachverhalt festgelegt, daß wir gerade aufgrund der kinetischen Energie von Molekülen Wärmeempfindung haben und nicht durch andere Phänomene. Wenn allerdings die Referenz einmal festgelegt ist, kann von diesen kontingenten Merkmalen und Sachverhalten abgesehen werden; diese Absehung tangiert die Referenz von "Wärme" nicht.

Wir können uns z.B. auch vorstellen, daß es Phänomene gibt, die genau so aussehen wie Blitze, die aber nicht in elektrischer Entladung bestehen. Diese Möglichkeit ist allerdings nach Kripke wiederum kein Gegenbeispiel gegen die Notwendigkeit der Aussage "Der Blitz ist eine elektrische Entladung" (NN. 151). Auch "Blitz" hat nach Kripke starre Referenz, obwohl sie durch Beschreibungen festgelegt wurde, die auch von anderen Phänomenen als von elektrischen Entladungen erfüllt werden könnten. Es könnten ja Vorrichtungen getroffen werden, die nichts mit elektromagnetischen Feldern zu tun haben, die aber dennoch Phänomene am Himmel erzeugen, die genauso aussehen wie Blitze. Sie könnten die Leute in die irrige Meinung versetzen, sie seien Blitze.

> Auch hier neige ich dazu zu sagen, daß wir uns, wenn wir uns dies vorstellen, etwas vorstellen, was genau die visuelle Erscheinungsweise des Blitzes hat, was aber in Wirklichkeit kein Blitz ist. Jemand könnte zu Ihnen sagen: das schien ein Blitz zu sein, aber es war keiner. (NN. 151)

Würde "Blitz" wie eine Kennzeichnung oder ein Bündel von Kennzeichnungen im attributiven Sinn funktionieren, so könnten wir nicht zur Möglichkeit einer solchen Reaktion stehen.

Für diese Fälle kennt die traditionelle verifikationistische Bedeutungsauffassung allerdings andere Erklärungen: Das Bündel von notwendigen und hinreichenden Bedingungen für die Anwendung wissenschaftlicher Terme ändert sich durch die Anpassung und Perfektionierung der Theorien, in denen die Terme verwendet werden. Zu den notwendigen Bedingungen für die Anwendung des Terms "Blitz" z.B. gehört heutzutage - im Unterschied zu früheren Jahrhunderten - auch die Bedingung, daß es sich um eine elektrische Entladung handelt. So hat sich nach der traditionellen Wissenschaftstheorie auch das Bündel von notwendigen und hinreichenden Bedingungen für die Anwendung des Ausdrucks "Fisch" geändert - zumindest unter Experten. Unter Experten kann nicht mehr gesagt werden, daß Wale Fische seien, obwohl für einen Laien ein Wal durchaus ein Fisch sein mag. Da für die einen nicht dasselbe Bündel von Merkmalen mit dem Ausdruck "Fisch" gekoppelt ist wie für die anderen, wird traditionell angenommen, die Referenz von "Fisch" sei nicht fix. Für Kripke und Putnam ist allerdings die Änderung der identifizierenden Bestimmungen für Fische auf Entdeckungen zurückzuführen, die die Referenz von "Fisch" intakt lassen, ja als solche sogar voraussetzen. Bleibt die Referenz fix, so kann man sagen, daß sich die früheren Experten in ihrer Annahme, Wale seien Fische, geirrt haben; sie haben über die Spezies Fisch noch nicht so viel gewußt wie die heutigen Experten. Kripke bestreitet, daß die sogenannten notwendigen und hinreichenden Bedingungen für das Fischsein und das Walsein auf sprachliche Konventionen zurückzuführen sind, d.h. daß sie "analytische", apriorische Wahrheiten sind.

> Beachten Sie, daß nach der hier vertretenen Auffassung wissenschaftliche Entdeckungen des Wesens von Spezies [discoveries of species essence] keine 'Bedeutungsveränderungen' darstellen; die Möglichkeit solcher Entdeckungen gehörte zu den ursprünglichen Unternehmen... (NN. 158)

Würde jede sogenannte 'Entdeckung' auch die 'Bedeutung' ändern und würde die 'Bedeutung' mit notwendigen und hinreichenden Bedingungen gleichgesetzt, so würde sich auch die Referenz immer wieder ändern. Die Annahme einer solchen Änderung würde allerdings letztlich die Möglichkeit von 'Entdeckungen' vereiteln. In der Tat, in der traditionellen sprachanalytischen, verifikationistischen Wissenschaftstheorie spielt der Ausdruck 'Entdeckung' keine Rolle. Statt von Entdeckungen spricht man von Anpassungen der Theorien und Änderungen der notwendigen und hinreichenden Anwendungsbedingungen für Terme.

3.3 Putnams Kritik der positivistischen wissenschaftstheoretischen Deutung von Referenz

Auch Putnam[36] vertritt die These der *Starrheit* der Referenz vieler singulärer Terme, so der Eigennamen, der Bezeichnungen für natürliche Arten und Substanzen und selbst einiger Bezeichnungen für Artefakte. Der philosophische Hintergrund, auf dem er seine Ansichten über Referenz entwickelt und verteidigt, ist allerdings nicht die Betrachtung und Anwendung der *Modell*theorie für modale Kalküle - wie es letztlich bei Kripke der Fall ist[37] -, sondern eine *realistische* Wissenschaftstheorie. Sein wissenschaftstheoretischer Realismus ist allerdings ein komplexer, der zudem eine Entwicklung erfahren hat.

Zunächst soll aber seine damit zusammenhängende Kritik an der verifikationistischen Bedeutungsauffassung vorgebracht werden. Sie richtet sich primär gegen logische Positivisten, wie Ayer und Carnap, aber auch gegen *konventionalistische* Positionen, wie er sie auch in Quine zu sehen glaubt[38]. Putnam teilt nicht die Ansicht des sogenannten semantischen Primats des Satzes gegenüber einem Term; er sympathisiert nicht mit der sogenannten "sprachanalytischen Wende", durch die angeblich aufgezeigt worden sei, daß alle ontologischen Fragen auf rein sprachliche rückführbar seien; er lehnt die These ab, daß man über semantische Relationen nicht sinnvoll sprechen könne; er kritisiert somit die traditionelle Auffassung, nach der man die Referenz allein aufgrund der Verwendung sprachlicher Ausdrücke und der Verifikation der Sätze, in denen die Ausdrücke vorkommen, deuten und rekonstruieren könne. Hier kann nicht auf alle Aspekte der Putnamschen Kritik an der logisch positivistischen und orthodoxen sprachanalytischen Position eingegangen werden; es sollen aber die Punkte erwähnt werden, die das Bisherige in ein neues Licht rücken. Dazu gehört Putnams Bestreben aufzuzeigen, daß Ausdrücke mit derselben Intension[39] verschiedene Extension haben können (siehe Abschnitt 3.3.2) und daß die Referenz der natürlichen Art- und Substanzbezeichnungen von der empirisch zu erforschenden "Natur" der "Musterexemplare" abhängig ist (siehe Abschnitt 3.3.3).

36 Einen Überblick über Putnams philosophisches Werk bietet: W. Spohn, Putnams philosophische Aufsätze, in: Philosophische Rundschau 25 (1978) 199-217.

37 Siehe Abschnitt 4.2.

38 Vgl. H. Putnam, The refutation of conventionalism, in: Mind, Language and Reality. Philosophical Papers, Volume 2. Cambridge 1975, 153-186. Kurztitel: MLR.

39 "Intension" wird hier im Sinne Carnaps verwendet. Vgl. R. Carnap, Meaning and Necessity. A Study in Semantics and Modal Logic. Chicago [2]1970, § 4ff.

3.1 Putnam gegen die verifikationistische Bedeutungsauffassung

s gibt viele intuitive Gründe, zur Grundannahme zu stehen, daß durch die Ent- icklung der Wissenschaften die Menschheit heutzutage *mehr* über die Welt weiß ls früher und daß es - wie Putnam sagt - eine Art "Konvergenz" der issenschaftlichen Theorien gibt: "One of the facts...is the fact that scientific ıeories tend to 'converge'..." (MMS. 123)[40] Der vollblütige Verifikationist tut :ch allerdings schwer, diese Grundannahme des durchschnittlichen Menschen nd Wissenschaftlers zu teilen. Wenn Referenz vom Positivisten zugelassen wird, ɔ nur in Abhängigkeit von Theorien, da aber Theorien wechseln und sich ändern, ariiert auch die Referenz der referentiellen Terme. Der Verifikationist wird omit - selbst dann, wenn er einen liberalen Verifikationismus vertritt - zur An- icht stehen, wissenschaftliche Theorien seien in bezug auf Referenz untereinan- er *inkommensurabel*. Daraus folgt, daß er die Konvergenz verschiedener Theo- ien - wie noch in diesem Abschnitt gezeigt werden soll - nicht annehmen kann. Venn Referenz, sofern sie überhaupt zugelassen wird, theorieabhängig ist, so ird auch "ist wahr" theorieabhängig sein. Der Verifikationist kann somit nicht ine - wie Putnam sagt - "trans-theoretische" Verwendung von "ist wahr" zulas- en. Die trans-theoretische Dimension kann höchstens praktische Kriterien be- reffen: "The positivist does not claim that scientific theory is 'true' in any trans- heoretic sense of 'true'; the only trans-theoretic notions he has are of the order ıf 'leads to successful prediction' and 'is simple'." (MLR. 209)[41]

Putnam (MLR. 210) wie auch Dummett[42] betonen, daß die verifikationistischen Rekonstruktionen von "ist wahr" nicht das treffen, was der durchschnittliche Mensch und Wissenschaftler damit meinen. Putnam geht zudem davon aus, daß las alltägliche, durchschnittliche Verständnis von Wahrheit und Falschheit in ler wissenschaftlichen Praxis so zentral ist, daß jegliche philosophische Theorie, lie auf Sprache und Wissenschaft Bezug nimmt, es berücksichtigen muß. Tut sie das nicht, so muß sie zumindest aufzeigen, daß sie berechtigt ist, es nicht zu tun: "In my opinion, verificationism has not succeeded in doing either." (MLR. x)[43] Ist es in der eigenen Bedeutungstheorie nicht möglich, diese Grundannah-

40 H. Putnam, Realism and Reason, in: Meaning and the Moral Sciences. London 1978, 123-138.
Kurztitel: MMS.

41 H. Putnam, Explanation and reference, in: MLR. 196-214.

42 Vgl. Abschnitt 1.3.1.

43 H. Putnam, Introduction: Philosophy of language and the rest of philosophy, in: MLR. vii-xvii.

men, die im Alltag eine grundlegende Rolle spielen, zu erklären, so darf man sie zumindest nicht leichtfertig als sinnlos abtun oder stillschweigend auf die Seite schieben. Ähnliche Anforderungen an eine Bedeutungstheorie, die "adäquat" sein soll, stellt - wie gesehen - Dummett[44]. Er weist darauf hin, daß man nicht leichtfertigerweise alltägliche Annahmen und Voraussetzungen unter den Tisch wischen darf, wenn sie nicht in die eigene Theorie passen. Das betrifft z.B. eine Unterscheidung, mit der der Verifikationist schwer fertig wird, die aber im Alltag eine wichtige Rolle spielt, die Unterscheidung nämlich zwischen einer falschen Einschätzung der Bedeutung sprachlicher Ausdrücke und der falschen Einschätzung einer Sachlage: "...the distinction between disagreement in the meanings of words and disagreement about the facts, is precisely central to any concept of linguistic *meaning*." (MLR. ix)

Ernst genommen werden muß zunächst die Praxis der wechselseitigen Ergänzung oder der *Konvergenz* von Theorien. Theorien können sich nämlich sogar dann wechselseitig ergänzen, wenn sie ganz verschiedenen Wissenschaftszweigen angehören. Wenn Referenz - sofern Referenz in einer verifikationistischen Theorie zugelassen wird - theorieabhängig wäre, so müßte man zur These stehen, daß es nicht möglich sei, über ein und dasselbe Phänomen in verschiedenen Theorien etwas auszusagen. Letztlich könnten dann nicht mehr Aussagen verschiedener Theorien miteinander verbunden werden. Eine Verbindung oder Ergänzung einer verifizierten Aussage mit einer Aussage, die in einer anderen Theorie verifiziert wurde, würde Gefahr laufen, sinnlos zu sein. Es dürfte zwar Fälle geben, in denen die Gefahr wirklich gegeben ist. Daß aber solche trans-theoretische Verbindungen möglich sind und im Alltag auch immer wieder verwirklicht werden, kann - so Putnam - nicht bestritten werden. Wie wir noch sehen werden, sind sie deshalb möglich, weil die Referenz bestimmter Terme konstant bleibt und nicht theorieabhängig ist - wie es ein vollblütiger Verifikationist aufgrund seiner Bedeutungstheorie anzunehmen hat[45].

Putnam nimmt die alltäglichen Grundannahmen des durchschnittlichen Menschen ernst und versucht philosophisch plausible Erklärungen dafür zu finden. Er betreibt also keine *reformistische* Philosophie, so wie man es positivistischen

44 Siehe Abschnitt 1.4.

45 "...a verificationist cannot explain why, if even the commonest scientific terms (e.g. 'voltage', 'density', 'pressure') have different meanings in the context of different theories, it should ever be justified to *conjoin* a proposition verified by one group of scientists and a proposition verified by a different group of scientists." (MLR. x)

und konstruktivistischen Richtungen in die Schuhe schieben könnte, sondern eine "deskriptive" im Sinne Strawsons. Putnams Aufruf, *realistisch* zu sein (MLR. 235), kann also auch als Appell angesehen werden, die Grundvoraussetzungen des durchschnittlichen Menschen und die Praxis der Wissenschaftler ernster zu nehmen, als es die logischen Positivisten tun. Letzteren wirft Putnam sogar vor, *idealistisch* eingestellt zu sein (MLR. 207).

> Den Ursprung für die idealistische Tendenz des logischen Empirismus sieht Putnam in seinem sprachphilosophischen Herzstück, der Verifikationstheorie der Bedeutung, nach der die Bedeutung eines Satzes in der Methode seiner Verifikation besteht; diese machte ja gerade die Reduktion aller Begriffe auf eine phänomenalistische oder auch physikalistische Basis notwendig.[46]

Putnam sieht die verifikationistische Auffassung von Bedeutung schon in Peirces *Pragmatismus* grundgelegt: Die Bedeutung eines sprachlichen Ausdrucks wird dort von der praktischen und empirischen Relevanz her verstanden. Versteht jemand einen Ausdruck, so erfaßt er, welche Relevanz für mögliche Erfahrung er hat: "...*what more* - so Putnam in seiner Wiedergabe - does the expression mean, if it means more than that we will have certain experiences?" (MLR. 272)[47] Die Antwort auf diese Frage ist nach der pragmatisch-empirischen Tradition klar: Es gibt keine faßbare 'Surplus'-Bedeutung! Bedeutung besteht in den praktischen Folgen, in der Methode der Verifikation oder ganz einfach im Gebrauch des jeweiligen Ausdrucks. Sätze, Mengen von Sätzen oder Theorien werden dementsprechend dann 'wahr' sein, wenn sie für Vorhersagen in bezug auf Erfahrungen erfolgreich sind. Etwas als 'wahr' annehmen besagt, es als hilfreiches Mittel für Vorhersagen zu akzeptieren. Was nun Putnam besonders stört, ist der Anspruch, die pragmatisch-empiristischen Re-Interpretationen von Bedeutung und Wahrheit seien die *korrekte* Wiedergabe dessen, was der Laie und der Wissenschaftler darunter verstehen (MLR. 207f). Mit anderen Worten, Putnam attackiert die Ansicht, daß das Sprechen des durchschnittlichen Laien und des Wissenschaftlers über 'Dinge und physikalische Größen' in der Welt auf ein Sprechen über Erfahrungen und Wahrheit auf erfolgreiche Vorhersage *reduzierbar* seien. Heutzutage dürfte es wohl kaum einen vollblütigen Positivisten geben, der eine adäquate Reduktion des Sprechens über Gegenstände auf ein Sprechen über Erfahrungen oder Sinnesdaten für möglich hielte. Und selbst die Programmschrift des Positivismus, "der Logische Aufbau der Welt"[48], ist über

46 Spohn a.a.O. 201.
47 H. Putnam, Language and reality, in: MLR. 272-290.
48 R. Carnap, Der Logische Aufbau der Welt. Hamburg ^{2}1961.

eine Konstitution der Qualitäten nicht hinausgekommen[49]. Was allerdings noch lebt, ist nach Putnam das positivistische Gegenstück in den Bedeutungsauffassungen.

Im faktischen Verständnis des Positivisten wird das "Gegebene" oder die "Basis" letztlich mit den subjektiven Sinnesdaten eines Subjektes gleichgesetzt[50]. Was von dieser faktischen positivistischen Einstellung geblieben ist, ist nach Putnam ihre Entsprechung in der Bedeutungsauffassung, d.h. ein methodischer *Solipsismus* auf der Ebene der Bedeutungslehre. "Wenn traditionelle Philosophen über psychische (oder geistige) Zustände geredet haben, so machten sie dabei eine Annahme, die man die Annahme des methodologischen Solipsismus nennen könnte." (BB. 28)[51] Das Erfassen der Bedeutung eines Ausdrucks besteht zwar auch nach Putnam in einem psychischen Zustand; es hängt aber davon ab, ob man diesen aufgrund einer methodologisch solipsistischen Position zu fassen versucht oder aber - wie es nach Putnam angebracht ist - dabei die Einstellung des durchschnittlichen Menschen walten läßt. Im ersten Fall wird jede Bestimmung von außen ausgeschlossen sein, und das ist nach Putnam bei den faktischen positivistischen Bedeutungsauffassungen der Fall. Schaltet man aufgrund philosophischer Positionen die Einstellung des durchschnittlichen Menschen aus und beschränkt man sich auf eine solipsistische Bedeutungslehre, so kann man nicht umhin, die Referenz sprachlicher Ausdrücke - sofern man Referenz überhaupt zuläßt - in völlige Abhängigkeit von subjektiven psychischen Zuständen zu setzen. Was nun Putnam angreift, ist die Ansicht, das Erfassen eines Ausdrucks, ein psychischer Zustand nämlich, bestimme die Intension[52] (d.h. die Bedeutung des Ausdrucks) und diese ihrerseits die Extension. Die Argumentation, die zur Annahme der zwei Bestimmungen führt, ist nach Putnam dieselbe: Es kann nicht zwei gleiche psychische Zustände geben, die im Erfassen von zwei verschiedenen Intensionen bestehen, und es kann nicht zwei gleiche Intensionen geben, die verschiedene Extensionen haben. Aufgrund dieser irrigen Annahmen komme man nach Putnam zu dem irrigen Schluß, daß psychische Zustände die Extension sprachlicher Aus-

49 E. Runggaldier, Conventionalism in Carnap's Early Philosophy. Amsterdam 1984, 123-161.

50 Siehe Abschnitt 2.1.1.

51 H. Putnam, Die Bedeutung von "Bedeutung". Frankfurt 1979. (Englisch: The meaning of 'meaning', in: MLR. 215-271.)
Kurztitel: BB.

52 Putnam verwendet in seiner Kritik der positivistischen Bedeutungslehre in diesem Zusammenhang nicht die Ausdrücke "Bedeutung" und "Referenz", sondern die entsprechenden Carnapschen Ausdrücke aus den Anfängen der Semantik "Intension" und "Extension".

drücke bestimmen. Zwei Sprecher können nämlich nach der konventionellen Meinung nicht in allen Hinsichten im selben psychischen Zustand sein und dennoch einen Ausdruck mit verschiedener Intension verknüpfen; und es kann nicht zwei Ausdrücke mit derselben Intension, aber verschiedener Extension geben. Demgegenüber versucht Putnam aufzuzeigen, daß die Extension *nicht* allein vom psychischen Zustand bestimmt wird: "Wir behaupten, daß es möglich ist, daß zwei Sprecher genau im *selben* psychischen Zustand (im engen Sinne) sind, obwohl die Extension von A im Idiolekt des einen sich von der Extension von A im Idiolekt des anderen unterscheidet." (BB. 31)

3.3.2 Ausdrücke mit derselben Intension können verschiedene Extension haben

Um aufzuzeigen, daß sich Sprecher in identischen psychischen Zuständen durch Ausdrücke mit identischer Intension dennoch auf Verschiedenes beziehen können, greift Putnam auf phantastische Beispiele (BB. 32-61) zurück: Er stellt sich einen *Zwilling* unserer Erde vor (Twin Earth), der unserer Erde in allem gleich ist, auf dem es also auch identische Gegenstücke von jedem von uns gibt. Jeder von uns hat dort einen Doppelgänger, der dieselbe Sprache spricht und der mit allen Ausdrücken dieselben Bedeutungen verbindet. Auf dieser Zwilling-Erde gibt es allerdings eine Eigentümlichkeit: Die Flüssigkeit, die dort "Wasser" genannt wird und die dort die Meere und die Flüsse füllt und getrunken wird, ist nicht H_2O, sondern eine andere Flüssigkeit mit einer sehr langen und komplizierten Formel, die Putnam einfach mit XYZ angibt. Putnam nimmt auch an, daß diese Flüssigkeit auf dem alternativen Planeten sich genau so verhält wie H_2O bei uns und daß sie sich somit bei normalen Verhältnissen nicht von H_2O unterscheidet. Die alternativen Menschen auf der Zwilling-Erde verwenden somit den Ausdruck "Wasser" genau so wie wir und verknüpfen ihn mit denselben Identifizierungs- oder Spezifizierungskriterien wie wir. Der Ausdruck "Wasser" hat also dort dieselbe Intension wie hier. Seine Extension ist aber verschieden. Im einen Fall ist es die Menge aller H_2O-Moleküle, im anderen die Menge der XYZ-Moleküle, die die alternative Flüssigkeit ausmachen[53]. Würden sich die Chemiker der zwei Menschengruppen durch Raumschiffe treffen, so würden sie sicherlich früher

53 Die 'science-fiction'-Beispiele Putnams und die philosophischen Folgerungen, die er daraus zieht, sind umstritten. Vgl.:
E.M. Zemach, Putnam's Theory on the Reference of Substance Terms, in: The Journal of Philosophy 73 (1976) 116-127.

oder später entdecken, daß die chemischen Substanzen verschieden sind. Im Jahre 1750 wäre das - so Putnam - aber nicht möglich gewesen; damals hätten selbst die Spezialisten nicht zwischen H_2O und XYZ unterscheiden können, da die Chemie damals sowohl auf dieser Erde als auch auf ihrem Zwilling noch nicht entwickelt war. Putnam sagt also von einem bestimmten $Oskar_1$ unserer damaligen Welt, daß er dieselben Überzeugungen in bezug auf Wasser teilte wie sein Gegenstück $Oskar_2$ der zweiten Erde in bezug auf die alternative Flüssigkeit:

> Wer will, kann ruhig annehmen, daß $Oskar_1$ und $Oskar_2$ in ihrem Aussehen, in ihren Gedanken und Gefühlen, in ihren inneren Monologen etc. sogar exakt übereinstimmen. Doch war die Extension des Ausdrucks 'Wasser' auf der Erde im Jahre 1750 die gleiche wie im Jahre 1970, nämlich H_2O; und die Extension des Ausdrucks 'Wasser' war auf der Zwerde [Zwilling-Erde] im Jahre 1750 die gleiche wie im Jahre 1970, nämlich XYZ. (BB. 33f)

Die zwei Oskars befanden sich in demselben psychischen Zustand in bezug auf "Wasser", und dennoch war die Referenz von "Wasser" im Idiolekt des einen eine andere als die von "Wasser" im Idiolekt des anderen. Das heißt, daß die Extension des Ausdrucks "Wasser" (und auch seine Bedeutung im intuitiven, vortheoretischen Sinne) nicht allein eine Funktion des psychischen Zustandes des Sprechers ist. (BB. 34) Wären die traditionellen Sprachanalytiker auf die Idee gekommen, die These, daß die Intension die Extension bestimme, auf Wörter wie "jetzt", "dies" oder "hier" auszudehnen, so hätten sie eher einsehen müssen, daß die These in ihrer Allgemeinheit nicht stichhaltig ist. Putnam weist darauf hin (BB. 46), daß allgemein bekannt ist und war, daß solche Wörter *indexikalisch* sind, d.h. daß ihre Referenz nicht allein vom psychischen Zustand des jeweiligen Sprechers abhängig ist, sondern auch vom Verwendungs*kontext*. Putnam bezieht sich auf seinen Doppelgänger auf der Zwilling-Erde: Wenn er denkt "ich habe Kopfschmerzen", so denkt auch sein Doppelgänger "ich habe Kopfschmerzen". Per Annahme befinden sich die zwei Doppelgänger in genau demselben psychischen Zustand, es dürfte aber klar sein, daß die Referenz von "ich" verschieden ist. Die Referenz von "ich" ist klarerweise nicht allein von den Identifizierungskriterien, die mit dem Ausdruck gemeinhin gekoppelt sind, abhängig. Aufgrund der Annahmen in bezug auf die Zwilling-Erde kann auf alle Fälle gesagt werden, Putnam und sein Doppelgänger befinden sich in demselben psychischen Zustand, referieren aber durch "ich" auf Verschiedenes:

> Dasselbe Wort "ich" hat also in zwei verschiedenen Idiolekten zwei verschiedene Extensionen; doch es folgt keineswegs, daß der Begriff, den ich von mir habe, sich in irgendeiner Weise von dem Begriff unterscheidet, den mein Doppelgänger von sich hat. (BB. 46)

Daß die Intension indexikalischer Wörter wie "ich" und "hier" nicht (allein) die Extension bestimmt, scheint klar zu sein. Putnam macht allerdings darauf aufmerksam, daß das auch für viele andere Ausdrücke gilt, auch für Bezeichnungen für natürliche Arten und Substanzen.

Es könnte wohl vorkommen, daß Menschen Ausdrücke für natürliche Arten nach dem Schema von Kennzeichnungen im attributiven Sinn verwenden, daß sie also durch die Ausdrücke auf das referieren, was immer es auch sei, das bestimmte Bedingungen erfüllt. In solchen Fällen stimmte es, daß die Intension die Extension bestimmt. Putnam bestreitet das nicht, er sagt aber, das seien Ausnahmefälle. Es könnte Menschen geben, die den Ausdruck "Zitrone" so verwenden, daß sie durch ihn auf all das zu referieren beabsichtigen, was die Oberflächenmerkmale einer Zitrone hat. Im Normalfall ist dem aber nicht so:

> Der Sinn, nach dem buchstäblich *alles*, was die oberflächlichen Merkmale einer Zitrone hat, notwendig eine Zitrone ist, ist ganz entschieden nicht der vorherrschende, sondern ein extrem abweichender. In diesem Sinne wäre etwas eine Zitrone, sobald es wie eine Zitrone aussähe und schmeckte, ungeachtet z.B. dessen, ob es...sich unter einem Elektronenmikroskop gar als *Maschine* herausstellt. (BB. 54)

Nicht alles, was wie eine Zitrone aussieht, *ist* eine Zitrone. Der durchschnittliche Sprecher kennt zwar die Oberflächenmerkmale einer Zitrone, verwendet aber den Ausdruck so, daß er seine Referenz nicht allein durch diese Merkmale bestimmt haben will. Er wird unter Umständen zugeben, daß er nicht weiß, was alles zu einer wirklichen Zitrone gehört; er wird zugeben, daß ihm in vielen Fällen die Voraussetzungen abgehen, festzustellen, was nur dem Scheine nach und was in Wirklichkeit eine Zitrone ist. Mit anderen Worten, der durchschnittliche Sprecher erhebt nicht den Anspruch, durch seinen psychischen Zustand allein oder durch die Intension, die er mit dem Ausdruck "Zitrone" verbindet, die Referenz des Ausdrucks zu bestimmen.

Putnams Überlegungen zum Fragenkomplex der Intension und Extension führen zu einem Ergebnis, das auch für Kripkes Thesen der starren Referenz grundlegend ist, zur Trennung nämlich zwischen epistemischer und "metaphysischer"[54] Argumentation. Die hinreichenden und notwendigen Bedingungen der Intension eines Ausdrucks dürfen nicht allgemein auf die "metaphysische" Ebene des Referenzobjektes des Ausdrucks übertragen werden; was für das Referenzobjekt hinreichend und notwendig ist, hängt nicht allein von der Intension ab. Es kann Menschen geben, die sich in derselben epistemischen Situation befinden, d.h. mit ein und demselben Ausdruck dieselben notwendigen und hinreichenden Bedingungen verknüpfen, und sich dennoch durch den Ausdruck auf Verschiedenes bezie-

54 Siehe Abschnitt 3.1 und Anm. 4.

hen. Putnam weist auf diese Möglichkeit nicht primär deshalb hin, weil sie als solche interessant wäre, sondern weil sie mit der These inkompatibel ist, daß die Intension die Extension bestimme und daß die Referenz eines Terms allein vom psychischen Zustand des jeweiligen Sprechers abhängig sei. Wird diese These als unhaltbar zurückgewiesen, ist es auch leichter, die These der *Starrheit* der Referenz verschiedener Terme zu stützen. Darauf zielen Putnams Überlegungen ab.

Es scheint zunächst klar zu sein, daß Putnams Ansichten nicht auf Ausdrücke für Artefakte zutreffen: Was als Referenzobjekt solcher Ausdrücke zu gelten hat, ist allein von der Intension der Ausdrücke abhängig, d.h. letztlich von notwendigen und hinreichenden Bedingungen auf der epistemischen Ebene. Aber Putnam bestreitet selbst das. Auf seiner Zwilling-Erde könnten z.B. all die Gegenstände, die unsere Beschreibung für Bleistifte erfüllen, d.h. die Gegenstücke zu den Bleistiften unserer Erde, kleine Lebewesen sein: "Stellen wir uns vor, die irdischen Bleistifte sind das, wofür wir sie immer gehalten haben, zum Schreiben bestimmte Artefakte, während die zwirdischen [auf der Zwilling-Erde] 'Bleistifte'...Lebewesen seien." (BB. 58) Die Einwohner der Zwilling-Erde hätten aber in bezug auf die 'Bleistifte' dieselben Überzeugungen und dieselben Identifizierungsmethoden wie wir, da per Annahme bei normalen Verhältnissen die zwei Sorten von Gegenständen nicht zu unterscheiden wären. Auch hier hätten wir wiederum einen Fall, in dem die epistemische Situation zweier verschiedener Menschengruppen dieselbe ist, in dem aber diese Menschen sich durch denselben Ausdruck "Bleistift" auf Verschiedenes beziehen: die einen auf Artefakte, die anderen auf Lebewesen. Würden sich die Menschengruppen treffen und sich ihre Spezialisten an die Arbeit machen, so würden unsere Spezialisten früher oder später entdecken, daß die Gebilde, die auf der Zwilling-Erde "Bleistifte" genannt werden, entgegen der ersten Annahme gar keine Bleistifte sind, sondern ganz eigenartige Lebewesen:

> Wenn uns all das zur Kenntnis gelänge, so würden wir nicht sagen: 'Einige Bleistifte sind Lebewesen.' Viel eher würden wir sagen: 'Die Dinge auf der Zwerde, die dort für Bleistifte gehalten werden, sind gar keine Bleistifte. In Wirklichkeit sind sie eine Gattung von Lebewesen.' (BB. 58)

3.3.3 Bestimmung der Referenz der Art- und Substanzbezeichnungen durch die "Natur" der Musterexemplare

Was zur Extension eines sprachlichen Ausdrucks gehört, ist nach Putnam nicht allein von unseren Identifizierungsmethoden, nicht allein von der mit dem Ausdruck verknüpften Intension abhängig, sondern von der *Art*, von der *"Natur"* jener Dinge, die exemplarisch zur Extension gehören. Putnam bestreitet nicht, daß es in bezug auf die Referenz unserer Terme konventionelle Elemente gibt; diese betreffen die Wahl der Exemplare und die Bestimmung, all das als zur Extension eines Terms gehörig zu betrachten, was dieselbe Natur hat oder von derselben Art wie die Exemplare ist. Was allerdings diese Natur ausmacht, das entzieht sich zunächst dem konventionellen Zugriff, d.h. das ist unabhängig von unserer epistemischen Situation oder unserem vorläufigen Wissen. Es könnte sich nämlich, um auf das letzte Beispiel zurückzukommen, herausstellen, daß die gesamte Menschheit sich in bezug auf die Bleistifte selbst hier auf dieser Welt täuscht: Daß nämlich die Exemplare, die hier "Bleistifte" genannt werden, auch hier bei uns kleine lebendige Organismen sind, die sich auf mysteriöse Art vermehren. Was würde dann geschehen? Durch die sonderliche Entdeckung würden wir zu dem Schluß kommen, daß sich die gesamte Menschheit über die Natur der Bleistifte getäuscht hat. Wir würden nicht zu dem Schluß kommen, zu dem wir in bezug auf die Zwilling-Erde kommen würden. Wir würden nämlich sagen: Bleistifte *sind* Lebewesen. Was zur Extension des Terms gehört, ist nämlich von der *Natur* der Exemplare abhängig, auf die wir uns in der aktuellen Welt *normalerweise* beziehen. In bezug auf diese Natur können wir uns täuschen. Sie ausfindig zu machen, ist Sache des Spezialisten, nicht primär jene des Durchschnittsmenschen.

Was also zur Extension von "Wasser" gehört, ist von der Natur jener Vorkommnisse abhängig, auf die gemeinhin mit "Wasser" referiert wird. Das ist nach dem derzeitigen Wissensstand der Menschheit H_2O. Was zur Extension von "Zitrone" gehört, ist vom genetischen "Code" jener Exemplare, die gemeinhin hier bei uns als Zitronen angesehen werden, abhängig, und was zu den Bleistiften gehört, das scheint etwas zu sein, das wir Menschen *herstellen*. Um die verschiedenen Vorkommnisse und Dinge identifizieren zu können, die zur Extension besagter Terme gehören, brauchen wir zwar identifizierende Kriterien. Darin können wir uns aber täuschen. Die notwendigen und hinreichenden Bedingungen, die wir mit den Ausdrücken koppeln, müssen nicht die tatsächliche Extension betreffen. Die Bedingungen, die auf der epistemischen Ebene gemeinhin als notwendig gelten, müssen nicht im metaphysischen Sinn notwendig sein, und umgekehrt: was metaphysisch notwendig ist, muß nicht epistemisch notwendig sein. Ideal wäre ein Zustand, in dem sich die zwei Arten von Bedingungen deckten. Die irrealen Beispiele Putnams zeigen Situationen auf, die sich epistemisch nicht unterscheiden, wohl aber metaphysisch, insofern die Naturen der für die Extension ausschlaggebenden Exemplare verschieden sind. In bezug auf "Wasser" ist die Natur auf der einen Erde H_2O, auf der anderen hingegen XYZ; in bezug auf "Bleistift" ist sie auf der einen Erde die eines Artefakts, auf der anderen hingegen die eines Lebewesens.

Die Extension bestimmter Terme, jener für natürliche Arten und Substanzen und nach Putnam offensichtlich auch für gewisse Artefakte[55], ist also bestimmt von der Natur, man kann auch sagen, von der *Sorte*, jener Dinge, die als Exemplare für die Extension angesehen werden. Die Festlegung dieser Exemplare mag konventionelle Elemente in sich bergen; nach Kripke und Donnellan kann diese Festlegung sogar mit Hilfe von Kennzeichnungen im attributiven Sinn erfolgen. Sobald allerdings die Musterexemplare festgelegt sind, ist auch die Referenz des Ausdrucks festgelegt. Über die Natur oder Sorte dieser Exemplare kann sich allerdings selbst die ganze Sprechergemeinschaft täuschen. Daher sind auch die Aussagen, in denen von den Musterexemplaren die Natur oder die Sorte ausgesagt werden, nicht analytisch. Wenn sie allerdings wahr sind, so sind sie - in Entsprechung zu dem, was Kripke sagt - notwendig wahr. Putnam meint, daß sehr wenige Ausdrücke unserer natürlichen Sprachen so verwendet werden, daß sie nach dem Muster von "Junggesellen sind unverheiratet" oder "Rot ist eine Farbe" analytische Wahrheiten abgeben. Diese Sätze sind insofern analytisch wahr, als sie schon aufgrund der konventionellen Bedeutung der Subjektausdrücke zu wahren Sätzen werden. Putnam meint, daß es in der englischen Sprache z.B. nur einige hundert solcher "one-criterion" Wörter gibt (MMM. 238)[56]. Viele andere Sätze, die von konventionalistischen Philosophen als analytisch wahr in diesem Sinn hingestellt werden - durch die z.B. von bestimmten Dingen ihre Sorte ausgesagt wird -, sind nicht analytisch, auch wenn - sofern sie überhaupt wahr sind - notwendig wahr[57]. Daß Bleistifte Artefakte sind, scheint klarerweise hier auf dieser Erde wahr

55 Wenn die von Putnam kritisierten Positivisten den Fehler begangen haben, zu meinen, die Referenz *aller* Terme richte sich nach den notwendigen und hinreichenden Bedingungen, die mit den Intensionen der Terme gegeben sind, so dürfte wohl Putnam den entgegengesetzten Fehler begehen:
"The error of the traditional theory was in extending its analysis, based on nominal kind terms, to natural kind terms. The analogous error on the part of the new theory of reference is to extend its analysis, based on natural kind terms, to nominal kind terms."
S.P. Schwartz, Introduction, in: Naming, Necessity, and Natural Kinds. Ithaca N.Y. 1977, 39.
Kurztitel: NNN.
Vgl. S.P. Schwartz, Putnam on Artefacts, in: The Philosophical Review 87 (1978) 566-574; Natural Kinds and Nominal Kinds, in: Mind 89 (1980) 182-195.

56 H. Putnam, It ain't necessarily so, in: Mathematics, Matter and Method. Philosophical Papers, Volume 1. Cambridge 1975, 237-249.
Kurztitel: MMM.

57 Siehe Abschnitt 3.1.1.

zu sein, es ist aber nicht analytisch wahr. Wären unsere Bleistifte, auf die wir uns als Exemplare der Extension der Bleistifte beziehen, tatsächlich gegen unser Wissen hier auf Erden Lebewesen, so wäre die Aussage "Bleistifte sind Artefakte" falsch. Selbst die Aussage, daß Katzen Tiere sind, ist nach Putnam nicht analytisch wahr:

> It is important to distinguish 'analytic' truths of the sort 'all cats are animals' from analytic truths of the sort 'all bachelors are unmarried'...It might not be the case that all cats are animals; they might be automata! (MMM. 238)

Diese kontrafaktische Annahme darf aber nicht mißverstanden werden, denn wenn es wahr ist, daß unsere Katzen, auf die wir uns durch den Ausdruck "Katze" gemeinhin beziehen, tatsächlich Tiere sind, so ist die Aussage "Katzen sind Tiere" auch für Putnam notwendigerweise wahr: Es gibt dann keine alternative Situation oder Welt, in der Katzen keine Tiere wären. Das besagt aber nicht, daß "Katzen sind Tiere" analytisch oder allein aufgrund einer konventionellen Zuordnung von "Katze" und "Tier" wahr wäre. Diese Zuordnungen zwischen referentiellen Ausdrücken und *sortalen* Ausdrücken, die für die Identifizierung der jeweiligen Referenzobjekte gute Dienste leisten, sind nicht allgemein konventioneller Natur. Es ist nicht aufgrund von Konventionen wahr, daß die Katzen, die es hier auf Erden gibt, die Natur von Tieren haben. Es ist - zumindest prinzipiell - möglich, daß, entgegen unseren gängigen Auffassunge, Katzen etwas anderes als Tiere seien, z.B. ganz raffinierte Automaten[58]. Sobald sich herausstellen würde, daß Katzen keine Tiere, sondern Roboter sind, würden wir nicht wie unsere Spezialisten auf der Zwilling-Erde zu dem Schluß kommen, daß diese katzenartigen Gebilde im Grunde keine Katzen sind, da sie keine Tiere sind, sondern zu dem Schluß, daß sie zwar Katzen sind, daß sie aber entgegen unseren früheren Annahmen keine Tiere sind.

> It seems to me that in this last case, once we discovered the fake, we should continue to call these robots that we have mistaken for animals and that we have employed as house pets 'cats' but not 'animals'. (MMM. 238f)

Der Grund dafür ist nach Putnam der, daß die Extension der referentiellen Ausdrücke von der Natur jener Gebilde abhängig ist, die als *Exemplare* der Art genommen werden. Daher müssen die zwei Arten von Beispielen auseinandergehalten werden: Im Fall der Entdeckung von seiten unserer Spezialisten, daß die 'Katzen' auf der Zwilling-Erde Maschinen sind, ist die Natur der Exemplare, die die Extension in unserem Idiolekt des Ausdrucks "Katze" bestimmt, die eines Tieres;

58 Siehe Abschnitt 3.2.3.

im zweiten Fall hingegen ist die Natur die einer Maschine. Daher sind die Gebilde auf der Zwilling-Erde, die dort "Katzen" genannt werden, weder Tiere noch Katzen; im zweiten Fall hingegen sind die Gebilde hier bei uns, die denen auf der alternativen Welt gleich sind, zwar keine Tiere, aber dennoch Katzen.

Die extrem irrealen Beispiele, mit denen uns Putnam konfrontiert, sollen aufzeigen, daß die Ansicht, daß referentielle, oder zumindest sehr viele referentielle Ausdrücke nach dem Muster von Kennzeichnungen im attributiven Sinn funktionieren, nicht stichhaltig ist. Würde nämlich "Katze" so funktionieren wie "Haustier, das so und so ist", so müßten wir im zweiten Fall (in dem per Annahme unsere Katzen Automaten sind) zu dem Schluß kommen, daß es keine Katzen gibt und keine gegeben hat, daß wir also - immer dann, wenn wir beansprucht haben, uns auf Katzen zu beziehen - uns auf nichts bezogen haben. Nein, nach Putnam haben wir uns sehr wohl auf etwas bezogen, nämlich auf all die Gebilde, die dieselbe Natur haben wie die Exemplare, von denen wir irrtümlicherweise angenommen haben, sie seien Tiere. Putnams Ansicht kann in genauer Entsprechung zu dem genommen werden, was Kripke und Donnellan sagen: Sobald die Referenz eines Ausdrucks *fix* ist, beziehen wir uns durch den Ausdruck auf das fixierte Referenzobjekt, auch dann, wenn unsere Vorstellungen davon und unsere Identifizierungsmethoden dafür nicht adäquat sind. Daß die Referenz von Ausdrücken für natürliche Arten und Substanzen, ja selbst für einige Artefakte fix ist, das versucht Putnam allerdings hauptsächlich durch wissenschaftstheoretische Überlegungen aufzuzeigen. Im nun folgenden Abschnitt wird ausführlicher auf diese eingegangen. Sie weichen von den Ansichten ab, auf denen die positivistisch geprägten Wissenschaftstheorien gründen. Nach Putnams Anspruch treffen sie aber die tatsächliche Praxis der Wissenschaftler besser und bieten nicht zuletzt Ansätze für eine Erklärung, *weshalb* die wissenschaftliche Praxis *erfolgreich* ist.

3.4 Putnams wissenschaftstheoretischer Realismus

Es dürfte kaum jemand geben, der ohne größere Schwierigkeiten und überzeugend umreißen könnte, worin der zeitgenössische wissenschaftstheoretische Realismus besteht. Putnam selbst neigt dazu, ihn zunächst *negativ* zu umreißen, nämlich durch Angriffe auf die herkömmliche positivistisch-operationalistische Wissenschaftstheorie: Diese habe zwar Großes in der Beschreibung und Erklärung des *Gebrauchs* (use) wissenschaftlicher Terme geleistet; sie sei allerdings in der Beantwortung der Frage, *weshalb* dieser wissenschaftliche Gebrauch *erfolgreich* ist, hilflos geblieben (MMS. 97f)[59]. Wendet man Dummetts Unterscheidung zwischen einer Theorie des Gebrauchs oder des Verstehens und einer Theorie des Funktionierens von Sprache an[60], so könnte man im Sinne Putnams sagen, die Wissenschaftstheoretiker hätten Theorien des Gebrauchs, aber nicht des *Funktionierens* wissenschaftlicher Sprachen erstellt. Nur die Beantwortung der Frage nach dem Funktionieren von Sprache werde auch Licht in die verwirrende Tatsache bringen, daß wissenschaftliche Ergebnisse über Theorien hinweg mitteilbar sind und daß ihre Anwendungen erfolgreich sind. Der Erfolg der Wissenschaften ist und bleibt nach Putnam für den Typus konventioneller Wissenschaftstheorie ein "Wunder" (BB. 50):

> When they argue *for* their position, realists typically argue *against* some version of Idealism - in our time, this would be Positivism or Operationalism... And the typical realist argument against Idealism is that it makes the success of science a *miracle*. (WiR. 177)[61]

Zwar faßt auch Putnam Sprache als Werkzeug auf; er gibt sich aber mit bloßen Gebrauchsanweisungen für eine sinnvolle Verwendung dieses Werkzeugs nicht zufrieden. Er will mehr. Er will ausfindig machen, *weshalb* er - wenn er den Anweisungen folgt - erfolgreich ist in der Erlangung jener Ziele, wofür Sprache das ausschlaggebende Mittel ist (MMS. 99). Für die Verwendung eines Werkzeugs, einer Maschine, werden zwar die Gebrauchsanweisungen hinreichend sein. Derjenige, der aber wissen will, weshalb genau diese Anweisungen und nicht andere die richtigen sind, weshalb gerade sie und keine anderen zu den gewünschten Ergebnissen führen, wird weiter fragen, weiter forschen. Wenn dieses Weiterfragen im Fall von Werkzeugen und Maschinen im allgemeinen sinnvoll ist und nicht trivial, warum soll es dann nicht auch für das Werkzeug Sprache sinnvoll sein? Es mag zwar sein, daß die Abbildtheorie des "Tractatus" als Theorie des Verstehens und Verwendens von Sprache falsch war, "...but not totally wrong as a theo-

59 H. Putnam, Reference and understanding, in: MMS. 97-117.

60 Dummett unterscheidet zwischen "account of understanding" und "account of how language functions". Diese Unterscheidung kann in Zusammenhang gebracht werden mit der bereits erwähnten zwischen einer Theorie des Sinns und einer Theorie der Referenz. Nach Dummett müßte allerdings eine gelungene und adäquate Erklärung des Verstehens und des Gebrauchs auch eine Erklärung des Funktionierens von Sprache sein:
"An account of understanding language, i.e. of what it is to know the meanings of words and expressions in the language, is thus at the same time an account of how language functions, that is, not only of how it does what it does, but of what it is that it does." (D. 92)

61 H. Putnam, What is "Realism"?, in: Proceedings of the Aristotelian Society 76 (1975/76) 177-194.
Kurztitel: WiR.

ry of language functioning" (MMS. 100). Will man erfassen, *wie* es dazu kommt, daß uns Menschen durch Theorien geholfen wird, uns in der Welt adäquat zu verhalten, so ist es nach Putnams realistischer Auffassung angebracht, Theorien auch als Abbildungen der Wirklichkeit zu sehen. Realistische Erklärungen des Funktionierens von Sprache und "sprachanalytische" Positionen sind nicht inkompatibel; sie können einander ergänzen. Was Putnam angreift, ist der Anspruch auf Exklusivität der einen Position. Putnam meint zwar auch, eine Abbildung sei nur dann eine Abbildung, wenn sie auch *verwendet* wird; diese Überzeugung schließe aber nicht aus, daß eine erfolgreiche Verwendung deshalb möglich sei, weil die Abbildung auf eine bestimmte Art einem Ausschnitt der Welt *entspricht*. Ansichten, die in den Versuchen, das Funktionieren von Sprache zu erklären, auf Korrespondenzen, Entsprechungen zwischen Sprache und Welt rekurrieren, postulieren *Referenz*: Diese Postulierungen können ihren Platz im Rahmen einer *Gesamt*theorie der Sprache haben. "Talk of use and talk of reference are parts of the total story, just as talk of switch-flipping and talk of elektricity flowing through wires are parts of a total story." (MMS. 100)

Betrachtet man Sprache lediglich unter der pragmatischen Rücksicht und schließt man dabei die andere Betrachtung aus, so wird man früher oder später Ansichten über Sprache und Welt vertreten, die Putnam als *idealistisch* hinstellt und die unseren gängigen Annahmen über das, was in der wissenschaftlichen Forschung und in unserem alltäglichen Sprechen über die Welt geschieht, nicht gerecht werden. Eine nach Kutschera "falsche und irreführende" Formulierung der Folge einer dermaßen einseitig gearteten sprachanalytischen Betrachtung von Sprache ist folgende:

> Die wirkliche Welt, auf die sich doch unsere Erkenntnis ihrer Intention nach immer richtet, gibt es gar nicht; unsere Erkenntnis steht unter der Herrschaft unserer Sprache und zeigt uns immer nur das, was die Formen dieser Sprache zulassen; es gibt nicht das richtige Weltbild, sondern nur verschiedene gleichberechtigte Weltbilder der verschiedenen Sprachen.[62]

3.4.1 Realismus als Hypothese über den Erfolg der Wissenschaften

Putnam geht von der Grundannahme aus, daß im Laufe der Geschichte bessere wissenschaftliche Theorien schlechtere abgelöst haben und daß diese Ablöse zu einem *Fortschritt* im Wissen über die Welt geführt hat. Dieses Wissen schränkt

62 F.v. Kutschera, Sprachphilosophie. München ^{2}1975, 337.

Putnam allerdings nicht auf ein Wissen ein, *wie* man Vorhersagen machen kann. Es ist ein Wissen *über* Gegenstände in der Welt, ja selbst über theoretische Gegenstände, die wir Menschen nicht direkt wahrnehmen können, wie Gravitationsfelder, Elektronen, Gene. Die neueren Theorien, die die alten abgelöst haben, sind nicht nur insofern besser, als durch sie effizientere Vorhersagen gemacht werden, sondern auch insofern, als sie eine bessere Darstellung und Erklärung derselben Phänomene bieten, auf die sich die alten Theorien bezogen haben. Die realistische Grundannahme, von der Putnam ausgeht, besteht also darin, daß sich verschiedene wissenschaftliche Theorien auf *dieselben* Dinge, Größen und Phänomene beziehen können. Wenn diese Annahme stimmt, dann ist es auch möglich, von einer Theorie zu sagen, sie sei besser als eine andere, insofern sie ein und dasselbe Phänomen besser darstellt oder besser erklärt als die andere. Aufgrund einer konsequent durchdachten positivistisch-pragmatistischen Position ist diese Annahme allerdings nicht gestattet: sie ist "metaphysisch" im schlechten Sinn, insofern sie über die Erfahrung hinausgreift. Für Putnam hingegen gilt:

> ...a natural account of the way in which scientific theories succeed each other...is that a partially correct / partially incorrect account of a theoretical object - say, the gravitational field, or the metric structure of space-time, or both - is replaced by a *better* account of the same object or objects. (WiR. 177f)

Diese "natürliche" Einstellung in bezug auf die Tatsache, daß die Naturwissenschaften in Vorhersagen erfolgreich sind, kann und muß nach Putnam zu einer ihrerseits wissenschaftlichen realistischen *Hypothese* werden: "...realism must itself be an over-arching scientific *Hypothesis*." (WiR. 178) Hier soll zwar nicht auf den wissenschaftstheoretischen "Realismus" als solchen eingegangen werden. Es soll aber darauf hingewiesen werden, daß durch die realistische Annahme, man könne sich auch durch verschiedene Theorien auf ein und dasselbe Phänomen beziehen, die Formulierung einer Hypothese möglich wird, die hilfreich ist zu erklären, *weshalb* Wissenschaften Erfolg haben und weshalb es im Wissen über die Welt einen Fortschritt gibt. Der Putnamsche Realismus soll letztlich deshalb erwähnt werden, weil durch ihn die Ansicht gestützt wird, daß bestimmte Terme zwar in ihrer Bedeutung (in ihrem Sinn) theorieabhängig sind, aber nicht in ihrer Referenz, daß sie m.a.W. *starr* referieren. Der wissenschaftstheoretische Realismus Putnams stützt also die These, daß die Referenz bestimmter Terme transtheoretisch ist.

Was würde geschehen, wenn Putnam in seinen realistischen Annahmen nicht recht hätte? wenn statt seiner Annahmen diejenigen Kuhns, Feyerabends oder ihrer Anhänger überzeugender wären? Was würde geschehen, wenn ein wissenschaftlicher Term, sobald er in verschiedenen wissenschaftlichen Paradigmen vorkommt, nicht mehr dieselbe Referenz haben könnte? Wenn das der Fall wäre - so Putnam (WiR. 181f) -, so hätte der Term "Elektron" in Bohrs Theorie zu Beginn dieses Jahrhunderts nicht das bezeichnen können, was er in heutigen Theorien bezeichnet. Der Term "Elektron" in Bohrs Theorie würde von unserer Warte aus auf *nichts* referieren. Wir könnten aufgrund *unserer* Theorien nicht sagen, der Term hätte Referenz, da es - aufgrund unserer Theorien - nichts gibt, das *genau* den Beschreibungen jener damaligen Theorien entspricht:

> So if we ever decide that nothing fits *that exact description*, then we must say that there was "no such thing". If nothing fits the exact Bohr-Rutherford description of an electron, then "electron" *in the sense in which Bohr-Rutherford used it* does not refer. (WiR. 182)

Wollte man diese Überlegungen in Donnellans Terminologie wiedergeben, so könnte man sagen, nach der Kuhnschen Wissenschaftstheorie müßten die wissenschaftlichen Terme nach dem Schema von Kennzeichnungen im attributiven Sinn verwendet werden: Wenn nichts die kennzeichnenden Beschreibungen erfüllt, referieren sie nicht. Putnam weist nun darauf hin, daß man in der wissenschaftlichen Praxis nicht so puritanisch ist. Man ist eher *großzügig*! Man nimmt an, daß sich Wissenschaftler in der Vergangenheit durch ihre von unserer Warte aus inadäquaten - Beschreibungen dennoch auf Entitäten und Phänomene bezogen haben, auf die wir uns durch die Beschreibungen unserer Theorien beziehen. In der wissenschaftlichen Praxis, darauf möchte Putnam aufmerksam machen, läßt man eine bestimmte Großzügigkeit walten, d.h. eine bestimmte *"Charity"*. Wir negieren zwar aufgrund heutiger Theorien, daß die Terme "Äther" und "Phlogiston" Referenz haben; aufgrund einer vernünftigen "Charity" nehmen wir aber an, daß Mendels "Gen" als wissenschaftlicher Term Referenz hat und daß Mendel sich durch den Ausdruck auf dieselben Entitäten bezogen hat, auf die wir uns durch die zeitgenössische Molekularbiologie beziehen. Dieses großzügige Vorgehen unsererseits müßte aufgrund einer radikalen positivistisch-pragmatischen Wissenschaftstheorie ausgeschlossen sein. Durch neuere und bessere wissenschaftliche Theorien macht man aber nach Putnam nicht nur bessere und genauere Vorhersagen, sondern man deutet auch vergangene, "überholte" Theorien, indem man den Termen, die dort vorkommen, Referenz zuschreibt. Dieses Vorgehen richtet sich nach dem sogenannten "Principle of Charity" oder - wie Putnam auch sagt (MLR. 274f)[63] - "Principle of Benefit of Doubt". So wie man sich in Gerichten nach dem Prinzip "in dubio pro reo" richtet und von einer

63 H. Putnam, Language and reality, in: MLR. 272-290.

"Wohltat des Zweifels" spricht, so geht man nach Putnam auch in der wissenschaftlichen Praxis mit früheren Wissenschaftlern großzügig um. Man mag zwar in vielen Fällen Zweifel hegen über das, worauf sie sich durch bestimmte Terme ihrer überholten oder alternativen Theorien bezogen haben. Nach Putnam nimmt man aber trotz dieser Zweifel das Beste für sie an. Man nimmt an, daß sie, würden sie in unsere Lage versetzt, ihre Theorien korrigieren und unseren anpassen würden, so daß klar würde, daß sie durch die fraglichen Terme auf dieselben Entitäten zu referieren beabsichtigten wie wir. Es sei z.B. noch einmal auf Bohrs Beschreibungen eines Elektrons hingewiesen. Aufgrund unserer Theorien gibt es nichts, was Bohrs Beschreibungen erfüllt. Es gibt aber sehr wohl Partikel, die - so Putnam (MLR. 275) - *approximativ* diesen Beschreibungen entsprechen. Das sind die Partikel, die wir Elektronen nennen. Aufgrund des erwähnten Prinzips nimmt man nun an, Bohr habe sich trotz seiner abweichenden Theorien durch den Ausdruck "Elektron" auf diese Partikel bezogen.

> ...the Principle of Benefit of Doubt dictates that we should, in these circumstances, take Bohr to have been referring to what we call "electrons". We should just say we have a different theory of the *same* entities Bohr called "electrons" back then; his term did refer. (WiR. 183)

Neue Terme werden in den Wissenschaften häufig durch kennzeichnende Beschreibungen eingeführt. Diese können referentiell oder rein attributiv verwendet werden[64]. Putnam selber unterscheidet im Zusammenhang seiner Besprechung der Einführung von Termen nicht ausdrücklich zwischen den zwei Verwendungsweisen; indirekt kommt er aber dieser Unterscheidung sehr nahe. Sicher ist, daß auch für ihn kennzeichnende Beschreibungen keine Synonyme der eingeführten Ausdrücke sind. Wird "Quark" als Ausdruck für die Entitäten eingeführt, die für "die und die" Effekte verantwortlich sind, so soll damit nicht ausgeschlossen sein, daß in anderen Umständen für dieselben Effekte andere Entitäten verantwortlich sein könnten: "Quarks might not have been responsible for those effects if conditions had been different" (MLR. 274). Putnam nimmt aber auch den Fall an, in dem derjenige, der einen neuen Term einführt, zwar mit dem Term eine ganz bestimmte Entität zu benennen beabsichtigt, aber durch Ignoranz oder Unvorsichtigkeit die Entität falsch beschreibt. Mit anderen Worten, Putnam nimmt an, man könne auch durch eine referentielle Verwendung von kennzeichnenden Beschreibungen neue Terme einführen. Wenn die Beschreibungen nicht stichhaltig sind und somit von nichts erfüllt werden, so ist das noch kein hinrei-

64 Siehe Abschnitt 3.1.3.

chender Grund anzunehmen, es gäbe nichts, was durch den neuen Term bezeichnet würde. Es scheint sogar ziemlich wahrscheinlich zu sein, daß nichts die ersten und zaghaften Beschreibungen eines Quarks erfüllt; das heißt aber nicht, daß es keine Quarks gibt. Auch in diesen Fällen läßt man nämlich nach Putnam das Prinzip der "Wohltat des Zweifels" gelten:

> The Principle of Benefit of Doubt is simply the principle that we should give the dubber, or the relevant expert, ...the benefit of the doubt in such cases by assuming he would accept reasonable modifications of his description. (MLR. 275)

Putnam setzt seine Deutung des Prinzips von jener Wilsons ab. Nach Wilson[65] besagt das Prinzip, man solle die Referenz eines Terms eines fremden Sprechers annehmen, die möglichst viele seiner Annahmen "wahr macht". Diese Version des Prinzips drückt ebenfalls eine gewisse Großzügigkeit oder ein gewisses Wohlwollen dem fremden Sprecher gegenüber aus. Die zwei Versionen schließen allerdings in bestimmten grundlegenden Fällen einander aus. Verwendet man z.B. einen historischen Namen, so beabsichtigt man, sich auf denjenigen zu beziehen, auf den sich auch die anderen durch denselben Namen beziehen, und nicht so sehr auf denjenigen, wer immer das auch sei, der die meisten Annahmen bewahrheitet, die man mit dem Namen verbindet. Wenn das unsere Intention ist, so wird ihr das "Principle of Charity" im Sinne Wilsons nicht gerecht, wohl aber die Putnamsche Version des Prinzips, da diese die Rigidität (Starrheit) der historischen Namen ermöglicht. Ähnliches gilt von der Referenz der Ausdrücke "Ulme" und "Elektron" (MLR. 276). Putnam sagt von sich, er sei nicht in der Lage, Ulmen zu identifizieren, und daher sind auch seine Annahmen über Ulmen für die Referenz des Ausdrucks "Ulme" irrelevant; ähnliches gilt für den Laien in der Physik. Der Laie weiß, daß er von Elektronen nichts versteht und daß er sehr vage vielleicht falsche Vorstellungen davon hat. Wenn er dennoch den Ausdruck "Elektron" verwendet, so intendiert er dadurch, auf die Entitäten zu referieren, auf die die Experten referieren und nicht auf diejenigen, die seine vagen Annahmen bewahrheiten würden. Das Wohlwollen, das man dem jeweiligen Sprecher in bezug auf seine Referenzobjekte entgegenzubringen hat, kennt Grenzen. Die Großzügigkeit soll nämlich *vernünftig* sein. Man wird nicht jedem Term, der in der Vergangenheit verwendet wurde, die Referenz zuschreiben können, die er in der heutigen Zeit hat. "...Benefit of the Doubt can be *unreasonable*; we

65 Vgl. N.W. Wilson, Substances without substrata, in: The Review of Metaphysics 12 (1959) 521-539.

don't carry it so far as to say that *phlogiston* referred." (WiR. 184) Was als vernünftig und was als unvernünftig gilt, hängt natürlich von den jeweiligen Theorien ab, die man hat. Aufgrund unserer Theorien, die unser derzeitiges Wissen darstellen, ist es auf alle Fälle unvernünftig anzunehmen, "Phlogiston"[66] habe Referenz, wohingegen es sehr wohl vernünftig ist anzunehmen, Mendel habe durch "Gen" auf dasselbe referiert wie wir: "Surely the 'gene' discussed in molecular biology is the gene (or rather 'factor') Mendel *intended* to talk about; it is certainly what he should have intended to talk about!" (WiR. 181)[67]

Putnam ergänzt das "Principle of Benefit of Doubt" durch ein zweites, welches nicht die Spezialisten, sondern die durchschnittlichen Sprecher betrifft. Es besagt, daß ein Sprecher einen referentiellen Term auch dann sinnvoll zu verwenden vermag, wenn er dessen Referenz nicht kennt oder wenn er keine Ahnung von dessen referentieller Festlegung hat. Putnam nennt daher dieses Prinzip "Principle of Reasonable Ignorance":

> The Principle of Benefit of Doubt forbids us to assume that dubbers and other experts are factually omniscient; the Principle of Reasonable Ignorance forbids us to assume that any speakers are philosophically omniscient (even unconsciously). (MLR. 278)

Die zwei Prinzipien, die nach Putnam einerseits *deskriptiv*, andererseits aber auch *normativ* sein sollen, gestatten es, die Kompetenz der einzelnen Sprecher und der Spezialisten, die neue Ausdrücke einführen, in bezug auf Referenz soweit zu relativieren, daß eine gewisse Kontinuität und Konstanz in der Referenz der referentiellen Terme vernünftigerweise postuliert werden kann. Die Prinzipien werden von Putnam deskriptiv genannt, da sie das *faktische* Verhalten der Forscher in der wissenschaftlichen Praxis bestimmen. So gesehen, können sie als Stütze für die These der Starrheit (Rigidität) der Referenz wissenschaftlicher Terme herangezogen werden. Putnam stellt die Prinzipien *auch* als normativ hin (MLR. 275), da sie nach ihm das Verhalten der Forscher nicht nur bestimmen,

66 Mit der Phlogiston-Theorie und mit der Frage nach der Referenz von "Phlogiston" beschäftigt sich Kitcher. Auch er behandelt verschiedene Grenzfragen und die Problematik der sogenannten Fixierung der Referenz durch verschiedene "initiating events".
Ph. Kitcher, Theories, Theorists and Theoretical Change, in: The Philosophical Review 87 (1978) 519-547.

67 Das "Charity Principle" hängt zusammen mit der Frage nach der Übersetzung und ihrer empirischen Unterdeterminiertheit oder Unbestimmtheit (Quine) und mit der Frage nach den Glaubensannahmen oder -positionen.
Vgl. C. McGinn, Charity, Interpretation, and Belief, in: The Journal of Philosophy 74 (1977) 521-535.

sondern auch bestimmen *sollen*. Die Forscher sollen sich nach den Prinzipien richten, da die Starrheit oder die Konstanz der wissenschaftlichen Terme wünschenswert ist. So gesehen, stützen die Prinzipien die These der Starrheit nicht. Putnam stellt allerdings verschiedenartige Überlegungen an, um seine These der Starrheit wissenschaftlicher Terme zu stützen: die einen haben wir im Zusammenhang mit dem *Fortschritt* des Wissens über die Welt gesehen; die anderen ergeben sich aus einer realistischen Wahrheitsauffassung, von der Putnam annimmt, daß sie das Verhalten vieler Wissenschaftler prägt. Die operationalistischen und pragmatischen Ersetzungen für den alltäglichen Ausdruck "...ist wahr" werden der Praxis der Wissenschaftler und der des durchschnittlichen Menschen nicht gerecht[68]. Putnam will den Leser davon überzeugen, "...that the notion of 'truth' that the positivist can give us is not the one on which scientific practice is based." (MLR. 210)

3.4.2 Referentielle Kontinuität zwischen Theorien

Wenn Wissenschaftler an der Erstellung neuer Theorien arbeiten, so achten sie nach Putnams Darlegungen darauf, möglichst viel von den alten Theorien beizubehalten. Das sei unter Umständen sehr schwer, dennoch wird danach gestrebt: "That scientists try to do this - e.g., *preserve* conservation of energy, if they can, rather than postulate violations - is a fact..." (WiR. 179) Das tatsächliche Verhalten von Forschern ist nach Putnam von *semantischen* Annahmen geprägt, von den Annahmen nämlich, daß Terme einer fortgeschrittenen Wissenschaft Referenz haben und daß die Gesetze einer solchen Wissenschaft annähernd *wahr* sind. Sie glauben an diese Annahmen und versuchen somit auch die annähernde Wahrheit von vergangenen oder "überholten" Theorien so weit wie möglich beizubehalten und sie haben nach Putnam in ihrem Verhalten Erfolg, weil diese ihre Annahmen *wahr* sind (WiR. 179). Eine Wissenschaftstheorie, die semantische

68 Da Putnam selber in bezug auf seinen philosophischen Realismus einen Wandel durchgemacht hat und den sogenannten "metaphysischen" Realismus zugunsten eines "internen" Realismus verwirft (siehe seine J. Locke Lectures - gehalten 1976 in Oxford - und besonders "Realism and Reason", in: MMS. 9-80.123-138), dürfte der Unterschied zwischen seiner realistischen Wahrheitsauffassung und einer gemäßigten pragmatischen Auffassung nicht sehr groß sein.
Vgl. M. Bradie, Pragmatism and Internal Realism, in: Analysis 39 (1979) 4-10.

Ausdrücke wie "...ist wahr" und "Referenz" ausklammert, ist nicht in der Lage, dieses faktische Vorgehen der Wissenschaftler adäquat zu fassen:

> ...if I do not use the notions of truth and reference in philosophy of science, if all I use are 'global' properties of the order of 'simplicity' and 'leads to true predictions', then I will have no analogue of this constraint, I will not be able to narrow the class of candidate-theories in this way. (WiR. 181)

"...ist wahr" ist nach Putnams realistischer Wissenschaftstheorie "trans-theoretisch" und kann nicht auf ein positivistisch-pragmatisches Substitut davon reduziert werden: "...ist wahr" ist nicht auf "begründet behauptbar"[69], "verifizierbar" usw. reduzierbar: all diese Charakterisierungen sind "intra-theoretisch" und treffen nicht das alltägliche Verständnis von "...ist wahr":

> Ganz gewiß läßt jeder vernünftige Standpunkt Dinge zu, die wahr sind und doch zu keiner Zeit verifiziert werden können. Nehmen wir zum Beispiel an, es gäbe unendlich viele Doppelsterne. *Müssen* wir, wenigstens im *Prinzip*, dazu imstande sein, das zu verifizieren? (BB. 52)

Wenn "...ist wahr" und "Referenz" "intra-theoretisch" und nicht "trans-theoretisch" wären, müßte letztlich auch Existenz "intra-theoretisch" sein. Und das scheint sicherlich unserem intuitiven Verständnis von Existenz zu widersprechen[70]. Selbst Quine, der einen starken ontologischen Relativismus vertritt, kann Existenz nicht theorieabhängig machen[71]. Die Wahl der Art der Gegenstände, über die quantifiziert wird, ist zwar theorieabhängig, aber ob es diese Dinge gibt, über die quantifiziert wird, ist unabhängig davon. Die Annahme, daß "Elektron" Referenz hat, ist äquivalent mit der Annahme, daß es Elektronen gibt. Macht man nun die Referenz theorieabhängig, so hat man letztlich die Aussage, es gibt Elektronen, überzuführen in die "intra-theoretische" Aussage, es gibt in der betreffenen Theorie eine Beschreibung B derart, daß "B ist ein Elektron" in derselben Theorie beweisbar ist. Und das ist - darauf will Putnam zu Recht hinaus (WiR. 185) - keine adäquate Wiedergabe der Aussage, daß es Elektronen gibt. Der Satz könnte nämlich wahr sein, auch wenn es tatsächlich keine Elektronen gibt: "...*this* could be true...[für eine entsprechende Theorie] even if there are no electrons!" (WiR. 188) In einer adäquaten Wissenschaftstheorie

69 Siehe Abschnitt 1.3.

70 Eine detaillierte Untersuchung der Zusammenhänge zwischen dem neuen wissenschaftstheoretischen Realismus, der Frage nach der Referenz wissenschaftlicher Terme und der Frage nach der *Existenz* ihrer Referenzobjekte bietet Rorty. Dabei unterscheidet er zwischen drei verschiedenen Arten von Referenz.
S.R. Rorty, Realism and Reference, in: The Monist 59 (1976) 321-340.

71 Siehe Abschnitt 2.3.4.

hat man von *semantischen* Ausdrücken Gebrauch zu machen - es sei denn, man begnügt sich mit einer Theorie der *Verwendung* wissenschaftlicher Terme. Will man allerdings erfassen, weshalb bestimmte Verwendungen erfolgreich sind, wird man letztlich auf Referenz, Wahrheit und Existenz rekurrieren müssen.

Wenn - wie Putnam betont - Wahrheit und Referenz den Theorien übergeordnet (extra-theoretisch) sind, so müssen Aussagen der Vergangenheit, ja selbst die der alten Griechen, daß etwas z.B. Gold ist, unabhängig von den damaligen Theorien und Ansichten über Gold entweder wahr oder falsch sein. Das scheint aber ziemlich unwahrscheinlich oder zumindest die Toleranz verletzend, die positivistisch-pragmatistische Wissenschaftstheorien für sich in Anspruch nehmen[72]. Putnam rekurriert zwar immer wieder auf das intuitive Verständnis des durchschnittlichen Wissenschaftlers, um seine realistischen Thesen zu stützen, in diesem Fall scheint aber diese Art von Zuflucht problematisch zu sein. Kann man wirklich annehmen, daß sich die Griechen durch ihren Ausdruck "χρυσὸς " auf genau die chemische Substanz bezogen haben, auf die wir uns durch den Ausdruck "Gold" beziehen? Dennoch behauptet Putnam: "...the extension of χρυσὸς in Archimedes' dialect of Greek is the same as the extension of *gold* in my dialect of English." (MLR. 235) Die Referenz des Ausdrucks "Gold" bleibt nach ihm die Zeit hindurch starr; was sich ändert, sind nur die jeweiligen Theorien über Gold und die Identifizierungskriterien und -methoden. Die jeweiligen "operationalen Definitionen" von Gold, die die jeweiligen Identifizierungsmethoden angeben, lassen die Referenz intakt[73].

Welche Klumpen Goldklumpen sind und welche nicht, hängt weder von der sprachlichen Kompetenz noch vom vorläufigen Wissen der jeweiligen menschlichen Gesellschaft oder Generation über Gold ab. Es ist durchaus denkbar, daß es Goldklumpen gegeben hat, von denen die alten Griechen nicht wissen konnten, daß sie Gold sind, da ihre Identifizierungsmethoden noch nicht so verfeinert waren wie die unsrigen. Es ist auch denkbar, daß es Metallklumpen gegeben hat, die die Griechen aufgrund derselben beschränkten Möglichkeiten *irrtümlich* für

72 Vgl. zur positivistischen Toleranz: E. Runggaldier, Conventionalism in Carnap's Early Philosophy. Amsterdam 1984, 64ff.

73 Noch radikaler als Putnam ist Goosens: Die Oberflächenmerkmale, die mit Ausdrücken für natürliche Arten oder Substanzen gekoppelt sind, sind fast nie Teil der Bedeutung und bestimmen die Referenz nicht:
"My main destructive thesis is that the properties associated with underlying trait terms [=Natürliche Art- und Substanzbezeichnungen] are almost never part of their meaning." NNN. 145
W.K. Goosens, Underlying Trait Terms, in: NNN. 133-154.

Gold halten mußten, die aber in Wirklichkeit kein Gold waren. (MLR. 235) Um Putnam nicht mißzuverstehen, darf nicht übersehen werden, daß die Extension oder Referenz eines Ausdrucks für natürliche Arten von den Dingen abhängig ist, die als *Exemplare* der Extension gelten. Daher müssen Putnams Bemerkungen aufgrund seiner eigenen Lehre mit Vorsicht aufgenommen werden: Es könnte nach seiner Lehre durchaus sein, daß die Referenz von "χρυσὸs " eine andere ist als die von "Gold", und zwar dann, wenn die Exemplare der Griechen für Gold andere gewesen wären als die unsrigen. Putnam setzt allerdings voraus, daß dem nicht so war. Aufgrund dieser Voraussetzung kann er dann auch konsequent zu seinen Ansichten über die Referenz von "Gold" stehen:

> Nach dem von mir vertretenen Standpunkt behauptete Archimedes, wenn er sagte, etwas sei Gold (χρυσὸs), nicht einfach, daß es die oberflächlichen Merkmale von Gold trüge (in Ausnahmefällen kann etwas einer natürlichen Art zugehören und trotzdem nicht die oberflächlichen Merkmale von Dingen dieser Art aufweisen); vielmehr behauptete er, daß es die gleiche allgemeine *verborgene Struktur* (sozusagen das gleiche 'Wesen') habe wie jedes normale hiesige Goldstück. (BB. 48f)

Die Putnamschen Überlegungen entsprechen denen Kripkes über die Referenz von Eigennamen. Die Referenz der Ausdrücke für natürliche Arten oder für bestimmte Einzelträger ist *unabhängig* von den Oberflächenmerkmalen, von den Akzidenzien, die zwar für die Identifizierung in normalen Verhältnissen aufgrund des jeweiligen identifizierenden Wissens wichtige Dienste leisten. Es steht nach Putnam außer Zweifel, daß Wissenschaftler ihre mit referentiellen Ausdrücken verknüpften Identifizierungskriterien *nicht* mit notwendigen und hinreichenden Bedingungen für die Referenz verwechseln; auch für sie sind es zunächst "...*ungefähr* zutreffende Charakterisierungen einer Welt theorieunabhängiger Entitäten..." (BB. 50). Es steht außer Zweifel, daß die später entwickelten Theorien einer reifen Wissenschaft von ihnen als *bessere* Beschreibungen derselben Entitäten, auf die sich die Menschen durch die "überholten" Theorien bezogen haben, aufgefaßt werden.

> Meiner Meinung nach ist die Hypothese, daß dem *tatsächlich* so ist, die einzige, die die Mitteilbarkeit wissenschaftlicher Ergebnisse...und viele andere Merkmale der wissenschaftlichen Methode zu erklären vermag. (BB. 50)

3.4.3 Sprachliche Arbeitsteilung und Indexikalität

Putnam arbeitet nicht nur mit science-fiction-Beispielen, wie mit unseren Doppelgängern auf der Zwilling-Erde, sondern auch mit Beispielen aus dem konkreten Leben. Von sich selbst behauptet er z.B., nicht imstande zu sein, Ulmen von Buchen zu unterscheiden (BB. 36), obwohl er die zwei Ausdrücke verwendet. Putnam selber befindet sich nämlich in bezug auf Ulmen in derselben psychischen Situation wie in bezug auf Buchen. Dadurch, daß er sie nicht auseinanderhalten kann, hat er dieselben "Begriffe" von ihnen. Daraus folgt aber nicht, daß in seinem Idiolekt die Referenz von "Ulme" zusammenfallen würde mit der Referenz von "Buche". Die Extension von "Ulme" und "Buche" im Idiolekt Putnams ist dieselbe wie die im Idiolekt anderer Sprecher, nämlich die Menge aller Ulmen bzw. die Menge aller Buchen. Es ist für die Sprechergemeinschaft nicht notwendig, daß jeder einzelne Sprecher fähig sei, Ulmen und Buchen zu identifizieren oder auseinanderzuhalten. Es genügt, wenn es dafür einige Experten oder kompetente Leute gibt. Problematisch wäre es, wenn überhaupt niemand (auch nicht in Zukunft) imstande wäre, besagte Bäume zu identifizieren. Diese Annahme sei aber zunächst ausgeschlossen. Wir wissen auf alle Fälle, daß nicht jeder von uns Ulmen und Buchen identifizieren kann, daß es aber sehr wohl Sprecher und kompetente Leute gibt, die das können. Auf sie können wir uns zu Recht berufen. Wir intendieren durch den Ausdruck "Buche", auf die Bäume zu referieren, die jene aufgrund ihrer Kompetenz als Buchen identifizieren. Selbst dann also, wenn wir nicht in der Lage sind, Ulmen zu identifizieren, können wir uns durch den Ausdruck "Ulme" auf sie beziehen, weil es in unserer Sprechergemeinschaft - darauf macht uns Putnam aufmerksam - eine Art *Arbeitsteilung* gibt. Die Tatsache, daß es eine sprachliche Arbeitsteilung unter uns Menschen gibt, wurde nach Putnam von den traditionellen Sprachanalytikern merkwürdigerweise nicht beachtet.

Daß nicht jeder Mensch, der an dem Referenzobjekt eines referentiellen Ausdrucks Interesse hat, selber in der Lage sein muß, das Referenzobjekt zu identifizieren, geht besonders aus dem Gold-Beispiel hervor:

> Gold ist in vielfacher Hinsicht wichtig: Es ist ein wertvolles Metall, es dient als Währungsgrundlage, es hat auch symbolischen Wert (die meisten Leute legen Wert darauf, daß ihre goldenen Eheringe *wirklich* aus Gold sind und nicht bloß so *aussehen*), und so weiter. (BB. 37)

Obwohl sehr viele Leute ein Interesse daran haben, echtes Gold zu besitzen, ist es nicht notwendig - in unserer Gesellschaft fast unmöglich -, daß jeder einzelne feststellen kann, was echtes Gold ist und was nicht; in Zweifelsfällen kann er ohne größere Mühe Experten konsultieren. Diese allgemeine Arbeitsteilung zieht eine sprachliche Arbeitsteilung nach sich:

> Jeder, dem aus irgendeinem Grunde etwas an Gold liegt, muß das *Wort* "Gold" beherrschen; aber er braucht keine Methode zu beherrschen *festzustellen*, ob etwas Gold ist oder nicht. Er kann sich dabei auf eine spezielle Teilklasse von Sprechern verlassen. (BB. 38)

Arbeitsteilung wird überall dort vonnöten sein, wo die einzelnen Sprecher überfordert sind, die jeweiligen Referenzobjekte der referentiellen Ausdrücke selber zu identifizieren. Für viele Identifizierungen sind sogar besondere Tests erforderlich, die nur mit einem bestimmten Aufwand ausgeführt werden können. Dennoch, die einzelnen Sprecher beherrschen den Umgang mit diesen problematischen Ausdrücken, sie kennen mit anderen Worten ihre Bedeutung. Die Beherrschung der Bedeutung (im umgangssprachlichen Sinn) kann also nicht gleichgesetzt werden mit der Beherrschung der Referenz. Die Referenz ausfindig zu machen, liegt nicht immer in der Kompetenz des Sprechers. Diese Überlegungen sind ein weiterer Grund, die These anzugreifen, daß Referenz insofern von der Bedeutung eines Ausdrucks abhängig sei, als sie durch das bestimmt wird, was ein Sprecher beherrscht, wenn er einen Ausdruck beherrscht. Die traditionelle Sprachanalyse ist diesbezüglich zu *individualistisch* vorgegangen. Es genügt, wenn die Identifizierungskriterien und -methoden von der Sprechergemeinschaft als Kollektiv beherrscht werden: "...nur teilt sich dieses Kollektiv die 'Arbeit' auf..." (BB. 38)

Hat nämlich ein Sprecher einen referentiellen Ausdruck für eine natürliche Art erfaßt, so intendiert er, durch ihn auf die Referenzobjekte zu referieren, die zwar nicht immer er selber, wohl aber kompetente Leute aufgrund der Erforschung der "Natur" der Art ausfindig machen könnten. Zur Bedeutung besagter Terme gehört also auch dieser Bezug zur Sprechergemeinschaft als ganzer und die Intention, auf das zu referieren, was unabhängig vom individuellen identifizierenden Wissen das bereits feststehende Referenzobjekt des Ausdrucks ist und notfalls durch Experten ausfindig gemacht werden kann. Durch zunehmendes Wissen über die natürlichen Arten und Substanzen werden die Identifizierungskriterien und Methoden zwar immer adäquater, aber komplexer und somit für den durchschnittlichen Sprecher schwerer zu beherrschen. Es gibt Werkzeuge, die von einer Person allein benutzt werden können, und es gibt Werkzeuge, zu deren Bedienung es der Kooperation mehrerer bedarf. Ausdrücke für natürliche Arten funktionieren wie Werkzeuge der zweiten Art:

> Jede Sprachgemeinschaft weist die eben beschriebene Art von sprachlicher Arbeitsteilung auf, das heißt, sie verwendet wenigstens einige Ausdrücke, für die gilt: Die mit diesen Ausdrücken verknüpften Kriterien kennt jeweils nur eine Teilmenge der Menge aller Sprecher, die diesen Ausdruck beherrschen, und ihre Verwendung durch andere Sprecher beruht auf einer spezifischen Kooperation zwischen diesen und den Sprechern aus den jeweiligen Teilmengen. (BB. 39)

Die Funktionsweise der Terme für Substanzen und natürliche Arten kann also ohne Berücksichtigung des Kollektivs der Sprechergemeinschaft mit der darin vollzogenen Arbeitsteilung nicht adäquat erfaßt werden. Für eine adäquate Deutung dieser Terme ist allerdings auch die Berücksichtigung der natürlichen Umgebung erforderlich bzw. des pragmatischen Kontexts der Sprecher. Wie gesehen, ist diese Berücksichtigung im Fall der ausgesprochen *indexikalischen* Ausdrücke auch für die traditionellen Sprachanalytiker selbstverständlich. Nach Putnam haben allerdings auch die Terme für Substanzen und natürliche Arten Indexikalität. Die von ihm beanspruchte Indexikalität scheint aber gerade der These der Starrheit der Referenz dieser Ausdrücke zu widersprechen. Sie scheint ja gerade die Referenz auf die natürliche Umwelt der jeweiligen Sprecher zu relativieren und gerade deshalb die Starrheit der Referenz zu vereiteln. "Jetzt" und "hier" haben in allen Situationen eine konstante Bedeutung, ihre Referenz ist allerdings von Situation zu Situation verschieden. Wenn nun Putnam behauptet, auch die Terme für natürliche Arten funktionierten wie indexikalische Ausdrücke, so meint er nicht einfachhin, daß in Analogie zu "jetzt" und "hier" ihre Bedeutung konstant bliebe und ihre Referenz sich ändern könnte. Putnam schließt das gerade aus: Würden wir mit einem Raumschiff auf die Zwilling-Erde fliegen und durch unsere Chemiker entdecken, daß die Flüssigkeit, die dort die Seen und Meere füllt, kein H_2O ist, so würden wir behaupten, die dortige Flüssigkeit sähe zwar wie Wasser aus, sei aber kein Wasser! Die Indexikalität, auf die Putnam aufmerksam macht, betrifft die Exemplare, die als *Normalfälle* für eine natürliche Art oder als Normalvorkommnisse einer Substanz gelten. Von diesen Normalfällen ist nämlich - wie gesehen - die Referenz der Terme abhängig. Die Referenz ist also insofern von der natürlichen Umwelt abhängig, d.h. sie ist insofern indexikalisch, als sie durch die Exemplare bestimmt ist, die *hier* in unserer natürlichen wirklichen Welt als Normalfälle gelten. Wenn Putnam und Kripke auf irreale Zustände Bezug nehmen, so immer in ihrer eigenen Sprache, und die Bemerkungen über die alternative Sprache unserer Doppelgänger in den anderen Welten darf uns nicht in die Irre führen. Daß die Einwohner der Zwilling-Erde zwar "Wasser" so wie wir verwenden, sich dabei aber auf eine andere Substanz beziehen, auf XYZ nämlich, darf nicht mit der These der Indexikalität vermengt werden. Die Putnamsche These der Indexikalität der Terme für natürliche Arten und Substanzen betrifft *unsere* Welt! Um die Putnamsche These adäquater fassen zu können, kann die Unterscheidung zwischen Fixierung der Bedeutung und Fixierung der Referenz hilfreich sein[74]. Führt man neue Terme ein, so kann man ihre Referenz durch kennzeichnende Beschreibungen fixieren. Das Referenzobjekt für den jeweiligen neuen Term wird demnach der Gegenstand sein, der *im Augenblick* der Fixierung die Beschreibung erfüllt. Welcher Gegenstand das ist, ist

74 Siehe Abschnitt 3.1.2.

indexikalisch, d.h. es hängt von der natürlichen Umwelt ab, in der die Fixierung vor sich geht. Sobald die Referenz fixiert ist, kann von den Bestimmungen, die für die Fixierung ausschlaggebend waren, abgesehen werden. Da die kennzeichnenden Beschreibungen lediglich dazu verwendet wurden, um die Referenz des Ausdrucks zu fixieren, sind sie mit dem Ausdruck nicht synonym. Statt die Referenz durch kennzeichnende Beschreibungen zu fixieren, kann man sie allerdings auch durch sogenannte ostensive Definitionen festlegen. Man weist auf einen oder auf gewisse Gegenstände hin und bestimmt sie als Normalfälle der Art, als für die Referenz des Ausdrucks ausschlaggebende Exemplare. In diesem Falle ist die Indexikalität der Terme für natürliche Arten noch greifbarer. Die Normalfälle werden nicht durch kennzeichnende Beschreibungen aus den übrigen Gegenständen herausgegriffen, sondern durch Ostension: Das, was durch Ostension herausgegriffen wird, ist klarerweise vom Ort und der Zeit der Ostension abhängig.

Was von der Einführung neuer Terme gilt, kann auf die Erklärung und Weitergabe in der Sprechergemeinschaft der Terme übertragen werden. Man kann einen Ausdruck einem anderen Sprecher, der dessen nicht mächtig ist, durch Ostension oder durch Beschreibung beibringen:

> Man kann ihm eine sogenannte ostensive Definition geben: 'Dies(e) (Flüssigkeit) ist Wasser', 'dies(es) (Tier) ist ein Tiger', 'dies(e) (Frucht) ist eine Zitrone', wobei die Klammern andeuten sollen, daß die semantischen Merkmale 'Flüssigkeit', 'Tier' und 'Frucht' implizit bleiben oder explizit gemacht werden können. Oder man kann ihm eine *Beschreibung* geben. (BB. 40f)

Für die erfolgreiche Ostension ist - wie bereits im Zusammenhang mit Geachs Behandlung von Referenz ersichtlich wurde - zumindest implizit der jeweilige *sortale* Ausdruck (hier: "Flüssigkeit", "Tier", "Frucht") ausschlaggebend[75]. Was allerdings in diesem Zusammenhang relevant ist, ist die Abhängigkeit der Referenz von den Gegenständen, die als Normalfälle einer Art gelten und auf die durch Ostension Bezug genommen wird, wenn ein Ausdruck für eine natürliche Art einem Sprecher beigebracht wird, der dessen nicht mächtig ist. Wird statt der Ostension eine Beschreibung verwendet, so hat diese ebenfalls insofern indexikalischen Charakter, als durch sie nur *Normalfälle* der Art beschrieben werden und sie im allgemeinen keine strikt notwendigen und hinreichenden Bedingungen enthält. Diese Beschreibung wird hilfreich sein, in normalen Umständen ein Exemplar der natürlichen Art zu identifizieren. Was aber zu der Art tatsächlich

75 Siehe Abschnitt 1.7.2.

gehört, ist nicht (oder nicht primär) von solchen Beschreibungen abhängig, sondern von der "Natur", von der Tiefenstruktur der ausschlaggebenden Exemplare, die als Normalfälle der jeweiligen Art gelten. Putnam nennt die standardisierten Beschreibungen *Stereotypen*: durch sie werden die Eigenschaften angegeben, "...die für die fragliche natürliche Art charakteristisch, 'normal' oder jedenfalls stereotypisch sind" (BB. 41). Will z.B. ein Sprecher einem anderen die Bedeutung des Ausdrucks "Wasser" erklären oder nahebringen, so kann er auf normale Vorkommnisse von Wasser zeigen oder diese durch den Stereotyp, d.h. durch die standardisierte Beschreibung normaler Vorkommnisse von Wasser angeben. Die Referenz des Ausdrucks bleibt dabei insofern indexikalisch, als alles andere, um Wasser zu sein, dieselbe Natur haben muß wie die Vorkommnisse von Wasser, auf die durch Ostension und durch Stereotypen Bezug genommen wird. Indexikalität - so verstanden - widerspricht der These der Starrheit der Referenz nicht; im Gegenteil, sie ist nur die Kehrseite ein und derselben Medaille. "Jedenfalls dürfte klar sein, daß Kripkes These von der Starrheit natürlicher Prädikate und unsere These von ihrer Indexikalität zwei Seiten einer Münze sind." (BB. 47)

Hat man Schwierigkeiten mit der Postulierung einer sogenannten "Natur", die alle Vorkommnisse einer Substanz oder alle Exemplare einer Art teilen, und hat man Schwierigkeiten, im allgemeinen auf eine solche "Natur" Bezug zu nehmen, unabhängig von der jeweiligen Theorie, in der eine solche "Natur" beschrieben würde, so tut man sich schwer, Putnam zu folgen. Man wird somit Putnams These der versteckten Indexikalität der Terme für natürliche Arten und Substanzen - will man sie beibehalten - auf eine reduzierte Art wiedergeben. Spohn deutet die These z.B. so, daß sie lediglich die Bereitschaft der Sprecher zum Ausdruck bringe, *neue* Eigenschaften als typisch für die Zugehörigkeit zu einer Art zu entdecken. Sie sei primär eine Kritik an der Auffassung, daß die identifizierenden Merkmale für eine Art analytisch mit dem Ausdruck für die Art verknüpft seien:

> Es kann die Bereitschaft dazu bestehen, die für die Referenz eines Terms wesentlichen Überzeugungen im Lichte neuartiger Erfahrungen zu ändern, selbst wenn diese Überzeugungen zunächst nicht vernünftig bezweifelbar sind. Wenn eine solche Bereitschaft besteht, so richtet sich die Referenz dieses Terms natürlich nicht nur nach den zunächst vorhandenen Überzeugungen, sondern auch nach den zukünftigen Erfahrungen, die wiederum von der tatsächlichen Beschaffenheit der Welt abhängen. So verstehe ich, was Putnam mit der versteckten Indexikalität eines Terms meint.[76]

76 W. Spohn a.a.O. 206.

In dieser Wiedergabe der Putnamsche These kommt m.E. die Ansicht zum Ausdruck, die Referenz eines Terms für natürliche Arten richte sich doch nach Überzeugungen und Erfahrungen der Sprecher. Die Putnamsche These besagt aber, daß die Referenz solcher Terme *nicht* von psychischen Zuständen, seien es Vorstellungen oder Erfahrungen, abhängig ist. Von solchen Zuständen sind lediglich die Festlegungen jener Einzelvorkommnisse abhängig, die als *normale* Exemplare für die Art zu gelten haben. Sobald allerdings diese Festlegung vollzogen ist, richtet sich die Referenz nach diesen Exemplaren, unabhängig von unserem Wissen darüber. Putnams Ansichten über das Funktionieren von Termen für natürliche Arten muß in Analogie zu den Ansichten Kripkes über das Funktionieren der Eigennamen für Personen gesehen werden. Die Referenz dieser Ausdrücke ist nicht von den Überzeugungen oder Erfahrungen der einzelnen Sprecher über die jeweiligen Namensträger abhängig. Die Referenz eines Eigennamens wird nämlich durch die *Taufe* oder durch eine sonstige zeremonielle Zuordnung festgelegt. Verwendet ein Sprecher einen Eigennamen, so intendiert er im Normalfall, auf denjenigen zu referieren, der - unabhängig von seinem identifizierenden Wissen - der tatsächliche Träger des Namens ist. Ähnliches gilt nach Putnam für die Terme für Substanzen und natürliche Arten. Ihre Referenz ist fix. Die Zuordnung zwischen Term und Muster-Exemplaren oder Normalfällen ist zwar konventionell; die Extension als ganze allerdings ist nicht von konventionellen sprachlichen Festsetzungen abhängig, sondern von dem, was Putnam die "Natur" bzw. die "Tiefenstruktur" der ausgesuchten Exemplare nennt.

3.5 Ansätze einer expliziten Theorie der starren Referenz

Wenn in dieser Arbeit von starrer Referenz die Rede ist, so betrifft das lediglich die Eigennamen und die Bezeichnungen für *natürliche* Arten und Substanzen und - unter Umständen - bestimmte Bezeichnungen für physikalische Größen oder Phänomene. Die Stärke der in diesem Hauptabschnitt berücksichtigten Autoren ist die *Kritik* der herkömmlichen konventionalistischen und positivistischen Deutung dieser Terme. Wie aus den letzten Teilabschnitten allerdings hervorgeht, bemühen sich besagte Autoren, auch alternative Theorien über Bedeutung und Referenz dieser Gruppe von Ausdrücken zu entwickeln. In den nun folgenden Teilabschnitten sollen ausdrücklich diese Ansätze behandelt werden, speziell der Versuch, sogenannte *kausale* Theorien der Referenz zu erstellen. Dabei soll das Bemühen Putnams berücksichtigt werden, den Fregeschen Sinn und das jeweilige identifizierende Wissen, welches durch den Sinn vermittelt wird, positiv für die Ausdrücke mit starrer Referenz zu verwerten. Was ebenfalls in diesem

Zusammenhang behandelt werden soll, sind Wiggins Versuche aufzuzeigen, wie die Identitäts-, Kontinuitäts- und Existenzbedingungen für Individuen natürlicher Arten mit den sortalen Ausdrücken zusammenhängen.

3.5.1 Referentielle Kommunikationsketten und kausale Theorien der Referenz

Was an Kripkes und Putnams Theorien über Referenz neu, *umstritten*, aber dennoch bedenkenswert ist, ist der darin enthaltene Hinweis auf sogenannte kausale Kommunikationsketten, durch die Terme mit fixer Referenz von Glied zu Glied weitergegeben werden sollen. Diese Ketten spielen nach besagten Autoren für den Referenzmechanismus unserer Sprache eine wesentliche Rolle. Die Ansicht, daß es Kommunikationsketten in bezug auf Referenz gibt, folgt allein schon aus den Thesen der sprachlichen Arbeitsteilung (vgl. BB. 63f) und der versteckten Indexikalität. Bereits Strawson hat darauf hingewiesen, daß für das erfolgreiche Referieren erforderlich ist, daß der jeweilige Sprecher insofern in einer *Beziehung* zum jeweiligen Referenzobjekt steht, als er *empirische* Kenntnisse davon hat. Er hat nicht nur die sprachlichen Bedeutungen der Ausdrücke, durch die er referiert, zu kennen, sondern darüber hinaus über ein empirisches Wissen zu verfügen, das ihn, auch wenn über viele Ecken, mit dem jeweiligen Referenzobjekt im Raum-Zeit-Gefüge verbindet[77]. Ähnliches sagt nun Putnam: Will man den referentiellen Apparat von Sprache in bezug auf Terme für physikalische Größen, natürliche Arten und sonstige Substanzen deuten, so ist die Berücksichtigung *kausaler* Zusammenhänge zwischen den Referenzobjekten in bestimmten ausgesonderten Situationen - wie Taufzeremonien z.B. - und den einzelnen Sprechern erforderlich:

> To have linguistic competence in connection with a term it is not sufficient, in general, to have the full battery of usual linguistic knowledge and skills; one must, in addition, be in the right sort of relationship to certain distinguished situations (normally, though not necessarily, situations in which the *referent* of the term is present). It is for this reason that this sort of theory is called a 'causal theory' of meaning. (MLR. 199)[78]

Die Auffassungen von Referenz, die ausdrücklich auf diese Beziehungen oder Ketten zwischen Referenzobjekt und Sprecher Bezug nehmen, werden daher auch *kausale* Theorien der Referenz genannt. Kripke gilt als ausgesprochener

77 Siehe Abschnitte 1.2.4f.
78 H. Putnam, Explanation and reference, in: MLR. 196-214.

Vertreter einer solchen kausalen Theorie der Namen. Kripke selber will allerdings keine Theorie (im eigentlichen Sinne) der Referenz vorlegen. In bezug auf Theorien ist er äußerst skeptisch, hauptsächlich dann, wenn es sich um philosophische Theorien handelt. Kripke möchte aber ein "besseres Bild" (NN. 109) dessen geben, was geschieht, wenn ein Name von Sprecher zu Sprecher weitergegeben wird. Das Modell für die kausale Auffassung der Referenz von Namen ist für ihn ganz einfach die Weitergabe des Namens eines Kindes:

> Sagen wir, es wird jemand geboren, ein Baby; seine Eltern rufen es mit einem bestimmten Namen. Sie reden mit ihren Freunden über es. Andere Leute kommen mit ihm zusammen. Durch verschiedene Arten von Rede wird der Name von Glied zu Glied verbreitet wie durch eine Kette. (NN. 107)

Die Referenz des Namens richtet sich in der Weitergabe von Glied zu Glied nicht nach den Vorstellungen, nach dem identifizierenden Wissen des jeweiligen Sprechers, sondern nach ihrer anfänglichen Fixierung. In vielen Fällen wird die Fixierung durch eine Art Taufe vollzogen, in anderen wiederum durch kennzeichnende oder hinweisende Beschreibungen. Kripke darf nun nicht die Ansicht unterschoben werden, *alle* Namen würden durch kausale Ketten weitergegeben und würden ihre Referenz nicht ändern. Kripke selber gibt zu, daß einige Namen nach dem Schema von attributiven Kennzeichnungen funktionieren: "Jack the Ripper" z.B. (NN. 110). Kripke weist auch darauf hin, daß es "sehr kompliziert" sei, exaktere Bedingungen für eine Kausalkette anzugeben (NN. 111). Es gebe da auch Unterschiede zwischen berühmten und weniger berühmten Menschen. Kripke will aber darauf hinweisen, daß im allgemeinen die Referenz eines Namens von Glied zu Glied so weitergereicht wird, daß das neue Glied ganz einfach durch den Namen auf den Gegenstand oder die Person zu referieren intendiert, auf die sein Vorgänger in der Kette referiert. Daher müßte es theoretisch möglich sein, die Geschichte einer solchen Weitergabe von Glied zu Glied zurückzuverfolgen. Das ist aber praktisch nicht möglich, da wir Menschen ziemlich schnell vergessen, von wem wir einen Namen mit seiner Referenz übernommen haben. Die Referenz hängt dennoch von der Geschichte ab, natürlich mit verschiedenen Ausnahmen, wie der Name einen erreicht hat, auch dann, wenn der einzelne Sprecher diese Geschichte nicht mehr rekonstruieren kann. Kripkes "grobe Angabe einer Theorie" der kausalen Ketten ist folgende:

> Am Anfang findet eine 'Taufe' statt. Hierbei kann der Gegenstand durch Hinweis benannt werden, oder die Referenz des Namens kann durch eine Beschreibung festgelegt werden. Wenn der Name 'von Glied zu Glied weitergegeben wird', dann muß der Empfänger des Namens wohl, wenn er ihn hört, intendieren, ihn mit derselben Referenz zu verwenden, mit der derjenige ihn verwendet, von dem er ihn gehört hat. (NN. 112f)

Was Kripke durch seine "kausale Theorie" der Namen zu unterschätzen scheint, sind bestimmte Bedingungen für die Möglichkeit der Intention, auf dasselbe zu referieren, auf das der Vorgänger in der Kette referiert. Im Zusammenhang mit dem Ausdruck "Themse" haben wir gesehen, daß das identifizierende Wissen über die Themse zwar nicht sehr groß sein muß, es darf aber ein bestimmtes Mindestmaß nicht unterschreiten. Vielleicht kann ein Sprecher durch "Themse" auch dann noch auf die Themse referieren, wenn er meint, sie sei in Rußland. Meint er allerdings, sie sei eine Katze, so wird er wohl nicht mehr auf sie referieren können[79]. Dementsprechend wird ein sinnvoller intentionaler Akt ein Mindestmaß an Wissen voraussetzen. Wenn ein Sprecher die Intention hat, auf das zu referieren, worauf sein Vorgänger in der Kette referiert, so wird die Intention nur dann sinnvoll und erfolgreich sein, wenn er zumindest einen *sortalen* Ausdruck für das Referenzobjekt kennt. Was Kripke andererseits zu überschätzen scheint, sind die sogenannten Taufzeremonien (dubbing ceremonies), durch die die Referenz am Anfang der kausalen Ketten fixiert werden soll. Es gibt viele Fälle, in denen die Sprechergemeinschaft faktisch durch ein und denselben Namen auf einen ganz bestimmten Namensträger referiert, ohne daß es ein anfängliches klares Glied in der Kette der Kommunikation gegeben hätte, durch das dem Träger der Name zugeordnet worden wäre. Spitznamen sind selten auf "dubbing ceremonies" zurückzuführen.

Evans[80] greift einige Einseitigkeiten der Kripkeschen kausalen Theorie der Namen an. Sie überschätze den Mechanismus der Weitergabe der Referenz von Glied zu Glied. Die Weitergabe durch kausale Ketten dürfe nicht zu einem "magischen Trick" degradiert werden. (NNN. 199) Die Intention, auf das zu referieren, worauf die Vorgänger in der Kette referieren oder referiert haben, erfordert nämlich ein Mindestmaß an Wissen über das Referenzobjekt, um überhaupt Intention sein zu können: "Intentions alone don't bring it about that a name gets a denotation..." (NNN. 209) Schaltet man die Information über das jeweilige Referenzobjekt ganz aus, so degradiert man die kausale Theorie der Namen zu einer "totally non-intentional theory". Nach Evans soll also die kausale Theorie so wiedergegeben werden, daß in ihr Platz sei für ein Mindestmaß an Information über den jeweiligen Namensträger. Die Kausalkette soll darüber hinaus nicht so sehr zwischen einem anfänglichen Taufakt und der jeweiligen Verwendung in der Kette gesehen werden, sondern zwischen dem Gegenstand selbst und einer bestimmten Information über diesen Gegenstand. Was also den jeweiligen Spre-

79 Siehe Abschnitt 1.7.2.
80 G. Evans, The Causal Theory of Names, in: NNN. 192-215.

cher mit dem Referenzgegenstand eines referentiellen Terms, den er verwendet, verbindet, sind kausale Ketten, die seine Information über den Gegenstand betreffen:

> ...it seems to me that he [Kripke] has mislocated the causal relation; the important causal relation lies between that item's states and doings and the speaker's body of information - not between the item's being dubbed with a name and the contemporary use of it. (NNN. 204)

Evans weist auf entsprechende Positionen in der Erkenntnistheorie hin: Unser Sehen von etwas, unser Wissen von etwas, werden durch kausale Relationen zwischen dem, was wir sehen oder wissen, und uns ermöglicht. Dementsprechend wäre unser Bezugnehmen auf Gegenstände nicht möglich, wenn es nicht eine kausale Beziehung zwischen ihnen und unserem Wissen über sie gäbe. Evans behandelt verschiedene Fälle, die diesbezüglich sehr komplex sind. Hier soll es allerdings nur darum gehen, einer einseitigen Interpretation der kausalen Ketten einen Riegel vorzuschieben. Die Weitergabe der Referenz eines Namens von Glied zu Glied kann nicht in einem billigen Trick bestehen, der frei von jeglicher Information funktionieren würde. Nach Evans funktioniert die Weitergabe, weil es auch Kausalketten in bezug auf das "body of information" gibt. Darin kann es allerdings Verschiebungen und Änderungen geben. Aber genau diese Verschiebungen können auch Verschiebungen in der Referenz eines Namens verursachen, der von Glied zu Glied weitergegeben wird. Gibt es Verschiebungen in der Referenz, so taucht die Frage auf, inwiefern sie von den Verschiebungen der Information abhängig sind. Diesbezüglich kann nach Evans keine einheitliche Antwort gefunden werden. Im allgemeinen, meint aber Evans, wird die Referenz des Namens von der *Hauptquelle* der mit dem Namen assoziierten Information abhängig sein. Mit anderen Worten, der jeweilige Sprecher in der Kette wird durch den Namen auf den Gegenstand referieren, von dem die meiste Information, die er mit dem Namen verbindet, herrührt: "...*in general* a speaker intends to refer to the item that is the dominant source of his associated body of information." (NN. 208) Mit besagter Hauptquelle ist er durch kausale Ketten verbunden. Diese Art von Kette ist es, die nach Evans für die Referenz ausschlaggebend ist, und nicht die andere, auf die Kripke das Hauptgewicht legt. Dazu ein Beispiel von Evans selbst (NNN. 213f): Ein junger Mensch A verläßt sein Heimatdorf, in dem er als "Turnip" bekannt ist, um auswärts sein Glück zu suchen. Nach circa 50 Jahren kommt ein Mann B in das Dorf und lebt als Einsiedler. Die Alten, die noch A erlebt haben, meinen irrtümlicherweise, der Einsiedler B sei A. Sie verwenden daher für ihn den Namen "Turnip" und verbreiten so den Namen im Dorf. Die jüngeren Einwohner haben keine Ahnung, worauf der Name "Turnip" zurückzuführen sei, sie verwenden ihn aber als Namen für den Einsiedler B. Würde nun im Dorf die Verwechslung auffliegen, so würden nach Evans die Alten mit "Es ist doch nicht Turnip" eher als mit "Turnip stammt nicht aus unserem Dorf" reagieren. Die Hauptquelle für die Information, die sie mit "Turnip" verbinden, ist nämlich für sie A und nicht B. Für die jüngeren Einwohner ist das nicht der Fall, für sie ist die Hauptquelle B, nämlich der Mensch, der als Einsiedler in ihrer Nähe wohnt. Evans weist aber darauf hin, daß die Alten trotzdem so viel über den jungen Turnip, d.h. über A, erzählen könnten, daß selbst für die Jüngeren die Hauptquelle der Information, die sie mit "Turnip" verbinden, A und nicht B sein könnte. In diesem Fall würde die kausale Kette auf einen anderen Ursprung zurückführen und somit die Referenz von "Turnip" auch eine andere sein. In diesem Fall würden daher auch die Jüngeren, würde die Verwechslung auffliegen, mit "es ist doch nicht Turnip" reagieren:

> ...it is an important feature of my account that the information that the older villagers gave the younger villagers could be so rich, coherent and important to them that A could be the dominant source of their information... (NNN. 214)

Putnam nimmt kausale Ketten auch für die Verwendung von Ausdrücken für natürliche Arten, Substanzen und physikalische Größen wie Elektrizität, magnetische Felder, Atome usw. an. Die jeweilige Verwendung eines Terms für solche Referenzobjekte ist kausal verknüpft mit anderen Verwendungen. Diese Verknüpfung ist es, die unter anderem die Starrheit der Referenz garantiert und ermöglicht. Die Vorstellungen und Identifizierungskriterien, die der durchschnittliche Sprecher z.B. mit dem Term "Elektrizität" verbindet, sind verschiedenartig; sie weichen untereinander sehr stark ab. Putnam nimmt allerdings zu Recht an, daß sich die einzelnen Sprecher, mit vielleicht wenigen Ausnahmen, durch die referentielle Verwendung des Terms "Elektrizität" dennoch auf dieselbe physikalische Größe beziehen; dieser gemeinsame Bezug wäre undenkbar, wenn es nicht besagte Kausalketten gäbe, welche die verschiedenen referentiellen Verwendungen mit *ausgezeichneten* Situationen verbinden würden, in denen die physikalische Größe als diejenige beschrieben wird, die für bestimmte feststellbare Wirkungen verantwortlich ist. Die einzelnen Verwendungen sind - mit anderen Worten - mit den Situationen verknüpft, von denen die Hauptinformationen über die schwer in den Griff zu bekommende physikalische Größe stammen.

Im Fall von Elektrizität ist es klar, daß man nicht von einer Taufzeremonie sprechen kann, in der der Term "Elektrizität" der Elektrizität zugeordnet worden wäre. Elektrizität ist kein Individuum, das man wie einen Menschen, der leicht zu identifizieren ist, vor sich hätte[81]. Putnam spricht daher lediglich von "ein-

81 Vgl. B. Enç, Reference of Theoretical Terms, in: Noûs 10 (1976) 261-282.

führenden Ereignissen" (introducing events MLR. 199f) sowohl in bezug auf die Menschheit als ganze als auch in bezug auf die einzelnen Sprecher, die durch solche Ereignisse in die referentielle Verwendung des Terms "Elektrizität" eingeführt werden. Die Möglichkeit von Fehlbeschreibungen in der Weitergabe von Termen für physikalische Größen erschüttert die Starrheit der Referenz nicht, es sei denn, daß die Fehlinformation so groß ist, daß selbst die Anwendung des Ausdrucks "physikalische Größe" nicht mehr gewährleistet ist. Fehlinformationen und Fehlbeschreibungen der einzelnen Glieder in einer kausalen Kette vereiteln als solche noch nicht die Starrheit der Referenz. Durch die kausalen Ketten sind nämlich die einzelnen Verwendungen des Terms "Elektrizität" mit den für die Referenz ausschlaggebenden Ereignissen (oder Hauptquellen der mit "Elektrizität" verbundenen Information) verknüpft.

> Now then, if anyone knows that 'electricity' is the name of a physical quantity, and his use of the word is connected by the sort of causal chain I described before to an introducing event in which the causal description given was, in fact, a causal description of electricity, then we have a clear basis for saying that he uses the word to refer to electricity. (MLR. 201)

Selbst Terme für theoretische Entitäten wie "Elektrizität" können also mit der nötigen Vorsicht, die von Evans gefordert wird, als Terme angesehen werden, die in bezug auf ihre Referenz "trans-theoretisch" sind: ihre Referenz ist fix und hängt nicht von der jeweiligen Theorie ab, in der sie verwendet werden:

> And once the referent is fixed, one can use the word to formulate any number of theories about that referent...without the word's being in any sense a different word in different theories. Thus the account just given...makes such terms as 'electricity' trans-theoretical. (MLR. 202)

3.5.2 Putnams semantische "Marker" und die sortalen Ausdrücke

Putnam greift Abwege der traditionellen Bedeutungstheorien und -auffassungen an. Er greift die Tendenz an, die sprachliche Arbeitsteilung und die Welt nicht genügend zu berücksichtigen, d.h. "die Tendenz, Erkenntnis als eine rein *individuelle* Angelegenheit zu betrachten, und die Tendenz, die *Welt* außer acht zu lassen, soweit sie mehr ist als die Erfahrung des Individuums." (BB. 97) Putnam selber ist aber weit davon entfernt, die Frage nach der Bedeutung eines Ausdrucks auf die Frage nach der Referenz zu reduzieren. Die Referenz oder die Extension eines Ausdrucks sind nur ein Aspekt des *gesamten* Komplexes der Bedeutung. Die Referenz vieler Terme ist zwar sozial bestimmt, das schließt aber nicht aus, daß es auch *individuelle* Kompetenz braucht, um die Ausdrücke mit der sozial fixierten Referenz richtig zu verwenden. Um bei der sprachlichen

Arbeitsteilung seinen Part spielen zu können, muß der einzelne Sprecher bestimmte Fähigkeiten besitzen. Putnam hat sich zwar zum Ziel gesetzt, die These zu begraben, der individuelle psychische Zustand oder die individuelle Kompetenz bestimme die Referenz eines Ausdrucks. Nachdem er allerdings diesen Gedanken begraben hat, macht er sich daran, die individuelle Kompetenz nun "unbefangenen Geistes" (BB. 64) von neuem zu untersuchen. Man mag zwar Eigennamen für Personen auch dann noch korrekt verwenden können, wenn man fast nichts über den jeweiligen Namensträger weiß. In der Verwendung von Termen für natürliche Arten ist man aber auf ein gewisses Maß an Wissen angewiesen: "...das Wort 'Tiger' kann man, außer mit Glück, nicht korrekt verwenden, ohne eine ganze Menge über Tiger zu wissen..." (BB. 64) Würde z.B. ein Sprecher den Ausdruck "Tiger" mit seiner sozial bestimmten Referenz so verwenden, daß er von Tigern nur weiß, daß sie materielle Gegenstände sind, so kann man annehmen, er habe die Bedeutung von "Tiger" nicht erfaßt. Würde ein Sprecher auf einen Schneeball zeigen und fragen, ob dieser ein Tiger sei, so hätte es wohl wenig Sinn, sich mit ihm über Tiger zu unterhalten: "Um sinnvoll miteinander zu kommunizieren, müssen die Leute einiges darüber wissen, wovon sie reden." (BB. 66) Die Grenzen zwischen dem, was gewußt werden muß, und dem, was für die durchschnittliche Kommunikation über natürliche Arten irrelevant ist, sind fließend. Putnam weist aber zunächst darauf hin, daß es Grenzen *gibt*. Zur *Erwerbung* eines Ausdrucks für natürliche Arten braucht es ein bestimmtes Wissen, welches z.B. ausschließt, daß von einem Schneeball gefragt werde, ob er ein Tiger sei. Das erforderliche Mindestmaß an individueller Kompetenz, d.h. an individuellem Wissen, wird von Kultur zu Kultur und von Art zu Art verschieden sein. Daß es aber ein solches Mindestmaß braucht, ist selbstverständlich:

> Schließlich lassen wir Leute nicht auf den Straßen herumfahren, ohne daß sie zuvor in einer Prüfung erfolgreich ein *Mindestmaß* an Kompetenz nachgewiesen haben; und wir speisen nicht mit Leuten, die nicht gelernt haben, mit Messer und Gabel umzugehen. Die Sprachgemeinschaft hat auch ihre Mindestanforderungen in syntaktischer wie in semantischer Hinsicht. (BB. 66)

Laut Putnam wird von den Englischsprechenden verlangt zu wissen, wie normale Tiger aussehen, wenn sie den Gebrauch von "Tiger" erlernt haben. Es wird aber von ihnen nicht verlangt, genau zu wissen, wie normale Ulmen aussehen (MLR. 249f). In anderen Sprachen werden die Anforderungen verschieden sein: Was vom jeweiligen Sprecher verlangt wird, damit ihm bescheinigt wird, daß er einen Ausdruck erworben hat, ist und bleibt relativ. In unseren westlichen Sprachen wird von einem Sprecher, der die Bedeutung von "Gold" und "Tiger" kennt, erwartet, daß er bestimmte Vorstellungen von Gold und von Tigern hat, z.B. daß Gold gelb ist und daß Tiger gestreift sind[82]. Putnam bestreitet also nicht, daß es bestimmte Vorstellungen über die durchschnittlichen, normalen oder stereotypischen Exemplare einer Art braucht, um mit dem Ausdruck, der sich auf die Art bezieht, überhaupt umgehen zu können. Er bestreitet es nicht nur nicht, sondern er verlangt es wie die traditionellen Sprachanalytiker. Was Putnam bestreitet, ist, daß diese Vorstellungen *analytisch* mit den referentiellen Ausdrücken verknüpft sind und daß die Referenz von ihnen abhängig ist. Die Referenz ist von anderen Faktoren abhängig.

Selbst für Putnam sind also die Bezeichnungen für natürliche Arten, Substanzen und physikalische Größen "theorie-beladen" (theory-loaded). Die Theorie, die mit diesen Termen über deren Referenzobjekte gekoppelt ist, ist allerdings eine sehr simple, die jeder durchschnittliche Sprecher leicht teilen kann und die sehr leicht durch wenige Hinweise neuen Sprechern, die sich die Terme aneignen wollen, mitteilbar ist.

> ...there is somehow associated with the word 'tiger' a *theory*; not the actual theory we believe about tigers, which is very complex, but an oversimplified theory which describes a, so to speak, tiger *stereotype*. It describes...a *normal member* of the natural kind. (MLR. 148)[83]

Was also durchschnittliche Sprecher unter "Tiger" meinen und verstehen, wird durch diese vereinfachte Theorie, die nicht der wissenschaftlichen entspricht, wiedergegeben. Durch diese Theorie werden einige wenige charakteristische Merkmale der normalen Exemplare angegeben, d.h. durch sie wird der jeweilige Stereotyp für einen Term für natürliche Arten ausgedrückt. Dieser Stereotyp kann sich im Laufe der Zeit ändern, ohne daß sich die Referenz des entsprechenden Terms ändern müßte, denn diese ist vom Stereotyp unabhängig. Würden sich z.B. - so Putnam - aufgrund atmosphärischer Änderungen die Zitronen von gelb in blau verwandeln, so würden auch die Sprecher den Stereotyp für "Zitrone" allmählich ändern. Ihre Vorstellungen würden dann nicht mehr das Merkmal "gelb", sondern "blau" enthalten: "...'lemon' would have changed its meaning." (MLR. 148) Eine solche Änderung, die Putnam mit einer Änderung der Bedeutung im engen Sinn gleichsetzt, würde aber die Referenz von "Zitrone" intakt lassen.

82 "Nach dieser Auffassung wird von jemandem, der weiß, was 'Tiger' bedeutet..., *verlangt* zu wissen, daß *stereotypische* Tiger gestreift sind. Genauer: Es gibt *ein* Tiger-Stereotyp (er mag noch andere haben), das die Sprachgemeinschaft als solches voraussetzt; es wird von ihm verlangt, daß er dieses Stereotyp hat... Und dieses Stereotyp muß das Merkmal des Gestreiftseins umfassen, wenn ihm der Erwerb des Wortes 'Tiger' bescheinigt werden soll." (BB. 68)

83 H. Putnam, Is semantics possible? in: MLR. 139-152.

In der Erläuterung dessen, was er unter Stereotyp versteht, greift Putnam auf Kinder zurück: Kinder stellen oft Fragen wie: "Was ist ein Tiger?" Die Antworten auf solche Fragen hängen von der Laune der jeweiligen Eltern und Erzieher ab. Im allgemeinen geben sie nicht die wissenschaftlichen Theorien wieder, sondern die vereinfachten, d.h. sie geben den Stereotyp wieder. Auf die Frage, was Tiger sind oder was "Tiger" bedeutet, wird im Normalfall geantwortet, daß sie katzenartige Tiere sind, daß sie gelb sind und schwarze Streifen haben, daß sie wild sind usw. (BB. 71).

Die Bedeutung der Terme im engen Sinn für natürliche Arten kann also durch die Merkmale, die im Stereotyp enthalten sind, wiedergegeben werden. Von den Bestandteilen des Stereotyps sind einige wichtiger oder zentraler (in Quines Terminologie, von Revision immuner) als andere. Die Bestimmung, ein Tier zu sein, ist z.B. für den Term "Tiger" zentral. Putnam nennt diese zentralen grundlegenden Bestimmungen im Anschluß an die semantischen Arbeiten von Katz und Fodor "Semantische *Marker*". Putnam muß sich zwar von ihren Theorien über die Bedeutung der referentiellen Terme absetzen, da sie letztlich denselben Fehlern unterliegen wie die traditionellen positivistischen Theorien[84]. Er übernimmt aber den Term "semantische Marker", um damit die grundlegenden Bestandteile zu bezeichnen, die die sogenannten Bedeutungen der referentiellen Terme darstellen, das sind jene Bestimmungen, die nur sehr schwer revidierbar sind. Diese Bestandteile oder Marker entsprechen m.E. dem, was mit *sortalen* Ausdrücken gemeint ist. Durch die sogenannten Marker werden nämlich die Sorten der Dinge markiert, die unter einen bestimmten Term fallen. Im Fall von "Tiger" z.B. ist der semantische Marker "Tier". Daß diese Bestimmung grundlegender als die anderen ist, die als gewöhnliche Merkmale im Stereotyp für Tiger enthalten sind, liegt auf der Hand. Man kann sich eine Revision der Bedeutung von "Tiger" leicht vorstellen, in der - in Analogie zur Annahme über die Zitronen, die ihre Farbe ändern - das Merkmal, gestreift zu sein, wegfällt. Man kann sich allerdings schwer eine Revision vorstellen, durch die die Bestimmung, Tier zu sein, geändert wird. Nach Putnam ist das zwar prinzipiell möglich - aber nur auf der epistemischen Ebene. Wir könnten nämlich

84 "Indeed, as far as general names are concerned, the only change is that whereas in the traditional account each general name was associated with a list of properties, in Katz's account each general name is associated with a list of *concepts*." (MLR. 145)

entdecken, daß alle Tiger, mit denen wir uns bis jetzt beschäftigt haben, keine Tiere sind. Durch eine solche Entdeckung müßten wir aber zu dem Schluß stehen, daß die Tiger nie Tiere waren, sondern einer anderen Sorte von Gegenständen angehörten. Diese Überlegungen sind für das relevant, was Quine Zentralität und Unrevidierbarkeit nennt. Es ist klar, daß die Aussage, Tiger sind Tiere, von Revision immuner ist als die Aussage, Tiger sind gestreift: "Es ist nicht unmöglich sich vorzustellen, daß Tiger keine Tiere sind (sie könnten Roboter sein). Aber wenn man sich das vollends ausmalt, so müssen sie schon immer Roboter gewesen sein..." (BB. 91)

Die Überlegungen Putnams über die Bedeutung im engen Sinn der Terme für natürliche Arten und Substanzen betreffen die epistemische Ebene und nicht die "metaphysische" in Kripkes Sinn. Wenn Tiger tatsächlich Tiere sind, dann sind sie *notwendig* Tiere, das heißt aber nicht, daß die Aussage, Tiger sind Tiere, analytisch wäre. Diese Aussage könnte nämlich epistemisch revidierbar sein, weil wir Menschen uns selbst in bezug auf die Sorte der Tiger täuschen könnten! Was durch die semantischen Marker und durch den Stereotyp wiedergegeben wird und was jeder durchschnittliche Sprecher mit einem referentiellen Term verbindet, das trifft auf die Exemplare der Art zu oder nicht zu. Ob es zutrifft, das ist nicht von der individuellen Kompetenz der einzelnen Sprecher abhängig.

Wie auf der epistemischen Ebene von Putnam zwischen semantischem Marker und Stereotyp unterschieden wird, so kann auf der "metaphysischen" Ebene zwischen Sorte und kontingentem Merkmal unterschieden werden. Die Unterscheidungen entsprechen aber einander nicht. Die Tatsache, daß Putnam die Revidierbarkeit des semantischen Markers zuläßt, darf nicht zur irrigen Meinung verleiten, die Zugehörigkeit zu einer natürlichen Art sei nach ihm kontingent. Andererseits darf die Tatsache, daß Putnam bestimmte Merkmale als *obligatorisch* für den Stereotyp ansieht, nicht zur irrigen Meinung verleiten, diese Merkmale seien für die Exemplare der Art notwendig. Was obligatorisch zum Stereotyp gehört, ist kein notwendiges Merkmal für die Zugehörigkeit zur Art. Das Gestreift-Sein z.B. gehört obligatorisch zum Stereotyp "Tiger", d.h. aber nicht, daß es eine notwendige Eigenschaft für das Tiger-Sein wäre.

Kripke und Putnam spüren immer wieder Gründe auf für die Unterscheidung zwischen der epistemischen und der sogenannten "metaphysischen" Ebene. Wenn diese Gründe tatsächlich stichhaltig sind, so wird das rein sprachanalytische Prinzip, auf dem von den hier besprochenen Autoren Tugendhat am konsequentesten beharrt, fraglich. Fraglich wird vornehmlich die rein sprachanalytische Umschreibung der Rolle der sortalen Ausdrücke. Nach dem sprachanalytischen Prinzip werden durch die sortalen Ausdrücke letztlich nicht nur die hinreichenden und notwendigen Merkmale für die Zugehörigkeit zu einer Sorte, sondern auch die *Identitäts*bedingungen für deren Einzeldinge *bestimmt*. Durch die Prinzipien, welche durch sortale Ausdrücke vermittelt werden, wird z.B. nach Carl *festgelegt*, "...welche Eigenschaften von Dingen dazu dienen sollen, eine Art von Dingen zu definieren... Jenes Prinzip legt ganz allgemein fest, welche Eigenschaften dieser Dinge eine Identität oder eine Verschiedenheit von Arten, zu denen Dinge gehören, begründen."[85] Durch das sprachliche Prinzip soll festgelegt werden, welche Eigenschaften für die Zugehörigkeit zu einer Art ausschlaggebend und notwendig sind; welche Eigenschaften, mit anderen Worten, Identität und Verschiedenheit begründen. Aufgrund der wissenschaftstheoretisch realistischen Überlegungen Putnams und Kripkes muß aber gesagt werden, daß die verschiedenen Identitäts- und Identifizierungskriterien, die der durchschnittliche Sprecher mit sortalen Ausdrücken verbindet, lediglich *Hilfen* für erfolgreiches Referieren auf Gegenstände sind. Welche Eigenschaften aber *tatsächlich* für die Zugehörigkeit zu einer natürlichen Art *notwendig* sind, ist nicht sprachlich bedingt und ist nicht auf sprachliche Konventionen zurückzuführen. Die Identitätsprinzipien z.B., die mit einem bestimmten sortalen Ausdruck gekoppelt sind und die somit jeder beherrscht, der den Ausdruck erworben hat, dürfen nicht mit den sogenannten "metaphysischen" Identitätsprinzipien für die Individuen der Art verwechselt werden. In vielen Fällen wird man nicht wissen oder noch nicht wissen, worin sie bestehen, und selbst wenn man meint, man habe sie erfaßt, wird man sich immer noch täuschen können. Was für die Identität eines Tigers z.B. ausschlaggebend, ja notwendig ist, kann uns vielleicht - wenn überhaupt - ein Zoologe sagen, der die Ergebnisse der zoologischen und genetischen Forschungen kennt. Was uns der durchschnittliche Sprecher darüber zu sagen weiß, betrifft nur einige wenige Oberflächenmerkmale.

Kripke, Donnellan und Putnam berufen sich in ihrer Kritik der rein sprachanalytischen Position auf vortheoretische Einstellungen des durchschnittlichen Menschen. Ähnlich geht auch Wiggins vor, der zwar die sprachanalytischen Impulse und Ergebnisse zum Problem der Identifizierung von Gegenständen zu verwerten weiß, aber gleichzeitig das realistische Anliegen des praktischen Wissenschafters und des Menschen auf der Straße nicht unter den Tisch wischen will. Sein Anliegen ist es, die zwei Ansätze in ihrer *Komplementarität* zur Geltung zu bringen.

85 C. 98. Vgl. Abschnitt 1.6.

3.5.3 Wiggins über die sortalen Ausdrücke: Identitäts-, Kontinuitäts- und Existenzbedingungen

Die Prinzipien und Kriterien, die mit einem sortalen Ausdruck gekoppelt sind, ändern sich und sind vom jeweiligen Wissen der Sprechergemeinschaft abhängig[86]. Die Vorstellungen über die normalen Individuen einer Sorte sind letztlich auch von den wissenschaftlichen Untersuchungen und Theorien abhängig, sie sind somit variabel, und dementsprechend ist auch die Bedeutung der sortalen Ausdrücke im engen Sinn variabel. Die Relativität und Theorieabhängigkeit der sortalen Ausdrücke impliziert allerdings nicht - wie anhand der Überlegungen Kripkes, Donnellans und Putnams klar wurde - eine entsprechende Variabilität ihrer Referenz. Was Wiggins über die sortalen Terme sagt, kann zwar rein sprachanalytisch verarbeitet werden[87]; gerecht wird man Wiggins allerdings nur dann, wenn man das von ihm Gesagte im Sinne Kripkes und Putnams deutet: Die Prinzipien, die der durchschnittliche Sprecher als gekoppelt mit einem von ihm erworbenen sortalen Term kennt, sind nämlich auch nach Wiggins lediglich als epistemische Prinzipien zu betrachten. Würden diese Prinzipien leichtsinnigerweise mit den von Kripke und Putnam als "metaphysisch" bezeichneten gleichgesetzt werden, würde man schwer mit der Möglichkeit von Irrtümern in bezug auf die Zugehörigkeit zu einer Sorte oder natürlichen Art zu Rande kommen. Es ist nämlich offensichtlich, daß sich nicht nur einzelne Sprecher, sondern auch ganze Sprechergemeinschaften über die Zugehörigkeiten zu natürlichen Arten täuschen können. Wiggins versucht zudem ausdrücklich aufzuweisen, daß die tatsächlichen Identitäts-, Existenz- und Kontinuitätsbedingungen eines Individuums von dem abhängig sind, *was* es ist, d.h. letztlich von seiner Sorte. Ob und wie ein Individuum über längere Zeitabstände *dasselbe* bleibt, wie und wann es aufhört zu *existieren* und wie seine *Kontinuität* in Raum und Zeit gewährleistet ist, das alles hängt von der Sorte des Individuums ab. *Was* ein Individuum ist, ist allerdings nicht auf beliebige sprachliche Konventionen zurückzuführen: "...it is excluded that anything can be just *anything*." (SS. 105)[88] Jeder Sprecher, der die Terme "Tiger", "Hase" usw. erworben hat, kennt nicht nur deren Stereotypen (in Putnams Terminologie), sondern auch die damit gekoppelten Identitäts-,

86 Vgl. die Ausführungen zum Fregeschen Sinn und zum identifizierenden Wissen nach Strawson: Abschnitte 1.5.1ff und 1.6.4f.
87 Vgl. z.B., wie Tugendhat Wiggins rezipiert: T. 409-412.419-421.
88 D. Wiggins, Sameness and Substance. Oxford 1980. Kurztitel: SS.

Existenz- und Kontinuitätsbedingungen. So wie aber Merkmale, die obligatorisch für den Stereotyp sind, nicht verwechselt werden dürfen mit den notwendigen Eigenschaften der Art, so dürfen die oben genannten Bedingungen nicht leichtsinnigerweise mit den *tatsächlichen* ("metaphysischen") Identitäts-, Existenz- und Kontinuitätsbedingungen der Art verwechselt werden[89]. In bezug auf die tatsächlichen Bedingungen kann man sich nämlich täuschen.

Schon Geach hat aufzuzeigen versucht (RG. 38-46), inwiefern Identitätsaussagen der Form "a = b", sollen sie begriffen werden, ergänzt gehören durch die Angabe, *als was* a und b identisch sind, d.h. $a \overset{f}{=} b$: a ist dasselbe f wie b, oder a ist als f mit b identisch ("f" ist hier Platzhalter für sortale Ausdrücke). Wiggins übernimmt diese These und nennt sie These der sortalen Abhängigkeit der Identität. Er schränkt allerdings die Beliebigkeit von f, ihre Konventionalität, die Geach gelten läßt, ein. Als was a mit b identisch ist, ist nicht von sprachlichen Konventionen abhängig. Die Identität von a und b hängt von der Art oder Sorte ab, der sowohl a als auch b angehören, d.h. von dem ab, *was* sie sind: "...the *elucidation* of the identity 'a = b' depends on the kind of thing that a and b are." (SS. 48) Durch die These der "Sortal Dependency of Identity" bringt Wiggins die Abhängigkeit der über Zeitspannen hinweg dauernden Identität von der Art des jeweiligen Individuums zum Ausdruck. Wenn Wiggins von Identität spricht, so ist damit nicht primär die Identität zu ein und demselben Zeitpunkt, sondern zu verschiedenen Zeitpunkten gemeint. Individuen bleiben dieselben, d.h. mit sich identisch über verschiedene Zeitpunkte hinweg, obwohl sie sich ändern. Die Koinzidenz aller Eigenschaften ist somit keine adäquate Explikation für diese weit gefaßte Identität: a kann nämlich mit b auch dann noch identisch sein, wenn a in gewissen Eigenschaften von b divergiert. Die Koinzidenz, die durch die Identitätsaussage ausgedrückt wird, ist keine Koinzidenz der Merkmale; worin sie besteht, das hängt von der Sorte von a und b ab: "a is the same as b; or a coincides with b under f, i.e. coincides with b in the manner of coincidence required for members of f, ..." (SS. 48) Wiggins will seine These der sortalen Abhängigkeit der Identität allerdings nicht so verstanden wissen, daß jeder Sprecher, der eine Identitätsaussage behauptet, in der Lage sei, explizit anzugeben, von welchem Sortal die Identität abhängt. Er ist nicht verpflichtet, das jeweilige Sortal anzugeben: "All that a man who says that a is b commits himself to is that a and

89 Diese Unterscheidungen können in Zusammenhang gebracht werden mit der Unterscheidung Lockes und der Scholastik zwischen Nominal- und Realessenz.

b are the same *something*..." (SS. 48) Selbst wenn Wiggins von Identitäts*kriterien* spricht, die er in sortale Abhängigkeit bringt, meint er damit nicht bestimmte Verfahrensweisen, durch die effektiv von den einzelnen Sprechern festgestellt werden könnte, daß a mit b identisch ist: "Some philosophers have used 'criterion' to mean 'way of telling' or 'conceptually determined way of telling'. Where they have meant this, there is contrast with my theory." (SS. 53) Identitätsprinzipien und -kriterien sind davon abhängig, *was* die einzelnen Individuen sind; das heißt allerdings nicht, daß jeder einzelne Sprecher, der Identitäten behauptet, die Prinzipien und Kriterien kennen müßte. Diese Relativierung der Kompetenz der einzelnen Sprecher kann in Zusammenhang gebracht werden mit dem, was bisher zu den referentiellen Akten durch Eigennamen und Art-Bezeichnungen gesagt wurde: Um auf Einzelgegenstände referieren zu können, braucht es nicht die Fähigkeit, diese auch zu identifizieren. Sprecher können auf natürliche Substanzen und Arten referieren, ohne dabei fähig zu sein, adäquat festzustellen, was zur jeweiligen Substanz und Art gehört und was nicht. Ähnliches sagt Wiggins von den Identitäts-, Kontinuitäts- und Existenzbedingungen der Individuen der natürlichen Arten. All diese Bedingungen oder Prinzipien sind von dem abhängig, was die Art der Individuen ist; diese ausfindig zu machen, übersteigt allerdings die Kompetenz der einzelnen Sprecher.

Wiggins bringt seine Überlegungen in Zusammenhang mit der aristotelischen Frage, *was* etwas ist. Die Antworten auf diese Frage fallen in die Kategorie der Substanz. Was die Substanz eines Dinges in der aristotelischen Tradition angibt, das gibt nach Wiggins auch die Sorte des Dinges an oder den "sortalen Begriff", unter den das Ding fällt. Jemand, der die Frage, was etwas sei, richtig beantwortet, muß allerdings nicht in der Lage sein, dessen Identitätskriterien explizit zu beherrschen. Die Beantwortung der Frage vermittelt als solche noch nicht Tests, durch die die Identitätsfragen konkret gelöst werden könnten. Die Beantwortung der Frage bezieht sich allerdings auf etwas, von dem die Tests *abhängig* sind, nämlich auf die Sorte des jeweiligen Dings. Die Frage bezieht sich auf das sogenannte "organisierende Prinzip", von dem auch die Beantwortung der Frage nach der Identität, Kontinuität und Existenz abhängig ist:

> The Aristotelian *what is it* question does both less and more than provide what counts as evidence for or against identity. It does less because it may not suggest any immediate tests at all. It does more because it provides that which *organizes* the tests or evidence, and that which has been wanted by whoever has asked for a criterion of identity in the sense that Frege did. (SS. 53)

Weiß ein Sprecher oder eine Sprechergemeinschaft, *was* ein Individuum ist, so gibt dieses Wissen auch einen Weg an, adäquate Identitätstests zu finden. Die konkreten Tests sind zwar von verschiedenen Umständen abhängig, sie bleiben aber durch die Sorte des Dings bestimmt. Und umgekehrt, hat ein Sprecher oder eine Sprechergemeinschaft eine bestimmte Menge von Identitätskriterien und -tests, so können diese zurückgeführt werden auf die Sorte, für deren Exemplare und Individuen sie Kriterien und Tests sind. Ob von der Sorte oder von den Kriterien ausgegangen wird, sie hängen auf alle Fälle voneinander ab und bedingen sich wechselseitig. Inwiefern ein Individuum es selbst, d.h. mit sich selbst *identisch* bleibt, *wie* es in der Zeit fortdauert (persistence), *wann* es anfängt und aufhört zu existieren, das alles ist von dem abhängig, was die Sorte des Dinges ist, und umgekehrt: Die Sorte des Individuums ist von den Identitäts-, Kontinuitäts- und Existenzbedingungen abhängig. Sie können nicht auseinandergerissen werden (SS. 54f).

Was in den bisherigen Überlegungen zur Referenz in dieser Arbeit zu kurz gekommen ist, ist eine eingehende Besprechung dieser Zusammenhänge. In Quines skeptischen Bemerkungen über "Gavagai" sind zwar diese Probleme angeschnitten worden. Quine geht es allerdings lediglich darum aufzuzeigen, daß ein referentieller Term - zumindest prinzipiell - mit verschiedenen Identitätskriterien gekoppelt sein kann und daß davon das jeweilige Referenzobjekt abhängig ist. Ein Hase mit unseren gängigen Identitätskriterien ist nicht dasselbe wie ein alternativer Hase, der nur aus einer Phase oder aus einem zeitlichen Stadium eines Hasen besteht. Diese prinzipiell möglichen Alternativen in bezug auf Referenz werden von Wiggins aufgrund seines *realistischen* Standpunkts eingeschränkt. Was als ein Individuum und was als ein anderes zu gelten hat, wann ein Individuum anfängt und wann es aufhört zu existieren, ist nicht allein eine Frage der sprachlichen Konvention; es hängt von dem ab, was seine Sorte oder Art ist - ob wir es wissen oder nicht. Auf die Frage, was etwas sei, kann man zwar mit verschiedenen sortalen Ausdrücken antworten. Die Beliebigkeit ist aber eine begrenzte. Wäre sie unbegrenzt, so würden Fragen nach den Identitäts- und Existenzbedingungen trivial. Die Frage, wann ein Individuum einer bestimmten Sorte aufhört zu existieren, ist allerdings nicht trivial und keine rein sprachliche Angelegenheit.

> If one can invent sortal concepts at will, if he does not have to discover or validate against nature those that he invents, then the real content of the assertion that something lasted till t and then ceased to exist will be trivialized. (SS. 66)

Wenn die Verwendung der sortalen Ausdrücke tatsächlich beliebig sein sollte, so wären auch die Identitäts-, Kontinuitäts- und Existenzbedingungen für ein Individuum beliebig. Man tut sich zwar schwer, die Annahme, daß es so sei, überzeugend zu widerlegen. Man kann aber zumindest - Wiggins folgend - bestreiten, daß man im Alltag so denkt und handelt, als wären Identitäts-, Kontinuitäts-

und Existenzfragen beliebig zu beantworten. Unser "*present* way of thinking" ist ein anderer: "According to that, many things do definitly stop existing." (SS. 68) Nach der konventionalistischen Auffassung dürfte von einem Individuum immer nur relativ zu einem sortalen Ausdruck gesagt werden, es höre auf zu existieren; relativ zu einem anderen könnte es weiterexistieren. Wenn allerdings Sprachphilosophie nicht primär reformistisch sein soll, sondern zur Explikation dessen dienen soll, was im Alltag durch Sprache geschieht, so tut man sich schwer, besagte Auffassung beizubehalten. Um Wiggins' eigenes Beispiel aufzugreifen: Was soll von der biblischen Geschichte gehalten werden, nach der Lots Weib zu einer Salzsäule wurde? Könnten wir, um mit der sonderbaren Geschichte fertig zu werden, nicht einen neuen sortalen Ausdruck einführen, der mit neuen Identitäts- und Existenzbedingungen gekoppelt ist, nämlich "Weib-Säule"? Könnten wir dann nicht sagen, es handle sich um ein und dasselbe Individuum, das vor und nach dem Feuerregen existierte? Wiggins weist darauf hin, daß wir nicht so denken, als könnte man beliebig neue sortale Ausdrücke einführen, und zwar weder um die Existenz von Individuen zu verlängern noch zu verkürzen.

Wiggins gibt andererseits zu, daß es auch Ausdrücke gibt, die nur auf Phasen der Individuen zutreffen, die sogenannten "phased-sortals"[90]. In bezug auf die Geschichte von Lots Weib könnte man zwar prinzipiell mit dem neuen Ausdruck "Weib-Säule" operieren, aber:

> We do not at the moment think of matters like this, however. And we cannot, if we want to maintain the right sort of distinction between the true and the false. Enamoured as we are of this distinction, we want not to invent but to *discover* the answer to the question what is this entity in the story of Lot? (SS. 67)

Selbst wenn man die eingeschränkten, d.h. die "phased-sortals", ausscheidet, kann es dennoch auch für Wiggins viele verschiedene sortale Ausdrücke für ein und dasselbe Individuum geben. Von diesen verschiedenen Ausdrücken sagt allerdings Wiggins, daß sie sich in den damit gekoppelten Bedingungen der Identität, Persistenz und Existenz nicht widersprechen können, sie müssen "sortally *concordant*" sein (SS. 60.69). Wiggins nimmt auch an, daß es in bezug auf gewisse

90 Von den sortalen Ausdrücken im vollen Sinn müssen nicht nur diejenigen abgehoben werden, die keine individuative Kraft haben wie "Ding", "Gegenstand", sondern auch die *eingeschränkten* sortalen Ausdrücke, die nur auf Phasen oder Momente der Geschichte eines Individuums zutreffen: "This is the distinction between predicates that are such that they apply at every moment of an entity's life-span - e.g. 'man', 'horse', 'tree', - and predicates that faile this test, e.g. 'boy'." (SS. 64)

Arten definitive Antworten auf Identitäts-, Kontinuitäts- und Existenzfragen gibt:

> ...at least some identy and persistance questions about the substances we have experience of do have definite or discoverable answers; and, at least within the ontology of changeable Aristotelian continuants to which so many of these familiar things belong, there are, for instance, many things that have *definitely ceased to exist.* (SS. 65)

Wo es die Antworten nicht gibt, können sie - zumindest prinzipiell - gefunden werden: Sie werden allerdings nicht durch Konventionen herbeigeführt, sondern durch empirische Forschungen. Was Wiggins in bezug auf die Identitäts-, Kontinuitäts- und Existenzbedingungen einer Art sagt, kann in Korrespondenz gesetzt werden zu dem, was Putnam über die natürlichen Arten sagt. Die Bedingungen für die Zugehörigkeit zur Art sind nicht auf sprachlich klar normierte Konventionen zurückzuführen; sie ergeben sich aus empirischen Forschungen. In bezug auf sie kann sich der einzelne Sprecher oder sogar die ganze Sprechergemeinschaft täuschen. Das Wissen über die jeweilige Sorte oder Art kann mehr oder weniger fortgeschritten sein, daher wird es auch Fälle geben, in denen die Beherrschung (die Kenntnis) der Identitäts-, Kontinuitäts- und Existenzbedingungen noch nicht zufriedenstellend ist; danach wird und muß auch geforscht werden. Die Bedingungen sind letztlich von den für die Extension der Art maßgeblichen "lawlike principles" oder - in Putnams Terminologie - von ihrer "Tiefenstruktur" oder "Natur" abhängig:

> For the name to stand for a natural kind, everything depends on whether there is some nomological grounding for what it is to be of the kind. If there is, and if the predicate is worthy to survive as a natural kind term, then the holding of the relevant principles is nothing less than constitutive of its exemplification by its instances. (SS. 80)

Wiggins weicht grundlegend von der konventionalistischen und positivistischen Tradition ab. Es ist zwar fraglich, wie weit man - Wiggins folgend - von Prinzipien und Identitäts-, Kontinuitäts- und Existenzbedingungen so sprechen kann, als wären sie *vorgegebene*, von uns zu entdeckende Größen. Das Anliegen Wiggins kann und soll aber dennoch berücksichtigt werden; es betrifft die Funktionsweise der sortalen Ausdrücke. Die Feststellung der erwähnten Bedingungen ist, wie Wiggins aufweist, keine rein sprachliche Angelegenheit. Sie ergeben sich aus empirischen Forschungen über die natürlichen Arten, auf die sich die sortalen Ausdrücke beziehen. Sie werden nicht in der einfachen Form von hinreichenden und notwendigen Bedingungen, sondern durch mehr oder weniger komplexe Theorien wiedergegeben. Aufgrund seiner wissenschaftstheoretisch realistischen Einstellung sieht Wiggins diese Theorien gleichzeitig als Darlegungen und Erklärungen dessen, was es heißt, ein Element einer bestimmten Art zu sein, d.h. letztlich, *was* diese Art oder Sorte ist. Da diese Darlegungen in Form von Theorien mehr oder weniger adäquat, ja selbst falsch sein können, spricht Wiggins auch von "...*stages* in the unfolding of what it is to be an f" (SS. 83). Der Sinn oder die engere Bedeutung der Terme für natürliche Arten ist von den verschiedenen Stufen dieser Forschungsprozesse geprägt; er ist und bleibt nicht stets derselbe. So wie aber ihre Referenz fix bleibt, obwohl sich die einzelnen Sprecher oder Sprechergemeinschaften in bezug auf sie irren können, so sind auch die für die Mitglieder ihrer Extension maßgeblichen Identitäts- und Existenzbedingungen insofern fix, als sie für die jeweilige Art vorgegeben sind: Wann ein Individuum einer bestimmten Art aufhört es selbst zu sein, d.h. aufhört zu existieren, hängt von den übrigen Bestimmungen ab, die typisch für die Art sind. Wiggins nennt diese deshalb auch "lawlike principles", insofern von ihnen die Weise des Wachstums, der Abnahme und der Tätigkeiten der Individuen der jeweiligen Art abhängig sind. Sie sind auch diejenigen, die die Individuen einer bestimmten Art miteinander verbinden oder sie in der einen Art zusammenhalten. Sie gilt es, ausfindig zu machen, und von ihnen sind auch die anderen Bedingungen abhängig:

> So soon as we find that [= what holds the extension together], we also find lawlike norms of starting to exist, existing, and ceasing to exist by reference to which questions of the identity and persistence of individual specimens falling under a definition can be arbitrated. (SS. 86)

Der jeweilige sortale Ausdruck, mit dem die Frage, was etwas sei, beantwortet wird, bringt das jeweilige Wissen über die Bestimmungen, die für die Art typisch sind, zum Ausdruck. Das jeweilige Wissen prägt den Sinn bzw. die Bedeutung. Die Identitäts-, Kontinuitäts- und Existenzbedingungen, die aufgrund eines ganz bestimmten Wissens in einer Sprechergemeinschaft mit dem jeweiligen sortalen Ausdruck gekoppelt sind und damit vermittelt werden, dürfen allerdings nicht mit den tatsächlichen Bedingungen der jeweiligen Art verwechselt werden: Die epistemische Ebene muß im Sinne Kripkes und Putnams von der "metaphysischen" auseinandergehalten werden.

4 Referenz und Modalität

Die These der *starren* Referenz der Eigennamen und der Terme für natürliche Arten und Substanzen setzt voraus, daß es sinnvoll ist, Modalitäten (Notwendigkeit und Möglichkeit) im "metaphysischen" Sinn Kripkes zu postulieren. Die Sinnhaftigkeit dieser Postulierung und der damit zusammenhängenden Unterscheidung zwischen notwendigen und kontingenten Merkmalen von Individuen ist umstritten. Der traditionelle sprachanalytische Standpunkt zum Problem der Modalitäten geht davon aus, daß die Rede von Notwendigkeit und Möglichkeit *nur* in bezug auf sprachliche Gebilde oder - läßt man sie zu - in bezug auf Propositionen sinnvoll ist. Verwendet man also die Modaloperatoren "notwendigerweise" und "möglicherweise", so gehören sie an den Anfang von Sätzen. Daß ein Satz notwendigerweise wahr ist, kann aufgrund von Analytizität oder logischer Wahrheit gedeutet werden. Der Umgang mit Modaloperatoren bereitet somit unter der sprachanalytischen Voraussetzung keine allzu großen Schwierigkeiten. Sollte ein Modaloperator innerhalb eines Satzes vorkommen, so muß er hinausversetzt werden, so daß sein Skopus nicht ein Prädikat, sondern ein ganzer Satz ist. Wenn das immer möglich ist und wenn man gute Gründe hat, Modaloperatoren lediglich am Anfang von Sätzen zu verwenden, so ist klar, daß "metaphysische" Unterscheidungen zwischen notwendig und kontingent im Sinne Kripkes keinen Ort mehr haben. Dann sind nämlich alle Modalitäten sprachliche oder "de dicto" Modalitäten. Sollten in unserer Rede Formulierungen vorkommen, die eine "de re" Deutung der Modalitäten voraussetzen, Redewendungen also, durch die Modaloperatoren auf Prädikate bezogen werden, so müssen diese "reformiert" werden. Tritt man für dieses reformistische Programm ein, so hat man auch zur sogenannten Barcan-Formel zu stehen $(x)\,(NFx) \rightarrow N(x)\,(Fx)$, die besagt, daß "de re" Modalitäten auf "de dicto" Modalitäten reduziert werden können[1]. Dieser traditionelle Standpunkt zum Problem der Modalitäten wird durch Überlegungen in Frage gestellt, die sich aus den Semantiken zur modalen Logik und der Analyse kontra-

1 Siehe Abschnitt 4.2.

faktischer Annahmen ergeben.

Die Analyse kontrafaktischer Annahmen und irrealer Aussagen, auf die sich Kripke und Donnellan stützen, legt die Unterscheidung zwischen dem nahe, was für ein Individuum notwendig, und dem, was für es nur kontingent ist. Durch kontrafaktische Annahmen nimmt man nämlich von Individuen an, sie seien unter bestimmten Rücksichten anders, als sie tatsächlich sind. Das ist allerdings nur dann möglich, wenn gleichzeitig von ihnen angenommen wird, daß sie trotz Änderung sie selbst bleiben - so wie ein Individuum sich im Laufe seiner Geschichte ändert, ohne dadurch seine Identität zu verlieren. Von besagten Autoren werden also die Merkmale, die für die Identität in Raum und Zeit eines Individuums notwendig sind, d.h. ohne die das Individuum nicht es selbst sein kann, von den Merkmalen abgehoben, denen diese Rolle nicht zukommt. Kripke beteuert, die Unterscheidung zwischen notwendigen bzw. wesentlichen und kontingenten Merkmalen sei entgegen dem, was die traditionelle Sprachanalyse dazu sagt, alles eher als unverständlich:

> ...jedenfalls ist es alles andere als zutreffend, daß diese Vorstellung (das heißt die Vorstellung, daß man sinnvoll der Meinung sein kann, daß eine Eigenschaft einem Gegenstand wesentlich oder akzidentell zukommen kann unabhängig von seiner Beschreibung) eine Vorstellung ohne intuitiven Gehalt ist, welche dem gewöhnlichen Menschen nichts sagt. (NN. 51)

Durch die Postulierung notwendiger Eigenschaften, die einem Individuum unabhängig von seiner Beschreibung zukommen, wird die Frage nach dem verpönten *Essentialismus* wieder aktuell. Ganz klar rückt diese Frage durch Wiggins Überlegungen in den Mittelpunkt. In seinen Erläuterungen zur These der sortalen Abhängigkeit der Identität verteidigt er eine Formel, die eindeutig essentialistisch ist, nämlich

(x)(Eg)(t) [(x existiert zu t)$\rightarrow$ (g(x) zu t)] (SS. 59)

In dieser Formel läuft "x" über dreidimensionale Individuen, "t" über Zeitpunkte und "g" über das, *was* das jeweilige Individuum ist[2], d.h. seine Sorte, seine Art, oder auch sein Wesen (Substanz im zweiten Sinn der aristotelischen Tradition). Wiggins sagt gefährlicherweise, daß "g", "f" usw. auch über "Begriffe" laufen (SS. 6). Das darf allerdings nicht mißverstanden werden: damit meint er dasjenige, worauf man sich durch die Beantwortung der Frage, was etwas sei, bezieht: "...'g', 'f' range over individuative or articulative concepts which 'devide their reference' and answer to the question *what is* x?" (SS. 59) Durch die erwähnte

2 Siehe Abschnitt 3.5.3.

Formel wird behauptet, daß es für jedes Individuum zu allen Zeiten seiner Existenz *etwas* gibt ('g'), was das Individuum *ist*. Auf dieses Etwas bezieht man sich nach Wiggins durch sortale (Substanz-)Ausdrücke. Von dem, was ein Individuum ist, hängen - wie gesehen - seine Identitäts-, Kontinuitäts- und Existenzbedingungen ab.

Der Essentialismus drängt sich auch dann auf, wenn man unabhängig von den Überlegungen, die sich aus semantischen Referenztheorien und realistisch gefärbten wissenschaftstheoretischen Positionen ergeben, ganz einfach modallogische Formeln, durch die in modale Kontexte hineinquantifiziert wird, akzeptiert. Läßt man nämlich Formeln zu, die im Skopus eines Quantors Modaloperatoren wie "notwendigerweise" oder "möglicherweise" haben, so ist man verpflichtet, diese zu den Prädikaten zu rechnen, die von Gegenständen aus dem jeweiligen Individuenbereich erfüllt werden können. Man ist m.a.W. verpflichtet, zur Unterscheidung zwischen notwendigen und kontingenten Bestimmungen zu stehen. Quine lehnt diese Unterscheidung als unverständlich ab und muß somit konsequenterweise auch die Quantifikation in modale Kontexte ablehnen:

> ...the way to do quantified modal logic, if at all, is to accept Aristotelian essentialism. To defend Aristotelian essentialism, however, is not part of my plan. Such a philosophy is as unreasonable by my lights as it is by Carnap's or Lewis'. And in conclusion I say, as Carnap and Lewis have not: so much the worse for quantified modal logic. (LPV. 156)[3]

Das Verständnis für die Unterscheidung zwischen notwendigen und kontingenten Eigenschaften wird allerdings erleichtert, wenn sie mit Erläuterungen gekoppelt wird, die sich aus den neueren Semantiken ergeben, zumal den Kripke-Semantiken.

Von den philosophischen Thesen für und wider die Unterscheidung zwischen notwendigen und kontingenten Eigenschaften sagt Linsky, daß sie lediglich "within the framework of a clear semantics" adäquat eingeschätzt werden können[4]. Semantische Überlegungen als solche lösen zwar keine philosophischen Probleme, sie können aber für deren Lösung hilfreiche Dienste leisten. Auf diese Überlegungen soll nun eingegangen werden, an erster Stelle auf die Überlegungen, die sich

3 W.v.O. Quine, Reference and Modality, in: LPV. 139-159. (Der deutsche Text, Bezeichnung und Modalität, in: Das Universalien-Problem. Hg. von W. Stegmüller. Darmstadt 1978, 165-187, ist die Übersetzung der 1. Auflage und stimmt mit der veränderten, hier angegebenen 2. Auflage nicht überein.)

4 L. Linsky, Reference, Essentialism, and Modality, in: Reference and Modality. Hg. von L. Linsky. Oxford 1971, 97f.

aus den Semantiken der sogenannten "möglichen Welten" ergeben. Durch die Redewendung "mögliche Welt" kann nämlich die These der starren Referenz und der "de re" Modalitäten klarer umrissen werden: Ein Term hat dann und nur dann starre Referenz, wenn er in allen möglichen Welten dasselbe designiert oder dasselbe Referenzobjekt hat; eine Eigenschaft kommt einem Individuum notwendig dann und nur dann zu, wenn sie ihm in allen möglichen Welten zukommt, in denen es überhaupt existiert.

4.1 Die Redewendung "mögliche Welt"

Die Redewendung "mögliche Welt" wird im Zusammenhang mit *semantischen*[5] Überlegungen von den Autoren, je nach philosophischem Standpunkt, *verschieden* verwendet und gedeutet, zum Teil ganz abgelehnt[6]. Was besonders den Verdacht erregt, es handle sich dabei um *sinnloses* Gerede, ist die durch die Redewendung "mögliche Welt" insinuierte Voraussetzung, es gäbe neben der existierenden Welt noch andere Welten, die zwar möglich, aber nicht aktuell sind. Quine warnt vor den "Slums der Möglichkeiten", die eine "Brutstätte verdächtiger Elemente" darstellen[7]. Quine kann in seinen Warnungen als Sprachrohr jener angesehen werden, die davor zurückschrecken, in ihren philosophischen Überlegungen auf Gegenstände zu rekurrieren, die es nicht gibt. Nicht existente Gegenstände haben nämlich keine Identitätskriterien: Identität ist auf sie nicht anwendbar. Man

5 Die Redewendung "mögliche Welt" wird im Zusammenhang mit Überlegungen zur *Gültigkeit* von Formeln in *modalen* Systemen verwendet. Die Gültigkeit einer Formel ist nämlich keine Struktureigenschaft der Formel selbst: sie ergibt sich nicht aus der Ableitbarkeit im System, obwohl in allen vollständigen Systemen eine Formel dann und nur dann ableitbar ist, wenn sie auch gültig ist. Um die Gültigkeit in den Griff zu bekommen, reichen rein syntaktische Überlegungen und Untersuchungen nicht aus. Dafür müssen die *Bedeutungszuweisungen* oder die Bewertungen der Formeln berücksichtigt werden. In den Aussagenkalkülen ist diese Zuordnung einfach: die Bewertungsfunktion ordnet jeder Aussagenvariable bzw. jedem Aussageschema einen von zwei Werten zu, 1 oder 0, intuitiv: Wahrheit oder Falschheit. Komplexer ist die Zuordnung in den Prädikatenkalkülen, weil dort die Individuen des jeweiligen Individuenbereichs berücksichtigt werden müssen. Gültigkeit kann auf alle Fälle als die Eigenschaft gefaßt werden, die einer Formel dann zukommt, wenn aufgrund *aller* Zuordnungen oder Bewertungen ihr Wert immer Wahrheit ist.

6 Siehe z.B. U. Blau, Die dreiwertige Logik der Sprache. Ihre Syntax, Semantik und Anwendung in der Sprachanalyse. Berlin 1978, 122f.

7 W.v.O. Quine, Was es gibt, in: Das Universalien-Problem. Hg. von W. Stegmüller. Darmstadt 1978, 105.

kann z.B. die dicken und kahlen, möglichen aber nicht aktualisierten Männer in einem Raum nicht zählen. Derlei Einwände scheinen auch gegen die Verwendung der Redewendung "mögliche Welt" angebracht. Der Unsinnigkeitsverdacht darf allerdings nicht zu früh auf die Unsinnigkeit der semantischen Überlegungen zu den modalen Systemen übertragen werden; man könnte dabei das Kind mit dem Bade ausschütten. Selbst Quine, der bekanntlich die Quantifikation in modale Kontexte ablehnt, verwendet die Redewendung "mögliche Welt". Quine lehnt zwar die Existenz und das Reden von Propositionen ab, denn auch sie haben keine Identitätsbedingungen. Quine beschäftigt sich aber mit dem Problem des *Gehalts* oder der "objektiven Information" eines Satzes. In diesem Zusammenhang spricht auch er ausnahmsweise von Propositionen und möglichen Welten: Zwei Sätze drücken nach ihm dieselbe Proposition dann aus, wenn sie in denselben möglichen Welten wahr sind[8]. Selbst Quine also, der im Umgang mit Modalitäten äußerst vorsichtig ist, rekurriert auf mögliche Welten. Nach seiner Bestimmung ist eine mögliche Welt eine Anordnung von Elementarteilchen in der gesamten Raum-Zeit (ibid.).

Verwendet man die Sprache des Traktats, so wird man mit Kutschera eine mögliche Welt zunächst als eine Menge von Sachverhalten umschreiben können.

> Wie unsere Welt nach Wittgenstein "alles ist, was der Fall ist", d.h. die Menge der tatsächlich bestehenden Sachverhalte, so ist eine mögliche Welt nichts anderes als eine Menge möglicher Sachverhalte. Wenn...man über mögliche Welten redet, so redet man über mögliche Sachverhalte, d.h. über Sachverhalte, die entweder bestehen oder bestehen können, wenn die Welt anders aussähe, als es der Fall ist.[9]

Plantinga versucht auf ähnliche Weise, eine mögliche Welt als einen *maximalen* Sachverhalt zu bestimmen. Er beruft sich zunächst auf Leibniz und sagt, die erste Antwort auf die Frage, was eine mögliche Welt sei, ist: "...it is a way things could have been; it is a way the world could have been; it is a possible state of affairs of some kind."[10] Dann aber bestimmt er eine mögliche Welt als einen Sachverhalt, der maximal[11] ist. Auch die aktuelle Welt ist ein maximaler Sachverhalt: Er unterscheidet sich von anderen maximalen Sachverhalten lediglich dadurch, daß er besteht. Werden mögliche Welten im Sinne Plantingas umschrieben, so unterscheiden sie sich klarerweise von vollständigen Berichten (Jeffrey)[12]

8 W.v.O. Quine, Philosophie der Logik. Stuttgart 1973, 12.

9 F.v. Kutschera, Einführung in die intensionale Semantik. Berlin 1976, 23.

10 A. Plantinga, The Nature of Necessity. Oxford 1974, 44.

11 Ibid. 45.

12 "So sind mögliche Welten vollständige widerspruchsfreie Berichte, welche selbst Mengen von Sätzen sind." R.C. Jeffrey, Logik der Entscheidungen. Wien 1967, 264.

oder von Zustandsbeschreibungen (D. Lewis)[13]. Maximale Sachverhalte sind nicht gleichzusetzen mit vollständigen Berichten oder Zustandsbeschreibungen, sondern mit dem, was diese Beschreibungen, würden sie wahr sein, wahr machte.

Mögliche Welten im Sinne Plantingas können auch nicht mit *Modellen*[14] eines Systems oder einer Sprache gleichgesetzt werden. Ein Modell besteht nämlich lediglich aus Bewertungen sprachlicher Gebilde. Demgegenüber ist eine mögliche Welt dasjenige, was die jeweilige Zuordnung von Wahrheit rechtfertigen würde, wären die Sätze, die bewertet werden, tatsächlich wahr.

Es ist problematisch, von Sachverhalten zu sprechen, die nicht bestehen, die aber bestehen könnten; es ist deshalb problematisch, weil es sie nicht gibt und sie daher nicht anderen, die es gibt, gegenübergestellt werden können. Umso problematischer ist die Rede von Sachverhalten, die maximal sein sollen. Dabei wird sogar etwas postuliert, was über die Ontologie des Traktats hinausgeht, nämlich Beziehungen der logischen Kompatibilität oder Inkompatibilität (Inklusion und Exklusion) der Sachverhalte untereinander. Was in der Rede von möglichen Welten besonders problematisch zu sein scheint, ist die darin vorkommende Relativierung oder Indexikalisierung der Bestimmung "aktuell". Aktuell ist *für uns* unsere Welt; für die Einwohner einer alternativen möglichen Welt hingegen ist die aktuelle Welt nicht die unsere, sondern die ihrige. Kritik gegen einen übertriebenen Realismus in der Rede von möglichen Welten ist daher angebracht:

> ...talk of possible worlds...cries out for further analysis. There *are* no possible worlds except the actual one, so what are we up to when we talk about them?
> J.L. Mackie[15]

> The whole idea of possible worlds (perhaps laid out in space like raisins in pudding) seem ludicrous.
> L. Powers[16]

> ...there are no such huge things as *the* actual world or *the* collection of all possible worlds.
> V. Rantala[17]

Wer allerdings die alltägliche hypothetische und kontrafaktische Rede des durchschnittlichen Menschen ernst nimmt, kann nicht umhin, auch das Anliegen ernst

13 Vgl. D. Lewis, Konventionen. Eine sprachphilosophische Abhandlung. Berlin 1975, 210f.
14 Vgl. zum Ausdruck "Modell" Anm. 28.
15 Zitiert nach R.C. Stalnaker, Possible Worlds, in: Noûs 10 (1976) 65.
16 Ibid.
17 V. Rantala, Possible Worlds and Formal Semantics, in: Essays in Honour of Jaakko Hintikka. Hg. von E. Saarinen, R. Hilpinen, I. Niiniluoto und M.P. Hintikka. Dordrecht 1979, 182.

zu nehmen, das mit der Verwendung der Redewendung "mögliche Welt" gekoppelt ist. Menschliche Wesen beziehen sich durch ihre Rede nicht nur auf das, was der Fall ist, sie fragen auch nach dem, was sein könnte, wenn die Welt unter bestimmten Rücksichten anders verlaufen wäre. Sie fragen nach der Zukunft und unterscheiden zwischen dem, was notwendigerweise, und dem, was nicht notwendigerweise eintreffen wird. Durch die Redewendung "mögliche Welt" soll diese Art zu sprechen und zu fragen expliziert werden. Einwände gegen derartige Explizierungen beruhen oft auf der irrigen Annahme, der Rekurs auf mögliche Welten impliziere einen unhaltbaren Realismus, oder auf sonstigen Mißverständnissen. Quines Einwand gegen die Postulierung möglicher Gegenstände z.B. ist als solcher noch kein Einwand gegen das Sprechen von möglichen Welten, sondern primär ein Einwand gegen die *Vermengung* von möglichen mit aktuellen Gegenständen in ein und derselben Welt. Darauf macht Lewis[18] aufmerksam. Es soll zwar hier nicht Lewis' Deutung der möglichen Welten als ganze übernommen werden, wohl aber sein Hinweis, daß in ein und derselben Welt nicht Aktuelles mit Möglichem vermengt werden darf, und sein Glaube an die Sinnhaftigkeit einer in ihrem Realismus gemäßigten Form von Semantik der möglichen Welten, denn "It is uncontroversially true that things might be otherwise than they are. I believe, and so do you, that things could have been different in countless ways"[19]. Dementsprechend lehnt zwar auch Stalnaker einen extremen Realismus in bezug auf mögliche Welten ab, er nimmt sich daher vor, eine gemäßigte Form davon zu verteidigen; sie sei für eine Theorie über die *Aktivitäten* vernunftbegabter Lebewesen erforderlich. Es geht ihm also darum,

> ...to defend the coherence of a more moderate form of realism about possible worlds - one that might be justified by our common modal opinions and defended as a foundation for a theory about the activities of rational agents.[20]

Selbst Kripke ist weit davon entfernt, einen übertriebenen Realismus in bezug auf mögliche Welten zu vertreten. Auch für ihn sind mögliche Welten keine vorgegebenen Komplexe von Entitäten, die man entdecken könnte: "Eine mögliche Welt ist kein fernes Land, auf das wir stoßen oder das wir durch ein Fernrohr betrachten." (NN. 54) Sollte die Terminologie der "Welten" den Leser zur irrigen Auffassung verleiten, es seien damit ferne Planeten gemeint, so tritt Kripke für die Vermeidung des Ausdrucks "mögliche Welt" ein:

18 D. Lewis, Counterfactuals. Oxford 1973, 87.
19 Ibid. 84.
20 R.C. Stalnaker, Possible Worlds, in: Noûs 10 (1976) 67.

> Wenn man weiterhin die 'Weltangst' und die philosophischen Verwirrungen vermeiden möchte, die viele Philosophen mit der Terminologie der 'Welten' verbunden haben, dann möchte ich den Vorschlag machen, daß die Ausdrücke 'möglicher Zustand (oder Geschichte) der Welt' oder 'kontrafaktische Situation' vielleicht besser sind. (NN. 23)

Durch solche Formulierungen käme man den tatsächlichen modalen Redensarten im Alltag näher. Trotzdem möchte Kripke den Gebrauch des Ausdrucks "mögliche Welt" nicht zurückweisen. Anhand einer Analogie mit dem Würfelspiel legt Kripke dar, welche Auffassungen von möglichen Welten er ablehnt und welche er akzeptiert. Wenn man mit zwei Würfeln würfelt, hat man mit 36 möglichen Ergebnissen zu rechnen, d.h. mit 36 möglichen Zuständen der Würfel. Wirklich wird aber immer nur einer dieser Zustände.

> Nur eine dieser Miniwelten - diejenige, die der Weise entspricht, wie die Würfel nach dem Wurf tatsächlich lagen - ist die 'wirkliche Welt', doch sind die anderen von Interesse, wenn wir fragen, wie wahrscheinlich oder unwahrscheinlich das wirkliche Ergebnis war...(NN. 24)

Wenn man beim Würfeln mit 36 Möglichkeiten rechnet, so postuliert man keine zusätzlichen 35 Entitäten zu der Entität, d.h. zu dem Zustand der Würfel, der tatsächlich eintreffen wird. Die aktuelle Welt ist in diesem Fall der Zustand, der nach dem Würfeln tatsächlich eintrifft. Neben dieser gibt es keine andere, die irgendwo im Niemandsland in einem übertragenen Sinn existieren würde. Dennoch ist es sinnvoll, mit den anderen 35 möglichen Zuständen zu rechnen, und selbst nach dem Wurf, wenn man über die Wahrscheinlichkeit des Ausgangs nachdenkt, ist es noch sinnvoll, über die nicht verwirklichten Zustände zu sprechen. Anhand dieses Beispiels mit den Würfeln greift Kripke auch jene Ansichten an, nach denen Überlegungen zur Semantik der möglichen Welten gekoppelt sein müssen mit *epistemischen* Überlegungen, d.h. mit der Frage nach den Identifizierungskriterien für Individuen in anderen möglichen Welten. Menschen, die diese Auffassungen vertreten, gehen davon aus, daß der jeweilige Sprecher, der ein Individuum von der aktuellen Welt in eine alternative verfolgt, ein *Identifizierungs*kriterium für das Individuum in der anderen Welt braucht, denn sonst kann er nicht wissen - so das Argument -, über welches Individuum in der alternativen Welt er spricht[21]. "Mit welchem Recht sprechen wir davon, daß Individuen in

21 Vgl. R.M. Chisholm, Identity Through Possible Worlds: Some Questions, in: Noûs 1 (1967) 1-8;
J. Hintikka, Semantik für Positionsaussagen, in: Studien zur Semantik. Hg. von S. Kanngiesser und G. Lingrün. Kronberg 1974, 61-97;
R.P. Purtill, About Identity Through Possible Worlds, in: Noûs 2 (1968) 87ff.

den verschiedenen Welten *identisch* sind? Dies ist das Problem, an dessen Lösung wir uns machen müssen." (Hintikka)[22] Dieses Problem ist nach Kripke allerdings ein Pseudoproblem, welches auf einem Mißverständnis in bezug auf mögliche Welten beruht. Es wird verschiedentlich "problem of transworld identity" genannt und als Problem der "Querweltein-Identität" von Stegmüller wiedergegeben[23]. Im Fall der Würfel ist es klar, daß solche epistemische Überlegungen in bezug auf die möglichen Zustände der Würfel nicht sehr sinnvoll sind: sie beruhen auf einer Auffassung von möglichen Welten, die irreführend ist und im Gefolge Kripkes von Stegmüller als "Teleskoptheorie möglicher Welten" apostrophiert wird[24]. Wenn wir über die verschiedenen möglichen Ergebnisse des Würfelns mit den Würfeln A und B nachdenken, so hat es wenig Sinn, uns zu fragen:

> Wie wissen wir in dem Zustand, in dem der Würfel A sechs zeigt und der Würfel B fünf zeigt, ob es Würfel A oder Würfel B ist, welcher sechs zeigt? Brauchen wir nicht ein 'Kriterium der Identität über Zustände hinweg', um den Würfel, der eine Sechs zeigt - und nicht den Würfel, der eine Fünf zeigt -, mit unserem Würfel A zu identifizieren? (NN. 25)

Das Verlangen nach einer Klärung der epistemischen Fragen in bezug auf die Semantik der möglichen Welten rührt von der Auffassung her, daß man nicht wissen kann, über welches Individuum man spricht, wenn man nicht auch fähig ist, es zumindest prinzipiell zu identifizieren. Will man sinnvoll über ein Individuum in einer anderen Welt sprechen, so braucht man nach besagter Auffassung ein Kriterium, um feststellen zu können, über welches Individuum in der betreffenden Welt man spricht. Ein solches Kriterium müßte uns befähigen, ein und dasselbe Individuum von Welt zu Welt zu verfolgen; es müßte uns, mit anderen Worten, befähigen, dasselbe Individuum in jeder Welt zu identifizieren. Die Forderung nach einem solchen Kriterium für jegliche kontrafaktische Annahme ist aber *nicht* erfüllbar. Wenn man sie in vollem Ernst stellt, so wird man letztlich die Idee der Querweltein-Identität preisgeben. Darauf macht Plantinga aufmerksam[25]. Das ist schließlich auch die Konklusion, zu der Lewis konsequenterweise kommt. Für ihn gibt es in jeder Welt lediglich *Gegenstücke* (counterparts) zu den Individuen in der aktuellen Welt[26]. Man muß sich allerdings mit

22 J. Hintikka a.a.O. 77.
23 W. Stegmüller, Hauptströmungen der Gegenwartsphilosophie. Eine kritische Einführung. Band II. Stuttgart 1975, 226.
24 Ibid. 227f.
25 A. Plantinga, Transworld Identity or Worldbound Individuals? in: NNN. 245-266.
26 D. Lewis a.a.O. 39ff.

Plantinga zu Recht fragen, ob eine Deutung der alltäglichen kontrafaktischen Annahmen anhand der Gegenstücktheorie oder einer sonstigen Theorie, die die Querweltein-Identität preisgibt, dem gerecht wird, was wir durch sie im Alltag meinen und beanspruchen. Wenn wir von Sokrates annehmen, er habe nicht philosophiert, er habe die Jugend nicht verführt und sei nicht der Rache der Athener anheimgefallen, so nehmen wir das von dem Sokrates an, der tatsächlich philosophiert hat. Der Sokrates der kontrafaktischen Annahme ist identisch mit dem Sokrates der aktuellen Welt und nicht irgendein Gegenstück dazu. Epistemische Fragen wie die folgenden erübrigen sich:

> ...we must ask ourselves how we could possibly *identify* Socrates in that world. How could we *pick him out*? How could we *locate* him there? How could we possibly tell which of the many things contained in W is *Socrates*? (NNN. 250f)

Um von Sokrates sinnvollerweise annehmen zu können, er sei anders, ist es nicht erforderlich zu wissen, *wie* man Sokrates in dieser anderen Welt identifizieren könnte. Wie sollte man das, da man ja durch die kontrafaktische Annahme gerade auch von dem absieht, was für die Identifizierung des wirklichen Sokrates hilfreich ist? Um den Leser von der Sinnlosigkeit der Forderung nach einem Identifizierungskriterium über mögliche Welten hinweg zu überzeugen, geht Plantinga davon aus, daß ein und dasselbe Individuum zu verschiedenen Zeitpunkten t existiert. Um zu dieser Annahme stehen zu können, ist es nicht erforderlich, daß man für das jeweilige Individuum ein durchgehendes Identifizierungskriterium hat, anhand dessen man zu jedem Zeitpunkt t das Individuum identifizieren könnte.

> Most of us will concede that the same object exists at several different times; but do we know of some empirically manifest property P such that a thing is Brentano at a given time t if and only if it has P? Surely not; and this casts no shadow whatever on the intelligibility of the claim that Brentano existed at many different times. (NNN. 252)

Dementsprechend muß ich, um z.B. von einem Erwachsenen Verschiedenes über ihn als Baby annehmen zu können, nicht fähig sein, ihn als Baby zu identifizieren, oder eine empirisch manifeste Eigenschaft kennen, die es mir gestatten würde, ihn von anderen Babys zu unterscheiden: "To suppose that Agnew was a precocious baby at t it is not necessary that I be able to pick this picture out of a gallery of babies at t." (NNN. 252) Was für die verschiedenen Zeitpunkte gilt, zu denen ein und dasselbe Individuum existiert, kann und soll auf die möglichen Welten übertragen werden. Um von einem Individuum zu t_2 etwas auszusagen, das ihm zu t_1 zukommt, ist es nicht erforderlich, es zu dem Zeitpunkt t_1 zu identifizieren. Dementsprechend ist es nicht erforderlich, ein Identifizierungskriterium für ein bestimmtes Individuum zu kennen, um von diesem Kontrafaktisches anzunehmen oder um durch Sprache auf es in einer anderen Welt Bezug zu nehmen. Natürlich wird man in beiden Fällen ein Minimum an identifizierendem Wissen haben müssen[27]. Aber dieses Wissen muß sich nicht auf die fernen Zeitpunkte bzw. auf die anderen möglichen Welten beziehen. Um etwa von Sokrates sinnvoll annehmen zu können, er habe nicht philosophiert, werde ich ein Minimum über ihn wissen müssen, aber dieses Wissen betrifft nicht den Sokrates in der alternativen Welt, in der er nicht philosophiert hat. Wer weiß schon, wie er in solch einer Welt ausschaut und wie er dort identifiziert werden könnte. Das Minimum an identifizierendem Wissen betrifft den Sokrates in der aktuellen Welt. Von *diesem* und keinem anderen, auch nicht von einem Gegenstück zu ihm, nehme ich an, er habe nicht philosophiert. Die Antwort auf die Frage, auf wen ich mich beziehe, wenn ich von Sokrates annehme, er habe nicht philosophiert, ist somit trivial: "...the answer, obviously, and trivially, is Socrates. To be able thus to answer, however, I need know nothing further about what Socrates would have been like..." (NNN. 253f)

Die Neigung, Identifizierungskriterien für Gegenstände in alternativen Welten zu fordern, mag viele Ursprünge haben. Einer der Ursprünge ist nach Kripke die Auffassung, Referieren geschehe durch hinreichende und notwendige Merkmale (NN. 60). Diese Lehre in ihrer Allgemeinheit anzugreifen, ist eines der Ziele Donnellans, Kripkes und Putnams. Hält man an dieser Lehre über Referenz fest, so wird man die Forderung nach Kriterien für die Identifizierung der Referenzobjekte auch in kontrafaktischen Annahmen beibehalten. Gegen diese Forderung argumentiert nicht nur Plantinga, sondern hauptsächlich Kripke in all den Kontexten, in denen er die sogenannte Teleskoptheorie der möglichen Welten angreift. Es ist nicht so, daß wir durch unsere kontrafaktischen Annahmen uns zunächst auf eine alternative Welt beziehen und dann durch Eigenschaften feststellen, welche Gegenstände dort welchen in unserer Welt entsprechen, um von ihnen Kontrafaktisches auszusagen. Wir beginnen bei den Gegenständen in unserer Welt. Über diese Gegenstände sagen wir Kontrafaktisches aus und erst dadurch beziehen wir uns auf eine alternative Welt:

> Wir beginnen also nicht mit Welten (von denen angenommen wird, daß sie irgendwie wirklich sind, und deren Qualitäten für uns wahrnehmbar sind, jedoch nicht ihre Gegenstände) und stellen dann Fragen über Kriterien der Identifikation über Welten hinweg; im Gegenteil beginnen wir mit den Gegenständen, die wir in der wirklichen Welt *haben* und identifizieren können. (NN. 65)

27 Siehe Strawson zur Frage nach dem identifizierenden Wissen: Abschnitt 1.6.5.

Kripke stellt sich zwar die Frage nach den Eigenschaften, die einem Individuum notwendig zukommen, und bestimmt sie als diejenigen, welche einem Individuum in allen Welten zukommen. Die Frage nach den notwendigen Eigenschaften ist aber eine im Kripkeschen Sinne metaphysische. Sie ist nicht zu vermengen mit der Frage nach der Feststellbarkeit der Identität von Individuen über mögliche Welten hinweg. Letztere ist für Kripke überhaupt keine Frage, da es diesbezüglich nichts gibt, was festzustellen wäre. Die Identität wird ganz einfach *festgesetzt*, insofern man durch kontrafaktische Annahmen von den Gegenständen in der aktuellen Welt ausgeht: "Es gibt keinen Grund, warum wir nicht sollten *festsetzen* können, daß wir, wenn wir darüber reden, was in einer bestimmten kontrafaktischen Situation mit Nixon geschehen wäre, darüber reden, was *ihm* geschehen wäre." (NN. 54f)

Wenn in der vorliegenden Arbeit von möglichen Welten die Rede ist, so soll dadurch kein übertriebener Realismus in bezug auf sie vertreten werden. Würde damit die sogenannte Teleskoptheorie der möglichen Welten verbunden, so wäre das ein Mißverständnis. Es soll nun kurz auf die Rolle eingegangen werden, die die "möglichen Welten" in Semantiken für *modale* Systeme spielen. Die rein semantischen Überlegungen zur modalen Logik sind zwar - philosophisch gesehen - neutral; sie bieten aber Möglichkeiten, die philosophischen Probleme besser zu fassen.

4.2 "Mögliche Welten" in den Kripke-Semantiken

Von "möglichen Welten" ist in einem philosophisch neutralen Sinn dann die Rede, wenn *Vollständigkeitsbeweise* für *modale* logische Systeme entwickelt werden, d.h. wenn aufgewiesen wird, daß jede Formel (Aussageform, Aussageschema) in einem modalen System genau dann ableitbar ist, wenn sie *gültig* ist, d.h. wenn sie von *jedem* Modell[28] in dem betreffenden System erfüllt wird.

28 Während sonst oft eine Formel in einer Interpretation als gültig angesehen wird, wenn diese Interpretation ein Modell ist, d.h. wenn sie aufgrund der vorausgesetzten Bewertung die Formel erfüllt, wird hier "Modell" als Interpretation und Bewertung gefaßt. Demnach ist in diesem Sprachgebrauch Modell nicht eine die Formel aufgrund einer Bewertung erfüllende Interpretation, sondern Interpretation und Bewertung, bezüglich der noch zu prüfen ist, ob sie die Formel erfüllt. In Aussagenkalkülen sind solche Modelle einfach. Sie bestehen aus Funktionen, die Formeln einen der zwei Wahrheitswerte zuordnen. In den Prädikatenkalkülen hingegen, in denen auch die innere Struktur der atomaren Aussagen berücksichtigt wird, muß für jedes Modell ein entsprechender Individuenbereich herangezogen werden.

Modale Systeme entstehen durch Erweiterungen des üblichen Aussagen- und Prädikatenkalküls. Je nach Erweiterung wird es stärkere oder schwächere Systeme geben. Hier soll der Einfachheit halber nur auf das System T oder M und das stärkste Lewis System S_5 Bezug genommen werden, und das im Rahmen der klassischen axiomatischen Logik. Das aussagenlogische System M entsteht aufgrund der Erweiterung des klassischen Aussagenkalküls durch die zwei *Axiomen*schemata: $NA \rightarrow A$ und $N(A \rightarrow B) \rightarrow (NA \rightarrow NB)$, wo "N" für den Notwendigkeitsoperator steht und die Buchstaben "A, B..." Formeln angeben; und aufgrund der Erweiterung der Abtrennungsregel oder des Modus Ponens durch die aristotelische *Notwendigkeitsregel*: A/NA, d.h. durch die Regel, die es gestattet, von einer gültigen Formel oder These A überzugehen zu NA. Diese Regel ist nicht zu verwechseln mit der ungültigen Formel $p \rightarrow Np$, wo "p" eine beliebige Aussagenvariable ist.

Der Möglichkeitsoperator "M" wird mit Hilfe des Notwendigkeitsoperators "N" auf folgende Weise eingeführt und definiert: $MA =_{Df}$ nicht N nicht A. Wird das System M durch das Axiomen-Schema $MA \rightarrow NMA$ erweitert, so erhält man das stärkste Lewis System, nämlich S_5. Das Axiomen-Schema, das intuitiv nicht plausibel oder nur unter bestimmten Voraussetzungen plausibel zu sein scheint, besagt: Wenn möglicherweise A, dann notwendigerweise möglicherweise A. Aufgrund dieses Schemas ist es in S_5 möglich, iterierte Modaloperatoren zu reduzieren. Sollen Gültigkeitsüberlegungen über die so gewonnenen Formeln angestellt werden, so reichen die einfachen Bewertungsfunktionen aus der Aussagenlogik dafür nicht aus. Um das Problem der Wahrheitsbedingungen für Formeln, in denen Modaloperatoren vorkommen, in den Griff zu bekommen und um die Frage nach ihrer Gültigkeit klar zu umreißen, führt Kripke den Begriff der *Modellstruktur* ein. Eine Modellstruktur ist ein geordnetes Tripel (G,K,R) mit K einer Menge, R einer reflexiven Relation über K, und $G \in K$[29]. Intuitiv betrachtet, meint K soviel wie die Menge aller möglichen Welten; G die aktuelle Welt, die ein Element aus K ist; und R eine Relation zwischen den Welten. Wenn H_1 und H_2 solche Welten sind, so bedeutet H_1RH_2 - wiederum intuitiv betrachtet -, daß H_2 von H_1 aus zugänglich ist oder relativ zu H_1 möglich ist. Zum intuitiven Verständnis

Ein Modell wird nämlich jeder Individuenkonstante oder gebundenen Individuenvariable Individuen aus dem Bereich und jedem n-stelligen Prädikat Mengen von n-tupeln aus dem Bereich zuordnen, welche das Prädikat erfüllen. Aufgrund dieser Zuordnungen können dann auch die Bedingungen für die Wahrheitswertzuordnungen der atomaren und der zusammengesetzten Formeln angegeben werden.

29 S. Kripke, Semantische Untersuchungen zur Modallogik, in: Studien zur Semantik. Hg. von S. Kanngiesser und G. Lingrün. Kronberg 1974, 45.

der *Zugänglichkeits*relation gibt es verschiedene Standpunkte, für den Begriff einer Modellstruktur sind allerdings die formalen Bedingungen, wie Symmetrie und Transitivität, die dieser Relation auferlegt werden, ausschlaggebend. Intuitiv betrachtet, gründet eine Modellstruktur auf der Idee, daß die Wahrheitsbedingungen der modalen Aussagen nicht nur von der aktuellen Welt abhängig sind, sondern von jeder anderen möglichen Welt, die von der aktuellen aus zugänglich ist. Diese Idee, "...daß eine Aussage, die notwendig ist, nicht nur in der aktuellen Welt, sondern in jeder anderen möglichen Welt wahr ist"[30], wird Leibniz zugeschrieben. Aufgrund dieser Idee wird man eine Aussage 'NA' in einer Welt H als wahr bestimmen, wenn A in allen anderen Welten, die von H aus zugänglich sind, wahr ist, und eine Aussage 'MA' in einer Welt H als wahr bestimmen, wenn A in mindestens einer Welt, die von H aus zugänglich ist, wahr ist.

Der Begriff der Zugänglichkeit ist irritierend, da er eine übertrieben realistische Deutung der möglichen Welten nahelegt, die letztlich nicht haltbar ist. Läßt man die intuitiven Deutungen der Relation R über K weg und betrachtet man sie unter den rein formalen Gesichtspunkten, so erübrigen sich zwar viele philosophische Probleme; die Deutungen dieser Relation stehen aber in Korrespondenz zu denen der Modalitäten. Es ist nämlich nicht immer klar, in welchem Sinn wir die modalen Operatoren in unserem Alltag verwenden, ob in einem stärkeren oder schwächeren; ob so, daß bestimmte iterierte Operatoren möglich sind oder nicht. Entsprechend der Vielzahl dieser alltäglichen Verwendungen gibt es auch eine Vielzahl der Modalsysteme[31], stärkere und schwächere, und diese sind von den Bedingungen abhängig, die man der Zugänglichkeitsrelation auferlegt. Hughes und Cresswell verteidigen daher den Begriff der Zugänglichkeit zwischen Welten, obschon er auch für sie etwas Phantastisches an sich hat und an science fiction erinnert[32]. Sie versuchen, die Zugänglichkeit zwischen Welten durch die *Vorstellbarkeit* von Welten intuitiv plausibel zu machen. Die Welten, die von unserer Welt aus vorstellbar sind, sind von ihr aus zugänglich. Man kann sich nun die anderen Welten so vorstellen, daß auf ihnen unsere Welt nicht mehr vorstellbar ist. Man muß sich nämlich die Menschen nicht so vorstellen, daß sie auf allen

30 G.E. Hughes und M.J. Cresswell, Einführung in die Modallogik. Berlin/New York 1978, 67.

31 "Die Vielzahl der Modalsysteme ist also weder ein Zeichen der Verwirrung, noch braucht sie den Leser zu bestürzen, sie kann vielmehr ein wichtiges Hilfsmittel zur Aufdeckung von Unterschieden sein, die andernfalls vielleicht unbemerkt bleiben würden."
Ibid. 69.

32 Ibid. 67.

Welten dieselben Fähigkeiten haben. Wenn man sich also die Menschen auf den anderen Welten so vorstellt, daß sie sich unsere Welt nicht mehr vorstellen können, so ist die Relation zwischen unserer Welt und den anderen Welten keine symmetrische. Die Welten, die von einer alternativen Welt aus vorstellbar sind, müssen nicht identisch sein mit den Welten, die von der aktuellen Welt aus vorstellbar sind. Wenn wir nun mit der Frage konfrontiert sind, was die Wahrheitsbedingungen für modale Aussagen sind, und wir Bezug nehmen auf *vorstellbare* Welten, so werden unsere Antworten davon abhängig sein, wie wir die Vorstellbarkeit bestimmen. Je nach Bestimmung werden wir die zu berücksichtigenden vorstellbaren Welten einengen oder nicht. "Angenommen, jemand, der in H_1 lebt, wird nun gefragt, ob eine bestimmte Aussage p möglich ist (d.h. ob sie wahr sein *könnte*). Er wird dies als Frage danach verstehen, ob p in irgendeiner vorstellbaren Welt...wahr wäre oder nicht"[33] Wenn er nun die Vorstellbarkeit so deutet, daß sowohl Symmetrie als auch Transitivität wegfallen, so wird er nur die möglichen Welten für die Bestimmung der Wahrheitswerte der modalen Aussagen heranziehen, die von ihm direkt vorstellbar sind. Die Bestimmung seiner modalen Aussagen wird somit von schwächeren Bedingungen abhängig sein, als die Bestimmungen desjenigen, der Vorstellbarkeit ganz weit faßt. Das modale System, das dieser Deutung entspricht, wird auch das starke S_5 System sein:

> S_5 beruht...auf einer absoluten Bedeutung des Wortes 'vorstellbar' - in diesem Sinne sagt jemand, der behauptet, ein bestimmter Zustand sei vorstellbar, etwas *über diesen Zustand*, ohne auf die Vorstellungskraft Bezug zu nehmen, die in anderen Zuständen vorhanden sein mag oder nicht.[34]

In seinen Erörterungen zur Semantik der möglichen Welten spricht Kutschera von "Extremfällen"[35], die sich aus den Bestimmungen der Zugänglichkeitsrelation und den zu berücksichtigenden Welten ergeben. Läßt man die Bestimmung gelten, daß alle Welten, die in der Relation R zueinander stehen, identisch sind, so gibt es keinen Unterschied zwischen Notwendigkeit, Möglichkeit und faktischer Wahrheit. Das ist der eine Extremfall. Der andere ergibt sich, wenn man *alle* Welten als in der Relation R zueinander stehend bestimmt. In diesem Fall fällt Notwendigkeit mit analytischer Wahrheit oder logischer Wahrheit zusammen. Je nach Bestimmungen zwischen diesen Extremfällen wird man andere Arten von Notwendigkeit einführen oder explizieren können, wie z.B. physikalische Notwendig-

33 Ibid.

34 Ibid. 68.

35 F.v. Kutschera, Einführung in die intensionale Semantik. Berlin/New York 1976, 27.

keit:

> Die physikalische Notwendigkeit wird sich darstellen als Wahrheit in einer mehr oder minder großen Teilmenge von I [I entspricht K in der angegebenen Modellstruktur von Kripke]. Bei einer Deutung von 'möglich' im Sinne von 'mit dem gegenwärtigen Weltzustand naturgesetzlich verträglich' besagt iRj [= $H_i R H_j$], daß die Welt j von i aus gesehen naturgesetzlich möglich ist.[36]

Durch eine Kripke-Modellstruktur kann man somit nicht nur Notwendigkeit und Möglichkeit im logischen Sinne in ihren verschiedenen Stärkegraden, sondern auch die physikalischen und dementsprechend historischen oder temporalen Modalitäten besser fassen.

Anhand des Begriffs der Modellstruktur bestimmt Kripke auch jenen des *Modells* für modale Systeme. Ein solches Modell (Interpretation, Bewertung) ordnet jeder atomaren Formel (oder Aussagenvariable) einen Wahrheitswert in jeder Welt H aus K zu. Als Bewertungs*funktion* nimmt sie somit zwei Argumente an, atomare Formeln und Welten. Formal: ein Modell ϕ über einer Modellstruktur (G,K,R) ist eine binäre Funktion ϕ (P,H), wo P über atomare Formeln oder Aussagen und H über Elemente von K läuft und deren Wertbereich die Menge {W,F} (Wahrheitswerte) ist[37]. Anhand eines Modells können durch rekursives Verfahren auch die Wahrheitswerte der nicht-atomaren Formeln bestimmt werden. Eine solche Formel sei z.B.: NA in H. Dafür gilt nun: ϕ(NA,H) = W (Wahrheit) dann und nur dann, wenn ϕ (A,H') = W für *alle* H' aus K so daß HRH'; andernfalls: ϕ (NA,H) = F (Falschheit). Ist der Begriff eines Modells über einer Modellstruktur klar bestimmt, so erhält auch die Frage nach der *Gültigkeit* modaler Aussagen oder Formeln einen klar umrissenen Sinn. Dementsprechend können *Vollständigkeits*-Thesen oder -Theoreme formuliert und behandelt werden: Das Vollständigkeitstheorem würde besagen, daß eine Formel A in M (oder S_5) genau dann *ableitbar* ist, wenn ϕ(A,G) = W für *jedes* Modell ϕ über einer M (oder S_5)-Modellstruktur (G,K,R).

Kripke stellt ähnliche Überlegungen zur modalen Prädikatenlogik an. Auch dafür führt er den Begriff einer entsprechenden Modellstruktur ein. Diese semantischen Überlegungen sollen kurz angedeutet werden. Von ihnen ist nämlich die Konstruierbarkeit von Gegenmodellen zur Barcan-Formel und die Einführung von *Existenz* als Prädikat abhängig. Könnte man von der Voraussetzung ausgehen, daß für jede mögliche Welt ein und derselbe Individuenbereich zu gelten hat,

36 Ibid.
37 Kripke a.a.O. 45.

so wäre die Lage einfach. Intuitiv scheint es aber Gründe zu geben, die dieser Voraussetzung widersprechen. Individuen, die in G existieren, müssen nämlich in anderen Welten insofern nicht existieren, als es möglich ist, daß es sie in G nicht gibt. Und umgekehrt, es könnte sein, daß Individuen, die es in G nicht gibt, trotzdem existierten. Kripkes Überlegungen zielen auf alle Fälle darauf ab, für verschiedene Welten verschiedene Individuenbereiche anzunehmen. Daher bestimmt er eine Quantifikationsmodellstruktur als eine Modellstruktur (G,K,R), welche durch eine Funktion ψ erweitert wird, welche jedem H aus K eine Menge ψ(H)zuordnet, den *Bereich* von H nämlich. Intuitiv: ψ(H) bestimmt die Menge jener Individuen, die in H existieren. Um ein Quantifikationsmodell über einer derart konzipierten Modellstruktur zu bestimmen, verwendet Kripke für Aussagen- und Prädikatenvariablen dieselben Buchstaben, nämlich P^n, Q^n...usw. Dadurch kann er Aussagenvariablen als 'O-stellige' Prädikatenvariablen auffassen und dadurch die semantischen Überlegungen vereinfachen[38]. Er definiert ein Quantifikationsmodell über eine Quantifikationsmodellstruktur als eine binäre Funktion $\phi(P^n, H)$, wo die erste Variable über n-stellige Prädikatausdrücke für beliebige n - also auch für O - und H über Elemente von K läuft. Wenn n = O, so ist der Wertbereich von $\phi(P^n, H)$ - entsprechend den Modellen in der modalen Aussagenlogik - $\{W,F\}$; wenn $n \geq 1$, so eine Teilmenge von U^n, d.h. von dem n-ten kartesianischen Produkt von U mit sich selbst, der Vereinigungsmenge nämlich jener Individuen, die von ψ jedem H in K zugeordnet werden. Dadurch können dann die Wahrheitswerte für die atomaren quantifizierten Formeln angegeben werden und durch weitere Schritte - in Analogie zu dem Verfahren in der nichtmodalen Prädikatenlogik - für alle übrigen.

Aufgrund der von Kripke angegebenen Modellstrukturen können - wie bereits erwähnt - Gegenmodelle zur umstrittenen Barcan-Formel konstruiert werden, also gegen: $(x)NA(x) \rightarrow N(x)A(x)$, die es gestatten würde, den Notwendigkeitsoperator aus dem Skopus eines Allquantors hinauszuverlegen, sodaß er sich nur mehr auf Formeln oder Aussagen bezöge, d.h. die es letztlich auch gestatten würde, 'de re' auf 'de dicto' Modalitäten zu reduzieren. Die für die Konstruktion eines Gegenmodells von Kripke vorgesehene Quantifikationsmodellstruktur erfüllt folgende Bedingungen: K hat nur zwei Elemente G und H; R ist reflexiv, transitiv und symmetrisch (und somit auf S_5 anwendbar); $\psi(G) = \{a\}$, d.h. in der Welt G gibt es nur das eine Individuum a; $\psi(H) = \{a,b\}$, d.h. in der Welt H gibt es zusätzlich zu a noch b, wobei G von H, und a von b verschieden sind. Das von Krip-

38 Ibid. 48.

ke genannte Gegenmodell zur Barcan-Formel über dieser Modellstruktur ist nun:

$\phi(P,G) = \{a\}$; $\phi(P,H) = \{a\}$,

wobei P ein einstelliger Prädikatausdruck ist[39]. Die Modellfunktion ordnet diesem in jeder Welt nur das eine Individuum a zu, d.h. die Extension von P ist aufgrund der Modellfunktion in beiden Welten dieselbe, nämlich a.

Wird für 'x' in 'NP(x)' 'a' eingesetzt, so ist die Aussage 'NP(a)' klarerweise wahr, da a in allen Welten P erfüllt. Da aber a das einzige Individuum in der Welt G ist, gilt in G auch die universelle Schließung von 'NP(x)', nämlich '(x) NP(x)'. Der Allquantor '(x)' bezieht sich nämlich auf alle Individuen der Welt, für die die Gültigkeit der Formel '(x) NP(x)' untersucht wird, d.h. also nur auf a. 'P(a)' gilt aber nicht nur in G, sondern in allen von G aus zugänglichen Welten, was hier lediglich H ist. In H ist allerdings schon die einfache, d.h. keinen Notwendigkeitsoperator enthaltende Schließung der offenen Formel 'P(x)' falsch, da das Modell ϕ P in H nur a und nicht auch b zuordnet, d.h. '(x) P(x)' ist in H falsch. Wenn aber '(x)P(x)' in H falsch ist, so kann 'N(x)P(x)' in G nicht wahr sein: würde nämlich 'N(x)P(x)' in G wahr sein, so müßte '(x)P(x)' auch in H wahr sein. Das Modell bewahrheitet also das Antecedens der Barcan-Formel, nämlich '(x) NP(x)' und falsifiziert deren Konsequens, nämlich 'N(x)P(x)', d.h. es kann als Gegenmodell zur Barcan-Formel über der von Kripke angegebenen Modellstruktur angesehen werden.

Auf die Redewendung "mögliche Welt" wurde deshalb so ausführlich eingegangen, weil sie zur Formulierung der These der starren Referenz herangezogen wird. Daß ein Term starre Referenz hat, soll heißen, daß er in allen möglichen Welten dasselbe Referenzobjekt hat. Dementsprechend soll im folgenden Abschnitt die Unterscheidung zwischen "de dicto" und "de re" besprochen werden. Diese Unterscheidung ist im dritten Hauptteil immer wieder als Unterscheidung zwischen epistemischer und sachlicher oder "metaphysischer" Ebene verwendet worden. Es soll aber nun geklärt werden, wie und warum sie als Unterscheidung zwischen "de dicto" und "de re" trotz des traditionellen sprachanalytischen Standpunktes wieder aktuell ist.

4.3 Die "de dicto" - "de re" Unterscheidung

In der philosophischen Diskussion über das Problem der Modalitäten sind haupt-

39 Ibid. 49f.

sächlich Quines Angriffe gegen die Modalitäten, wenn de re verstanden, und gegen den damit zusammenhängenden verpönten Essentialismus bekannt[40]. Aber gerade von Quine selbst stammt wiederum eine Unterscheidung, die der hier besprochenen der Sache nach sehr nahe kommt, nämlich die Unterscheidung zwischen transparenten und opaken Kontexten[41]. Ein Kontext ist dann und nur dann transparent, wenn in ihm die Ersetzbarkeit der Identität salva veritate gewährleistet ist. Intuitiv: ein Kontext ist dann und nur dann transparent, wenn all die Terme, die dasselbe Referenzobjekt haben, salva veritate untereinander austauschbar sind. In solchen Kontexten trifft man nämlich durch den jeweiligen Term die "res". Die Wahrheit der Sätze, die von der jeweiligen "res" abhängig ist, bleibt durch die Ersetzung der Terme unberührt. Ob z.B. Glaubenssätze transparente oder nur opake Kontexte abgeben, hängt von der jeweiligen Deutung der Glaubenssätze bzw. von der Intention der Sprecher ab. Viele Glaubenssätze sind diesbezüglich zweideutig[42]. Quines Vorschläge zur Behebung der Mehrdeutigkeiten in bezug auf Glaubenssätze können verkürzt als Vorschläge zur Bestimmung der Reichweite (Skopus) der jeweiligen Quantoren wiedergegeben werden. Solange der Quantor im Skopus des Glaubensoperators steht, ist seine Position zweideutig. Sobald er allerdings hinausverlagert wird, ist die Zweideutigkeit behoben:

(1) Ralph glaubt, daß (Ex) (...x...)
(2) (Ex) (Ralph glaubt von x, daß...)

(1) ist im Unterschied zu (2) zweideutig, weil der quantifizierte Satz im Skopus von "glaubt, daß" vorkommt. Im ersten Fall spricht Quine von einer dyadischen Relation, im zweiten von einer *triadischen*. Quine lehnt zwar Propositionen und Eigenschaften als "creatures of darkness" ab, hier bezieht er sich aber dennoch auf sie, um den Unterschied zwischen den zwei Fällen klarer hervorzuheben: In (1) gibt es nur eine dyadische Relation zwischen "a believer and a proposition"; in (2) hingegen eine triadische "of belief among a believer, an object, and an attribute"[43]. Im zweiten Fall ist die Transparenz des Glaubenssatzes explizit. Durch den Satz wird nämlich ausgesagt, daß es etwas gibt, *von* dem Ralph glaubt, daß... Es ist die "res", von der ausgesagt wird, daß Ralph glaubt, daß sie... Diese Überlegungen gestatten allerdings nicht zu meinen, Quine befürworte *uneinge-*

40 Siehe Anm. 60.
41 Siehe Abschnitt 2.2.2.
42 Ibid.
43 W.v.O. Quine, Quantifiers and Propositional Attitudes, in: The Ways of Paradox and Other Essays. New York 1966, 186f.

schränkt die Quantifikation in Glaubenskontexte, nämlich Konstruktionen wie (2) zur Auflösung von Zweideutigkeiten. Glaubenskontexte sind zunächst meistens opak: Die Auflösung der Opakheit durch Quantifikation in diese Kontexte ist mit Schwierigkeiten verbunden und hat unter Umständen unangenehme Folgen[44]. Selbst nach Quine gibt es aber Glaubenssätze im Alltag, die als nicht rein opak zu deuten sind und die nicht von vornherein einen Bezug zu einer Sache, einer "res", von der man etwas glaubt, ausschließen. Es fällt auf, daß Quine der Quantifikation in Glaubenskontexte nicht so ablehnend gegenübersteht, wie der Quantifikation in modale Kontexte: "*Intrest* in *de re* belief during this halfcentury was kindled by W.V. Quine..."[45]. Quine selbst gibt zu verstehen, er teile Kaplans Feststellung einer Ungleichheit in seiner Behandlung der Glaubensaussagen und der modalen Aussagen:

> In my treatment of belief I distinguished between an opaque and a transparent version, but in modal logic I got no further than opaque. I agree with Kaplan that my treatment was thus asymmetric and that the fact of the matter is symmetric.[46]

Quine gibt also zu, daß es eine bestimmte Korrespondenz in der Behandlung von Glaubens- und Modalitätskontexten geben sollte. Zudem setzt er selber die Unterscheidung zwischen opaken und transparenten Kontexten in Entsprechung zur "de dicto"- "de re" Unterscheidung:

> The distinction between opaque and transparent on the modal side is the distinction between what Chisholm, reviving scholastic terminology, calls *necessitas de dicto* and *necessitas de re*.[47]

Plantinga greift auf die klassische Philosophie zurück, um zunächst den damaligen Ort der de dicto de re Unterscheidung aufzuweisen[48]. Ein Grund für die damalige Unterscheidung war z.B. der mittelalterliche Versuch, *deterministischen* Argumenten vorzubeugen und so die menschliche Freiheit zu retten. Wenn Gott alles weiß, dann weiß er auch, was in der Zukunft passieren wird; er sieht

44 "Let it not be supposed that the theory which we have been examining is just a matter of allowing unbridled quantification into belief contexts after all...On the contrary, the crucial choice recurs at each point: quantify if you will, but pay the price...distinguish as you please between referential and non-referential positions, but keep track, so as to treat each kind appropriately." (Ibid. 189)

45 T. Burge, Belief *De Re*, in: The Journal of Philosophy 74 (1977) 338.

46 W.v.O. Quine, Reply to Kaplan, in: Words and Objections. Hg. von D. Davidson und J. Hintikka. Dordrecht 1969, 343f.

47 Ibid. 344.

48 A. Plantinga, De Re et de Dicto, in: Noûs 3 (1969) 235-258.

schon jetzt, was Menschen in der Zukunft tun werden. Wie ist das mit der Ansicht verträglich, daß der Mensch frei sei? Angenommen also, daß Gott zum Zeitpunkt t_1 sieht, daß Theatetus zum Zeitpunkt t_2 sitzt, so sitzt Theatetus zum Zeitpunkt t_2 *notwendig* - und zwar aufgrund der Wahrheit, daß alles, was sitzend gesehen wird, notwendig sitzt. So, in groben Zügen, eine Version des deterministischen Arguments. Thomas von Aquin bestreitet nun nicht die vorausgesetzte Wahrheit, daß alles, was als sitzend gesehen wird, notwendig sitze. Für ihn ist sie aber nur eine de dicto und keine de re Notwendigkeit. Will man sie für das deterministische Argument verwenden, so müßte man sie als de re Notwendigkeit verwenden. Das ist aber nicht möglich. Es stimmt nämlich, daß notwendig alles, was sitzend gesehen wird, sitzt. Aus dem folgt aber nicht, daß alles, was sitzend gesehen wird, die Eigenschaft hat, notwendig zu sitzen. Der hier von Plantinga[49] erwähnte Fall gründet auf der besprochenen Unterscheidung, um lediglich eine de dicto Interpretation im Gegensatz zu einer de re Interpretation einer Voraussetzung für eine philosophische Argumentation zuzulassen. In einem weiteren Beispiel aus der aristotelischen Tradition versucht Plantinga umgekehrt aufzuzeigen, daß bestimmte modale Aussagen als de re, aber nicht als de dicto Aussagen aufgefaßt werden dürfen:

(1) Jedes menschliche Wesen ist notwendig vernunftbegabt.
(2) Jedes Lebewesen in diesem Raum ist ein menschliches Wesen.

---

(3) Jedes Lebewesen in diesem Raum ist notwendig vernunftbegabt.

Die Konklusion (3) aus den zwei Prämissen (1) und (2) ist gültig, allerdings *nur* wenn de re verstanden[50]. Aus den Prämissen folgt nämlich nicht, daß es notwendig ist, daß jedes Lebewesen in diesem Raum vernunftbegabt ist (de dicto). Es könnten sich auch Katzen in diesem Raum befinden. Aus der Tatsache, daß sich nur menschliche Lebewesen in diesem Raum befinden, folgt allerdings, daß alle Wesen, die kontingenterweise im Raum sind, menschliche Lebewesen sind, d.h. notwendig vernunftbegabt (de re).

> Like Aristotle, then, Aquinas appears to believe that modal statements are of two kinds. Some predicate a modality of another statement (modality *de dicto*); but others predicate of an object the necessary or essential possession of a property; and these latter express modality *de re*.[51]

Um auf die Relevanz der klassischen Unterscheidung aufmerksam zu machen,

49 Ibid. 236.
50 Ibid. 235.
51 A. Plantinga, The Nature of Necessity. Oxford 1974, 11.

daß modale Aussagen in der einen Version wahr und in der anderen falsch sein können, greift Plantinga auch auf andere Beispiele zurück: Wenn ich z.B. an die Zahl 17 denke und in der de re Version sage:

Das, woran ich denke, ist notwendig eine Primzahl,

so sage ich etwas Wahres. Wenn ich aber statt dessen die de dicto Version wähle:

Es ist notwendig, daß das, woran ich denke, eine Primzahl ist,

so sage ich etwas Falsches. Es ist nämlich nicht notwendig, daß die Zahl, an die ich denke, 17 ist. Ich könnte nämlich auch an die Zahl 18 denken.[52]

Selbst Moore hat nach Plantinga und Lewy[53] letztlich zwischen Modalitäten de re und de dicto unterschieden, obwohl er voll in der analytischen Tradition steht. Moore nimmt nämlich in seiner Auseinandersetzung mit der idealistischen Lehre der relationalen Eigenschaften insofern die de re de dicto Unterscheidung auf, als er zwischen *internen* und externen relationalen Eigenschaften eines Dinges unterscheidet. Dabei lehnt er die idealistische Ansicht ab, alle relationalen Eigenschaften eines Dinges seien interne Eigenschaften, da diese Ansicht sich mit der These deckt, alle relationalen Eigenschaften seien *essentielle* Eigenschaften, was klarerweise dem gesunden Hausverstand widerspricht:

> [The dogma of internal relations] implies, in fact, quite generally, that any term* which does in fact have a particular relational property could not have existed without having that property. And in saying this it oviously flies in the phase of common sense. (Moore)[54]
> [* term = Sache - wie in Strawsons Terminologie]

Lewy rekonstruiert Moores Umschreibung einer internen Eigenschaft wie folgt: Wenn F eine Eigenschaft erster Ordnung ist, Existenz hingegen nicht als eine solche, sondern als eine Eigenschaft höherer Ordnung gedeutet wird und "a" ein Eigenname ist, so ist F dann und nur dann eine interne Eigenschaft, wenn gilt:

a existiert $\rightarrow$ Fa

wo "$\rightarrow$" die strikte Implikation angibt. Die Umschreibung besagt also, daß mit der Existenz von a auch die Eigenschaft F für a strikt gegeben ist; a könnte ohne F nicht existieren. Das sind eindeutige de re Bedingungen. Anhand der Rekon-

52 Ibid. 12.
Vgl. B.A. Brody, Why Settle for Anything Less than Good Old-Fashioned Aristotelian Essentialism, in: Noûs 7 (1973) 355f.
53 C. Lewy, Meaning and Modality. Cambridge 1976, 37-47.
54 G.E. Moore, Philosophical Studies. London 1922, 289f. (Zitiert nach C. Lewy a.a.O. 38)

struktion der Auffassung Moores von internen versus externen relationalen Eigenschaften ist nach Lewy ein Zugang zur de re Auffassung von Notwendigkeit möglich: aNF gilt also dann und nur dann, wenn 1) aF und 2) F eine im oben angegebenen Sinn *interne* Eigenschaft ist.

> Now Moore is prepared to concede that objects do have some of their relational properties essentially. Like Aristotle and Aquinas, therefore, Moore holds that some objects have some of their properties essentially and others nonessentially or accidently.[55]

Was allerdings für die Aktualisierung der klassischen Unterscheidung ausschlaggebend ist, sind die zunächst rein logischen Probleme der Deutung der Modaloperatoren innerhalb des Skopus eines Quantors. Wie schon im Zusammenhang mit der Schilderung eines Gegenmodells gegen die Barcan-Formel angedeutet wurde, gibt es Schwierigkeiten, alle Modaloperatoren vom Skopus eines Quantors hinauszuverlegen. "Verschiedene Logiker...haben [zwar] angenommen, daß es in einer zufriedenstellenden modalen Prädikatenlogik möglich sein müsse, alle Modalitäten *de re* zugunsten von Modalitäten *de dicto* zu beseitigen."[56] Diese Annahme ist aber schwer haltbar[57]. Selbst dann allerdings, wenn die Annahme stichhaltig wäre und wenn tatsächlich alle Modalitäten de re auf Modalitäten de dicto reduzierbar wären, so hieße das - wie Plantinga sagt -nicht, daß letztere grundlegender seien als die Modalitäten de re und daß die einen nur insofern und insoweit sinnvoll sind, als sie auf die anderen reduzierbar sind:

> If the above is successful, we have found a general rule correlating propositions that express modality *de re* with propositions expressing modality *de dicto*, such that for any proposition of the former sort we can find one of the latter equivalent to it.
> Does this show, then, that modality *de dicto* is somehow more basic or fundamental than modality *de re*, or that an expression of modality *de re* is really a misleading expression of modality *de dicto*?[58]

Plantinga negiert klarerweise diese Fragen. In einer de re Behauptung wird nämlich eine Modalität von einem Gegenstand ausgesagt und in einer de dicto Behauptung von einer Proposition. Das sieht er in Entsprechung zu einer Behauptung, durch die etwas von einem Gegenstand ausgesagt wird, und einer Behaup-

55 Plantinga a.a.O. 12.
56 Hughes und Cresswell a.a.O. 162.
57 Ibid. 161-165.
Vgl. M.J. Cresswell, The Elimination of De Re Modalities, in: The Journal of Symbolic Logic 34 (1969) 329f;
P. Tichy, On *De Dicto* Modalities in Quantified S_5, in: The Journal of Philosophical Logic 2 (1973) 387-392.
58 Plantinga, De Re et De Dicto, in: Noûs 3 (1969) 257.

tung, durch die etwas von einer Behauptung ausgesagt wird. Warum soll nun die zweite Behauptung grundlegender und verständlicher sein als die erste? "Does it follow that propositions about propositions are somehow more basic or fundamental than propositions about other objects? Surely not."[59]

Ähnlich argumentiert Lewy in seinen Erwiderungen auf Quines Angriffe gegen die essentialistische Unterscheidung zwischen wesentlichen und akzidentellen Eigenschaften oder gegen die de re Modalitäten[60]. Quine selber verfalle dem Essentialismus, da er in seinen anti-modalen Argumentationen zwischen notwendigen und kontingenten Propositionen unterscheide[61]. In seiner Ablehnung der modalen Operatoren innerhalb des Skopus eines Quantors stützt sich Quine nämlich auf Argumente, die davon ausgehen, daß z.B. die Proposition, die Zahl der Planeten ist notwendig größer als 7, falsch sei (LPV. 143f). Er faßt sie gerade aufgrund der Ausklammerung ihrer de re - de dicto *Zweideutigkeit* als falsch auf, insofern er sie gleichsetzt mit, es ist notwendig, daß die Zahl der Planeten größer ist als 7. Im Unterschied dazu setzt er allerdings die Proposition, 9 ist notwendig größer als 7, als wahr. Er unterscheidet also zwischen Propositionen, die notwendig wahr sind, und solchen, die das nicht sind, und zwar so - und das ist ausschlaggebend für Lewys Objektionen gegen Quine -, daß "notwendig" nicht nur im Sinne von "logisch wahr" verstanden wird. Daß für Quine gilt, es ist notwendig, daß 9 größer als 7 ist, heißt nicht, daß er diese Wahrheit als eine *logische* auffaßt. Sie "...is *not* a 'logical truth' in Quine's sense: it is not 'a statement which is true and remains true under all reinterpretations of its components other than the logical particles'"[62].

In seinen Argumentationen setzt Quine - so Lewy - notwendige und kontingente Wahrheiten voraus und lehnt aufgrund dieser Voraussetzung die Unterscheidung zwischen notwendigen und kontingenten Eigenschaften als sinnlos ab. In den Angriffen gegen die Modalitäten de re nimmt Quine zudem auf verschiedene Arten

59 Ibid.

60 W.v.O. Quine, Three Grades of Modal Involvement, in: The Ways of Paradox and Other Essays. New York 1966, 156-174.
Charakteristisch für Quines Standpunkt in bezug auf Modalitäten ist der Schluß des Artikels: "...necessity resides in the way in which we say things, and not in the things we talk about." Ibid. 174.
Siehe bes. W.v.O. Quine, Reference and Modality, in: LPV. 139-159.
Siehe auch WO. § 41.
Vgl. Linskys kritischen Überblick:
L. Linsky, Quine's Attack on Modal Logic, in: Names and Descriptions. Chicago 1977, 115-129.

61 Lewy a.a.O. 30.

62 Ibid.

Bezug, die Zahl 9 zu spezifizieren. Von diesen verschiedenen Arten seien hier folgende herausgegriffen:

(1) $x = \sqrt{x} + \sqrt{x} + \sqrt{x} \neq \sqrt{x}$
(2) x = Nachfolger von 8
(3) x = Zahl der Planeten

Was nun Quine dem Essentialismus vorhält ist unter anderem eine ungleiche oder ungerechte Art, mit diesen Weisen der Spezifizierung umzugehen, als ob (1) und (2) das Eigentliche oder das "Wesen" der Zahl 9 besser darstellten oder aufdeckten als (3):

> This means adopting an invidious attitude toward certain ways of uniquely specifying x, for example (3), and favoring other ways, for example (1), as somehow better revealing the "essence" of the object. (LPV. 155)[63]

Quine selber geht allerdings von der Beobachtung aus, daß die verschiedenen Wege, Gegenstände zu spezifizieren, verschiedene Folgen haben, notwendige oder nicht notwendige. Die Arten (1) und (2), die Zahl 9 zu spezifizieren, *implizieren*, d.h. haben als notwendige Folge:

(4) x größer als 7

Die Art (3) hingegen, die Zahl 9 zu spezifizieren, impliziert (4) *nicht*. (4) ist keine notwendige Folge von (3). Dadurch ist Quine - so Lewy - allerdings auch verpflichtet,

(5) Der Nachfolger von 8 ist größer als 7

als *notwendige* Wahrheit anzunehmen, im Unterschied zu

(6) Die Zahl der Planeten ist größer als 7.

(6) ist nicht notwendig, sondern kontingent.

Daraus schließt Lewy, daß Quine (1) und (2) einerseits und (3) andererseits nicht gleichberechtigt behandelt, wie er es aufgrund der von ihm beanspruchten Ablehnung der "invidious" und "inequalitarian" Behandlung der Spezifizierungsarten an sich nicht tun dürfte: "So he himself [Quine] 'counts' the trait of succeeding 8 as a necessary trait of 9 and that of its numbering the planets as a contingent trait!"[64] Was allerdings letztlich gravierender gegen Quines Argumentationen wiegt, ist die klare Voraussetzung, daß Sätze wie "Die Zahl der Planeten

63 Vgl. W.v.O. Quine, Reply to Professor Marcus, in: The Ways of Paradox 182.

64 Lewy a.a.O. 33.

ist notwendig größer als 7" (LPV. 143f) falsch sind. Nur aufgrund dieser Voraussetzung kann dann Quine auch zu dem Schluß vorstoßen, daß Modalitäten de re keinen Sinn haben. Aber wenn man besagte Aussagen nicht von vornherein als falsch annimmt, so ändert sich die Ausgangsbasis. Sätze, in denen Kennzeichnungen in Subjektposition vorkommen und die mit einem Modaloperator versehen sind, können nämlich nach Donnellans Unterscheidung[65] zunächst einmal zweideutig sein. Wird die Kennzeichnung rein referentiell verwendet, so wird dadurch der Gegenstand herausgegriffen, der faktisch, im Augenblick des Referenzaktes, als einziger die Eigenschaften hat, die in der Kennzeichnung angegeben werden. Es kann aber dann von diesen faktischen Eigenschaften abgesehen werden. Wenn die Kennzeichnung "die Zahl der Planeten" referentiell verwendet wird, wenn sie nur dazu verwendet wird, die Zahl 9 herauszugreifen, so kann nicht gesagt werden, der Satz, die Zahl der Planeten sei notwendig größer als 7, sei falsch. Falsch ist er nur, wenn die darin vorkommende Kennzeichnung in einem rein attributiven Sinn verwendet wird. In diesem Fall ist das Referenzobjekt variabel. Durch die referentielle Verwendung von "die Zahl der Planeten" wird die Zahl 9, d.h. die "res" herausgegriffen. Sobald man die "res" herausgegriffen hat, kann man von ihr Verschiedenes aussagen - unabhängig davon, wie man sich auf sie bezogen hat. Die von Quine als falsch vorausgesetzten Sätze sind nur unter der Voraussetzung falsch, daß die Referenzobjekte der Kennzeichnungen in Subjektposition variabel sind. Werden die Kennzeichnungen in Subjektposition referentiell verwendet, so sind sie nicht mehr als falsch vorauszusetzen.

Um zum Ausgangspunkt dieses Abschnittes zurückzukommen: Die referentielle Verwendung von Kennzeichnungen steht im Zusammenhang mit dem, was Quine über die transparenten Kontexte sagt. Wenn nun unter bestimmten Umständen aufgrund von Transparenz die Quantifikation in Glaubenskontexte möglich ist, warum soll sie dann nicht auch unter entsprechenden Umständen in modale Kontexte erlaubt sein? Quine kommt das Verdienst zu, an verschiedenen Stellen aufgezeigt zu haben, was die Konsequenzen einer solchen Quantifikation sind, nämlich die "essentialistische" Unterscheidung zwischen wesentlichen und akzidentellen Eigenschaften, die einem Individuum, unabhängig von der Art, sich auf es zu beziehen, zukommen: "Evidently this revision to Aristotelian essentialism...is required if quantification into modal contexts is to be insisted on." (LPV. 155) Da allerdings Quine selber zum traditionellen sprachanalytischen Standpunkt

65 Abschnitt 3.1.3.

steht, daß die aristotelische Unterscheidung unverständlich sei (ohne allerdings überzeugend darzulegen, warum), kommt er zum Schluß: "...so much the worse for quantified modal logic" (LPV. 156) Es fragt sich aber, ob man nicht gegen Quine mit anderen Autoren zum gegenteiligen Schluß kommen soll: "...so much the better for quantified modal logic; for this is good enough for modal logicians to be going on with."[66] "Why settle for anything less than good old-fashioned Aristotelian essentialism?"[67] Die Annahme der alten Unterscheidung zwischen wesentlichen (oder zumindest notwendigen) und akzidentellen Eigenschaften eines Individuums - unabhängig von der Art, sich darauf zu beziehen und es zu spezifizieren - wirft zwar sehr viele neue Probleme auf. Sie ermöglicht allerdings auch neue Ausblicke für eine Theorie der Referenz der starren Terme. Sie ist zudem aufgrund der neueren semantischen Arbeiten zur modalen Logik nicht mehr so abstrus, wie sie aufgrund des traditionellen sprachanalytischen Standpunktes zu sein scheint. Im nun folgenden Abschnitt sollen einige der sich daraus ergebenden Ausblicke angedeutet werden. Es soll darüber hinaus aufgezeigt werden, wie die Unterscheidung und der sich daraus ergebende sogenannte aristotelische Essentialismus zusammenhängt mit der für die vorliegende Arbeit grundlegenden Unterscheidung zwischen Sinn und Referenz.

4.4 Ausblick: Referenz und aristotelischer Essentialismus

Zum Leitfaden dieser Arbeit wurde Freges Unterscheidung zwischen Sinn und Referenz genommen. Sinn und Referenz sollen auseinandergehalten und nicht miteinander vermengt werden. Sie sind aber dennoch komplementär und ergänzen einander. Entgegen der traditionellen sprachanalytischen Tendenz, die Referenz zugunsten des Sinns zu vernachlässigen oder die Referenz gar auf den Sinn zu reduzieren, wurde bewußt Referenz als Beziehung zwischen sprachlichem Zeichen und Bezeichnetem zum Thema der Untersuchung gewählt. Frege selber hat die Rolle der Referenz deshalb so hervorgehoben, weil sie Wahrheit ermöglicht: Wir beziehen uns durch Sprache auf die Welt und machen über sie Aussagen, für die wir *Wahrheit* beanspruchen. Gleichzeitig ist aber Frege seiner These treu geblieben, daß der Sinn die Referenz bestimmt. Worauf sich ein sprachlicher

66 L. Linsky, Reference, Essentialism, and Modality, in: Reference and Modality. Hg. von L. Linsky. Oxford 1971, 100.

67 B.A. Brody, Why Settle for Anything Less than Good Old-Fashioned Aristotelian Essentialism, in: Noûs 7 (1973) 351.

Ausdruck oder ein Sprecher durch seine referentielle Verwendung bezieht, hängt von dessen Sinn ab. Auch diese These wurde in der vorliegenden Arbeit übernommen, allerdings mit Korrekturen versehen, die sich aufgrund der revolutionären Arbeiten Kripkes, Donnellans und besonders Putnams als notwendig erwiesen haben. Es ist nicht der Fall, daß *alle* referentiellen Terme wie Kennzeichnungen funktionieren und daß somit ihre Referenz lediglich von deren Sinn abhängig ist. Bestimmte Terme wie "ich" sind in bezug auf ihre Referenz eindeutig indexikalisch, andere wiederum nur verdeckt indexikalisch wie bestimmte Terme für natürliche Arten und Substanzen. Die Korrekturen der These, daß der Sinn die Referenz bestimme, ergeben sich letztlich aus der Einsicht, daß viele Terme trotz Änderung ihres Sinns *starre* Referenz haben.

Aufgrund der Erstellung von Semantiken für modale Systeme ist es möglich, die These der Starrheit bestimmter Terme und deren Konsequenzen klarer zu fassen. Eine dieser Konsequenzen ist der aristotelische *Essentialismus*. Im ersten Hauptteil der Arbeit, die sich primär mit dem traditionellen Standpunkt über Referenz auseinandersetzt, haben sich die *sortalen* Ausdrücke als grundlegend für die Referenz erwiesen. Durch sie sind nämlich die Identitäts-, Kontinuitäts- und Existenzbedingungen für die Gegenstände, die unter sie fallen, bestimmt. Durch die Untersuchungen des dritten Hauptteils wird allerdings ersichtlich, daß diese Bedingungen nicht für alle Terme lediglich konventioneller Natur sind. Individuen, die einer *natürlichen* Art angehören, unterliegen Identitäts- und Existenzbedingungen, die von dem abhängen, *was* ihre Art ist - wie Wiggins immer wieder betont. Unser Bestreben und hauptsächlich jenes der Wissenschaftler ist es, Theorien über das zu erstellen, *was* sie sind und wie davon Entstehen, Wachsen und Vergehen abhängen. Aufgrund der im dritten und in diesem Hauptteil berücksichtigten Untersuchungen dürfen die Bedingungen, die die Sprecher mit den von ihnen verwendeten sortalen Ausdrücken verbinden, nicht gleichgesetzt werden mit den Bedingungen, die für die jeweiligen natürlichen Arten oder Sorten tatsächlich bestimmend sind. Selbst die Identifizierungskriterien für die Individuen einer Art sind nicht immer adäquat: Sie sind je nach Theorie und Wissen über die jeweilige Art mehr oder weniger angemessen. Aus diesen Gründen wird also die alte Unterscheidung zwischen Nominal- und Realessenz wieder hoffähig.

Wenn hier vom aristotelischen Essentialismus die Rede ist, so soll das nicht zum Mißverständnis führen, es handle sich um den dogmatischen Essentialismus. Die Postulierung von Realessenzen oder Naturen im Sinne Putnams für natürliche Arten impliziert keineswegs einen ungesunden Dogmatismus. Im Gegenteil, sie stellt einen ständigen Stimulus dar, weiterzuforschen und sich nicht mit den üblichen Definitionen oder Theorien über natürliche Arten zufriedenzugeben.

Was für die Extension eines Ausdrucks für natürliche Arten ausschlaggebend ist, ist nicht allein von sprachlichen Konventionen abhängig. Die Unterscheidung zwischen Nominal- und Realessenz soll in Zusammenhang gebracht werden mit der Unterscheidung zwischen der Fixierung der Bedeutung eines Ausdrucks und der Fixierung seiner Referenz[68]. In der konventionellen Zuordnung der Ausdrücke für natürliche Arten und der Musterexemplare werden nicht ihre Bedeutungen fixiert, d.h. es werden nicht Definitionen geliefert mit der Angabe notwendiger und hinreichender Merkmale, von denen die Extension abhängig wäre. Was für die jeweilige Art tatsächlich hinreichend und notwendig ist, entzieht sich zunächst dem menschlichen Zugriff. Diesbezüglich muß geforscht werden[69]. Um über natürliche Arten sprechen zu können, um durch Sprache ihre Individuen aus dem uns Umgebenden herauszugreifen, brauchen wir zwar Vorstellungen oder Umschreibungen dessen, was für sie charakteristisch ist[70]. Aber, wie und wann die Individuen einer natürlichen Art zu existieren anfangen, wie und wann sie eingehen, wie und in welchem Ausmaß sie zunehmen und abnehmen, was ihre Identität und Kontinuität im Laufe ihres Lebens ausmacht und ermöglicht, all das ist nicht sprachlich bedingt und hängt nicht von unseren Vorstellungen über die Art ab. Daher bemüht sich Wiggins in verschiedenen Schriften, die Zusammenhänge aufzuzeigen zwischen der Frage nach den sortalen Bedingungen und der Frage nach der Essenz, nach dem, was eine natürliche Art *ist*[71]. In der Terminologie Putnams und Kripkes könnte man auch sagen, all diese Fragen hängen zusammen mit der Frage nach der Tiefenstruktur der natürlichen Arten und Substanzen, von welcher Entstehung, Entfaltung und Untergang der Individuen einer Art abhängen. Daß wir also nur durch Sprache aufgrund *sortaler* Ausdrücke Sorten von Dingen aus der uns umgebenden Welt herausgreifen können, daß wir Nominalessenzen oder -definitionen dafür brauchen, heißt nicht, daß es sinnlos sei, Realessenzen zu postulieren. Die Postulierung impliziert keinen Dogmatismus, sondern drückt zunächst den *Glauben* aus, daß dasjenige, was Entstehung, Entwicklung und Untergang der Sorten bestimmt, nicht von unseren sprachlichen Konventionen abhängig ist, daß m.a.W. der Beliebigkeit oder Konventionalität in der sortalen Aufteilung der uns begegnenden Dinge Grenzen gesetzt sind; es

68 Siehe Abschnitt 3.1.2.

69 "...the task of natural science is to investigate the nature of a thing or substance, and to test hypotheses as to the constituion of that thing or substance."
R. Harré und E.M. Madden, Causal Powers. Oxford 1975, 17.

70 Siehe Abschnitt 3.5.2.

71 Siehe speziell D. Wiggins, Essentialism, Continuity, and Identity, in: Synthese 23 (1974) 321-359.

ist ausgeschlossen, daß "...anything can be just *anything*..." (SS. 150)[72]. Um die für unsere alltägliche referentielle Einstellung unhaltbaren Folgen eines übertriebenen Konventionalismus aufzuzeigen, geht Wiggins auf Bemerkungen Kolakowskis ein. Aufgrund seines konventionalistischen Hintergrundes sagt Kolakowski, nichts könne den Menschen hindern, die Welt radikal anders aufzugliedern und die Dinge in andere Sorten einzuteilen. Die Welt werde durch Sprache konstituiert. Daher könne der Mensch aufgrund alternativer Konventionen statt z.B. einfach über Pferde und Blätter durch "sortale" Ausdrücke, wie "ein halbes Pferd *und* ein Stück Fluß" oder "mein Ohr *und* der Mond"[73], über ganz andere Gegenstände sprechen. Wiggins weist nun darauf hin, daß es unmöglich ist zu glauben, es handle sich hier um echt sortale Ausdrücke. Durch sortale Ausdrücke bezieht man sich nämlich auf etwas, dem man letztlich lediglich durch Forschungen näher kommt, von dem Entstehung, Werden, Entwicklung, Eingehen, Dispositionen, äußere Merkmale usw. der Individuen einer Art abhängig sind. Daß man nun so etwas in einem halben Pferd *zusammen* mit einem Stück Fluß finden könne, ist unmöglich zu glauben.

Die Unterscheidung zwischen Real- und Nominalessenz, so wie sie von zeitgenössischen Autoren verwendet wird, geht auf Locke zurück. Für Locke war nämlich die Realessenz eines Dinges die Menge von Eigenschaften, "...which determine all the other properties of that thing"[74]. Im Rahmen eines erkenntnistheoretischen Realismus, so wie er im Zusammenhang mit der Schilderung des Strawsonschen und Quineschen Standpunktes als richtungweisend hingestellt wurde[75], ist eine entsprechende Postulierung von verborgenen Kräften, Tiefenmechanismen und Tiefenstrukturen durchaus annehmbar. Die Postulierung von Tiefenmechanismen, welche für die äußeren Merkmale der Individuen einer Art verantwortlich seien, wird daher in Zusammenhang gebracht mit der Postulierung von Realessenzen: "The real essence of a thing will consist very largely of powers or, in modern terms, dispositional properties."[76]

72 "Horses, leaves, sun and stars are *not* our inventions or artefacts - even though to pick out these things we have to deploy a conceptual scheme which has been fashioned in such a way as to make it possible to do so. You may insist on that if you please. But it is to insist on no more than this: that to single out these things you must single *them* out."
Wiggins a.a.O. 352.

73 L. Kolakowski, Towards a Marxist Humanism. New York 1968, 47f.
Zitiert nach SS. 138.

74 I.M. Copi, Essence and Accident, in: NNN. 183.

75 Siehe Abschnitte 1.1.3 und 2.1.1.

76 Copi a.a.O. 191.

Worauf wir Sprecher uns durch unsere alltägliche Einstellung durch die referentielle Verwendung sortaler Ausdrücke für natürliche Arten beziehen, sind nicht die Entitäten, die - was immer sie auch sein mögen - als einzige unsere Vorstellungen oder unsere Nominaldefinitionen erfüllen, sondern die Individuen, die dieselbe, uns Laien nur schwer zugängliche, Realessenz oder "Natur" der Muster- oder Standardexemplare der jeweiligen Sorte teilen[77]. In dieser Arbeit wurde zwar nicht bestritten, daß es sortale Ausdrücke gibt, deren Referenz von Definitionen abhängig ist, die für die Referenzobjekte hinreichende und notwendige Oberflächenmerkmale angeben; es wurde aber bestritten, daß *alle* Ausdrücke so funktionieren. Die Ausdrücke, die von dieser traditionellen Auffassung abweichen, sind die referentiellen Ausdrücke für *natürliche* Arten und Substanzen oder die Ausdrücke, die in der aristotelischen Tradition die eigentlichen Substanzausdrücke darstellen. Die Bestimmungen und Merkmale, die einem Individuum einer natürlichen Sorte mit Notwendigkeit zukommen, sind nicht diejenigen, die in den sich ändernden und sich gegenseitig ablösenden Nominaldefinitionen angegeben werden. Sie hängen von dem ab, *was* das betreffende Individuum *ist*, von dem, was seine Realessenz ist. In bezug auf diese Realessenz können sich nicht nur die einzelnen Sprecher täuschen, sondern auch ganze Generationen von Wissenschaftlern. Wir können uns allerdings auch dann noch - vorausgesetzt, bestimmte Bedingungen sind erfüllt - durch sortale Ausdrücke auf die Individuen der Sorten beziehen, wenn wir falsche Vorstellungen davon haben, selbst wenn wir keine adäquaten Identifizierungskriterien dafür haben. Den falschen Vorstellungen sind allerdings Grenzen gesetzt: Wenn ich z.B. meine, die Themse sei eine Katze, so werde ich mich nicht referentiell auf sie beziehen können[78]. Die Grenzen werden wiederum von dem auferlegt, was die einzelnen Individuen tatsächlich sind. Wie man in kontrafaktischen Annahmen die Identität eines Individuums verliert, wenn man kontrafaktisch postuliert, es gehöre einer anderen Substanz oder Art an, als es tatsächlich angehört[79], so kann man sich auch nicht darauf beziehen, wenn man seine Substanz oder Sorte verwechselt. Was die "Querweltein-Identität" (trans-world-identity) eines Individuums in verschiedenen

77 Siehe Abschnitt 3.3.3.

78 Siehe Abschnitt 1.7.2.

79 "Might Caesar have been 57, or the last paddle steamer on the Stonington-New York run, or at least some parrot? We have seen that he might not - unless anything might be anything. If contrary to fact speculation about Caesar does not lose grip on its purported object then there is an f such that Caesar must be this or that particular f, and f is a genuine thing kind and answers the question what sort of a thing he is."
Wiggins a.a.O. 347.

möglichen Welten ausmacht, ist seine Realessenz bzw. die Menge seiner notwendigen Eigenschaften. Was sich hingegen von Welt zu Welt ändert, sind seine kontingenten Merkmale. Wenn sich diese ändern, so hört das Individuum nicht auf zu existieren; es bleibt trotz Änderung es selbst. Im Fall einer aristotelischen substantiellen Änderung allerdings hört es auf, es selbst zu sein. Man wird es dann auch nicht mehr von Welt zu Welt verfolgen können. Entsprechendes gilt für die Referenz in der aktuellen Welt. Wir verwenden Ausdrücke für natürliche Arten, von wenigen Ausnahmen abgesehen, nicht so, daß wir uns auf Individuen beziehen, insofern sie bestimmte Oberflächenmerkmale haben, die sich im Laufe ihres Lebens ändern oder ändern könnten[80]. Daher sind unsere Vorstellungen der Oberflächenmerkmale einer Sorte für die Referenz zumeist nicht ausschlaggebend. Wenn wir allerdings die Sorte eines Dings dermaßen falsch einschätzen, daß wir sie mit einer anderen verwechseln, so können wir uns durch den sortalen Ausdruck nicht mehr darauf beziehen.

Es ist selbst aufgrund der Kripke-Semantiken sicherlich nicht einfach, die modalen de re Ausdrücke wie "Realessenz" und "notwendiges Merkmal" zirkelfrei und konsistent zu erklären. Man kann zwar Bedingungen angeben, die ein Merkmal erfüllen muß, um ein wesentliches[81] Merkmal zu sein, wie:

> An essential property of x is any property of x such that either x does not exist, or x has this property. (Or, in the language of possible worlds, a is necessarily F iff x is F in every possible world in which a exists.)[82]

Selbst aufgrund solcher Bestimmungen tut man sich allerdings schwer, konkrete Beispiele dafür zu finden, die nicht trivial sind. Trotz dieser Schwierigkeiten ist aber die Postulierung von de re Modalitäten weder sinn- noch zwecklos. Sie stellen zwar Ideal- oder Restbegriffe dar in Entsprechung zur Korrespondenzauffassung von Wahrheit. Mit ihnen kann man wohl kaum konkrete Fragen lösen. Sie können aber dennoch eine sehr wichtige Rolle in philosophischen Überlegungen spielen. Sie bilden das Rückgrat verschiedener Infragestellungen anderer philosophischer Argumentationen. Die Korrespondenztheorie der Wahrheit z.B. löst keine konkreten Fragen: Allein durch Rekurs auf sie kann man nicht feststellen, wann Aussagen wahr oder falsch sind. Sie kann allerdings als Richtschnur herangezogen werden, um andere Auffassungen von Wahrheit zu hinterfragen.

80 Siehe Abschnitt 3.3.2.

81 Viele Autoren setzen wesentliche mit notwendigen Merkmalen gleich, so daß diese entgegen der aristotelischen Tradition untereinander austauschbar sind.

82 Wiggins in: E. 301.

Die Postulierung von Modalitäten de re oder eines entsprechenden aristotelischen Essentialismus scheint zwar zunächst zwecklos und unsinnig, weil man mit ihr unmittelbar keine konkreten Probleme lösen kann. Sie stellt aber die Voraussetzung oder die Folge bestimmter Lösungen dar. Code und Brody sehen z.B. Parallelen zwischen den Parmenideischen Problemen mit dem Werden (Bewegung) und den modernen Problemen mit den Modalitäten[83]. Will man nicht mit Parmenides zu dem Schluß kommen, daß es keine Bewegung gibt, so muß man mit Aristoteles zwischen einer rein akzidentellen und einer substantiellen Änderung unterscheiden. Dementsprechend muß man zwischen wesentlichen und akzidentellen Merkmalen unterscheiden, wenn man nicht die quantifizierte modale Logik ablehnen will. Der moderne aristotelische Essentialismus ist teilweise Voraussetzung und teilweise Folge von Referenztheorien, die dem referentiellen Mechanismus von Sprache näher kommen als die traditionellen sprachanalytischen Umschreibungen von Referenz als Spezifizierung von Gegenständen.

83 A. Code, Aristotle's Response to Quine's Objections to Modal Logic, in: Journal of Philosophical Logic 5 (1976) 159-186.
B.A. Brody, Natural Kinds and Real Essences, in: The Journal of Philosophy 64 (1967) 431-446.

5 *Schlußbemerkung*

Ich habe Freges Unterscheidung zwischen Sinn und Referenz als grundlegend für diese Arbeit bestimmt. So wie ich bestrebt war, Sinn und Referenz auseinanderzuhalten, so habe ich zwischen der Bedeutung eines Satzes und seinen Wahrheitsbedingungen, zwischen der epistemischen und der "metaphysischen" Ebene (im Sinne Kripkes) und nicht zuletzt zwischen Identifizieren und Referieren unterschieden. All diese Unterscheidungen hängen miteinander zusammen und sind Ausdruck und Folge der philosophischen Ansicht, daß sich der Mensch durch die *Verwendung* von Sprache auf ihm vorgegebene Gegenstände in der Welt *bezieht* und von diesen aussagt, *wie* und *was* sie sind. Der Mensch kann sich zwar nicht direkt, ohne Verwendung sprachlicher Ausdrücke, unabhängig von deren konventionellem Sinn auf Gegenstände beziehen. Worauf er sich aufgrund des *Sinns* bezieht, ist aber die ihm *vorgegebene* Welt. Darüber macht er Aussagen, die *wahr* oder *falsch* sind. Seine Aussagen sind und bleiben wahr oder falsch, unabhängig davon, ob er es weiß, ob er sie verifizieren oder falsifizieren kann. In dieser Arbeit konzentrierte ich mich hauptsächlich auf diesen Aspekt menschlicher Rede, der durch die sogenannte *Referenz* ermöglicht wird.

Die logisch-positivistische Gleichsetzung von Bedeutung und Verifikationsmethode impliziert den semantischen Primat des Satzes: Nicht das einzelne Wort, sondern der Satz ist die grundlegende Einheit von Bedeutung. Diese Annahme wurde von mir nicht übernommen. Selbst Frege, der gemeinhin als erster Verfechter des semantischen Primats des Satzes gilt, kann nicht diese Ansicht unterschoben werden (siehe Abschnitt 1.5.1). Statt einer positivistischen Erkenntnislehre und einer rein verifikationistischen Bedeutungsauffassung setzt die Arbeit einen gemäßigten Realismus voraus, wie er von Strawson und selbst vom Skeptiker Quine vertreten wird (siehe Abschnitte 1.1.3 und 2.1.1). Was wir Menschen durch unsere Sinne wahrnehmen, sind nicht Sinnesdaten, sondern Gegenstände in der Welt. Dementsprechend beziehen wir uns durch Sprache auf die uns in der Welt vorgegebenen Gegenstände. Durch Sprache greifen wir sie lediglich aus ihrer Umwelt heraus. Diese Variante von Realismus wird ergänzt durch den wissenschaftstheoretischen Realismus Putnams und Kripkes (siehe Abschnitt 3.4). Wissenschaft wird von uns Menschen nicht nur betrieben, um Vorhersagen zu machen, sondern um zu *entdecken*, was die verborgenen Strukturen unserer

Welt und ihrer Organismen sind. Ich bin daher sehr ausführlich auf die Untersuchung jener Ausdrücke eingegangen, durch die wir uns auf *natürliche* Arten und Substanzen beziehen, von denen wir nicht oder noch nicht wissen, was ihre Tiefenstrukturen sind.

Die Radikalisierung des Strawsonschen Standpunktes, daß die Sprecher referieren und nicht sprachliche Ausdrücke, durch Searles These, daß Referenz lediglich als Referenz*akt*[84] zu verstehen sei, wird von mir abgelehnt. Wahrheitsträger sind Sätze und - wenn man sie zuläßt - durch Sätze ausgedrückte Propositionen. Ich bin allerdings ausführlich auf Strawsons Untersuchung der verschiedenen Bedingungen für das erfolgreiche Referieren und Prädizieren eingegangen (siehe Abschnitt 1.2.4). Für dieses ist lediglich die Kenntnis der Bedeutung sprachlicher Ausdrücke erforderlich, für jenes hingegen mehr: Der Sprecher muß über den Gegenstand, auf den er referiert, ein Minimum an empirischem Wissen haben. Er muß m.a.W. in einer Art Relation im Raum-Zeit-Gefüge zum intendierten Gegenstand stehen. M.E. dürfen Strawsons Bemerkungen darüber in Entsprechung zu den ansatzmäßig vorhandenen kausalen Theorien der Referenz (siehe Abschnitt 3.5.1) gesetzt werden. Nach Evans Deutung der kausalen Theorien z.B. referiert der jeweilige Sprecher auf den Gegenstand, von dem für ihn die meiste Information stammt, die er mit dem Ausdruck verbindet.

Im Streit über die Subjekt-Prädikat-Unterscheidung zwischen Strawson und Quine[85] habe ich mich auf die Seite Strawsons gestellt. Strawsons Standpunkt habe ich durch die originellen Beobachtungen Geachs über das unsymmetrische Verhalten von Subjekt und Prädikat und durch seine Angriffe gegen die mittelalterliche Lehre, daß Subjekt *und* Prädikat gleichermaßen Referenz haben (= Zwei-Namen-Theorie), gestützt (siehe Abschnitte 1.7.3, 1.2.1 und 1.2.2). Dies hinderte mich allerdings nicht, ausführlich auf Quines Untersuchungen zur Eliminierung aller singulären Terme einzugehen (siehe Abschnitt 2.2.5). Seine Überlegungen zur quantifizierten Logik und zur sogenannten unbestimmten Referenz durch die Quantoren und die durch sie gebundenen Variablen bringen Licht in das Dickicht der unbestimmten Referenz. Es ist zweifellos der Fall, daß wir im All-

84 "Der Terminus 'hinweisender Ausdruck' soll nicht implizieren, daß die Ausdrücke auf etwas hinweisen. Im Gegenteil: Referenz ist, wie bereits betont wurde, ein Sprechakt, und Sprechakte werden von Sprechern vollzogen, die Wörter äußern, nicht von Wörtern."
J.R. Searle, Sprechakte. Frankfurt 1971, 46.

85 Siehe P.F. Strawson, Singular Terms and Predication;
W.v.O. Quine, Reply to Strawson, in:
Words and Objections. Hg. von D. Davidson und J. Hintikka. Dordrecht 1969, 97-117.320-325.

tag uns oft lediglich *unbestimmt* auf die Wirklichkeit beziehen und trotzdem über sie Wahres oder Falsches aussagen.

Als wertvoll haben sich Geachs Beobachtungen zu den Identitätsbedingungen der Gegenstände, auf die man referiert, erwiesen (siehe Abschnitt 1.7.1). Seine Ansätze zusammen mit den Impulsen Freges über die Ausdrücke oder Begriffe, die Einheiten bilden und die das Zählen der unter sie fallenden Dinge ermöglichen, haben zu den Ausführungen über die *sortalen* Ausdrücke geführt (siehe Abschnitt 1.6). Selbst Eigennamen müssen - zumindest indirekt - mit sortalen Ausdrücken gekoppelt sein, die die Sorte oder die aristotelische Substanz ihrer Träger angeben. Worin ich mich von den im ersten Hauptteil geschilderten Standpunkten zu den sortalen Ausdrücken abhebe, ist deren übertriebener Konventionalismus. Die Identitäts-, Kontinuitäts- und Existenzbedingungen, die mit den sortalen Ausdrücken für Individuen natürlicher Sorten oder Arten gegeben sind, werden nicht konventionell festgesetzt. Entstehung, Entwicklung und Vergehen der Individuen einer natürlichen Art sind uns vorgegebene Größen.

Nach Geach haben nur Namen in Subjektposition Referenz und zwar auf "unparteiische Art" (siehe Abschnitt 1.7). Ihre Referenz wird von ihm nicht auf Primitiveres zurückgeführt - es sei denn, man denkt an die "acts of naming". Primitiv und grundlegend ist Referenz auch für Frege. Diesen Standpunkt habe ich übernommen. Freges Betonung der Rolle der Referenz ist Ausdruck des unerschütterlichen Glaubens des Menschen, daß es ihm gelingt, über die Gegenstände in der Welt Wahres auszusagen. Der Mensch hat zwar verschiedene Vorstellungen über diese Gegenstände, er nimmt sie verschieden wahr. Es gelingt ihm aber, sich durch Sprache auf diese zu beziehen und nicht auf die Vorstellungen, die er davon hat. Freges Referenztheorie ist nicht "schiere Gedankenlosigkeit", sondern Kern seiner revolutionären anti-idealistischen Ansichten. Tugendhats Versuche, Referenz im sprachanalytischen Sinn als Wahrheitswertpotential wegzuinterpretieren, muß scheitern (siehe Abschnitt 1.4.3).

Im dritten Hauptteil habe ich immer wieder darauf hingewiesen, daß - wie hauptsächlich Kripke und Putnam aufgezeigt haben - die Referenz vieler Terme nicht von der beschränkten Kompetenz oder von den subjektiven Vorstellungen der Sprecher abhängig sein kann. Es gibt unter uns Menschen eine Art sprachliche Arbeitsteilung (siehe Abschnitt 3.4.3). Besonders im Fall der Eigennamen ist klar, daß ihre Träger vorgegeben sind, daß m.a.W. die Referenz zwischen ihnen und ihren Trägern fix und nicht von den Schwankungen der begrenzten Kompetenz der Sprecher abhängig ist (siehe Abschnitt 3.2). Es gibt zwar Fälle, in denen Eigennamen wie Kennzeichnungen oder Bündel von Kennzeichnungen funktionieren. Diese Fälle bleiben aber Ausnahmen. Schon allein aus diesem Grund wird der zweite Grundversuch, Referenz von etwas Grundlegenderem her zu verstehen, nämlich von der Tarskischen Erfüllungsrelation (siehe Hauptteil 2), fraglich. Nach dieser Auffassung sind die Gegenstände, über die wir sprechen, diejenigen, welche die Ausdrücke oder die Bedingungen im Skopus eines Quantors erfüllen. Wenn es aber - wie Donnellan aufzuzeigen sich bemüht hat - auch nicht-attributive (siehe Abschnitt 3.1.3) Verwendungen von Kennzeichnungen gibt, durch die man auf Dinge referieren kann, die sie nicht erfüllen, so darf der genannte Standpunkt nicht verallgemeinert werden. Da Quine als Hauptvertreter dieser Erfüllungsdeutung gilt, bin ich ausführlich auf ihn eingegangen. Referenz ist nach Quine zunächst und zuallererst *unbestimmte* Referenz auf alles. Durch die quantifizierten Sätze wird ausgesagt, daß einiges oder alles derart ist, daß es die Bedingungen im Skopus der Quantoren erfüllt (siehe Abschnitt 2.2). Auch wenn Quines Standpunkt nicht verallgemeinert werden darf, wird durch seine Ausführungen klar, daß und wie wir Menschen auch über Nicht-Angebbares sprechen können oder zumindest über Gegenstände, die keinen Namen haben. Sprecher müssen nicht fähig sein, die Dinge zu identifizieren, über die sie prädizieren. Zu diesen Überlegungen führen die eher technisch anmutenden Untersuchungen zur referentiellen (versus substitutionellen) Deutung der Quantifikation (siehe Abschnitte 2.3.4f). Obwohl Quine in vielerlei Hinsicht philosophische Ansichten vertritt, die weit skeptischer sind als die seiner positivistischen Vorgänger, beschäftigt ihn die Frage nach Existenz und Wahrheit. Der Ernst dieser Frage motiviert ihn, die referentielle Deutung der Quantifikation der rein substitutionellen vorzuziehen. Von Quine stammen überdies verschiedene Unterscheidungen und terminologische Neuerungen, die ich im dritten Hauptteil aufgegriffen habe. Dazu gehört z.B. die Unterscheidung zwischen transparenten und opaken Kontexten (siehe Abschnitt 2.2.2), in denen die Ersetzbarkeit der Identität und somit auch die Referenz versagen.

Quines radikale Angriffe gegen "de re" (sachliche) Modalitäten und gegen die Unterscheidung zwischen notwendigen und akzidentellen Merkmalen, die Gegenständen - unabhängig von der Art, in der wir uns auf sie beziehen - zukommen, haben paradoxerweise zur Wiedererweckung einer Art Essentialismus geführt (siehe Abschnitt 4.4). Die Referenz der sortalen Ausdrücke für *natürliche* Arten ist nicht von der sogenannten Nominalessenz abhängig, die sich ändern kann, sondern von dem, *was* die Musterexemplare der Art sind, d.h. von ihrer Realessenz. Die These, daß die Referenz bestimmter Ausdrücke fix ist, d.h. unabhängig von den Änderungen der Vorstellungen, der Theorien, ja selbst der Identifizierungskriterien, die die Sprecher mit den Ausdrücken verbinden, hat verschiedene Wurzeln. Durch die Kripke-Semantiken der "möglichen Welten" kann sie besser gefaßt werden, als These nämlich, daß die Referenz in allen möglichen Welten dieselbe bleibt. Begründet wird sie hauptsächlich durch wissenschaftstheoretische Überlegungen, die von den orthodox-positivistisch-verifikationistischen stark abweichen (siehe Abschnitte 3.4.2f). Sie wird hauptsächlich durch das Verhalten bekräftigt, die referentielle Kontinuität bestimmter wissenschaftlicher Terme trotz Änderung der Theorien zu wahren. Viele voneinander stark abweichende Theorien sind in bezug auf die Referenz nicht inkommensurabel; sie beziehen sich auf dieselben Phänomene oder dieselben natürlichen Größen in der Welt, obwohl sie diese verschieden (oder auch falsch) darstellen und erklären. In der Beurteilung vergangener Theorien ist man, so Putnam (siehe Abschnitt 3.4.1), nicht puritanisch, sondern großzügig; man nimmt an, daß die Menschen in der Vergangenheit aufgrund ihrer dürftigen Methoden zwar bestimmte Phänomene oft schlecht oder sogar falsch gekennzeichnet haben, daß sie sich aber dennoch auf sie bezogen haben. Abgelehnt wird daher in der vorliegenden Arbeit auch die konventionalistische Toleranzthese, nach der verschiedene Theorien miteinander inkommensurabel sind und Wahrheit und Existenz somit immer nur "intra-" und nicht "trans-theoretisch" sein können (siehe Abschnitt 3.4.2).

Was sich in den verschiedenen Kontexten und Abhandlungen der vorliegenden Untersuchung durchhält, ist letztlich Freges These, daß Ausdrücke mit verschiedenem Sinn dieselbe Referenz haben können, daß man also auf verschiedenen Wegen und mit verschiedenen Identifizierungsmethoden auf dasselbe stoßen kann. Was für die Wahrheit ausschlaggebend ist, ist nicht primär der Weg oder der Sinn, sondern der jeweilige Gegenstand, der dem "Reich" der Wirklichkeit angehört, wie Frege sagt (siehe Abschnitt 1.4.1). Da wir Menschen uns nicht nur mit "Dichtung" beschäftigen, sondern nach Wahrheit streben, darf Referenz von den philosophischen Überlegungen nicht ausgeklammert werden.

7 Literatur

J.L. Austin, How to do things with words. Oxford 1963
(Deutsch: Zur Theorie der Sprechakte. Stuttgart 1972)
A.J. Ayer, Language, Truth and Logic. (P.B.) Harmondsworth 1972
A.J. Ayer, The Central Questions of Philosophy. London 1973
A.J. Ayer, Identity and Reference, in: Language in Focus: Foundations, Methods and Systems. Essays in Memory of Y. Bar-Hillel. Hg. von A. Kasher. Dordrecht 1976, 3-24
M.R. Ayers, The Refutation of Determinism. An Essay in Philosophical Logic. London 1968

T. Baldwin, Quantification, modality and indirect speech, in: Meaning, Reference and Necessity. Hg. von S. Blackburn. Cambridge 1975, 56-108
R. Barcan-Marcus, Modalities and Intensional Languages, in: Synthese 13 (1961) 303-322
R. Barcan-Marcus, Essentialism in Modal Logic, in: Noûs 1 (1967) 91-96
R. Barcan-Marcus, Extensionality, in: Reference and Modality. Hg. von L. Linsky. Oxford 1971, 44-51
R. Barcan-Marcus, Quantification and Ontology, in: Noûs 6 (1972) 240-250
J.M. Bell,What is Referential Opacity? in: Journal of Philosophical Logic 2 (1973) 155-180
D. Bell, On the Translation of Frege's *Bedeutung*, in: Analysis 40 (1980) 191-195
R. Bertolet, Kripke's Speaker's Reference, in: Analysis 41 (1981) 70ff
R. Binkley, Quantifiying, Quotation, and Paradox, in: Noûs 4 (1970) 271-277
M. Black, Frege on Functions, in: Essays on Frege. Hg. von E.D. Klemke. Chicago 1968, 223-248
U. Blau, Die dreiwertige Logik der Sprache. Ihre Syntax, Semantik und Anwendung in der Sprachanalyse. Berlin 1978
R. Bolton, Essentialism and Semantic Theory in Aristotle, in: The Philosophical Review 85 (1976) 514-544
M. Bradie, Pragmatism and Internal Realism, in: Analysis 39 (1979) 4-10
R. Bradley und N. Swartz, Possible Worlds. An Introduction to Logic and its Philosophy. Oxford 1979
B.A. Brody, Natural Kinds and Real Essences, in: The Journal of Philosophy 64 (1967) 431-446
B.A. Brody, Why Settle for Anything Less than Good Old-Fashioned Aristotelian Essentialism, in: Noûs 7 (1973) 351-364
B.A. Brody, Identity and Essence. Princeton 1980
J. Buhl, Anwendung und Bedeutung modelltheoretischer Methoden in der Philosophie. Frankfurt 1981
T. Burge, Truth and Singular Terms, in: Noûs 8 (1974) 309-325
T. Burge, Delief *De Re*, in: The Journal of Philosophy 74 (1977) 338-362

J.L. Camp, Truth and Substitution Quantifiers, in: Noûs 9 (1975) 165-185
W. Carl, Existenz und Prädikation. Sprachanalytische Untersuchungen zu Existenz-Aussagen. München 1974
R. Carnap, Physikalische Begriffsbildung. Darmstadt 1966
R. Carnap, Der logische Aufbau der Welt. Hamburg ²1961
R. Carnap, Logische Syntax der Sprache. Wien ²1968
R. Carnap, Meaning and Necessity. Chicago ²1970
R. Carnap, Empiricism, Semantics, and Ontology, in: Meaning and Necessity. Chicago ²1970, 205-221

PN. K.S. Donnellan, Proper Names and Identifying Descriptions, in: Semantics of Natural Language. Hg. von D. Davidson und G. Harman. Dordrecht 1972, 356-379

PU. L. Wittgenstein, Philosophische Untersuchungen. Oxford 1958

RDD. K.S. Donnellan, Reference and Definite Descriptions, in: The Philosophical Review 75 (1966) 281-304

RG. P.T. Geach, Reference and Generality. An Examination of Some Medieval and Modern Theories. Ithaca 1962

RoR. W.v.O. Quine, The Roots of Reference. La Salle 1974

SaP. P.F. Strawson, Subject and Predicate in Logic and Grammar. London 1974

Schirn Studien zu Frege. III. Logik und Semantik. Hg. von M. Schirn. Stuttgart 1976

SS. D. Wiggins, Sameness and Substance. Oxford 1980

T. E. Tugendhat, Vorlesungen zur Einführung in die sprachanalytische Philosophie. Frankfurt 1976

WiR. H. Putnam, What is "Realism"? in: Proc. Arist. Society 76 (1975/76) 177-194

WO. W.v.O. Quine, Word and Object. Cambridge Mass. 1960

6 Verzeichnis der benutzten Kurztitel

BB. H. Putnam, Die Bedeutung von "Bedeutung". Frankfurt 1979

BW. G. Frege, Wissenschaftlicher Briefwechsel. Hg. von G. Gabriel, H. Hermes, F. Kambartel, C. Thiel und A. Veraart. Hamburg 1976

C. W. Carl, Existenz und Prädikation. Sprachanalytische Untersuchungen zu Existenz-Aussagen. München 1974

D. M. Dummett, Frege. Philosophy of Language. London 1973

E. Truth and Meaning. Essays in Semantics. Hg. von G. Evans und J. McDowell. Oxford 1976

FBB. G. Frege, Funktion, Begriff, Bedeutung. Fünf logische Studien. Hg. von G. Patzig. Göttingen 1969

G. Mind and Language. Wolfson College Lectures 1974. Hg. von S. Guttenplan. Oxford 1975

I. P.F. Strawson, Individuals. An Essay in Descriptive Metaphysics. London 1965

LLP. P.F. Strawson, Logico-Linguistic Papers. London 1971

LM. P.T. Geach, Logic Matters. Oxford 1972

LPV. W.v.O. Quine, From a Logical Point of View. Logico-Philosophical Essays. New York ²1961

MLR. H. Putnam, Mind, Language and Reality. Volume 2. Cambridge 1975

MMM. H. Putnam, Mathematics, Matter and Method. Volume 1. Cambridge 1975

MMS. H. Putnam, Meaning and the Moral Sciences. London 1978

Munitz Identity and Individuation. Hg. von M.K. Munitz. New York 1971

ND. L. Linsky, Names and Descriptions. Chicago 1977

NN. S. Kripke, Name und Notwendigkeit. Frankfurt 1981

NNN. Naming, Necessity, and Natural Kinds. Hg. von S.P. Schwartz. Ithaca 1977

NS. G. Frege, Nachgelassene Schriften. Hg. von H. Hermes, F. Kambartel und F. Kaulbach. Hamburg 1969

OR. W.v.O. Quine, Ontological Relativity and Other Essays. New York 1969

W.R. Carter, On A Priori Contingent Truths, in: Analysis 36 (1975/76) 105f
R. Cartwright, Identity and Substitutivity, in: Munitz 119-133
A. Casullo, Kripke on the A Priori and the Necessary, in: Analysis 37 (1977) 152-159
C.S. Chihara, Our Ontological Commitment to Universals, in: Noûs 2 (1968) 25-46
R.M. Chisholm, Identity Through Possible Worlds: Some Questions, in: Noûs 1 (1967) 1-8
R.M. Chisholm, Problems of Identity, in: Munitz 3-30
A. Code, Aristotle's Response to Quine's Objections to Modal Logic, in: Journal of Philosophical Logic 5 (1976) 159-186
A. Code, Transtemporal Stability in Aristotelian Substance, in: The Journal of Philosophy 75 (1978) 624-648
I.M. Copi, Essence and Accident, in: NNN. 176-191
M. Corrado, What De Re Belief is not, in: Analysis 35 (1975) 188-193
M.J. Cresswell, The Elimination of De Re Modalities, in: The Journal of Symbolic Logic 34 (1969) 329f
M.J. Cresswell, Can Epistemology be Naturalized? in: Essays on the Philosophy of W.V. Quine. Hg. von R.W. Shahan und C. Swoyer. Oklahoma 1979, 109-118

D. Davidson, Thought and Talk, in: G. 7-23
D. Davidson, Wahrheit und Bedeutung, in: Moderne Sprachphilosophie. Hg. von M. Sukale. Hamburg 1976, 104-122
(Englisch: Truth and Meaning, in: Synthese 17 [1967] 304-323)
M. Davies, Meaning, Quantification, Necessity. Themes in philosophical logic. London 1981
K.S. Donnellan, Proper Names and Identifying Descriptions, in: Semantics of Natural Language. Hg. von D. Davidson und G. Harman. Dordrecht 1972, 356-379. Kurztitel: PN.
K.S. Donnellan, Substances as Individuals, in: The Journal of Philosophy 70 (1973) 711f
K.S. Donnellan, Speaking of Nothing, in: NNN. 216-243
K.S. Donnellan, Reference and Definite Descriptions, in: The Philosophical Review 75 (1966) 281-304. Kurztitel: RDD.
M. Dummett, Nominalismus, in: Das Universalien-Problem. Hg. von W. Stegmüller. Darmstadt 1978, 264-279
M. Dummett, Frege on Functions: A Reply, in: Essays on Frege. Hg. von E.D. Klemke. Chicago 1968, 295ff
M. Dummett, Frege. Philosophy of Language. London 1973. Kurztitel: D.
M. Dummett, What is a Theory of Meaning? in: G. 97-138
M. Dummett, What is a Theory of Meaning? (II), in: E. 67-137
M. Dummett, The Interpretation of Frege's Philosophy. London 1981
J.M. Dunn und N.D. Belnap, The Substitution Interpretation of the Quantifiers, in: Noûs 2 (1968) 177-185
J. Dupré, Natural Kinds and Biological Taxa, in: The Philosophical Review 90 (1981) 66-90

B. Enç, Reference of Theoretical Terms, in: Noûs 10 (1976) 261-282
W.K. Essler, W.V.O. Quine: Empirismus auf pragmatischer Grundlage, in: Grundprobleme der großen Philosophen. Philosophie der Gegenwart III. Hg. von J. Speck. Göttingen 1975, 87-125
G. Evans, The Causal Theory of Names, in: NNN. 192-215

J.K. Feibleman, Assumptions of Grand Logics. The Hague 1979
A. Fine, How to Compare Theories: Reference and Change, in: Noûs 9 (1975) 17-32

G.W. Fitch, Are there necessary *a posteriori* truths? in: Philosophical Studies 30 (1976) 243-247

D. Føllesdal, Quine on Modality, in: Words and Objections. Hg. von D. Davidson und J. Hintikka. Dordrecht 1969, 175-185

B.C. van Fraassen, Meaning Relations and Modalities, in: Noûs 3 (1969) 155-167

B.C. van Fraassen, The Only Necessity is Verbal Necessity, in: The Journal of Philosophy 74 (1977) 71-85

W. Franzen, Die Bedeutung von "wahr" und "Wahrheit". Analysen zum Wahrheitsbegriff und zu einigen neueren Wahrheitstheorien. Freiburg 1982

G. Frege, Funktion und Begriff, in: FBB. 18-39

G. Frege, Die Grundlagen der Arithmetik. Eine logisch mathematische Untersuchung über den Begriff der Zahl. Breslau 1884

G. Frege, Über Begriff und Gegenstand, in: FBB. 66-80

G. Frege, Über Sinn und Bedeutung, in: FBB. 40-65

G. Frege, Vorwort und Einleitung, in: Grundgesetze der Arithmetik. Jena 1893

G. Frege, Ausführungen über Sinn und Bedeutung, in: NS. 128-136

G. Frege, Logik, in: NS. 137-163

G. Frege, Was ist eine Funktion? in: FBB. 81-90

G. Frege, Über Euklidische Geometrie, in: NS. 182-184

G. Frege, Kurze Übersicht meiner logischen Lehren. Der Gedanke, in: NS. 213-218

G. Frege, Einleitung in die Logik, in: NS. 201-212

G. Frege, Logik in der Mathematik, in: NS. 219-270

G. Frege, Aufzeichnungen für Ludwig Darmstaedter, in: NS. 273-277

G. Frey, Philosophie und Wissenschaft. Eine Methodenlehre. Stuttgart 1970

P.T. Geach, Reference and Generality. An Examination of Some Medieval and Modern Theories. Ithaca N.Y. 1962. Kurztitel: RG.

P.T. Geach, Quantification Theory and the Problem of Identifying Objects of Reference, in: Acta Philosophica Fennica (1963) 41-52

P.T. Geach, What are referring expressions, in: LM. 95ff

P.T. Geach, Referring expressions again, in: LM. 97-102

P.T. Geach, History of the Corruption of logic, in: LM. 44-61

P.T. Geach, Quine's Syntactical Insights, in: Words and Objections. Hg. von D. Davidson und J. Hintikka. Dordrecht 1969, 146-157

P.T. Geach, Back-Reference, in: Language in Focus: Foundations, Methods and Systems. Essays in Memory of Y. Bar-Hillel. Hg. von A. Kasher. Dordrecht 1976, 25-39

P.T. Geach, Names and Identity, in: G. 139-158

W.K. Goosens, Underlying Trait Terms, in: NNN. 133-154

W.K. Goosens, Causal Chains and Counterfactuals, in: The Journal of Philosophy 76 (1979) 489-459

R.E. Grandy, Predication and Singular Terms, in: Noûs 11 (1977) 163-167

R.E. Grandy, Ontology and Reduction, in: Essays on the Philosophy of W.V. Quine. Hg. von R.W. Shahan und C. Swoyer. Oklahoma 1979, 69-78

S. Haack, Philosophy of Logics. Cambridge 1978

I. Hacking, All Kinds of Possibility, in: The Philosophical Review 84 (1975) 321-337

G. Harman, An Introduction to 'Translation and Meaning', Chapter Two of *Word and Object*, in: Words and Objections. Hg. von D. Davidson und J. Hintikka. Dordrecht 1969, 14-26

R. Harré, The Philosophies of Science. An Introductory Survey. Oxford 1972

R. Harré und E.H. Madden, Causal Powers. Oxford 1975

J. Hintikka, Modality and Quantification, in: Models for Modality. Selected Essays. Dordrecht 1969, 57-70

J. Hintikka, The Modes of Modality, in: Models for Modality. Selected Essays. Dordrecht 1969, 71-86

J. Hintikka, Behavioral Criteria of Radical Translation, in: Words and Objections. Hg. von D. Davidson und J. Hintikka. Dordrecht 1969, 69-81
J. Hintikka, Knowledge and Belief. An Introduction to the Logic of the Two Notions. Ithaca 1969
J. Hintikka, Semantik für Positionsaussagen, in: Studien zur Semantik. Hg. von S. Kanngiesser und G. Lingrün. Kronberg/Ts. 1974, 61-97 (Englisch: Semantics for Propositional Attitudes, in: Reference and Modality. Hg. von L. Linsky. Oxford 1971, 145-167)
J. Hintikka, The Semantics of Modal Notions and the Indeterminacy of Ontology, in: Semantics of Natural Language. Hg. von D. Davidson und G. Harman. Dordrecht 1972, 398-414
J. Hintikka, Die Intention der Intentionalität, in: Neue Hefte für Philosophie. Semantik und Ontologie. Heft VIII. Göttingen 1975, 65-95
J. Hintikka, Logic, Language-Games and Information. Kantian Themes in the Philosophy of Logic. Oxford 1973
J. Hintikka, Quantifiers in Natural Languages: Some Logical Problems, in: Game-Theoretical Semantics. Hg. von E. Saarinen. Dordrecht 1979, 81-117
E. Hirsch, Essence and Identity, in: Munitz 31-49
E. Hirsch, Physical Identity, in: The Philosophical Review 85 (1976) 357-389
H. Hochberg, Nominalism, Platonism and "Being True of", in: Noûs 1 (1967) 413-419
H. Hrachovec, Die sprachanalytische Philosophie auf dem Rückweg zur Metaphysik, beobachtet in neueren Untersuchungen zur Logik der Modalitäten, in: Philosophische Rundschau 28 (1981) 67-83
G.E. Hughes und M.J. Cresswell, Einführung in die Modallogik. Berlin/New York 1978
D.L. Hull, The Ontological Status of Species, in: Foundational Problems in the Special Sciences. Hg. von R.E. Butts und J. Hintikka. Dordrecht 1977, 91-102

R.C. Jeffrey, Logik der Entscheidungen. Wien 1967

H. Kahane, Thomason on Natural Kinds, in: Noûs 3 (1969) 409-412
W. Kamlah und P. Lorenzen, Logische Propädeutik. Vorschule des vernünftigen Redens. Mannheim 1967
D. Kaplan, Quantifying In, in: Words and Objections. Hg. von D. Davidson und J. Hintikka. Dordrecht 1969, 206-242
B. Kienzle, M. Dummett: Truth and Other Enigmas, in: Philosophische Rundschau 28 (1981) 60-67
P. Kitcher, Theories, Theorists and Theoretical Change, in: The Philosophical Review 87 (1978) 519-547
W. Kneale und M. Kneale, The Development of Logic. Oxford 1962
H. Kornblith, Referring to Artefacts, in: The Philosophical Review 89 (1980) 109-114
L. Krauth, Die Philosophie Carnaps. Wien 1970
S.A. Kripke, Identity and Necessity, in: Munitz 135-164
S.A. Kripke, Semantische Untersuchungen zur Modallogik, in: Studien zur Semantik. Hg. von S. Kanngiesser und G. Lingrün. Kronberg/Ts. 1974, 44-60 (Englisch: Semantical Considerations on Modal Logic, in: Reference and Modality. Hg. von L. Linsky. Oxford 1971, 63-72)
S.A. Kripke, Naming and Necessity, in: Semantics of Natural Language. Hg. von D. Davidson und G. Harman. Dordrecht 1972, 253-355 (Deutsch: Name und Notwendigkeit. Frankfurt 1981. Kurztitel: NN.)
S.A. Kripke, Is There a Problem about Substitutional Quantification? in: E. 325-419
G. Küng, Ontologie und logistische Analyse der Sprache. Eine Untersuchung zur zeitgenössischen Universaliendiskussion. Wien 1963

G. Küng, The Meaning of the Quantifiers in the Logic of Leśniewski, in: Studia Logica 36 (1977) 309-344
W. Künne, P.F. Strawson. Deskriptive Metaphysik, in: Grundprobleme der großen Philosophen. Philosophie der Gegenwart III. Hg. von J. Speck. Göttingen 1975, 167-206
W. Künne, Verstehen und Sinn. Eine sprachphilosophische Betrachtung, in: Allgemeine Zeitschrift für Philosophie 6/1 (1981) 1-16
F. v. Kutschera, Sprachphilosophie. München ²1975
F. v. Kutschera, Einführung in die intensionale Semantik. Berlin/New York 1976

K. Lambert, Predication and Extensionality, in: Journal of Philosophical Logic 3 (1974) 255-264
S. Lappin, Sorts, Ontology, and Metaphor. The Semantics of Sortal Structure. Berlin/New York 1981
C. Lejewski, Ontology and Logic, in: Philosophy of Logic. Hg. von S. Körner. Oxford 1976, 1-28
H. Lenk, Metalogik und Sprachanalyse. Studien zur analytischen Philosophie. Freiburg 1973
D. Lewis, Counterfactuals. Oxford 1973
D. Lewis, Prinzipien der Semantik, in: Studien zur Semantik. Hg. von S. Kanngiesser und G. Lingrün. Kronberg/Ts. 1974, 136-197
D. Lewis, Konventionen. Eine sprachphilosophische Abhandlung. Berlin 1975
C. Lewy, Meaning and Modality. Cambridge 1976
L. Linsky, Reference and referents, in: Semantics. An Interdisciplinary Reader in Philosophy, Linguistics and Psychology. Hg. von D.D. Steinberg und L.A. Jakobovits. Cambridge 1971, 76-85
L. Linsky, Reference, Essentialism, and Modality, in: Reference and Modality. Hg. von L. Linsky. Oxford 1971, 88-100
L. Linsky, Names and Descriptions. Chicago 1977. Kurztitel: ND.
P. Long und R. White, On the Translation of Frege's *Bedeutung*: a Reply to Dr. Bell, in: Analysis 40 (1980) 196-202
K. Lorenz, Elemente der Sprachkritik. Eine Alternative zum Dogmatismus und Skeptizismus in der analytischen Philosophie. Frankfurt 1971
M. Loux, Substance and Attribute. A Study in Ontology. Dordrecht 1978
J. Lyons, Semantics. Volume 1. Cambridge 1977

J. McDowell, Truth Conditions, Bivalence, and Verificationism, in: E. 42-66
J. McDowell, On the Sense and Reference of a Proper Name, in: Mind 86 (1977) 159-185
C. McGinn, A Note on the Essence of Natural Kinds, in: Analysis 35 (1975) 177-183
C. McGinn, On the Necessity of Origin, in: The Journal of Philosophy 73 (1976) 127-135
C. McGinn, Charity, Interpretation, and Belief, in: The Journal of Philosophy 74 (1977) 521-535
T.J. McKay, Essentialism in Quantified Modal Logic, in: Journal of Philosophical Logic 4 (1975) 423-438
E. Mach, Analyse der Empfindungen. Jena ²1900
J.L. Mackie, Locke's Anticipation of Kripke, in: Analysis 34 (1973/74) 177-180
D. Makris, Quine und das Problem der Übersetzung. Freiburg/München 1979
R.M. Martin, Über Tarskis semantische Konzeption der Wahrheit, in: Zur Philosophie der idealen Sprache. Hg. von J. Sinnreich. München 1972, 101-103
R.M. Martin, Pragmatics, Truth, and Language. Dordrecht 1979
A. Millar, Truth and Understanding, in: Mind 86 (1977) 405-416

E. Nagel und J.R. Newman, Gödel's Proof. London 1959
O. Neurath, Protokollsätze, in: Erkenntnis 3 (1932) 204-214

D. Odegard, On *a priori* Contingency, in: Analysis 36 (1975/76) 201ff

T. Parsons, Essentialism and Quantified Modal Logic, in: Reference and Modality. Hg. von L. Linsky. Oxford 1971, 73-87
C. Peacocke, Proper names, reference, and rigid designation, in: Meaning, Reference and Necessity. Hg. von S. Blackburn. Cambridge 1975, 109-132
J. Pinborg, Logik und Semantik im Mittelalter. Ein Überblick. Stuttgart 1972
A. Plantinga, De Re et De Dicto, in: Noûs 3 (1969) 235-258
A. Plantinga, The Nature of Necessity. Oxford 1974
A. Plantinga, Transworld Identity or Worldbound Individuals? in: NNN. 245-266
A.N. Prior, Time and Modality. Oxford 1957
R.L. Purtill, About Identity Through Possible Worlds, in: Noûs 2 (1968) 87ff
H. Putnam, It ain't necessarily so, in: MMM. 237-249
H. Putnam, What theories are not, in: MMM. 215-227
H. Putnam, How not to talk about meaning, in: MLR. 117-131
H. Putnam, On properties, in: MMM. 305-322
H. Putnam, Is semantics possible? in: MLR. 139-152
H. Putnam, Philosophy of Logic. London 1972
H. Putnam, Explanation and reference, in: MLR. 196-214
H. Putnam, Language and reality, in: MLR. 272-290
H. Putnam, Introduction: Science as approximation to truth, in: MMM. vii-xiv
H. Putnam, Die Bedeutung von "Bedeutung". Frankfurt 1979.
Kurztitel: BB. (Englisch: The meaning of 'meaning', in: MLR. 215-271)
H. Putnam, The refutation of conventionalism, in: MLR. 153-191
H. Putnam, Language and philosophy, in: MLR. 1-32
H. Putnam, What is "Realism"? in: Proc.Arist.Society 76 (1975/76) 177-194.
Kurztitel: WiR.
H. Putnam, Reference and Understanding, in: MMS. 97-117
H. Putnam, Realism and Reason, in: MMS. 123-138

W.v.O. Quine, Truth by Convention, in: The Ways of Paradox and Other Essays. New York 1966, 70-99
W.v.O. Quine, New Foundations for Mathematical Logic, in: LPV. 80-101
W.v.O. Quine, Bezeichnung und Existenz, in: Zur Philosophie der idealen Sprache. Hg. von J. Sinnreich. München 1972, 23-33
W.v.O Quine, Bemerkungen über Existenz und Notwendigkeit, in: Zur Philosophie der idealen Sprache. Hg. von J. Sinnreich. München 1972, 34-52
W.v.O. Quine, Logic and the Reification of Universals, in: LPV. 102-129
(Deutsch: Logik und die Verdinglichung von Universalien, in: Das Universalien-Problem. Hg. von W. Stegmüller. Darmstadt 1978, 133-164)
W.v.O. Quine, On what there is, in: LPV. 1-19
(Deutsch: Was es gibt, in: Das Universalien-Problem. Hg. von W. Stegmüller. Darmstadt 1978, 102-123)
W.v.O. Quine, Methods of Logic. London ³1974
(Deutsch: Grundzüge der Logik. Frankfurt 1974)
W.v.O. Quine, Two Dogmas of Empiricism, in: LPV. 20-46
(Deutsch: Zwei Dogmen des Empirizismus, in: Zur Philosophie der idealen Sprache. Hg. von J. Sinnreich. München 1972, 167-194)
W.v.O. Quine, Notes on the Theory of Reference, in: LPV. 130-138
W.v.O. Quine, Three Grades of Modal Involvement, in: The Ways of Paradox and Other Essays. New York 1966, 156-174
W.v.O. Quine, Meaning and Existential Inference, in: LPV. 160-170
W.v.O. Quine, Quantifiers and Propositional Attitudes, in: The Ways of Paradox and Other Essays. New York 1966, 183-194
W.v.O. Quine, Speaking of Objects, in: OR. 1-25
(Deutsch: Das Sprechen über Gegenstände, in: Ontologische Relativität und andere Schriften. Stuttgart 1975, 7-40)

W.v.O. Quine, Word and Object. Cambridge Mass. 1960. Kurztitel: WO. (Deutsch: Wort und Gegenstand. Stuttgart 1980)

W.v.O. Quine, Reference and Modality, in: LPV. 139-159 (Deutsch: Bezeichnung und Modalität, in: Das Universalien-Problem. Hg. von W. Stegmüller. Darmstadt 1978, 165-187. Der deutsche Text ist die Übersetzung der ersten und nicht der zweiten [veränderten] Auflage!)

W.v.O. Quine, Reply to Professor Marcus, in: The Ways of Paradox and Other Essays. New York 1966, 175-182

W.v.O. Quine, Necessary Truth, in: The Ways of Paradox and Other Essays. New York 1966, 48-56

W.v.O. Quine, Ontological Reduction and the World of Numbers, in: The Ways of Paradox and Other Essays. New York 1966, 199-207

W.v.O. Quine, Ontological Relativity, in: OR. 26-28 (Deutsch: Ontologische Relativität, in: Ontologische Relativität und andere Schriften. Stuttgart 1975, 41-96)

W.v.O. Quine, Existence and Quantification, in: OR. 91-113 (Deutsch: Existenz und Quantifikation, in: Ontologische Relativität und andere Schriften. Stuttgart 1975, 127-156)

W.v.O. Quine, Natural Kinds, in: OR. 114-138 (Deutsch: Natürliche Arten, in: Ontologische Relativität und andere Schriften. Stuttgart 1975, 157-189)

W.v.O. Quine, Replies, in: Words and Objections. Essays on the Work of W.V. Quine. Hg. von D. Davidson und J. Hintikka. Dordrecht 1969, 292-352

W.v.O. Quine, Philosophy of Logic. New York 1970 (Deutsch: Philosophie der Logik. Stuttgart 1973)

W.v.O. Quine, Epistemology Naturalized, in: OR. 69-90 (Deutsch: Naturalisierte Erkenntnistheorie, in: Ontologische Relativität und andere Schriften. Stuttgart 1975, 97-126)

W.v.O. Quine, Methodological Reflections on Current Linguistic Theory, in: Semantics of Natural Language. Hg. von D. Davidson und G. Harman. Dordrecht 1972, 442-454

W.v.O. Quine, The Roots of Reference. La Salle 1974. Kurztitel: RoR. (Deutsch: Die Wurzeln der Referenz. Frankfurt 1976)

W.v.O. Quine, The Nature of Natural Knowledge, in: G. 67-81

V. Rantala, Possible Worlds and Formal Semantics, in: Essays in Honour of J. Hintikka. Hg. von E. Saarinen, R. Hilpinen, I. Niiniluoto und M.P. Hintikka. Dordrecht 1979, 177-188

T.J. Richards, How Quine didn't learn to quantify, in: The Journal of Philosophy 76 (1979) 421-429

R. Rorty, Necessity and Realism: Milton Fisk's *Nature and Necessity*, in: Noûs 10 (1976) 345-353

R. Rorty, Realism and Reference, in: The Monist 59 (1976) 321-340

E. Runggaldier, Conventionalism in Carnap's Early Philosophy. Amsterdam 1984

E. Runggaldier, Art- und Substanzbezeichnungen als starre Designatoren, in: Language, Logic, and Philosophy. Akten des 4. Internationalen Wittgenstein Symposiums. Wien 1980, 487-489

E. Runggaldier, Identifizierungsfunktion und Referenz, in: Language and Ontology. Akten des 6. Internationalen Wittgenstein Symposiums. Wien 1982, 286-288

B. Russell, The Principles of Mathematics. London ²1956

B. Russell, The Problems of Philosophy. London 1959

B. Russell, Our Knowledge of the External World. London ²1926

B. Russell, Mysticism and Logic. London 1963

N.U. Salmon, How Not To Derive Essentialism From The Theory of Reference, in: The Journal of Philosophy 76 (1979) 703-725

N.U. Salmon, Reference and Essence. Princeton 1981
E.v. Savigny, Die Philosophie der normalen Sprache. Eine kritische Einführung in die "ordinary language philosophy". Frankfurt 1969
A. Schaff, Einführung in die Semantik. Wien 1969
J. Schulte, Bedeutungsbegriff und Bedeutungstheorie, in: Philosophische Rundschau 26 (1979) 213-230
S.P. Schwartz, Introduction, in: NNN. 13-41
S.P. Schwartz, Putnam on Artefacts, in: The Philosophical Review 87 (1978) 566-574
S.P. Schwartz, Natural Kinds and Nominal Kinds, in: Mind 89 (1980) 182-195
R. Scruton und C. Wright, Truth Conditions and Criteria, in: Arist. Soc. 50, Suppl. 76, 193-216
J.R. Searle, Sprechakte. Ein sprachphilosophischer Essay. Frankfurt 1971
S. Shoemaker, Wiggins on Identity, in: Munitz 103-117
D.S. Shwayder, On the Determination of Reference by Sense, in: Studien zu Frege III. Logik und Semantik. Hg. von M. Schirn. Stuttgart 1975, 85-95
J. Sinnreich, Einleitung, in: Zur Philosophie der idealen Sprache. Hg. von J. Sinnreich. München 1972, 7-20
J.J.C. Smart, Quine's Philosophy of Science, in: Words and Objections. Essays on the Work of W.V. Quine. Hg. von D. Davidson und J. Hintikka. Dordrecht 1969, 3-13
W. Spohn, Putnams philosophische Aufsätze, in: Philosophische Rundschau 25 (1978) 199-217
R.C. Stalnaker, Possible Worlds, in: Noûs 10 (1976) 65-75
W. Stegmüller, Das Wahrheitsproblem und die Idee der Semantik. Wien 1957
W. Stegmüller, Hauptströmungen der Gegenwartsphilosophie II. Stuttgart 1975
E. Stenius, Beginning with Ordinary Things, in: Words and Objections. Hg. von D. Davidson und J. Hintikka. Dordrecht 1969, 27-52
P.F. Strawson, On Referring, in: LLP. 1-27
(Deutsch: Bedeuten, in: Sprache und Analysis. Texte zur englischen Philosophie der Gegenwart. Hg. von R. Bubner. Göttingen 1968, 68-95)
P.F. Strawson, Introduction to Logical Theory. London 1952
P.F. Strawson, Particular and General, in: LLP. 28-52
P.F. Strawson, Singular Terms and Predication, in: Words and Objections. Hg. von D. Davidson und J. Hintikka. Dordrecht 1969, 97-117
P.F. Strawson, Identifying Reference and Truth-Values, in: LLP. 75-95
P.F. Strawson, Individuals. An Essay in Descriptive Metaphysics. London 1965. Kurztitel: I.
(Deutsch: Einzelding und logisches Subjekt. Stuttgart 1972)
P.F. Strawson, Grammar and Philosophy, in: Semantics of Natural Language. Hg. von D. Davidson und G. Harman. Dordrecht 1972, 455-472
P.F. Strawson, The Asymmetry of Subjects and Predicates, in: LLP. 96-115
P.F. Strawson, Subject and Predicate in Logic and Grammar. London 1974. Kurztitel: SaP.
P.F. Strawson, Semantics, Logic and Ontology, in: Neue Hefte für Philosophie. Semantik und Ontologie. Heft VIII. Göttingen 1975, 1-13
P.F. Strawson, Perception and its Objects, in: Perception and Identity. Essays presented to A.J. Ayer with his replies to them. Hg. von MacDonald. London 1979, 41-60
B. Stroud, Conventionalism and the Indeterminacy of Translation, in: Words and Objections. Hg. von D. Davidson und J. Hintikka. Dordrecht 1969, 82-96
R. Stuhlmann-Laeisz, Schriften von W.V. Quine, in: Philosophische Rundschau 28 (1981) 51-60
M. Sukale, Wahrheit, Referenz und Bedeutung in der modernen Sprachphilosophie, in: Moderne Sprachphilosophie. Hg. von M. Sukale. Hamburg 1976, 11-51

A. Tarski, Der Wahrheitsbegriff in den formalisierten Sprachen, in: Logik-Texte. Hg. von K. Berka und L. Kreiser. Berlin 1971, 447-559

A. Tarski, Die semantische Konzeption der Wahrheit und die Grundlagen der Semantik, in: Zur Philosophie der idealen Sprache. Hg. von J. Sinnreich. München 1972, 53-100

P. Teller, Essential Properties: Some Problems and Conjectures, in: The Journal of Philosophy 72 (1975) 233-248

P. Teller, Indicative Introduction, in: Philosophical Studies 31 (1977) 173-195

R.H. Thomason und R.C. Stalnaker, Modality and Reference, in: Noûs 2 (1968) 359-372

R.H. Thomason, Necessity, Quotation, and Truth: An Indexical Theory, in: Language in Focus: Foundations, Methods and Systems. Essays in Memory of Y. Bar-Hillel. Hg. von A. Kasher. Dordrecht 1976, 119-138

P. Tichy, On De Dicto Modalities in Quantified S_5, in: Journal of Philosophical Logic 2 (1973) 387-392

R.W. Trapp, Analytische Ontologie. Der Begriff der Existenz in Sprache und Logik. Frankfurt 1976

E. Tugendhat, Die Bedeutung des Ausdrucks "Bedeutung" bei Frege, in: Studien zu Frege III. Logik und Semantik. Hg. von M. Schirn. Stuttgart 1976, 51-69
(Englisch: The Meaning of "Bedeutung" in Frege, in: Analysis 30 (1970) 177-189)

E. Tugendhat, Vorlesungen zur Einführung in die sprachanalytische Philosophie. Frankfurt 1976. Kurztitel: T.

H. Veatch, The Truths of Metaphysics, in: The Review of Metaphysics 17 (1964) 372-395

Z. Vendler, Thinking of Individuals, in: Noûs 10 (1976) 35-46

S.H. Voss und C. Sayward, Eternal Sentences, in: Australian Journal of Philosophy 54 (1976) 14-23

J. Wallace, On the Frame of Reference, in: Semantics of Natural Language. Hg. von D. Davidson und G. Harman. Dordrecht 1972, 219-252

J. Wallace, Belief and Satisfaction, in: Noûs 6 (1972) 85-95

P. Weingartner, On the Characterization of Entities by Means of Individuals and Properties, in: Journal of Philosophical Logic 3 (1974) 323-336

T.S. Weston, Theories Whose Quantification Cannot Be Substitutional, in: Noûs 8 (1974) 361-369

N.P. White, Aristotle on Sameness and Oneness, in: The Philosophical Review 80 (1971) 177-197

D. Wiggins, Essentialism, Continuity, and Identity, in: Synthese 23 (1974) 321-359

D. Wiggins, Identity, Necessity and Physicalism, in: Philosophy of Logic. Hg. von S. Körner. Oxford 1976, 96-132

D. Wiggins, The *De Re* 'Must': a Note on the Logical Form of Essentialist Claims, in: E. 285-312

D. Wiggins, Erwiderung auf Richard Wollheims Vortrag, in: Ratio 20 (1978) 55-72

D. Wiggins, Ayer on Monism, Pluralism and Essence, in: Perception and Identity. Essays presented to A.J. Ayer with his replies to them. Hg. von MacDonald. London 1979, 131-160

D. Wiggins, Sameness and Substance. Oxford 1980. Kurztitel: SS.

N.L. Wilson, Substances without Substrata, in: The Review of Metaphysics 12 (1959) 521-539

L. Wittgenstein, Tractatus logico-philosophicus. Logisch-philosophische Abhandlung. Oxford 1959

L. Wittgenstein, Das Blaue Buch. Eine Philosophische Betrachtung. Hg. von R. Rhees. Oxford 1958

L. Wittgenstein, Philosophische Untersuchungen. Frankfurt 1971

J. Woods, Essentialism, Self-Identity, and Quantifying In, in: Munitz 165-198
J. Woods, Descriptions, Essences and Quantified Modal Logic, in: Journal of Philosophical Logic 2 (1973) 304-321

E.M. Zemach, Putnam's Theory on the Reference of Substance Terms, in: The Journal of Philosophy 73 (1976) 116-127

8 Personenregister

9 Sachregister

Bei Fragen zur Produktsicherheit wenden Sie sich bitte an:
If you have any questions regarding product safety,
please contact:

Walter de Gruyter GmbH
Genthiner Straße 13
10785 Berlin
productsafety@degruyterbrill.com